内 容 简 介

本书是拓扑学的入门教材.内容包括点集拓扑与代数拓扑，重点介绍代数拓扑学中的基本概念、方法和应用.全书共分八章：拓扑空间的基本概念，紧致性和连通性，商空间与闭曲面，同伦与基本群，复叠空间，单纯同调及其应用，映射度与不动点等.每节配备了适量习题并在书末附有解答与提示.本书叙述深入浅出，例题丰富，论证严谨，重点突出；强调几何背景，注意培养学生的几何直观能力；方法新颖，特别是关于对径映射的映射度的计算颇具新意.本书把抽象理论与具体应用紧密结合，使学生得到抽象思维与逻辑推理能力的训练.

本书可作为综合大学、高等师范院校数学系的拓扑课教材，也可供有关的科技人员和拓扑学爱好者作为课外学习的入门读物.

基础拓扑学讲义

尤承业　编著

北京大学出版社
北　京

图书在版编目(CIP)数据

基础拓扑学讲义/尤承业编著.—北京:北京大学出版社,1997.11
ISBN 978-7-301-03103-2

Ⅰ.基…　Ⅱ.尤…　Ⅲ.拓扑-高等学校-教材　Ⅳ.O189

书　　　名:基础拓扑学讲义
著作责任者:尤承业　编著
责 任 编 辑:刘　勇
标 准 书 号:ISBN 978-7-301-03103-2/O·0376
出 版 发 行:北京大学出版社
地　　　址:北京市海淀区成府路 205 号　100871
网　　　址:http://www.pup.cn
新 浪 微 博:@北京大学出版社
电 子 信 箱:zpup@pup.cn
电　　　话:邮购部 62752015　发行部 62750672　编辑部 62752021
出版部 62754962
印　刷　者:河北博文科技印务有限公司
经　销　者:新华书店
850mm×1168mm　32 开本　10 印张　250 千字
1997 年 11 月第 1 版　2025 年 3 月第 29 次印刷
定　　　价:38.00 元

序　言

拓扑学是十分重要的基础性的数学分支，它的许多概念、理论和方法在数学的其他分支(特别是几何类和分析类分支)中有着广泛的应用，有的甚至已成为通用语言.拓扑学在物理学，经济学等部门也有许多应用.拓扑课已是综合性大学和许多师范院校数学系的一门重要课程.

北京大学开设拓扑学课程已有悠久历史，并于 1978 年出版我国第一本拓扑学教科书《拓扑学引论》.本书编者从 1979 年以来就在北京大学数学系讲授这门课程，当时就选用《拓扑学引论》作为教材，并参照 1980 年 5 月教材编审委员会审定的《拓扑学教学大纲》作了删节和补充，以后又选用《基础拓扑学》(M. A. Armstrong 著，孙以丰译，北京大学出版社，1983)为教材和主要参考书.在十多年的教学实践中，编者对本课程有了较深刻的理解，并积累了大量素材和经验，为编写本书作了充分的准备.

本书是贡献给初学拓扑学的读者的.它为深入学习许多数学课程提供了必要的拓扑学基础知识，它也可作为学习和研究拓扑学的入门教材.

本书的内容可分为点集拓扑和代数拓扑两部分，侧重于后者.

点集拓扑部分介绍了关于拓扑空间、连续映射的最基本的概念，还介绍了乘积空间、商空间、紧致性和连通性等重要而常用的概念，以及它们的性质.这部分内容与分析学有着密切联系，可看作分析学相应内容的提高和深化.尽管我们的论述建立在公理化的定义的基础上，似乎并不直接用到分析学的知识，但具有良好的分析学基础，对接受和理解这部分内容是很有帮助的.这部分内容还要求读者熟悉集合和映射的知识.

代数拓扑部分介绍了基本群，复叠空间，单纯同调群等代数拓扑中最简单、最直观的内容，它们都有很广泛的应用. 这部分内容涉及到代数学的许多基本概念，例如群，Abel 群，自由循环群，同态，同构等等，要求读者对它们能够熟练的运用.

拓扑学是几何学的一个分支，许多概念都有很强的几何背景. 但是在表达形式上它又是很抽象的. 它的概念用公理化的方法建立；它没有分析学科那么多的计算，却大量运用逻辑推理. 因此，它不需要许多知识上的准备，但需要良好的数学素养. 反过来，学习拓扑学又能得到抽象思维和逻辑推理能力的训练.

本书是一学期的教材. 根据编者的经验，用 72 学时可以讲完主要内容. 如果放弃带 * 号的节和内容，将能更加从容些. 如果学时还不够，有些章节可删去，不影响后面内容的学习，如第五章复叠空间，第七章单纯同调群(下)(在讲完第六章单纯同调群(上)后，介绍第七章的主要结果，跳讲第八章). 有的定理(命题)的证明比较复杂，其方法对本书其他部分又没有大的影响，也可以省略不讲. 例如第二章第二节中的三个定理，第三章的闭曲面分类定理.

在本书的编写过程中，得到姜伯驹教授热情帮助. 他在全书内容的取舍和编排方面都提出了很好的意见. 有的论证的思路(例如对径映射的映射度的计算，命题 8.3)也是他提供的. 在此谨表示衷心的感谢.

编　者

1996 年 10 月于北京大学

目　　录

引　言

（拓扑学的直观认识）

"什么是拓扑学？"这是许多初学者都会提出的问题. 拓扑学是一种几何学，它是研究几何图形的. 但是拓扑学所研究的并不是大家最熟悉的普通的几何性质，而是图形的一类特殊性质，即所谓"拓扑性质". 于是，要了解拓扑学就要知道什么是图形的拓扑性质. 然而，尽管拓扑性质是图形的一种很基本的性质，它也具有很强的几何直观，却很难用简单通俗的语言来准确地描述. 它的确切定义是用抽象的语言叙述的，这里还不能给出. 下面介绍几个有趣的问题，它们涉及到的都是图形的拓扑性质，希望读者能从中得到关于拓扑性质的一些直观认识.

一笔画问题和七桥问题

一笔画是一个简单的数学游戏. 平面上由曲线段构成的一个图形能不能一笔画成，使得在每条线段上不重复？例如汉字"日"、"中"都是可以一笔写出来的，而"田"和"目"则不能一笔写成.

显然，通常的几何方法在一笔画问题上是没有用的，因为"图形能不能一笔画成"和图形中线段的长度、形状等几何概念没有关系，要紧的是线段的数目和它们之间的连接关系，也就是说一笔画问题的关键是图形的整体结构. 我们可以随意地将图形变形，如拉伸、压缩或弯曲等，甚至可将一些线段搬家（但保持端点不动），只要图形的整体结构不改变，"能不能一笔画出"这个性质是不会改变的. 例如图 1 中的(a)和(b)都是"日"字的变形，都能一笔画出；(c)，(d)和(e)都是"田"字的变形，都不能一笔画出.

著名的**七桥问题**对拓扑学的产生和发展曾起了一定的作用，实质上它是一个一笔画问题. 七桥问题是这样的：流经哥尼斯堡的

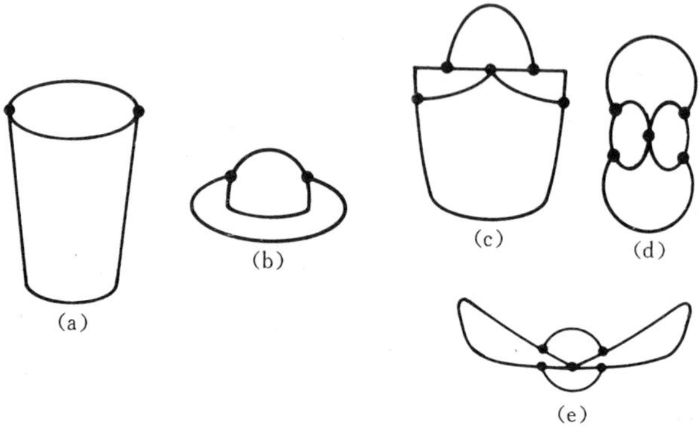

图 1

普雷格河的河湾处有两个小岛，七座桥连结了两岸和小岛(图 2 左图). 当地流传一个游戏：要求在一次散步中恰好通过每座桥一次. 很长时间里没有人能做到. 后来大数学家 Euler 研究了这个游戏. 他用点代表陆地(两岸和岛)，用连结各点的线代表桥，得到图 2 右图中的图形. 于是上述游戏变成这个图形能不能一笔画成的问题了. Euler 证明它是不能一笔画成的.

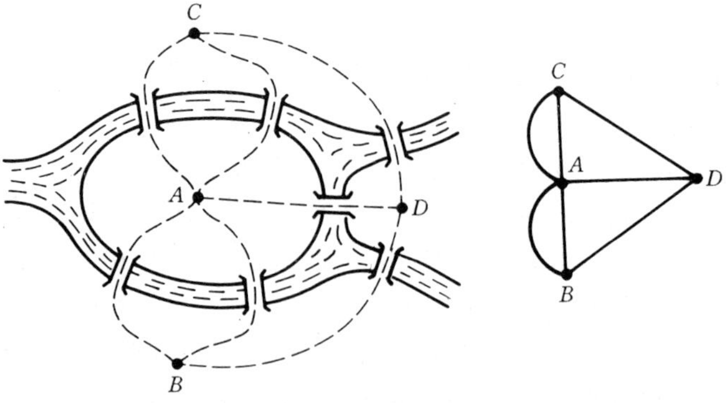

图 2

正是七桥问题和其他类似性质的问题，使 Euler 和他那个时代的其他数学家开始认识到：存在着某种新的几何性质，它们和欧氏几何中研究的几何性质完全不同. 这种认识是拓扑学产生的背景.

地图着色问题

给地图着色时，要把相邻的国家（或区域）着上不同的颜色，以便容易地加以区分. 那么绘图员至少要准备多少种颜色才能给任何地图着色？这个问题看起来简单，却出人意料地难以解决. 图 3 中的地图虽只有四个区域，却是两两相邻的，因此它需用 4 种颜色着色. 这个例子说明上述问题的答案应不小于 4. 数学家明确提出这个问题不很久，证明了有 5 种颜色是够用的. 于是问题集中到“4 种颜色够不够？”上，就出现了著名的“**四色问题**”. 它从 1852 年由 F. Guthrie 提出后，直到本世纪七十年代才借助计算机得到肯定性的解答.

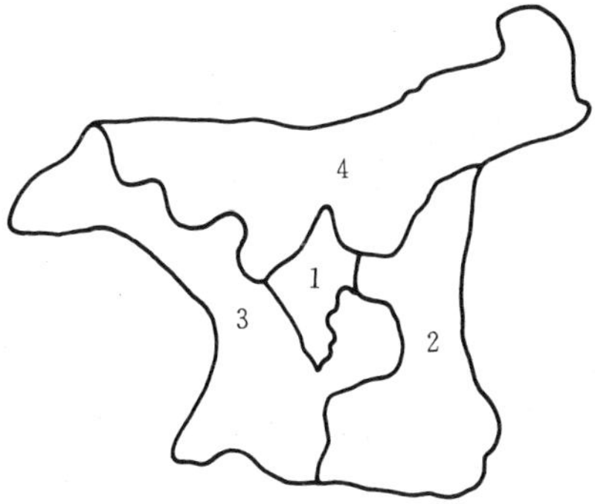

图 3

地图着色问题同一笔画问题一样，也具有“拓扑”特性：它与度量（区域的面积、边界线的长度等）和形状都没有关系，关键是区域的个数和它们的邻接关系；地图经过变形（缩放或作各种投影）所需颜色数不变.

Euler 多面体定理

这是立体几何中的一个有名的定理：凸多面体的面数 f，棱数 l 和顶点数 v 满足 Euler 公式

$$f - l + v = 2.$$

表面上看，似乎它和一笔画、地图着色问题不一样，凸多面体是平直图形，不能随意变形. 但只要对 Euler 多面体定理稍加推广，就可看出它的“拓扑”特性了.

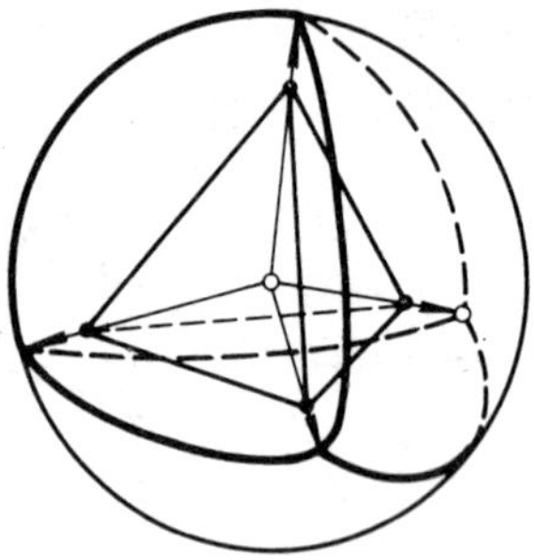

图 4

把多面体放进一个大球体内，使球心在多面体内部. 于是，从球心作的中心投影把凸多面体的棱映射成球面上的曲线（实际上是大圆弧），顶点映成球面上的点. 这些点和大圆弧构成球面上的一个**图**（网络）（图 4），它把球面分割成 f 块，有 l 条枝（大圆弧）和 v 个节点.

一般地，球面上的图是由球面上有限个点（称为节点）和有限条曲线（称为枝）所构成的图形，它必须满足：

（1）每条枝的端点是两个不同节点；

（2）不同的枝不交叉，即不相交于内点；

（3）每条枝不自交.

Euler 定理可以推广为

定理 1 球面上一个连通的图的节点数 v，枝数 l 以及它分割球面所成的面块数 f 满足公式

$$f - l + v = 2.$$

这种推广了的 Euler 定理具有拓扑特性：一方面，当图在球面上变形时，f，l 和 v 这 3 个数不会变化；另一方面，当球面本身变形时（其上图也随着变形）f，l 和 v 也不会变化. 球面可以变形为椭球面、葫芦形或其他各种形状的曲面，对这些曲面定理 1 照样成立. 但有的曲面不能由球面变形而得到，例如环面. 事实上定理 1 对环面不适用，相应的定理为

定理 2 环面上一个连通图若分割环面成一些简单面块(即没有洞的面块),则面块数 f,图的枝数 l 和节点数 v 满足公式

$$f-l+v=0.$$

对于更复杂一些的曲面,$f-l+v$ 是个负数.以上的事实说明整数 $f-l+v$ 与曲面上(适合条件的)图的选择无关,完全由曲面本身决定.这个数被称为曲面的 **Euler 数**,它反映出曲面的一种几何性质,当曲面被变形时,它是不会改变的.

以上几个问题显示出几何图形的一类特别的几何性质,它们涉及到图形在整体结构上的特性,这就是"拓扑性质".显然,它们与几何图形的大小、形状,以及所含线段的曲直等等都无关,也就不能用普通的几何方法来处理,需要有一种新的几何学来研究它们,这个新学科就是**拓扑学**(希文 Topology 的译音).也有人形象地称它为**橡皮几何学**,因为它研究的性质在图形作弹性形变时是不会改变的.

现在我们对拓扑性质作进一步的分析.如前所述,既然拓扑性质体现的是图形整体结构上的特性,可以随意地把图形作变形(如挤压、拉伸或扭曲等等),只要不把它撕裂,不发生粘连,从而不破坏其整体结构,拓扑性质将保持不变.把上述变形称为图形的"拓扑变换",那么拓扑性质就是几何图形在作拓扑变换时保持不变的性质.拓扑变换可用集合与映射的语言给出确切的描述.把图形 M 变形为 M',就是给出 M 到 M'(都看作点集)的一个一一对应(因而不出现重叠现象,并不产生新点)$f: M\to M'$,并且 f 连续(表示不撕裂),$f^{-1}: M'\to M$ 也连续(表示不粘连).这里所说的连续就是分析学中的连续概念,可用距离概念刻画.简单地说:从图形 M 到 M' 的一个一一对应 f,如果 f 与 f^{-1} 都是连续的,就称 f 为从 M 到 M' 的一个**拓扑变换**,并称 M 与 M' 是**同胚的**.于是,**拓扑性质**也就是同胚的图形所共同具有的几何性质.拓扑学中往往对同胚的图形不加区别,因为它们的拓扑性质是一样的.

上面从拓扑变换或同胚概念来描述拓扑性质.反过来拓扑性

质又是研究图形同胚问题的一个有力武器.判断两个图形是否同胚,这自然是拓扑学的一个基本问题.如果能构造从 M 到 M' 的拓扑变换,当然 M 与 M' 同胚,可是当经过努力而构造不出拓扑变换时,我们并不能由此认定 M 与 M' 不同胚.断定不同胚的有效途径是比较它们的拓扑性质,如果它们有不相同的拓扑性质,则它们一定不同胚.例如日字形和田字形不同胚,因为前者能一笔写出,后者不能.又如球面与环面的 Euler 数不相等,因此它们不同胚.因此,寻找和研究图形的各种各样的拓扑性质是拓扑学的基本的研究课题.

规定拓扑变换时,映射的连续性是关键概念,因而它也是整个拓扑学的基本概念.也可以说拓扑学是研究连续现象的数学分支.连续性也是分析学的最基本的概念,因而拓扑学和分析学有着十分密切的关系.拓扑学的概念、结果和方法广泛地应用到分析学的各个领域中.特别是分析学中只和连续概念相关(而与可微性无关)的那些问题本质上都是拓扑问题.著名的 **Brouwer 不动点定理**就是其中的一个例子.把 n 维欧氏空间 $\boldsymbol{E}^n$ 中的子集

$$D^n := \left\{(x_1, x_2, \cdots, x_n) \,\middle|\, \sum_{i=1}^{n} x_i^2 \leqslant 1\right\}$$

称为 n 维**单位球体**. Brouwer 定理说:D^n 到自身的连续映射 $f: D^n \to D^n$ 一定有不动点,即存在点 $x \in D^n$,使得 $f(x) = x$.当 $n=1$ 时,不难用闭区间上连续函数的性质证明此定理(请读者自己证明).当 $n \geqslant 2$ 时,就不容易了.由于定理中 f 只是连续的,因此分析学中与微分有关的工具都不能直接用上.本书中将用基本群和同调群作为工具给出它的证明.

另一个例子是 Jordan 曲线定理.简略地讲,该定理说平面(或球面)被它上面的一条简单闭曲线分割为两部分.这是一个应用广泛的著名定理,直观上容易接受,仿佛是不证自明的.但仔细想想,会发现它并不简单.首先定理怎样用严谨的数学语言叙述?为此必须用到拓扑学的术语,如简单闭曲线就是与圆周同胚的图形,它在

几何上可以是相当复杂的;所谓“被分割为两部分”,则要用拓扑概念“连通”来严格叙述.定理不但需要证明,并且还不是三言两语所能完成的.我们在本书的第四章中将以基本群为工具给出它的一个证明.

随着学习的深入,读者还将见到许多有趣的应用拓扑学解决分析学问题的例子.拓扑学与微分几何、动力系统等学科也都有着十分密切的联系.

拓扑学是一门年青而富有生命力的学科.它萌发于17、18世纪,但到19世纪末才开始得到发展.本世纪以来,拓扑学是数学中发展最迅猛,研究成果最丰富的研究领域,成为十分重要的数学基础学科.拓扑学有多个研究方向,早期分为一般拓扑学和代数拓扑学,后来又出现了微分拓扑学和低维流形等研究方向.本书是代数拓扑学的入门教材,重点是介绍代数拓扑学中最简单的内容和一些基础知识.但我们也需要介绍拓扑空间和连续映射等最基础的拓扑学概念.如前所述,拓扑学是用抽象的语言和公理化的方式来阐述其概念的.特别是广泛使用集合论的语言.我们希望读者先要有较好的有关集合论的基础知识.下面择要介绍本书中最常用的有关集合与映射的概念和性质,既为学习正文作准备,也是为了统一术语和符号.

1. 集合的运算

常用记号

设 X 是非空集合,记 2^X 是 X 的全体子集(包括 X 及空集 $\varnothing$)的集合,称为 X 的**幂集**.

一点 x 构成的集合记作 $\{x\}$.

$x\in A$ 表示 x 是集合 A 中的一个元素.

$x\overline{\in}A$(或 $x\notin A$)表示 x 不是集合 A 的元素.

$A\subset B$ 表示 A 包含于 B(含 $A=B$ 的情形).

$A\not\subset B$ 表示 A 不包含于 B,即 A 中有不属于 B 的元素.

现在列出 2^X 中的几种运算及它们的性质.

交 $\cap$　如 $A\cap B$ 是 A 和 B 之交；$\bigcap_{\lambda\in\Lambda} A_\lambda$ 表示集合族 $\{A_\lambda \mid \lambda\in\Lambda\}$ 中所有集合之交.

并 $\cup$　如 $A\cup B$ 是 A 和 B 之并；$\bigcup_{\lambda\in\Lambda} A_\lambda$ 表示集合族 $\{A_\lambda \mid \lambda\in\Lambda\}$ 中所有集合之并.

交并运算各自都满足交换律与结合律.

交与并有分配律：

(1) $B\cup\bigcap_{\lambda\in\Lambda} A_\lambda=\bigcap_{\lambda\in\Lambda}(B\cup A_\lambda)$；

(2) $B\cap\bigcup_{\lambda\in\Lambda} A_\lambda=\bigcup_{\lambda\in\Lambda}(B\cap A_\lambda)$.

差 $\setminus$　$A\setminus B$ 表示属于 A 而不属于 B 的元素的集合.

余集　$A^c:=X\setminus A$.

显然 $A\setminus B=A\cap B^c$.

De Morgan 公式：

(3) $B\Big\backslash\bigcup_{\lambda\in\Lambda} A_\lambda=\bigcap_{\lambda\in\Lambda}(B\setminus A_\lambda)$；

(4) $B\Big\backslash\bigcap_{\lambda\in\Lambda} A_\lambda=\bigcup_{\lambda\in\Lambda}(B\setminus A_\lambda)$.

特别当 $B=X$ 为全集时，(3)和(4)分别变为

(5) $\left(\bigcup_{\lambda\in\Lambda} A_\lambda\right)^c=\bigcap_{\lambda\in\Lambda} A_\lambda^c$；

(6) $\left(\bigcap_{\lambda\in\Lambda} A_\lambda\right)^c=\bigcup_{\lambda\in\Lambda} A_\lambda^c$.

2. 映射

设 X 和 Y 都是集合，**映射** $f:X\to Y$ 是一个对应关系，使 $\forall x\in X$，对应着 Y 中的一点 $f(x)$(称为 x 的像点).

若 $A\subset X$，记 $f(A):=\{f(x)\mid x\in A\}$，是 Y 的一个子集，称为 A 在 f 下的**像**. 若 $B\subset Y$，记 $f^{-1}(B):=\{x\in X\mid f(x)\in B\}$，称为 B 在 f 下的**完全原像**(或简称**原像**).

当 $f(X)=Y$ 时，称 f 是**满**的；若 X 中不同点的像点也不同，则称 f 是**单**的. 既单又满的映射称为一一对应. 当 f 是一一对应

时，它就有一个逆映射，记作 f^{-1}. 此时，$\forall B\subset Y$，$f^{-1}(B)$有两种理解：B 在 f 下的原像；B 在 f^{-1}下的像，它们的意义是一致的.

关于 f 下的像与原像有如下规律：

(1) $f^{-1}\left(\bigcup_{\lambda\in\Lambda}B_\lambda\right)=\bigcup_{\lambda\in\Lambda}f^{-1}(B_\lambda)$；

(2) $f^{-1}\left(\bigcap_{\lambda\in\Lambda}B_\lambda\right)=\bigcap_{\lambda\in\Lambda}f^{-1}(B_\lambda)$；

(3) $f^{-1}(B^c)=(f^{-1}(B))^c$；

(4) $f^{-1}(B\backslash D)=f^{-1}(B)\backslash f^{-1}(D)$；

(5) $f\left(\bigcup_{\lambda\in\Lambda}A_\lambda\right)=\bigcup_{\lambda\in\Lambda}f(A_\lambda)$；

(6) $f\left(\bigcap_{\lambda\in\Lambda}A_\lambda\right)\subset\bigcap_{\lambda\in\Lambda}f(A_\lambda)$，当 f 单时为相等；

(7) $f(f^{-1}(B))\subset B$，当 f 满时为相等；

(8) $f^{-1}(f(A))\supset A$，当 f 单时为相等.

设 $f: X\to Y$ 和 $g: Y\to Z$ 都是映射，f 与 g 的**复合**(或称**乘积**)是 X 到 Z 的映射，记作 $g\circ f: X\to Z$，规定为 $g\circ f(x)=g(f(x))$，$\forall x\in X$. 则有

(9) $g\circ f(A)=g(f(A))$；

(10) $(g\circ f)^{-1}(B)=f^{-1}(g^{-1}(B))$.

集合 X 到自身的**恒同映射**(保持每一点不变)记作 $\mathrm{id}_X: X\to X$(常简记为 id). 若 $f: X\to Y$ 是映射，$A\subset X$，规定 f 在 A 上的限制为 $f|A: A\to Y$，$\forall x\in A$，$f|A(x)=f(x)$. 记 $i: A\to X$ 为**包含映射**，即 $\forall x\in A$，$i(x)=x$. 于是，$i=\mathrm{id}|A$，$f|A=f\circ i$.

3. 笛卡儿积

设 X_1 和 X_2 都是集合，称集合

$$X_1\times X_2:=\{\text{有序偶}(x,y)\mid x\in X, y\in Y\}$$

为 X_1 与 X_2 的**笛卡儿积**. 称 x 和 y 为(x,y)的**坐标**.

n 个集合的笛卡儿积 $X_1\times X_2\times\cdots\times X_n$ 可类似地定义.

记 $X^n=\overbrace{X\times X\times\cdots\times X}^{n\text{个}}$. 例如 $\boldsymbol{R}^n=\{(x_1,\cdots,x_n)\mid x_i\in\boldsymbol{R}\}$.

称 $X^2=X\times X$ 的子集

$$\Delta(X):=\{(x,x)\mid\forall\ x\in X\}$$

为**对角子集**(常简记作 Δ).

4. 等价关系

集合 X 上的一个**关系** R 是 $X\times X$ 的一个子集,当 $(x_1,x_2)\in R$ 时,说 x_1 与 x_2 R 相关,记作 x_1Rx_2.

集合 X 的一个关系 R 称为**等价关系**,如果满足:

(1) 自反性: $\forall x\in X, xRx$(即 $\Delta(X)\subset R$);

(2) 对称性: 若 x_1Rx_2,则 x_2Rx_1;

(3) 传递性: 若 x_1Rx_2, x_2Rx_3,则 x_1Rx_3.

等价关系常用~表示,如 x_1Rx_2 记作 $x_1\sim x_2$,称为 x_1 等价于 x_2. 当 X 上有等价关系~时,可把 X 分成许多子集:凡是互相等价的点属同一子集. 称每个子集为一个~**等价类**,记 $X/\sim$ 是全部等价类的集合,称为 X 关于~的**商集**. $\forall\ x\in X$ 所在等价类记作 $\langle x\rangle$. 于是

$$X/\sim=\{\langle x\rangle\mid x\in X\}.$$

第一章　拓扑空间与连续映射

引言中我们已经在欧氏空间及其子集的范围内说明了什么是图形间的拓扑变换,什么是图形的拓扑性质. 但是,许多数学分支的活动范围早已突破了欧氏空间的限制,甚至也超出了度量空间的领域,拓扑学作为这些数学分支的基础,必须研究更加一般的空间. 现在我们要找一种能用来刻画拓扑性质的新的空间结构,以替代欧氏结构和度量结构. 这种新结构就是所谓拓扑结构.

§1　拓 扑 空 间

映射的连续性是刻画拓扑变换的关键概念,因此我们寻找的新结构要能用来刻画连续性概念. 先回顾数学分析中函数连续性是怎么规定的.

设 $f: \boldsymbol{E}^1 \to \boldsymbol{E}^1$ 是一个函数,$x_0 \in \boldsymbol{E}^1$. f 在 x_0 处连续的含义有多种描述方法,例如:

用序列语言:如果序列 $\{x_n\}$ 收敛到 x_0,则序列 $\{f(x_n)\}$ 收敛到 $f(x_0)$;

用 ε-δ 语言:对任意正数 $\varepsilon>0$,总可找到 $\delta>0$,使得当 $|x-x_0|<\delta$ 时,$|f(x)-f(x_0)|<\varepsilon$;

用开集语言:若 V 是包含 $f(x_0)$ 的开集①,则存在包含 x_0 的开集 U,使得 $f(U)\subset V$.

ε-δ 法用到 $\boldsymbol{E}^1$ 中的距离概念;序列方法用的也是距离,因为 $\{x_n\}$ 收敛到 x_0 也就是 $|x_n-x_0|\to 0$. 因此,这两种方法可直接用来

---

① $\boldsymbol{E}^1$ 中的开集就是能表示成开区间的并集的那些子集.

规定度量空间之间映射的连续性.第三种方法则绕开了度量,直接用 $\boldsymbol{E}^1$ 中的开集刻画连续性.于是,只要知道图形的哪些子集是开集,就可规定映射的连续性概念.所谓拓扑空间就是具有开集结构的空间.

1.1 拓扑空间的定义

设 X 是一个非空集合,记 2^X 是 X 的**幂集**,即以 X 的所有子集(包含空集 $\varnothing$ 和 X 自己)为成员的集合.把 2^X 的子集(即以 X 的一部分子集为成员的集合)称为 X 的**子集族**.

定义 1.1 设 X 是一非空集合.X 的一个子集族 τ 称为 X 的一个**拓扑**,如果它满足

(1) $X,\varnothing$ 都包含在 τ 中;

(2) τ 中任意多个成员的并集仍在 τ 中;

(3) τ 中有限多个成员的交集仍在 τ 中.

集合 X 和它的一个拓扑 τ 一起称为一个**拓扑空间**,记作 (X,τ).称 τ 中的成员为这个拓扑空间的**开集**.

定义中的三个条件称为**拓扑公理**.(3)可等价地换为

(3′) τ 中两个成员的交集仍在 τ 中.

(3)蕴含(3′),另一方面容易用归纳法从(3′)推出(3).

从定义看出,给出集合的一个拓扑就是规定它的哪些子集是开集.这种规定不是任意的,必须满足三条拓扑公理.但是一般来说一个集合上可以规定许多不相同的拓扑,因此说到一个拓扑空间时,要同时指明集合及所规定的拓扑.以后在不会引起误解的情况下,也常常只用集合来称呼一个拓扑空间,如拓扑空间 X,拓扑空间 Y 等.

设 X 是一非空集合.显然 2^X 构成 X 上的拓扑,称为 X 上的**离散拓扑**;$\{X,\varnothing\}$ 也是 X 上的拓扑,称为 X 上的**平凡拓扑**.当 X 中包含多于一个点时,这两个拓扑不相同,并且 X 还有许多别的拓扑.例如设 $X=\{a,b,c\}$,则 $\{X,\varnothing,\{a\}\}$,$\{X,\varnothing,\{a,b\}\}$,$\{X,$

$\varnothing,\{a\},\{a,b\}\}$都是 X 上的拓扑；但$\{X,\varnothing,\{a\},\{b\}\}$不是拓扑，因为条件(2)不满足；读者还可找到许多别的拓扑.

设 τ_1,τ_2 是集合 X 上的两个拓扑，如果 $\tau_1\subset\tau_2$，则说 τ_2 比 τ_1 大(或说 τ_2 比 τ_1 精细). 离散拓扑比任何别的拓扑都大，而平凡拓扑比别的拓扑都小.

下面给出几个有用的例子.

例 1 设 X 是无穷集合，$\tau_f=\{A^c\mid A\text{ 是 }X\text{ 的有限子集}\}\cup\{\varnothing\}$，则不难验证 τ_f 是 X 的一个拓扑，称为 X 上的**余有限拓扑**.

例 2 设 X 是不可数无穷集合，$\tau_c=\{A^c\mid A\text{ 是 }X\text{ 的可数子集}\}\cup\{\varnothing\}$，则 τ_c 也是 X 的拓扑，称为**余可数拓扑**.

例 3 设 $\boldsymbol{R}$ 是全体实数的集合，规定 $\tau_e=\{U\mid U$ 是若干个开区间的并集$\}$，这里“若干”可以是无穷，有限，也可以是零，因此$\varnothing\in\tau_e$. 则 τ_e 是 $\boldsymbol{R}$ 上的拓扑，称为 $\boldsymbol{R}$ 上的**欧氏拓扑**. 记 $\boldsymbol{E}^1=(\boldsymbol{R},\tau_e)$.

现在，对 $\boldsymbol{R}$ 已规定了五个拓扑：平凡拓扑 τ_t，离散拓扑 τ_s，余有限拓扑 τ_f，余可数拓扑 τ_c 和欧氏拓扑 τ_e. τ_f 小于 τ_c 和 τ_e，而 τ_c 与 τ_e 不能比较大小.

1.2 度量拓扑

集合 X 上的一个**度量** d 是一个映射 $d: X\times X\to R$，它满足

(1) 正定性：$d(x,x)=0,\forall x\in X$，

$d(x,y)>0$，当 $x\neq y$；

(2) 对称性：$d(x,y)=d(y,x),\forall x,y\in X$；

(3) 三角不等式：

$$d(x,z)\leqslant d(x,y)+d(y,z),\quad \forall\, x,y,z\in X.$$

当集合 X 上规定了一个度量 d 后，称为**度量空间**，记作(X,d).

例 4 记 $\boldsymbol{R}^n=\{(x_1,x_2,\cdots,x_n)\mid x_i\in\boldsymbol{R},i=1,\cdots,n\}$. 规定 $\boldsymbol{R}^n$ 上的度量 d 为：

$$d((x_1,\cdots,x_n),(y_1,\cdots,y_n)) = \sqrt{\sum_{i=1}^{n}(x_i - y_i)^2},$$

不难验证 d 满足(1),(2),(3). 记 $\boldsymbol{E}^n=(\boldsymbol{R}^n,d)$,称为 **$\boldsymbol{n}$ 维欧氏空间**.

设(X,d)是一个度量空间,我们来规定 X 的一个拓扑.

设 $x_0\in X$,ε 是一正数,称 X 的子集

$$B(x_0,\varepsilon) := \{x \in X \mid d(x_0,x) < \varepsilon\}$$

为以 x_0 为心,ε 为半径的**球形邻域**.

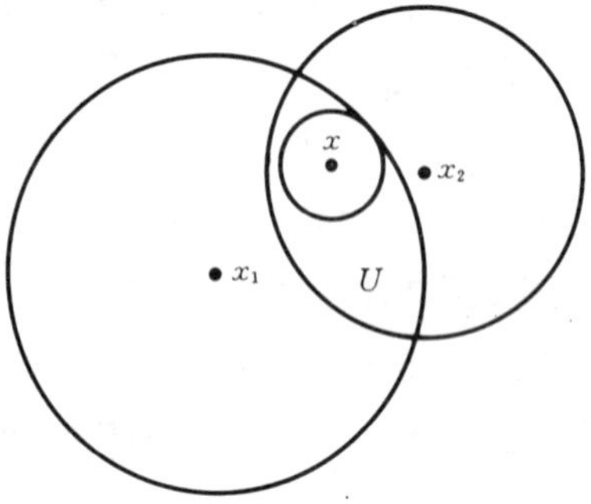

图 1-1

引理 (X,d)的任意两个球形邻域的交集是若干球形邻域的并集.

证明 设 $U=B(x_1,\varepsilon_1)\cap B(x_2,\varepsilon_2)$. $\forall x\in U$, 则 $\varepsilon_i-d(x,x_i)>0\ (i=1,2)$. 记 $\varepsilon_x=\min\{\varepsilon_1-d(x,x_1),\varepsilon_2-d(x,x_2)\}$(图 1-1),不难验证 $B(x,\varepsilon_x)\subset U$. 于是

$$U=\bigcup_{x\in U}B(x,\varepsilon_x). \quad \blacksquare$$

规定 X 的子集族 $\tau_d=\{U \mid U$ 是若干个球形邻域的并集$\}$.

命题 1.1 τ_d 是 X 上的一个拓扑.

证明 τ_d 满足拓扑公理(1)和(2)是明显的. 下面验证 τ_d 满足拓扑公理(3).

设 $U,U'\in\tau_d$,记 $U=\bigcup_{\alpha}B(x_\alpha,\varepsilon_\alpha)$,$U'=\bigcup_{\beta}B(x'_\beta,\varepsilon'_\beta)$. 则

$$U\cap U'=\Big(\bigcup_{\alpha}B(x_\alpha,\varepsilon_\alpha)\Big)\cap\Big(\bigcup_{\beta}B(x'_\beta,\varepsilon'_\beta)\Big)$$

$$=\bigcup_{\alpha,\beta}(B(x_\alpha,\varepsilon_\alpha)\cap B(x'_\beta,\varepsilon'_\beta)).$$

根据引理，对任何 α,β，$B(x_\alpha,\varepsilon_\alpha)\cap B(x'_\beta,\varepsilon'_\beta)\in\tau_d$. 再由拓扑公理(2)，得出 $U\cap U'\in\tau_d$. ▌

称 τ_d 为 X 上由度量 d 决定的**度量拓扑**. 每个度量空间都自然地看成具有度量拓扑的拓扑空间，从而欧氏空间 $\boldsymbol{E}^n$ 也是拓扑空间(其度量拓扑称为欧氏拓扑). 从这个意义上讲，拓扑空间是欧氏空间和度量空间的推广. 三条拓扑公理也正是从度量空间的开集所具有的最基本的性质中抽象出来的.

1.3 拓扑空间中的几个基本概念

下面要讲的几个基本的拓扑概念在欧氏空间和度量空间中都已出现过，但现在用开集概念来规定它们.

1. 闭集

定义 1.2 拓扑空间 X 的一个子集 A 称为**闭集**，如果 A^c 是开集.

也就是说，闭集就是开集的余集，反过来开集一定是一个闭集的余集. 例如在离散拓扑空间中，任何子集都是开集，从而任何子集也都是闭集；平凡拓扑空间 X 中，只有两个闭集：$X=\varnothing^c$ 和 $\varnothing=X^c$. 在$(\boldsymbol{R},\tau_f)$中，闭集或是 X，或为有限集；而$(\boldsymbol{R},\tau_c)$中的闭集是 X 或可数集.

命题 1.2 拓扑空间的闭集满足：

(1) X 与 $\varnothing$ 都是闭集；

(2) 任意多个闭集的交集是闭集；

(3) 有限个闭集的并集是闭集.

证明 这是由三条拓扑公理推出的. (2)和(3)分别由拓扑公理(2)和(3)应用 De Morgan 公式推出. (1)是因为 $\varnothing$ 和 X 都是开集. ▌

2. 邻域、内点和内部

定义 1.3 设 A 是拓扑空间 X 的一个子集，点 $x\in A$. 如果存在开集 U，使得 $x\in U\subset A$，则称 x 是 A 的一个**内点**，A 是 x 的一个

邻域. A 的所有内点的集合称为 A 的**内部**,记作 $\mathring{A}$(或 A°).

命题 1.3 (1) 若 $A\subset B$,则 $\mathring{A}\subset\mathring{B}$;

(2) $\mathring{A}$是包含在 A 中的所有开集的并集,因此是包含在 A 中的最大开集;

(3) $\mathring{A}=A\Longleftrightarrow A$ 是开集;

(4) $(A\cap B)^\circ=\mathring{A}\cap\mathring{B}$;

(5) $(A\cup B)^\circ\supset\mathring{A}\cup\mathring{B}$.

证明 (1) 若 x 是 A 的内点,取开集 U 使得 $x\in U\subset A$;因为 $A\subset B$,所以 $U\subset B$,于是 x 也是 B 的内点,这样,A 的内点都是 B 的内点,$\mathring{A}\subset\mathring{B}$.

(2) 记$\{U_\alpha\mid\alpha\in\mathscr{A}\}$是包含在 A 中的所有开集构成的子集族. 根据定义,$\forall\alpha\in\mathscr{A}$,$U_\alpha\subset\mathring{A}$($\forall x\in U_\alpha\subset A$,则 x 为 A 的内点). 因此 $\bigcup\limits_{\alpha\in\mathscr{A}}U_\alpha\subset\mathring{A}$. 反之,若 $x\in\mathring{A}$,由定义,x 必属于某个 U_α,从而 $\bigcup\limits_{\alpha\in\mathscr{A}}U_\alpha\supset\mathring{A}$. 于是 $\mathring{A}=\bigcup\limits_{\alpha\in\mathscr{A}}U_\alpha$.

(3) 由(2)知,$\mathring{A}$是开集. 若 $\mathring{A}=A$,则 A 也是开集;反之,当 A 是开集时,由(2)推出 $\mathring{A}=A$.

(4) 对$(A\cap B)\subset A$ 用(1),得$(A\cap B)^\circ\subset\mathring{A}$;同理有$(A\cap B)^\circ\subset\mathring{B}$, 得到$(A\cap B)^\circ\subset\mathring{A}\cap\mathring{B}$. 对$(A\cap B)\supset\mathring{A}\cap\mathring{B}$用(1), 得到$(A\cap B)^\circ\supset(\mathring{A}\cap\mathring{B})^\circ=\mathring{A}\cap\mathring{B}$(等号根据(3)).

(5) 因为 $\mathring{A}\cup\mathring{B}$是包含在 $A\cup B$ 中的开集, 根据结论(2), 有$(A\cup B)^\circ\supset\mathring{A}\cup\mathring{B}$. ▌

用归纳法,从(4)可推出 $\left(\bigcap\limits_{i=1}^{n}A_i\right)^\circ=\bigcap\limits_{i=1}^{n}\mathring{A}_i$. 但对无穷多个子集的交集相应结果不成立. 一般地(5)不能把包含号改为等号. 请

读者自己找出反例.

3. 聚点与闭包

定义 1.4 设 A 是拓扑空间 X 的子集,$x\in X$. 如果 x 的每个邻域都含有 $A\setminus\{x\}$ 中的点,则称 x 为 A 的**聚点**. A 的所有聚点的集合称为 A 的**导集**,记作 A'. 称集合 $\overline{A} := A\cup A'$ 为 A 的**闭包**.

由定义不难推出:$x\in\overline{A}\Longleftrightarrow x$ 的任一邻域与 A 都有交点.

闭包与内部这两个概念有密切关系,具体表现为

命题 1.4 若拓扑空间 X 的子集 A 与 B 互为余集,则 $\overline{A}$ 与 $\mathring{B}$ 互为余集.

证明 $x \in \overline{A}^c \Longleftrightarrow x$ 有邻域与 A 不相交

$\Longleftrightarrow x$ 有邻域包含在 B 中

$\Longleftrightarrow x$ 是 B 的内点,

因此 $\overline{A}^c = \mathring{B}$. ▌

命题 1.5 (1) 若 $A\subset B$,则 $\overline{A}\subset\overline{B}$;

(2) $\overline{A}$ 是所有包含 A 的闭集的交集,所以是包含 A 的最小的闭集;

(3) $\overline{A}=A\Longleftrightarrow A$ 是闭集;

(4) $\overline{A\cup B}=\overline{A}\cup\overline{B}$;

(5) $\overline{A\cap B}\subset\overline{A}\cap\overline{B}$.

证明留给读者.(可用命题 1.3 的结果,或用其方法.)

聚点的概念在欧氏空间中早已出现.要注意现在的推广概念在意义上已发生一些改变.欧氏空间中集合 A 的聚点的近旁确实聚集了 A 的无穷多个点,因此有限集是没有聚点的.而在拓扑空间中则不然.例如设 $X=\{a,b,c\}$,规定拓扑为 $\tau=\{X,\varnothing,\{a\}\}$,则当 $A=\{a\}$时,b 和 c 都是 A 的聚点,因为 b 或 c 的邻域只有 X 一个,它包含 a. a 不是 A 的聚点,因为 $A\setminus\{a\}=\varnothing$.

拓扑空间 X 的子集 A 称为**稠密**的,如果 $\overline{A}=X$. 如果 X 有可数的稠密子集,则称 X 是**可分拓扑空间**.

例如，$(\boldsymbol{R},\tau_f)$是可分的，事实上它的任一无穷子集都是稠密的，有理数集 $\boldsymbol{Q}$ 是它的一个可数稠密子集；$(\boldsymbol{R},\tau_c)$不是可分的，因为它的任一可数集都是闭集，不可能稠密.

4. 序列的收敛性

在数学分析中，序列收敛的概念是很基本的. 拓扑空间中也可推广这个概念，但它失去了一些重要的性质.

设 $x_1,x_2,\cdots,x_n,\cdots$(或简单地记作$\{x_n\}$)是拓扑空间 X 中点的序列，如果点 $x_0\in X$ 的任一邻域 U 都包含$\{x_n\}$的几乎所有项(即只有有限个 x_n 不在 U 中；或存在正整数 N，使得当 $n>N$ 时，$x_n\in U$)，则说$\{x_n\}$**收敛**到 x_0，记作 $x_n\to x_0$.

拓扑空间中的序列可能收敛到多个点. 例如$(\boldsymbol{R},\tau_f)$中，只要序列$\{x_n\}$的项两两不同，则任一点 $x\in\boldsymbol{R}$ 的邻域(必是有限集的余集)包含$\{x_n\}$的几乎所有项，从而 $x_n\to x$.

数学分析中，当点 x 是集合 A 的聚点时，则 A 中有序列收敛到 x. 在拓扑空间中这一性质不再成立. 例如在$(\boldsymbol{R},\tau_c)$中，$x_n\to x$ $\Longleftrightarrow$ 对几乎所有 n，$x_n=x$(习题 13). 设 A 是一个不可数真子集，于是 $\overline{A}=\boldsymbol{R}$(因为包含 A 的闭集只有 $\boldsymbol{R}$). 取 $x\overline{\in}A$，则 x 是 A 的聚点，但 A 中任一序列不可能收敛到 x.

由于拓扑空间中的序列收敛性出现这些不正常现象，它也就失去了重要性.

1.4 子空间

设 A 是拓扑空间(X,τ)的一个非空子集.

定义 1.5 规定 A 的子集族

$$\tau_A := \{U \cap A \mid U \in \tau\}.$$

容易验证 τ_A 是 A 上的一个拓扑，称为 τ 导出的 A 上的**子空间拓扑**，称(A,τ_A)为(X,τ)的**子空间**.

以后，对拓扑空间的子集都将看作拓扑空间，即子空间.

现在设 A 是拓扑空间(X,τ)的子集，B 又是 A 的子集. 于是 B

有两个途径得到子空间拓扑：直接作为 X 的子空间和看作 (A,τ_A) 的子空间. 事实上它们是一样的，记 $(\tau_A)_B$ 是 τ_A 导出的 B 上的拓扑，则

$$\begin{aligned}(\tau_A)_B &= \{V \cap B | V \in \tau_A\} = \{(U \cap A) \cap B | U \in \tau\} \\ &= \{U \cap B | U \in \tau\} = \tau_B.\end{aligned}$$

对于度量空间 (X,d) 的子集 A，也有两种途径得到拓扑：一种途径是直接看作 (X,τ_d) 的子空间；另一种途径是由 d 在 A 上的限制得到 A 上的度量 d_A，它决定 A 的度量拓扑. 这两个拓扑也是相同的（证明略）.

对于子空间 A 的子集 U，笼统地说 U 是不是开集意义就不明确了，必须说明在 A 中看还是在全空间中看，这两者是不同的. 例如，$\boldsymbol{E}^1$ 是 $\boldsymbol{E}^2$ 的子空间，开区间 $(0,1)$ 在 $\boldsymbol{E}^1$ 中是开集，而在 $\boldsymbol{E}^2$ 中不是开集. 因此开集概念是**相对**概念. 同样，闭集、邻域、内点、内部、聚点和闭包等等概念也都是相对概念.

命题 1.6 设 X 是拓扑空间，$C\subset A\subset X$，则 C 是 A 的闭集 $\Longleftrightarrow C$ 是 A 与 X 的一个闭集之交集.

证明 C 是 A 的闭集 $\Longleftrightarrow A\backslash C$ 是 A 的开集

$\Longleftrightarrow$ 存在 X 中开集 U，使得 $A\backslash C=U\cap A$

$\Longleftrightarrow$ 存在 X 中开集 U，使得 $C=U^c\cap A$

$\Longleftrightarrow C$ 是 X 中一个闭集与 A 之交集. ▌

命题 1.7 设 X 是拓扑空间，$B\subset A\subset X$，则

(1) 若 B 是 X 的开（闭）集，则 B 也是 A 的开（闭）集；

(2) 若 A 是 X 的开（闭）集，B 是 A 的开（闭）集，则 B 也是 X 的开（闭）集.

证明 (1) $B=B\cap A$，因此当 B 是 X 的开（闭）集时，根据子空间拓扑的定义（命题1.6），B 也是 A 的开（闭）集.

(2) 设 B 是 A 的开（闭）集，根据子空间拓扑的定义（命题 1.6），存在 X 的开（闭）集 U，使得 $B=U\cap A$. 而 A 也是 X 中开（闭）集，因此 B 是 X 的开（闭）集. ▌

习　题

1. 写出集合 $X=\{a,b\}$ 的所有拓扑.

2. 设 $X=\{x,y,z\}$. X 的下列子集族是不是拓扑？如果不是，请添加最少的子集，使它成为拓扑.

(1) $\{X,\varnothing,\{x\},\{y,z\}\}$;

(2) $\{X,\varnothing,\{x,y\},\{x,z\}\}$;

(3) $\{X,\varnothing,\{x,y\},\{x,z\},\{y,z\}\}$.

3. 规定实数集 $\boldsymbol{R}$ 上的子集族 $\tau=\{(-\infty,a)\mid -\infty\leqslant a\leqslant +\infty\}$ ($a=-\infty$，则 $(-\infty,a)$ 表示 $\varnothing$；$a=+\infty$，则 $(-\infty,a)=\boldsymbol{R}$). 证明 τ 是 $\boldsymbol{R}$ 上的一个拓扑.

4. 设 τ 是 X 上的拓扑，A 是 X 的一个子集，规定

$$\tau'=\{A\cup U\mid U\in\tau\}\cup\{\varnothing\}.$$

证明 τ' 也是 X 上的拓扑.

5. 设 τ_1,τ_2 都是 X 上的拓扑，证明 $\tau_1\cap\tau_2$ 也是 X 上的拓扑.

6. $\boldsymbol{E}^2$ 的子集 $A=\left\{\left(x,\sin\dfrac{1}{x}\right)\middle| x\in(0,1)\right\}$，求 $\overline{A}$.

7. $\boldsymbol{R}$ 上规定第 3 题中的拓扑，子集 $A=\{0\}$，求 $\overline{A}$.

8. 在度量空间中，记 $B[x_0,\varepsilon]=\{x\in X\mid d(x,x_0)\leqslant\varepsilon\}$. 证明 $B[x_0,\varepsilon]$ 是闭集. 举例说明 $\overline{B(x_0,\varepsilon)}=B[x_0,\varepsilon]$ 不一定成立.

9. 设 A 和 B 都是拓扑空间 X 的子集，并且 A 是开集. 证明 $A\cap\overline{B}\subset\overline{A\cap B}$.

10. 设 $A_1,A_2,\cdots,A_n$ 都是 X 的闭集，并且 $X=\bigcup\limits_{i=1}^{n}A_i$. 证明 $B\subset X$ 是 X 的闭集 $\Longleftrightarrow B\cap A_i$ 是 $A_i(i=1,2,\cdots,n)$ 的闭集.

11. 设 Y 是拓扑空间 X 的子空间，$A\subset Y$，$x\in Y$. 证明：在 X 中，x 是 A 的聚点 $\Longleftrightarrow$ 在 Y 中，x 是 A 的聚点.

12. 设 X 是拓扑空间，$B\subset A\subset X$. 记 $\overline{B}_A$，$\mathring{B}_A$ 分别为 B 在 A 中的闭包和内部. $\overline{B}$，$\mathring{B}$ 分别为 B 在 X 中的闭包和内部. 证明

(1) $\overline{B}_A = A \cap \overline{B}$;

(2) $\mathring{B}_A = A \setminus (\overline{A \setminus B})$;

(3) 如果 A 是 X 的开集,则 $\mathring{B}_A = \mathring{B}$.

13. 设$\{x_n\}$是$(\boldsymbol{R}, \tau_c)$中的一个序列.证明:$x_n \to x \Longleftrightarrow$ 存在正整数 N,使得当 $n > N$ 时,$x_n = x$.

14. 设 τ 是第 3 题中的拓扑,证明$(\boldsymbol{R}, \tau)$是可分的.

15. 证明:A 是拓扑空间 X 的稠密子集$\Longleftrightarrow X$ 的每个非空开集与 A 相交非空.

16. 若 A 是 X 的稠密子集,B 是 A 的稠密子集,则 B 也是 X 的稠密子集.

17. 若 A 和 B 都是 X 的稠密子集,并且 A 是开集,则 $A \cap B$ 也是 X 的稠密子集.

§2 连续映射与同胚映射

连续映射是拓扑学中另一个最基本的概念和研究对象.

2.1 连续映射的定义

和分析学中一样,连续性是一种局部性概念.

定义 1.6 设 X 和 Y 都是拓扑空间,$f: X \to Y$ 是一个映射,$x \in X$.如果对于 Y 中 $f(x)$的任一邻域 V,$f^{-1}(V)$总是 x 的邻域,则说 f 在 x 处**连续**.

容易看出,如果把定义中"任一邻域 V"改成"任一开邻域 V"(即包含 $f(x)$的任一开集 V),那么定义的意义不变.因此 f 在点 x 处连续也就是"对包含 $f(x)$的每个开集 V,必存在包含 x 的开集 U,使得 $f(U) \subset V$",这就是§1 中连续性定义的开集语言.

命题 1.8 设 $f: X \to Y$ 是一映射,A 是 X 的子集,$x \in A$.记 $f_A = f|A: A \to Y$ 是 f 在 A 上的限制,则

(1) 如果 f 在 x 连续，则 f_A 在 x 也连续；

(2) 若 A 是 x 的邻域，则当 f_A 在 x 连续时，f 在 x 也连续.

证明 (1) 设 V 是 $f_A(x)=f(x)$的邻域，则 $f^{-1}(V)$是 x 在 X 中的邻域，即存在开集 U，使得 $x\in U\subset f^{-1}(V)$. 而 $f_A^{-1}(V)=A\cap f^{-1}(V)\supset A\cap U$，这里 $A\cap U$ 是 A 的包含 x 的开集. 这就验证了 f_A 在 x 的连续性.

(2) 设 V 是 $f(x)$的邻域，根据条件存在 A 中的开集 U_A，使得 $x\in U_A\subset f_A^{-1}(V)=A\cap f^{-1}(V)$. 设 $U_A=U\cap A$，其中 U 是 X 的开集. 则 $U\cap \mathring{A}$ 也是 X 的开集，且 $x\in U\cap \mathring{A}\subset U_A\subset f^{-1}(V)$. 因此 f 在 x 连续. ▌

此命题的(2)说明 f 在某点 x 处的连续性只与 f 在 x 附近的情形有关.

定义 1.7 如果映射 $f: X\to Y$ 在任一点 $x\in X$ 处都连续，则说 f 是**连续映射**.

连续映射具有“整体性”的描述方式.

定理 1.1 设 $f: X\to Y$ 是映射，下列各条件互相等价：

(1) f 是连续映射；

(2) Y 的任一开集在 f 下的原像是 X 的开集；

(3) Y 的任一闭集在 f 下的原像是 X 的闭集.

证明 (1)$\Longrightarrow$(2) 设 V 是 Y 的开集，$U=f^{-1}(V)$. $\forall x\in U$，V 是 $f(x)$的邻域，由于 f 在 x 连续，x 是 U 的内点. 由 x 的任意性，$U=\mathring{U}$ 是开集.

(2)$\Longrightarrow$(3) 设 F 是 Y 的闭集，则 F^c 是开集，因此 $f^{-1}(F^c)$ 是 X 的开集. 于是 $f^{-1}(F)=(f^{-1}(F^c))^c$ 是 X 的闭集.

(3)$\Longrightarrow$(1) 要说明 f 在任一点 $x\in X$ 处连续. 设 V 是$f(x)$ 的邻域，$U=f^{-1}(V)$. 因为 $f^{-1}(\mathring{V})=(f^{-1}((\mathring{V})^c))^c$ 是开集(闭集 $(\mathring{V})^c$ 的原像 $f^{-1}((\mathring{V})^c)$是闭集)，且 $x\in f^{-1}(\mathring{V})\subset U$，所以 U 是 x 的邻域. 由定义，f 在 x 连续. ▌

虽然拓扑空间中也有序列收敛的概念,但不能用它来刻画连续性. 事实上,如果 $f: X\to Y$ 在 $x\in X$ 处连续,则当 $x_n\to x$ 时,必有 $f(x_n)\to f(x)$(习题 6). 但逆命题不成立. 例如设 $f: X\to Y$ 是单映射,其中 X 是具有余可数拓扑的不可数空间,Y 是离散拓扑空间. 于是,当 X 中序列 $x_n\to x$ 时,对充分大的 n,有 $x_n=x$,从而 $f(x_n)\to f(x)$. 但 f 在 x 并不连续,$\{f(x)\}$是 $f(x)$的邻域,但其原像为$\{x\}$(因为 f 是单的),并不是 x 的邻域.

2.2 连续映射的性质

先指出几个简单而常见的连续映射.

显然,**恒同映射** $\mathrm{id}: X\to X$(即 $\mathrm{id}(x)=x,\forall x\in X$)是连续映射.

设 A 是 X 的子空间,记 $i: A\to X$ 是**包含映射**(即 $i(a)=a$, $\forall a\in A$), 则 i 是连续映射, 因为当 U 是 X 的开集时, $i^{-1}(U)=A\cap U$是 A 的开集.

如果 $f: X\to Y$ 是**常值映射**,即 $f(X)$是 Y 中一点 y_0,则 f 连续,因为 $f^{-1}(V)=X$(若 $y_0\in V$),或 $f^{-1}(V)=\varnothing$(若 $y_0\notin V$).

如果 X 是离散拓扑空间,或 Y 是平凡拓扑空间,则 $f: X\to Y$ 一定是连续的.

命题 1.9 设 X,Y 和 Z 都是拓扑空间,映射 $f: X\to Y$ 在 x 处连续,$g: Y\to Z$ 在 $f(x)$处连续,则复合映射 $g\circ f: X\to Z$ 在 x 处连续.

证明 $(g\circ f)(x)=g(f(x))$. 对于它的任一邻域 W,由于 g 在 $f(x)$处连续,$g^{-1}(W)$是 $f(x)$的邻域;又由于 f 在 x 处连续,$f^{-1}(g^{-1}(W))=(g\circ f)^{-1}(W)$是 x 的邻域. 这就证明了结论. ▌

由此命题推出,两个连续映射的复合也是连续映射. 用此结论可给出命题 1.8 中(1)的另一个证明. f 在 A 上的限制 $f_A=f\circ i$,由 f 和 i 的连续得到 f_A 连续.

设 $\mathscr{C}\subset 2^X$ 是拓扑空间 X 的子集族, 称 $\mathscr{C}$ 是 X 的一个**覆盖**,

如果 $\bigcup_{C\in\mathscr{C}} C = X$ (即$\forall x\in X$ 至少包含在$\mathscr{C}$ 的一个成员中). 如果覆盖 $\mathscr{C}$ 的每个成员都是开(闭)集，则称 $\mathscr{C}$ 为**开(闭)覆盖**；覆盖 $\mathscr{C}$ 只包含有限个成员时，称 $\mathscr{C}$ 是**有限覆盖**.

定理 1.2(粘接引理) 设$\{A_1,A_2,\cdots,A_n\}$是 X 的一个有限闭覆盖. 如果映射 $f: X\to Y$ 在每个 A_i 上的限制都是连续的，则 f 是连续映射.

证明 只要验证 Y 的每个闭集的原像是闭集. 设 B 是 Y 的闭集，记 f_{A_i}是 f 在 A_i 上的限制，则

$$f^{-1}(B) = \bigcup_{i=1}^{n}(f^{-1}(B)\cap A_i) = \bigcup_{i=1}^{n} f_{A_i}^{-1}(B).$$

$\forall i$，f_{A_i}是连续的，因此 $f_{A_i}^{-1}(B)$是 A_i 的闭集. 又因为 A_i 是 X 的闭集，所以 $f_{A_i}^{-1}(B)$也是 X 的闭集(命题 1.7 中(2)). $f^{-1}(B)$作为有限个闭集的并集也是闭集. ▌

粘接引理是判断映射连续性的一种有效方法，它还是分片地构造连续映射的依据.

2.3 同胚映射

定义 1.8 如果 $f: X\to Y$ 是一一对应，并且 f 及其逆 $f^{-1}: Y\to X$ 都是连续的，则称 f 是一个**同胚映射**，或称**拓扑变换**，或简称**同胚**. 当存在 X 到 Y 的同胚映射时，就称 X 与 Y **同胚**，记作 $X\cong Y$.

值得提醒的是同胚映射中条件 f^{-1}连续不可忽视，它不能从一一对应和 f 连续推出. 例如设 S^1 是复平面上的单位圆周，规定 $f: [0,1)\to S^1$ 为 $f(t) = \mathrm{e}^{\mathrm{i}2\pi t}$. 则 f 是一一对应，并且连续，但 f^{-1} 不连续. 譬如 $\left[0,\frac{1}{2}\right)$ 是$[0,1)$的开集，但是 $(f^{-1})^{-1}\left(\left[0,\frac{1}{2}\right)\right) = f\left(\left[0,\frac{1}{2}\right)\right)$ 是包含 1 的上半圆，1 不是它的内点，因此不是开集(图 1-2).

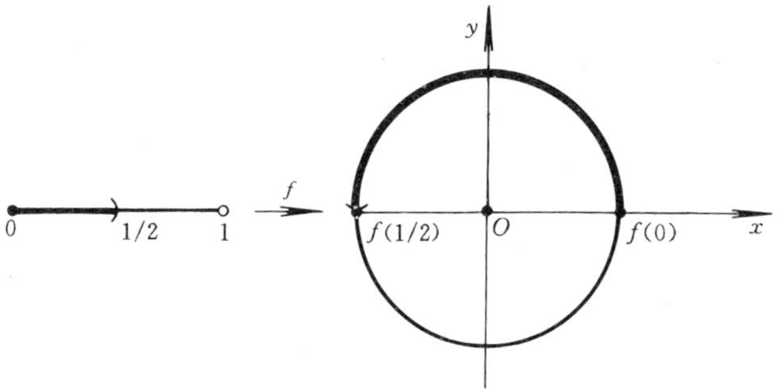

图 1-2

在全体拓扑空间集合内的同胚关系是一个等价关系，其自反性、对称性与传递性分别基于以下明显事实：恒同映射 $\mathrm{id}: X \to X$ 是同胚映射；如果 f 是同胚映射，则 f^{-1} 也是同胚映射；两个同胚映射的复合也是同胚映射.

现在举几个同胚映射的例子.

例 1 开区间(作为 $\boldsymbol{E}^1$ 的子空间)同胚于 $\boldsymbol{E}^1$.

如 $\left(-\frac{\pi}{2}, \frac{\pi}{2}\right)$ 到 $\boldsymbol{E}^1$ 的同胚映射 f 可规定为：

$$f(x) = \tan x, \quad \forall\, x \in \left(-\frac{\pi}{2}, \frac{\pi}{2}\right).$$

例 2 $\boldsymbol{E}^n$ 中的单位球体 $D^n := \{x \in \boldsymbol{E}^n \mid \|x\|$ ① $\leqslant 1\}$ 的内部 $\mathring{D}^n$ 同胚于 $\boldsymbol{E}^n$. 同胚映射 $f: \mathring{D}^n \to \boldsymbol{E}^n$ 可规定为：$f(x) = \dfrac{x}{1 - \|x\|}$，$\forall\, x \in \mathring{D}^n$. 它的逆映射为：

$$f^{-1}(y) = \frac{y}{1 + \|y\|}, \quad \forall\, y \in \boldsymbol{E}^n.$$

例 3 $\boldsymbol{E}^n \backslash \{O\} \cong \boldsymbol{E}^n \backslash D^n$ (O 为原点).

---

① $\|x\|$ 表示 $\boldsymbol{E}^n$ 中的点 x 的范数，即 x 到原点 O 的距离.

规定 $f: \boldsymbol{E}^n \backslash \{O\} \to \boldsymbol{E}^n \backslash D^n$ 为 $f(x) = x + \dfrac{x}{\|x\|}$. 其几何意义为每一点背向原点 O 移动单位长，则 f 是一一对应，并且连续. f^{-1}是每一点朝 O 移动单位长，也是连续的(图 1-3).

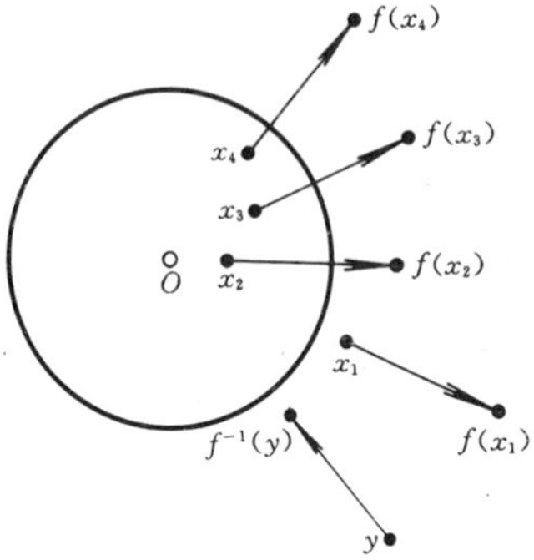

图 1-3

例 4 球面 $S^2$①去掉一点后与 $\boldsymbol{E}^2$ 同胚. **球极投射**就是把去掉北极点的球面映射到赤道平面的一个同胚映射(见图 1-4)，它的分析表达式为

$$f(x,y,z) = \left(\frac{x}{1-z}, \frac{y}{1-z}\right).$$

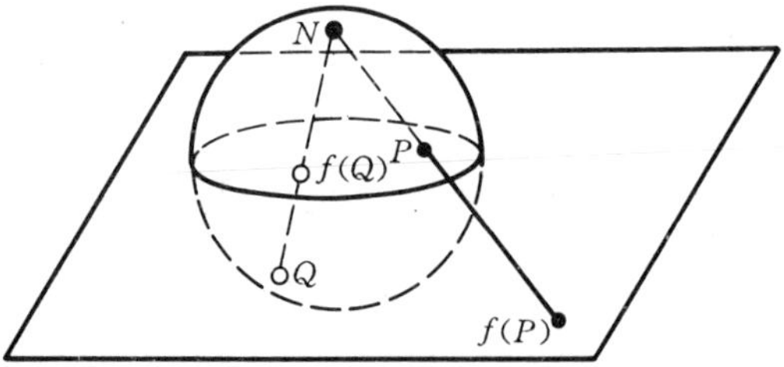

图 1-4

例 5 任何凸多边形(包含内部)都互相同胚.

以一个五边形 $ABCDE$ 与三角形 $A'B'C'$ 为例，同胚映射可规定如下：连结 BD 和 BE，在 $A'C'$ 上取两点 E' 和 D'，连结 $B'D'$ 和 $B'E'$. 于是五边形和三角形都被分割为三个三角形. 它们分别记作 X_1, X_2, X_3 和 Y_1, Y_2, Y_3(见图 1-5). 由相应点对的对应关系(A 到 A' 等等)，建立仿射变换 f_i，把 X_i 变为 $Y_i (i=1,2,3)$. 它们在公

① S^2 是 $\boldsymbol{E}^3$ 中的单位球面，$S^2 := \{(x,y,z) \in \boldsymbol{E}^3 \mid x^2+y^2+z^2=1\}$.

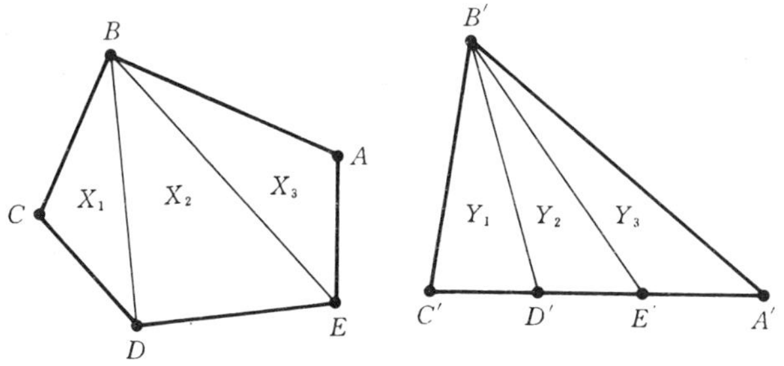

图 1-5

共部分(线段 BD 或 BE)上是一致的,因此可用它们规定 $ABCDE$ 到 $A'B'C'$ 的一一对应 f. 根据粘接引理,f 和 f^{-1} 都是连续的.

例 6 凸多边形与 D^2 同胚.

因为凸多边形都是互相同胚的,只须证一个特殊的凸多边形与 D^2 同胚. 如图 1-6 中的四边形 $ABCD$.

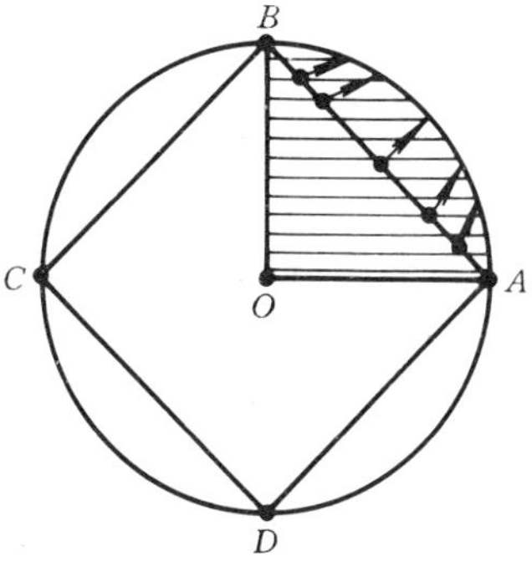

图 1-6

由 $(x,y)\mapsto(\sqrt{x},\sqrt{y})$ 给出 $\triangle OAB$ 到扇形 OAB 的同胚映射. 利用这个同胚和图形的对称性容易建立其他三个三角形到相应扇形的同胚映射. 这四个同胚映射拼接成四边形 $ABCD$ 到圆 O 的同胚.

如果 $f: X\to Y$ 是单的连续映射,并且 $f: X\to f(X)$ 是同胚映射,就称 $f: X\to Y$ 是**嵌入映射**. 例如,包含映射 $i: A\to X$ 是嵌入映射.

有了同胚映射(拓扑变换)的概念,就可像引言中那样规定拓扑性质概念了.

定义 1.9 拓扑空间的在同胚映射下保持不变的概念称为**拓扑概念**,在同胚映射下保持不变的性质叫**拓扑性质**.

当 $f: X \to Y$ 是同胚映射时,X 的每个开集 U 的 f 像 $f(U)$ 是 Y 的开集,而 Y 的开集 V 的 f 原像是 X 的开集. 因此开集概念在同胚映射下是保持不变的,它是拓扑概念,由它规定的闭集、闭包、邻域、内点等等概念都是拓扑概念. 用开集或其派生的拓扑概念来刻画的性质都是拓扑性质. 例如可分性是拓扑性质.

研究拓扑空间的同胚分类问题是拓扑学的一个基本问题. 拓扑性质对它起了重要作用. 例如 $(\boldsymbol{R}, \tau_f)$ 是可分的, $(\boldsymbol{R}, \tau_c)$ 不是可分的,从而它们不同胚.

习　　题

1. 设 $f: X \to Y$ 是映射,证明下列条件互相等价:

(1) f 是连续映射;

(2) 对 X 的任何子集 A, $f(\overline{A}) \subset \overline{f(A)}$;

(3) 对 Y 的任何子集 B, $\overline{f^{-1}(B)} \subset f^{-1}(\overline{B})$.

2. 设 B 是 Y 的子集, $i: B \to Y$ 是包含映射, $f: X \to B$ 是一映射,证明 f 连续 $\Longleftrightarrow i \circ f: X \to Y$ 连续.

3. 若 $f: X \to Y$ 是同胚映射, $A \subset X$,则 $f|A: A \to Y$ 是嵌入映射.

4. 证明下列几个空间互相同胚:

(1) $X_1 = \boldsymbol{E}^2 \setminus \{O\}$;

(2) $X_2 = \{(x, y, z) \in \boldsymbol{E}^3 \mid x^2 + y^2 = 1\}$;

(3) 单叶双曲面 $X_3 = \{(x, y, z) \in \boldsymbol{E}^3 \mid x^2 + y^2 - z^2 = 1\}$.

5. X 的覆盖 $\mathscr{C}$ 称为**局部有限**的,如果 $\forall x \in X$ 有邻域只与 $\mathscr{C}$ 中有限个成员相交. 设 $\mathscr{C}$ 是 X 的一个局部有限闭覆盖,映射 $f: X \to Y$ 在每个 $C \in \mathscr{C}$ 上的限制 f_C 连续,则 f 连续.

6. 设 $f: X \to Y$ 在 $x \in X$ 处连续,序列 $x_n \to x$,则

$$f(x_n) \to f(x).$$

7. 设 $f: X \to Y$ 是满的连续映射,其中 X 是可分的. 证明 Y 也是可分的.

8. 证明恒同映射 id：$(\boldsymbol{R},\tau_c)\to(\boldsymbol{R},\tau_f)$是连续映射，但不是同胚映射.

9. 规定 $f:\boldsymbol{E}^1\setminus[0,1)\to\boldsymbol{E}^1$ 为

$$f(x)=\begin{cases}x, & x<0,\\ x-1, & x\geqslant 1.\end{cases}$$

证明 f 是连续映射，但不是同胚映射.

10. 映射 $f:X\to Y$ 称为**开(闭)映射**，如果 f 把 X 的开(闭)集映为 Y 的开(闭)集. 举例说明开映射不一定是闭映射；闭映射也不一定是开映射.

11. 如果 $f:X\to Y$ 是一一对应，则 f 是开映射$\Longleftrightarrow f$ 是闭映射$\Longleftrightarrow f^{-1}$连续.

12. 设(X,d)是度量空间，A 是 X 的非空闭集. 规定 $f:X\to\boldsymbol{E}^1$ 为 $f(x)=d(x,A)=\inf\{d(x,a)\mid a\in A\}$. 证明 f 连续，并且

$$f(x)=0\Longleftrightarrow x\in A.$$

13. 设$(\boldsymbol{R},\tau)$是§1 第 3 题规定的拓扑空间，$f:(\boldsymbol{R},\tau)\to\boldsymbol{E}^1$ 连续，则 f 是常值映射.

§3 乘积空间与拓扑基

设 $\mathscr{B}$ 是 X 的一个子集族，规定新子集族

$$\begin{aligned}\overline{\mathscr{B}}:&=\{U\subset X\mid U\text{ 是 }\mathscr{B}\text{ 中若干成员的并集}\}\\&=\{U\subset X\mid\forall\, x\in U,\text{存在 }B\in\mathscr{B},\text{使得 }x\in B\subset U\}.\end{aligned}$$

称 $\overline{\mathscr{B}}$ 为 $\mathscr{B}$ 所**生成**的子集族. 显然 $\mathscr{B}\subset\overline{\mathscr{B}}$，$\varnothing\in\overline{\mathscr{B}}$.

设 X_1 和 X_2 是两个集合，记 $X_1\times X_2$ 为它们的笛卡儿积：

$$X_1\times X_2=\{(x_1,x_2)\mid x_i\in X_i\}.$$

规定 $j_i:X_1\times X_2\to X_i$ 为 $j_i(x_1,x_2)=x_i(i=1,2)$，称 j_i 为 $X_1\times X_2$ 到 X_i 的**投射**. 如果 $A_i\subset X_i(i=1,2)$，则 $A_1\times A_2\subset X_1\times X_2$. 容易验证：当 $A_i\subset X_i,B_i\subset X_i(i=1,2)$时，

$$(A_1\times A_2)\cap(B_1\times B_2)=(A_1\cap B_1)\times(A_2\cap B_2).$$

对于"$\cup$"运算,类似等式不成立.

3.1 乘积空间

设(X_1,τ_1)和(X_2,τ_2)是两个拓扑空间.现在要在笛卡儿积$X_1\times X_2$上规定一个与τ_1,τ_2密切相关的拓扑τ.具体地说,τ要使j_1和j_2都连续.并且是满足此要求的最小拓扑.

在具体给出τ的定义之前,我们先来考察τ应该含有哪些集合?

$\forall U_i\in\tau_i$,由于j_i连续,$j_i^{-1}(U_i)\in\tau$(定理1.1).若$U_1\in\tau_1,U_2\in\tau_2$,则

$$U_1\times U_2=(U_1\times X_2)\cap(X_1\times U_2)=j_1^{-1}(U_1)\cap j_2^{-1}(U_2)\in\tau.$$

构造$X_1\times X_2$的子集族$\mathscr{B}=\{U_1\times U_2\,|\,U_i\in\tau_i\}$,则所要构造的拓扑$\tau$包含$\mathscr{B}$.根据拓扑公理(2),$\tau$也一定包含$\overline{\mathscr{B}}$,因此$\tau$就是包含$\overline{\mathscr{B}}$的最小拓扑.

命题1.10 $\overline{\mathscr{B}}$是$X_1\times X_2$上的一个拓扑.

证明 显然$\overline{\mathscr{B}}$满足拓扑公理(1).

由$\overline{\mathscr{B}}$的定义看出,$\overline{\mathscr{B}}$中成员的任意并仍在$\overline{\mathscr{B}}$中,因此拓扑公理(2)也满足.下面验证满足拓扑公理(3).

设$W,W'\in\overline{\mathscr{B}}$,要证明$W\cap W'\in\overline{\mathscr{B}}$.$\forall(x_1,x_2)\in W\cap W'$,则$(x_1,x_2)\in W$,从而有$U_i\in\tau_i(i=1,2)$,使得$(x_1,x_2)\in U_1\times U_2\subset W$;同样,有$U_i'\in\tau_i$,使得$(x_1,x_2)\in U_1'\times U_2'\subset W'$.于是$(x_1,x_2)\in(U_1\times U_2)\cap(U_1'\times U_2')\subset W\cap W'$,而

$$(U_1\times U_2)\cap(U_1'\times U_2')=(U_1\cap U_1')\times(U_2\cap U_2')\in\mathscr{B}.$$

由$\overline{\mathscr{B}}$的定义,$W\cap W'\in\overline{\mathscr{B}}$.公理(3)满足. ▍

命题1.10说明$\overline{\mathscr{B}}$就是我们所要构造的拓扑τ.

定义1.10 称$\overline{\mathscr{B}}$为$X_1\times X_2$上的**乘积拓扑**,称$(X_1\times X_2,\overline{\mathscr{B}})$为$(X_1,\tau_1)$和$(X_2,\tau_2)$的**乘积空间**.简记为$X_1\times X_2$.

用类似的方法可以规定有限个拓扑空间$(X_i,\tau_i)(i=1,\cdots,n)$

的乘积空间 $X_1\times X_2\times\cdots\times X_n$，它的拓扑由 $\mathscr{B}=\{U_1\times U_2\times\cdots\times U_n \mid U_i\in\tau_i, i=1,\cdots,n\}$ 所生成，请读者自己验证.

拓扑空间的"乘积"运算具有结合律，即

$$X_1\times X_2\times X_3=(X_1\times X_2)\times X_3=X_1\times(X_2\times X_3).$$

无穷多个拓扑空间 $\{(X_\lambda,\tau_\lambda):\lambda\in\Lambda\}$ 的乘积空间的定义要麻烦一些. $\{X_\lambda:\lambda\in\Lambda\}$ 的笛卡儿积规定为

$$\prod_{\lambda\in\Lambda}X_\Lambda:=\Big\{f:\Lambda\to\bigsqcup_{\lambda\in\Lambda}X_\lambda \,\Big|\, f(\lambda)\in X_\lambda,\forall\ x\in\Lambda\Big\}.$$

这里记号 $\sqcup$ 表示集合族 $\{X_\lambda:\lambda\in\Lambda\}$ 的无交并(参见第 87 页). 其上的拓扑通常有两种，它们分别由 $\mathscr{B}_1=\Big\{\prod_{\lambda\in\Lambda}U_\lambda\,\Big|\,U_\lambda\in\tau_\lambda\Big\}$ 和 $\mathscr{B}_2=\Big\{\prod_{\lambda\in\Lambda}U_\lambda\,\Big|\,U_\lambda\in\tau_\lambda$，且除去有限个 λ 外，$U_\lambda=X_\lambda\Big\}$ 所生成. 最常用的是第二种，称为乘积拓扑(或 Тихонов 拓扑)，它保留有限乘积空间的更多的性质. 下面我们将只讨论有限乘积空间.

3.2 乘积空间的性质

由乘积拓扑的定义直接得到投射 $j_i:X_1\times X_2\to X_i$ 的连续性. j_i 还是开映射(习题 3). 设 Y 是任一拓扑空间，$f:Y\to X_1\times X_2$ 是一映射. 称 $f_i=j_i\circ f:Y\to X_i(i=1,2)$ 为 f 的两个**分量**(映射). 于是 f 与它的两个分量互相决定.

定理 1.3 对于任何拓扑空间 Y 和映射 $f:Y\to X_1\times X_2$，f 连续 $\Longleftrightarrow f$ 的分量都连续.

证明 $\Longrightarrow$. 因为 j_i 连续，所以当 f 连续时，复合映射 $f_i=j_i\circ f$ 也连续($i=1,2$).

$\Longleftarrow$. 设 $U_i\in\tau_i(i=1,2)$，则 $f_i^{-1}(U_i)$ 都是 Y 的开集. 容易看出 $f(y)\in U_1\times U_2\Longleftrightarrow f_i(y)\in U_i(i=1,2)$，因此 $f^{-1}(U_1\times U_2)=f_1^{-1}(U_1)\cap f_2^{-1}(U_2)$，它是 Y 的开集. 对于 $X_1\times X_2$ 中一般的开集 W，有 $W=\bigcup_{\alpha\in\mathscr{A}}U_{1,\alpha}\times U_{2,\alpha}$，其中 $U_{i,\alpha}\in\tau_i,\forall\ \alpha\in\mathscr{A}$. 于是

$$f^{-1}(W)=\bigcup_{\alpha\in\mathscr{A}} f^{-1}(U_{1,\alpha}\times U_{2,\alpha})$$

也是 Y 的开集. 因此 f 是连续的. ▌

对于任何多个拓扑空间的乘积空间(无穷情形用乘积拓扑), 定理同样成立. 还可证明, $X_1\times X_2$ 上使定理能成立的拓扑只有乘积拓扑.

推论 $\forall b\in X_2$, 由 $x\mapsto(x,b)$ 规定的映射 $j_b: X_1\to X_1\times X_2$ 是嵌入映射.

证明 须要验证 $i_b: X_1\to i_b(X_1)=X_1\times\{b\}$ 是同胚. 它显然是一一对应. i_b^{-1} 是 j_1 在 $X_1\times\{b\}$ 上的限制, 因此是连续的. i_b 的两个分量分别是恒同映射 $\mathrm{id}: X_1\to X_1$ 和 X_1 到 X_2 的常值映射(把 X_1 映为 $\{b\}$), 都是连续的. 由定理 1.3 推出 i_b 是连续的. ▌

3.3 拓扑基

乘积拓扑是用一个特定的子集族生成的. 这种规定拓扑的方法在度量空间中已经用过. 度量空间的开集是球形邻域的并集, 也就是说度量空间的球形邻域族生成了度量拓扑. 拓扑基就是从以上方法中抽象出的一个一般性概念.

定义 1.11 称集合 X 的子集族 $\mathscr{B}$ 为**集合 X 的拓扑基**, 如果 $\overline{\mathscr{B}}$ 是 X 的一个拓扑; 称拓扑空间 (X,τ) 的子集族 $\mathscr{B}$ 为这个**拓扑空间的拓扑基**, 如果 $\overline{\mathscr{B}}=\tau$.

这里提出了两个有联系的不同概念: 集合的拓扑基和拓扑空间的拓扑基. 前者只要求 $\overline{\mathscr{B}}$ 是集合 X 的一个拓扑, 而后者要求 $\overline{\mathscr{B}}$ 是 X 原有的拓扑 τ. 这两个概念的判断方法也不一样.

命题 1.11 $\mathscr{B}$ 是集合 X 的拓扑基的充分必要条件是:

(1) $\bigcup\limits_{B\in\mathscr{B}} B=X$;

(2) 若 $B_1,B_2\in\mathscr{B}$, 则 $B_1\cap B_2\in\overline{\mathscr{B}}$ (也就是 $\forall x\in B_1\cap B_2$, 存在 $B\in\mathscr{B}$, 使得 $x\in B\subset B_1\cap B_2$).

证明 必要性显然. 下面证充分性, 即当(1)和(2)成立时验证

$\overline{\mathscr{B}}$满足拓扑公理.

$\overline{\mathscr{B}}$的定义蕴涵它满足拓扑公理(2),并且$\varnothing\in\overline{\mathscr{B}}$. 条件(1)说明 $X\in\overline{\mathscr{B}}$. 因此$\overline{\mathscr{B}}$也满足拓扑公理(1). 设$U,U'\in\overline{\mathscr{B}}$. 记$U=\bigcup\limits_{\alpha}B_\alpha$, $U'=\bigcup\limits_{\beta}B'_\beta$,其中$B_\alpha,B'_\beta\in\mathscr{B}$, $\forall\alpha,\beta$,则$U\cap U'=\bigcup\limits_{\alpha,\beta}(B_\alpha\cap B'_\beta)$. 由条件(2),得$B_\alpha\cap B'_\beta\in\overline{\mathscr{B}}$,$\forall\alpha,\beta$. 再由拓扑公理(2),推出$U\cap U'\in\overline{\mathscr{B}}$. 于是拓扑公理(3)成立. ▌

例 1 规定$\boldsymbol{R}$的子集族$\mathscr{B}=\{[a,b)\mid a<b\}$. 显然$\mathscr{B}$满足命题 1.11 中条件(1). 任取$[a_1,b_1)$,$[a_2,b_2)$,若$x\in[a_1,b_1)\cap[a_2,b_2)$,记$a=\max\{a_1,a_2\}$,$b=\min\{b_1,b_2\}$,于是$a\leqslant x<b$. 则$[a,b)\in\mathscr{B}$,并且$x\in[a,b)\subset[a_1,b_1)\cap[a_2,b_2)$. 因此命题 1.11 中条件(2)也满足. 这样,$\mathscr{B}$是$\boldsymbol{R}$上的一个拓扑基.

令$\mathscr{B}'=\{[a,b)\mid a<b,b$是有理数$\}$. 则同样可证$\mathscr{B}'$是$\boldsymbol{R}$上的拓扑基. 因为$\mathscr{B}'\subset\mathscr{B}$,所以$\overline{\mathscr{B}'}\subset\overline{\mathscr{B}}$. 另一方面,不难验证$\mathscr{B}\subset\overline{\mathscr{B}'}$,并由此得出$\overline{\mathscr{B}}\subset\overline{\mathscr{B}'}$. 这样$\mathscr{B}$与$\mathscr{B}'$生成相同的拓扑. 一般地,当两个拓扑基生成相同的拓扑时,就称它们是**等价**的.

命题 1.12 $\mathscr{B}$是拓扑空间(X,τ)的拓扑基的充分必要条件为:

(1) $\mathscr{B}\subset\tau$(即$\mathscr{B}$的成员是开集);

(2) $\tau\subset\overline{\mathscr{B}}$(即每个开集都是$\mathscr{B}$中一些成员的并集).

证明 必要性显然.

由条件(1)与(2)推出$\overline{\mathscr{B}}=\tau$,从而$\mathscr{B}$是$(X,\tau)$的拓扑基. 充分性得证. ▌

例 2 若$\mathscr{B}$是(X,τ)的拓扑基,$A\subset X$. 规定$\mathscr{B}_A:=\{A\cap B\mid B\in\mathscr{B}\}$. 它是$A$的子集族. 显然命题 1.12 的条件(1)成立. 设V是A的开集,则有$U\in\tau$,使$V=A\cap U$. 设$U=\bigcup\limits_{\alpha}B_\alpha$,$B_\alpha\in\mathscr{B}$,则$V=\bigcup\limits_{\alpha}A\cap B_\alpha\in\overline{\mathscr{B}_A}$. 于是$\mathscr{B}_A$满足命题 1.12 条件(2). 因此$\mathscr{B}_A$是$(A,\tau_A)$的拓扑基.

例 3 设 $\boldsymbol{R}$ 的子集族 $\mathscr{B}=\{(a,b)\mid a<b,a,b$ 为有理数$\}$. 则 $\mathscr{B}$ 是 $\boldsymbol{E}^1$ 的拓扑基(请读者自己验证).

设 $\mathscr{B}$ 是拓扑空间 X 的拓扑基,$x\in A\subset X$,则 A 是 x 的邻域 $\Longleftrightarrow$ 存在 $B\in\mathscr{B}$,使得 $x\in B\subset A$(请读者自己证明). 于是,许多概念可利用拓扑基来刻画. 例如:

x 是 A 的聚点 $\Longleftrightarrow \mathscr{B}$ 中每个包含 x 的成员与 $A\setminus\{x\}$ 有交点;

$x\in\overline{A}\Longleftrightarrow\mathscr{B}$ 中每个包含 x 的成员与 A 有交点;

$f:Y\to X$ 连续 $\Longleftrightarrow\forall B\in\mathscr{B}$,$f^{-1}(B)$是 Y 的开集.

当 $\mathscr{B}$ 中成员的形式比较"规范"时(如度量空间中的球形邻域或乘积空间中 $U_1\times U_2$ 形式的开集),以上概念的检验就往往要方便得多.

习 题

1. 设 A,B 分别是 X,Y 的闭集,证明 $A\times B$ 是乘积空间 $X\times Y$ 的闭集.

2. 设 $A\subset X,B\subset Y$,证明在乘积空间 $X\times Y$ 中,

(1) $\overline{A\times B}=\overline{A}\times\overline{B}$;

(2) $(A\times B)^\circ=\mathring{A}\times\mathring{B}$.

3. 证明投射 $j_i:X_1\times X_2\to X_i(i=1,2)$是开映射.

4. 设 $f:X\to Y$ 是连续映射,规定 $F:X\to X\times Y$ 为 $F(x)=(x,f(x))$,$\forall x\in X$. 证明 F 是嵌入映射.

5. 设 X 与 Y 都是可分空间,证明 $X\times Y$ 也是可分的.

6. 设 $A_i\subset X_i(i=1,2)$. 证明 $A_1\times A_2$ 作为 $X_1\times X_2$ 子空间的拓扑就是 A_1 与 A_2 的乘积空间的拓扑.

7. 拓扑空间 X 到 $\boldsymbol{E}^1$ 的映射称为 X 上的**函数**. 设 f 和 g 都是 X 上的连续函数,证明 $f\pm g$ 和 $f\cdot g$(分别用$(f\pm g)(x)=f(x)\pm g(x)$和 $f\cdot g(x)=f(x)g(x)$定义)都是 X 上的连续函数.

8. 证明 $\mathscr{B}=\{(-\infty,a)\mid a$ 是有理数$\}$是 $\boldsymbol{R}$ 上的拓扑基. 写出

$\mathscr{B}$ 生成的拓扑.

9. 设 $\boldsymbol{R}$ 的子集族 $\mathscr{B}=\{[a,b)\mid a<b\}$. 证明在($\boldsymbol{R},\overline{\mathscr{B}}$)中，$[a,b)$既是开集，又是闭集.

10. 设 $\mathscr{B}_i$ 是拓扑空间(X_i,τ_i)的拓扑基$(i=1,2)$. 证明 $\mathscr{B}=\{B_1\times B_2\mid B_i\in\mathscr{B}_i\}$是乘积空间 $X_1\times X_2$ 的拓扑基.

11. 设 $\mathscr{C}$ 是 X 的一个覆盖，规定 X 的子集族 $\mathscr{B}=\{B\mid B$ 是 $\mathscr{C}$ 中有限个成员的交集$\}$. 证明 $\mathscr{B}$ 是集合 X 的一个拓扑基.(称 $\mathscr{C}$ 是 $\mathscr{B}$ 的子拓扑基.)

第二章　几个重要的拓扑性质

本章介绍几个常用的拓扑性质:分离性、可数性、紧致性和连通性.前两种性质也可以看作拓扑公理的补充;后两种性质在分析学中已出现过,它们有很强的几何直观性,是拓扑学中最基本的性质.

§1　分离公理与可数公理

在第一章中已经看到,欧氏空间和度量空间中有些熟知的性质在一般拓扑空间中可能要失去.这说明拓扑公理只是概括了度量拓扑最基本的性质,而不是全部性质.有时,这种不足会带来不方便.分离性和可数性常作为附加性质,弥补拓扑公理的不足.因此它们本身也被称为公理.有两个**可数公理**和一系列**分离公理**.这里介绍这两个可数公理和四个较常用的分离公理:T_1,T_2,T_3 和 T_4 公理.

1.1　T_1 公理和 T_2 公理

分离公理都是关于两个点(或闭集)能否用邻域来分隔的性质,是对拓扑空间的附加要求.

T_1 公理　任何两个不同点 x 与 y,x 有邻域不含 y,y 有邻域不含 x.

T_2 公理　任何两个不同点有不相交的邻域.

不难看出这里"邻域"可改成"开邻域",而公理的含义不变.

显然满足 T_2 公理也一定满足 T_1 公理,但从 T_1 公理推不出 T_2 公理.例如($\boldsymbol{R}$,τ_f)满足 T_1 公理,因为 $x\neq y$ 时,$\boldsymbol{R}\setminus\{y\}$就是 x 的

邻域,它不包含 y;而 $\boldsymbol{R}\backslash\{x\}$ 是 y 的不含 x 的邻域. 但是 x 与 y 的邻域一定相交(它们都是有限集的余集),因此$(\boldsymbol{R},\tau_f)$不满足 T_2 公理.

下面的命题更加清楚地阐明了 T_1 公理的意义.

命题 2.1 X 满足 T_1 公理$\Longleftrightarrow X$ 的有限子集是闭集.

证明 $\Longrightarrow$. 只须证单点集是闭集. 取 $x\in X$. 当 $y\neq x$ 时,T_1 公理说 y 有邻域不含 x,因此 $y\overline{\in}\overline{\{x\}}$. 于是$\overline{\{x\}}=\{x\}$,$\{x\}$为闭集.

$\Longleftarrow$. 设 $x\neq y$,因为$\{y\}$是闭集,所以 $X\backslash\{y\}$是 x 的开邻域,它不含 y. 同样,$X\backslash\{x\}$是 y 的不含 x 的开邻域. ▍

推论 若 X 满足 T_1 公理,$A\subset X$,点 x 是 A 的聚点,则 x 的任一邻域与 A 的交是无穷集.

证明 用反证法. 设 x 有邻域 U,$U\cap A$ 是有限集,不妨设 U 是开集. 记 $B=(U\cap A)\backslash\{x\}$,它是有限集,因此是闭集. 于是,$U\backslash B=U\cap B^c$仍是 x 的开邻域,它不含 $A\backslash\{x\}$中点,这与 $x\in A'$ 矛盾. ▍

T_2 公理是最重要的分离公理. 满足 T_2 公理的拓扑空间称为 Hausdorff **空间**. 以后我们会见到它的许多应用. 下面的命题表明它在改善序列收敛性方面的作用.

命题 2.2 Hausdorff 空间中,一个序列不会收敛到两个以上的点.

证明 设 Hausdorff 空间 X 中的序列$\{x_n\}$收敛到 x_0,又设 $x\neq x_0$,要证明 $x_n\not\to x$. 取 x_0 和 x 的不相交邻域 U 和 V. 因为 $x_n\to x_0$,所以 U 中含$\{x_n\}$的几乎所有项. 于是 V 最多只能含$\{x_n\}$的有限个项,从而 $x_n\not\to x$. ▍

1.2 T_3 公理和 T_4 公理

T_3 公理 任意一点与不含它的任一闭集有不相交的(开)邻域.

T_4 公理 任意两个不相交的闭集有不相交的(开)邻域.

(当 $A\subset\mathring{U}$ 时,说 U 是集合 A 的邻域).

如果 X 满足 T_1 公理,则它的单点集是闭集,因此 T_3 公理推出 T_2 公理,T_4 公理推出 T_3 公理. 然而没有 T_1 公理的前提时,上述关系不成立. 例如在$(\boldsymbol{R},\tau)$($\tau=\{(-\infty,a)\mid-\infty\leqslant a\leqslant+\infty\}$)中,任何两个非空闭集都相交. 因此若 A 与 B 是不相交的闭集,则其中有一为空集,设 $B=\varnothing$,于是 $\boldsymbol{R}$ 与 $\varnothing$ 是它们的不相交邻域. 这说明了$(\boldsymbol{R},\tau)$满足 T_4 公理,而它不满足 T_1、T_2 和 T_3 公理(请读者自己检验).

命题 2.3 度量空间(X,d)满足 T_i 公理($i=1,2,3,4$).

证明 显然(X,d)中单点集(从而有限集)是闭集,因此它满足 T_1 公理. 只须再验证它满足 T_4 公理.

设 A,B 是不相交闭集,不妨设它们都不是$\varnothing$. $\forall x\in X$,则 $d(x,A)+d(x,B)>0$(见第一章 §2 习题第 12 题). 规定 X 上连续函数 f 为

$$f(x)=\frac{d(x,A)}{d(x,A)+d(x,B)}.$$

则当 $x\in A$ 时,$f(x)=0$;$x\in B$ 时,$f(x)=1$. 任取实数 $t\in(0,1)$,则 $f^{-1}((-\infty,t))$和 $f^{-1}((t,+\infty))$是 A 和 B 的不相交邻域. ▌

下面是 T_3,T_4 公理的另一种描述形式,它们在许多场合用起来更方便.

命题 2.4 (1) 满足 T_3 公理$\Longleftrightarrow$任意点 x 和它的开邻域 W,存在 x 的开邻域 U,使得 $\overline{U}\subset W$.

(2) 满足 T_4 公理$\Longleftrightarrow$任意闭集 A 和它的开邻域 W,有 A 的开邻域 U,使得 $\overline{U}\subset W$.

证明 (1)和(2)的证明方法是相同的. 下面只给出(2)的证明.

$\Longleftarrow$. 设 A 与 B 是不相交的闭集,则 B^c 是 A 的开邻域. 由条件,存在 A 的开邻域 U,$\overline{U}\subset B^c$. 记 $V=(\overline{U})^c$,则 V 是开集,$B\subset$

V,并且 $U\cap V=\varnothing$(见图 2-1(a)).

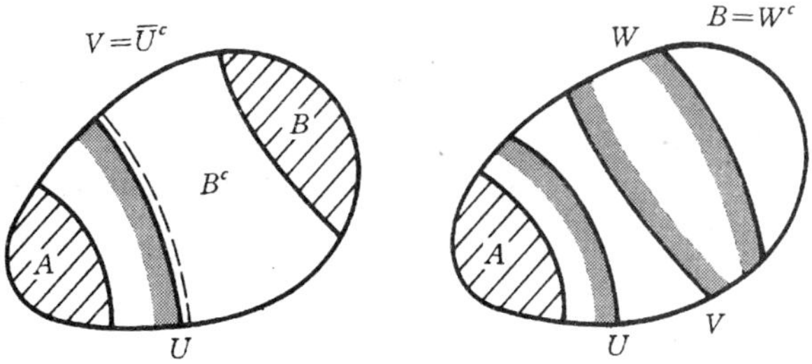

(a) (b)

图 2-1

$\Longrightarrow$. 记 $B=W^c$,则 A 与 B 为不相交的闭集. 由 T_4 公理,存在 A 与 B 的不相交的开邻域 U 与 V. 则 U 即为所求(因为 $\overline{U}\subset V^c\subset B^c=W$,见图 2-1(b)). ▌

许多拓扑书里有**正规空间**和**正则空间**的概念,但它们的含义是不统一的. 有的书中把满足 $T_4(T_3)$公理的拓扑空间称为正规(则)空间,而另一些书则还要求满足 T_1 公理. 本书中将避开这两个术语.

1.3 可数公理

可数公理有两个:**第一可数公理**和**第二可数公理**,分别简称 **C_1 公理**和 **C_2 公理**(也有称作 A_1 公理和 A_2 公理). 满足 C_i 公理的拓扑空间称为 **C_i 空间**. C_2 空间也称**完全可分空间**.

为了定义 C_1 公理,先要介绍邻域基的概念.

设 $x\in X$. 把 x 的所有邻域的集合称为 x 的**邻域系**,记作 $\mathscr{N}(x)$. $\mathscr{N}(x)$的一个子集(即 x 的一族邻域)$\mathscr{U}$ 称为 x 的一个**邻域基**,如果 x 的每个邻域至少包含 $\mathscr{U}$ 中的一个成员. 例如 $\mathscr{N}(x)$ 本身是 x 的一个邻域基;x 的所有开邻域构成 x 的一个邻域基;若 $\mathscr{B}$ 是拓扑空间 X 的拓扑基,则 $\mathscr{U}=\{B\in\mathscr{B}\mid x\in B\}$也是 x 的邻域

基. 对于度量空间(X,d)，以 x 为心的全部球形邻域的集合$\{B(x,\varepsilon)|\varepsilon>0\}$是 x 的邻域基；$\{B(x,q)|q$ 为正有理数$\}$和$\{B(x,1/n)|n$ 为自然数$\}$也都是 x 的邻域基.

C_1 公理 任一点都有可数的邻域基.

例如度量空间满足 C_1 公理，$\{B(x,q)|q$ 是正有理数$\}$和$\{B(x,1/n)|n$ 是自然数$\}$都是 x 的可数邻域基. $(\boldsymbol{R},\tau_f)$不是 C_1 空间. 设 $x\in\boldsymbol{R}$，则 x 的任何可数邻域族 $\mathscr{U}$ 都不是 x 的邻域基($\forall U\in\mathscr{U}$ 都是有限集的余集，因此 $\bigcup\limits_{U\in\mathscr{U}}U^c$ 是可数集，取 $y\overline{\in}\bigcup\limits_{U\in\mathscr{U}}U^c$ 且 $y\neq x$，则$\forall U\in\mathscr{U}$，$y\in U$. 于是 $\boldsymbol{R}\setminus\{y\}$是 x 的开邻域，它不包含任一 $U\in\mathscr{U}$.).

命题 2.5 如果 X 在 x 处有可数邻域基，则 x 有可数邻域基$\{V_n\}$，使得 $m>n$ 时，$V_m\subset V_n$.

证明 先任取 x 的一个可数邻域基$\{U_n\}$. 规定 $V_n=\bigcap\limits_{i=1}^{n}U_i$，$\forall n\in\boldsymbol{N}$. 则 $V_n\subset U_n$，从而$\{V_n\}$也是可数邻域基. 显然，$m>n$ 时，$V_m\subset V_n$. ▍

命题 2.6 若 X 是 C_1 空间，$A\subset X$，$x\in\overline{A}$，则 A 中存在收敛到 x 的序列.

证明 取 x 处的可数邻域基$\{V_n\}$，使得 $m>n$ 时，$V_m\subset V_n$(见命题 2.5). 因为 $x\in\overline{A}$，所以 $V_n\cap A\neq\varnothing$. 取 $x_n\in V_n\cap A$，$\forall n$，得到 A 中的序列$\{x_n\}$. 任取 x 的邻域 U，则存在 n，使 $V_n\subset U$，从而 $V_m\subset U$，$\forall m\geqslant n$. 于是 $x_m\in U$，$\forall m\geqslant n$. 按收敛的定义，有 $x_n\to x$. ▍

推论 若 X 是 C_1 空间，$x_0\in X$，映射 $f: X\to Y$ 满足：当 $x_n\to x_0$ 时，$f(x_n)\to f(x_0)$，则 f 在 x_0 连续.

证明 用反证法. 如果 f 在 x_0 不连续，则存在 $f(x_0)$的邻域 V，使得 $f^{-1}(V)$不是 x_0 的邻域，即 $x_0\in\overline{(f^{-1}(V))^c}$. 根据命题 2.6，有$(f^{-1}(V))^c$ 中序列$\{x_n\}$，$x_n\to x_0$. 由条件，$f(x_n)\to f(x_0)$. 于是，对几乎所有 n，$f(x_n)\in V$，$x_n\in f^{-1}(V)$，矛盾. ▍

C_2 公理 有可数拓扑基.

这里指拓扑空间 X 有可数拓扑基. C_2 公理是一个很强的要求,以至某些度量空间也不是 C_2 空间. 例如在 $\boldsymbol{R}$ 中,规定度量 d 为

$$d(x,y)=\begin{cases}0, & x=y,\\ 1, & x\neq y.\end{cases}$$

则$(\boldsymbol{R},d)$是离散拓扑空间,任何一点都是开集. 于是它的任一拓扑基必须以每个单点集$\{x\}$为其成员,因此一定是不可数的.

C_2 空间一定也是 C_1 空间. 事实上,若 X 有可数拓扑基 $\mathscr{B}$,则任意点 x 有可数邻域基$\{B\in\mathscr{B}\mid x\in B\}$.

C_2 空间是可分空间. 设 X 有一可数拓扑基$\{B_n\}$,在每个 B_n(除非它是空集)中取一点 x_n,则集合$\{x_n\}$是 X 的可数稠密子集. 反过来可分空间不一定是 C_2 空间(习题 18 给出一个可分 C_1 空间,但它不是 C_2 空间).

命题 2.7 可分度量空间是 C_2 空间.

证明 设(X,d)是可分度量空间. A 是它的一个可数稠密子集. 记 $\mathscr{B}=\left\{B\left(a,\dfrac{1}{n}\right)\middle| a\in A, n\text{ 为自然数}\right\}$,则 $\mathscr{B}$ 是一个可数开集族. 下面验证 $\mathscr{B}$ 是(X,d)的拓扑基,为此只须说明任一开集 $U\in\overline{\mathscr{B}}$ 和$\forall x\in U$,存在 $a\in A$ 和自然数 n,使得 $x\in B(a,1/n)\subset U$. 取 $\varepsilon>0$,使得 $B(x,\varepsilon)\subset U$. 取 $n>2/\varepsilon$, $a\in A$,使得 $d(x,a)<1/n$,则 $x\in B(a,1/n)$. 若 $y\in B(a,1/n)$,则 $d(a,y)<1/n$. 由三角不等式知 $d(x,y)<2/n<\varepsilon$,从而 $y\in B(x,\varepsilon)$. 于是 $B(a,1/n)\subset B(x,\varepsilon)\subset U$(见图 2-2). ▌

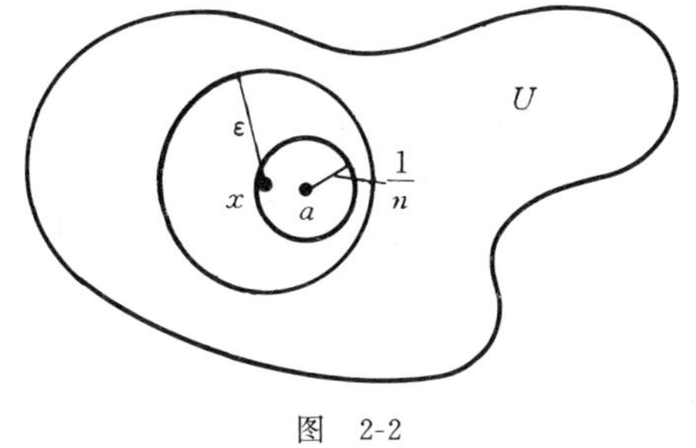

图 2-2

欧氏空间 $\boldsymbol{E}^n$ 是可分

的($A=\{(x_1,x_2,\cdots,x_n)\mid\forall i,x_i$ 为有理数$\}$是 $\boldsymbol{E}^n$ 的可数稠密子集),因此满足 C_2 公理.

例　Hilbert 空间 E^ω 是一个度量空间.在所有平方收敛的实数序列构成的线性空间中,规定内积

$$(\{x_n\},\{y_n\})=\sum_{n=1}^{\infty}x_ny_n,$$

它决定度量 ρ:

$$\rho(\{x_n\},\{y_n\})=\sqrt{\sum_{n=1}^{\infty}(x_n-y_n)^2},$$

得到的度量空间就是 E^ω.

记 $A=\{\{x_n\}\in E^\omega\mid x_n$ 为有理数,且只有有限个不是 $0\}$,则 A 是 E^ω 的可数稠密集,因此 E^ω 可分,是 C_2 空间.

下面的定理体现了 C_2 公理的威力.

定理 2.1(Lindelöf 定理)　若拓扑空间 X 满足 C_2,T_3 公理,则它也满足 T_4 公理.

证明　取定 X 的一个可数拓扑基 $\mathscr{B}$.设 F 和 F' 是不相交的闭集,构造它们的不相交邻域如下:

$\forall x\in F$,则 $x\overline{\in}F'$.由 T_3 公理,有 x 和 F' 的不相交邻域 W 和 W',于是 $\overline{W}\cap F'=\varnothing$.取 $B\in\mathscr{B}$,使得 $x\in B\subset W$,则 $\overline{B}\cap F'=\varnothing$.记 $\{B_1,B_2,\cdots\}$ 是 $\mathscr{B}$ 中所有闭包与 F' 不相交的成员,上面已证明 $F\subset\bigcup_{n=1}^{\infty}B_n$.记 $\{B_1',B_2',\cdots\}$ 是 $\mathscr{B}$ 中所有闭包与 F 不相交的成员,则 $F'\subset\bigcup_{n=1}^{\infty}B_n'$.

记 $U_n=B_n\setminus\bigcup_{i=1}^{n}\overline{B}_i'$,$V_n=B_n'\setminus\bigcup_{i=1}^{n}\overline{B}_i$ $(n=1,2,\cdots)$,则 U_n 和 V_n 都是开集,并且 $\forall n,m,U_n\cap V_m=\varnothing$(请读者验证).令 $U=\bigcup_{n=1}^{\infty}U_n$,$V=\bigcup_{n=1}^{\infty}V_n$,则 $U\cap V=\bigcup_{n,m=1}^{\infty}(U_n\cap V_m)=\varnothing$.设

$x \in F$，则存在 n，使 $x \in B_n$，从而 $x \in U_n \subset U$. 因此 U 是 F 的开邻域，同理 V 是 F' 的开邻域. U 和 V 是 F 和 F' 的不相交邻域. ▌

1.4 拓扑性质的遗传性与可乘性

一种拓扑性质称为有**遗传性**的，如果一个拓扑空间具有它时，子空间也必具有它；一种拓扑性质称为有**可乘性**的，如果两个空间都具有它时，它们的乘积空间也具有它.

例如可分性是可乘的(第一章 § 3 习题 5)，但没有遗传性(反例见本节习题 18). 在分离性中，T_1，T_2 和 T_3 公理都有遗传性和可乘性，证明留作习题. T_4 公理这两种性质都不具有. 两个可数公理也都有遗传性和可乘性.

习　题

1. 称 X 满足 T_0 公理，如果对 X 中任意两点，必有一开集只包含其中一点. 试举出满足 T_0 公理，不满足 T_1 公理的拓扑空间的例子.

2. 如果 X 满足 T_0 公理和 T_3 公理，则它也满足 T_2 公理.

3. 设 X 满足 T_1 公理，证明 X 中任一子集的导集是闭集.

4. 设 X 是 Hausdorff 空间，$f: X \to X$ 连续，则 f 的不动点集 $\mathrm{Fix} f := \{x \in X \mid f(x) = x\}$ 是 X 的闭子集.

5. 设 Y 是 Hausdorff 空间，$f: X \to Y$ 连续，则 f 的图像 $G_f := \{(x, f(x)) \mid x \in X\}$ 是 $X \times Y$ 的闭子集.

6. 记 $X \times X$ 的对角子集 $\Delta := \{(x, x) \mid x \in X\}$. 证明当 Δ 是 $X \times X$ 的闭集时，X 是 Hausdorff 空间.

7. 证明 Hausdorff 空间的子空间也是 Hausdorff 空间.

8. 证明两个 Hausdorff 空间的乘积空间也是 Hausdorff 空间.

9. 设 X 满足 T_3 公理，F 为 X 的闭子集，$x \overline{\in} F$. 证明存在 F 和 x 的开邻域 U 和 V，使得 $\overline{U} \cap \overline{V} = \varnothing$.

10. 设 $f: X \to Y$ 是满的闭连续映射，X 满足 T_4 公理，则 Y 也满足 T_4 公理.

11. 设 $f: X \to Y$ 是映射，$x \in X$，$\mathscr{V}$ 是 $f(x)$ 的一个邻域基. 证明：如果 $\forall V \in \mathscr{V}$，$f^{-1}(V)$ 是 x 的邻域，则 f 在 x 连续.

12. 证明：如果 X 是 C_1 空间，并且它的序列最多只能收敛到一个点，则 X 是 Hausdorff 空间.

13. 证明 T_3 公理有可乘性和遗传性.

14. 证明 C_2 公理有可乘性和遗传性.

15. 证明可分度量空间的子空间也是可分的.

16. 记 $\mathscr{B}=\{[a,b) \mid a<b\}$. 证明拓扑空间 $(\boldsymbol{R},\overline{\mathscr{B}})$ 不是 C_2 空间.

17. 记 $\tau=\{(-\infty,a) \mid -\infty \leqslant a \leqslant +\infty\}$. 证明 $(\boldsymbol{R},\tau)$ 是 C_2 空间，写出它的一个可数拓扑基.

18. 记 S 是全体无理数的集合. 在实数集 $\boldsymbol{R}$ 上规定子集族 $\tau=\{U \backslash A \mid U$ 是 $\boldsymbol{E}^1$ 的开集，$A \subset S\}$.

(1) 验证 τ 是 $\boldsymbol{R}$ 上的拓扑；

(2) 验证 $(\boldsymbol{R},\tau)$ 满足 T_2 公理，但不满足 T_3 公理；

(3) 证明 $(\boldsymbol{R},\tau)$ 是满足 C_1 公理的可分空间；

(4) 证明 τ 在 S 上诱导的子空间拓扑 τ_S 是离散拓扑，从而 (S,τ_S) 是不可分的；

(5) 说明 $(\boldsymbol{R},\tau)$ 不满足 C_2 公理.

§2 Урысон 引理及其应用

本节介绍从分离公理和可数公理引出的较深刻的结果. Урысон 引理和 Tietze 扩张定理分别给出 T_4 公理的两个等价条件；度量化定理表明，分离公理和可数公理在改善拓扑空间的性质方面已走得多远.

2.1 Урысон 引理(Urysohn 引理)

定理 2.2(Урысон 引理) 如果拓扑空间 X 满足 T_4 公理,则对于 X 的任意两个不相交闭集 A 和 B,存在 X 上的连续函数 f,它在 A 和 B 上分别取值为 0 和 1.

证明 记 $\boldsymbol{Q}_I$ 是[0,1]中的有理数的集合,它是一个可数集. 证明分两步.

(1) 用归纳法①构造开集族 $\{U_r: r\in\boldsymbol{Q}_I\}$,使得

(i) 当 $r<r'$ 时,$\overline{U}_r\subset U_{r'}$;

(ii) $\forall r\in\boldsymbol{Q}_I, A\subset U_r\subset B^c$.

作法如下. 将 $\boldsymbol{Q}_I$ 随意地排列为 $\{r_1,r_2,\cdots\}$,只须使 $r_1=1, r_2=0$. 然后对 n 归纳地构造 U_{r_n}. 取 $U_{r_1}=B^c$,它是 A 的开邻域. 根据命题 2.4,可构造 U_{r_2}是 A 的开邻域,$\overline{U}_{r_2}\subset U_{r_1}$.

设 $U_{r_1}, U_{r_2},\cdots, U_{r_n}$ 已构造,它们满足(i)和(ii). 记 $r_{i(n)}=\max\{r_l \mid l\leqslant n, r_l<r_{n+1}\}$, $r_{j(n)}=\min\{r_l \mid l\leqslant n, r_l>r_{n+1}\}$,则 $r_{i(n)}<r_{j(n)}$. 因此 $\overline{U}_{r_{i(n)}}\subset U_{r_{j(n)}}$. 作 $U_{r_{n+1}}$是 $\overline{U}_{r_{i(n)}}$的开邻域,并且 $\overline{U}_{r_{n+1}}\subset U_{r_{j(n)}}$ (见图 2-3). 容易验证 $U_{r_1}, U_{r_2},\cdots, U_{r_n}, U_{r_{n+1}}$ 仍满足(i)和(ii). $\{U_r\}$

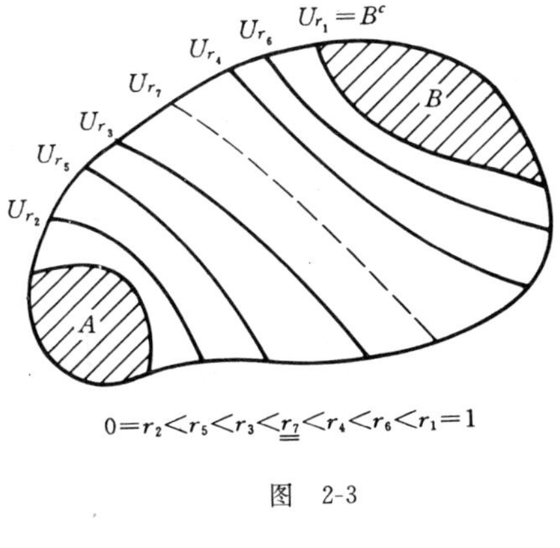

图 2-3

① 确切地说,是用递归定义原理,而不是普通的归纳法.

的定义完成.

(2) 规定函数 $f: X \to \boldsymbol{E}^1$ 为: $\forall x \in X$,

$$f(x) = \sup\{r \in \boldsymbol{Q}_I \mid x \overline{\in} U_r\} = \inf\{r \in \boldsymbol{Q}_I \mid x \in U_r\}.$$

这里给出 $f(x)$的两个定义式,如果$\forall r, x \overline{\in} U_r$,则用第一式;如果$\forall r, x \in U_r$,则用第二式;余下的情形,两式的值是相等的. 因为 $A \subset U_r, \forall r \in \boldsymbol{Q}_I$,所以 f 在 A 上各点的值都为 0;类似地,f 在 B 上各点取值 1. 现在只剩下 f 连续性的验证了,为此只用说明对任何开区间(a,b),$f^{-1}(a,b)$是 X 的开集,即它的每一点都是内点.

根据 f 的定义,$\forall r \in \boldsymbol{Q}_I$,(a) 若 $x \in U_r$,则 $f(x) \leqslant r$;(b) 若 $x \overline{\in} U_r$,则 $f(x) \geqslant r$. 从 f 的定义还可看出,$0 \leqslant f(x) \leqslant 1, \forall x \in X$.

设 $x \in f^{-1}(a,b)$,即 $a < f(x) < b$. 要证 x 有开邻域包含在 $f^{-1}(a,b)$中.

如果 $f(x) \neq 0,1$,则可取 $r, r', r'' \in \boldsymbol{Q}_I$,使得 $a < r' < r'' < f(x) < r < b$. 由(a)知, $x \overline{\in} U_{r''}$, 从而 $x \overline{\in} \overline{U}_{r'}$; 由(b)知, $x \in U_r$, 因此 $U_r \cap \overline{U}_{r'}^c$是 x 的开邻域. $\forall y \in U_r \cap \overline{U}_{r'}^c$,(a)与(b)说明 $a < r' \leqslant f(y) \leqslant r < b$,因此 $U_r \cap \overline{U}_{r'}^c \subset f^{-1}(a,b)$.

如果 $f(x)=0$,则 $a<0$,取 $r<b$,则 $x \in U_r \subset f^{-1}(a,b)$.

如果 $f(x)=1$,则 $b>1$,取 $a<r'<r''$,则 $x \in \overline{U}_{r'}^c \subset f^{-1}(a,b)$.

∎

显然,当对于 A,B 有定理中所说的连续函数时,A,B 有不相交的邻域. 因此 Урысон 引理的结论是 T_4公理的等价条件.

2.2 Tietze 扩张定理

分析学中有连续延拓定理①:定义在 $\boldsymbol{E}^1$ 的某个闭集上的有界连续函数可延拓为定义在 $\boldsymbol{E}^1$ 上的连续函数. 利用 Урысон 引理,可以推广这个定理为 Tietze 扩张定理.

---

① 参见周民强编著的《实变函数》(第二版,北京大学出版社,1996),第 50 页定理 1.28.

定理 2.3(Tietze 扩张定理) 如果 X 满足 T_4 公理,则定义在 X 的闭子集 F 上的连续函数可连续地扩张到 X 上.

证明 我们分两步证明:先对有界连续函数证明,然后推广到一般连续函数.

(1) 设 $f: F \to \boldsymbol{E}^1$ 连续,且 $f(F) \subset [-1,1]$. 记 $A = f^{-1}([-1,-1/3])$, $B = f^{-1}([1/3,1])$,则 A,B 是 F 的不相交闭子集. 因为 F 是 X 的闭集,所以 A,B 也是 X 的闭集. 用 Урысон 引理,可作 X 上连续函数 φ_1,使得 $\varphi_1(X) \subset [-1/3,1/3]$,并且 φ_1 在 A 和 B 上分别取值 $-1/3$ 和 $1/3$. 令 $f_1 = f - \varphi_1: F \to \boldsymbol{E}^1$,则 $f_1(F) \subset [-2/3,2/3]$. 用 f_1 替代 f,重复以上过程,构造出 X 上连续函数 φ_2,使得 $\varphi_2(X) \subset [-2/9,2/9]$,$F$ 上的连续函数 $f_2 = f_1 - \varphi_2 = f - \varphi_1 - \varphi_2$ 满足 $f_2(F) \subset [-4/9,4/9]$. 不断重复以上做法,归纳地作出 X 上的连续函数序列$\{\varphi_n\}$,使得

(i) $\varphi_n(X) \subset \left[-\dfrac{2^{n-1}}{3^n}, \dfrac{2^{n-1}}{3^n}\right]$;

(ii) $\left|f(x) - \sum\limits_{i=1}^{n} \varphi_i(x)\right| \leqslant \dfrac{2^n}{3^n}, \ \forall x \in F.$

根据(i),函数 $\widetilde{f} := \sum\limits_{n=1}^{\infty} \varphi_n$ 有意义,连续,并且$|\widetilde{f}(x)| \leqslant 1, \forall x \in X$.

根据(ii),$\widetilde{f}(x) = f(x), \forall x \in F$,即 $\widetilde{f}$ 是 f 的扩张.

(2) 设 f 是 F 上的连续函数,不一定有界. 规定 $f': F \to \boldsymbol{E}^1$ 为 $f'(x) = \dfrac{2}{\pi}\arctan(f(x)), \forall x \in F$,则 $f'(F) \subset (-1,1)$. 由(1),有 f' 的扩张 $\widetilde{f}': X \to \boldsymbol{E}^1$,$\widetilde{f}'$ 连续,且 $\widetilde{f}'(X) \subset [-1,1]$. 记 $E = (\widetilde{f}')^{-1}(\{-1,1\})$,则 E 是 X 的闭集,并且 $F \cap E = \varnothing$. 根据 Урысон 引理,存在 X 上的连续函数 h,使得 $h(X) \subset [0,1]$,并且 h 在 E 和 F 上分别取值 0 和 1. 于是对 $\forall x \in X$, $h(x)\widetilde{f}'(x) \in (-1,1)$,因此可规定 $\widetilde{f}: X \to \boldsymbol{E}^1$ 为

$$\widetilde{f}(x) = \tan\left(\frac{\pi}{2}h(x)\widetilde{f}'(x)\right), \quad \forall x \in X,$$

则 $\widetilde{f}$ 连续,并且当 $x\in F$ 时,因为 $h(x)=1$,所以

$$\widetilde{f}(x) = \tan\left(\frac{\pi}{2}\widetilde{f}'(x)\right) = \tan(\arctan(f(x))) = f(x),$$

即 $\widetilde{f}$ 是 f 的扩张. ▌

从 Tietze 定理的结论容易推出 X 满足 T_4 公理,因此它是 T_4 公理的另一个等价条件.

2.3 Урысон 度量化定理(Urysohn 度量化定理)

一个拓扑空间(X,τ)称为**可度量化**的,如果可以在集合 X 上规定一个度量 d,使得 $\tau_d=\tau$.

命题 2.8 拓扑空间 X 可度量化$\Longleftrightarrow$存在从 X 到一个度量空间的嵌入映射.

证明 $\Longrightarrow$. 取 X 上度量 d, 使 τ_d 是 X 原有的拓扑, 则 $\mathrm{id}: X\to(X,d)$是同胚映射.

$\Longleftarrow$. 设 $f: X\to(Y,d)$是嵌入映射. 记 $B=f(X)$,d_B 是 d 在 B 上诱导的度量,则 $f: X\to(B,d_B)$是同胚. 规定 X 上的度量 ρ 为:$\rho(x,x')=d_B(f(x),f(x'))$,则 $f^{-1}: (B,d_B)\to(X,\rho)$是保持度量的一一对应,从而是同胚. 于是 $\mathrm{id}=f^{-1}\circ f: X\to(X,\rho)$是同胚,即 τ_ρ 是 X 原有拓扑. ▌

定理 2.4(Урысон 度量化定理) 拓扑空间 X 如果满足 T_1,T_4 和 C_2 公理,则 X 可以嵌入到 Hilbert 空间 E^ω 中.

证明 取 X 的可数拓扑基 $\mathscr{B}$. $\mathscr{B}$ 中两个成员 B 与 $\widetilde{B}$ 若满足 $\overline{B}\subset\widetilde{B}$,就称为一个**典型对**. 把所有的典型对(是可数的)排列好,并记以 $\pi_1,\pi_2,\pi_3,\cdots,\pi_n,\cdots,\forall n,\pi_n$ 由 B_n 和 $\widetilde{B}_n$ 构成($\overline{B}_n\subset\widetilde{B}_n$).

由于 X 满足 T_4 公理,用 Урысон 引理可构造连续函数 $f_n: X\to\boldsymbol{E}^1$,使得 f_n 在 $\overline{B}_n$ 上取值为 0,在 $\widetilde{B}_n^c$ 上取值为 1,$\forall n$.(如果典型对只有 M 对,则 $n>M$ 时让 $f_n=0$.)规定 $f: X\to E^\omega$ 为

$$f(x)=\left(f_1(x),\frac{1}{2}f_2(x),\cdots,\frac{1}{n}f_n(x),\cdots\right),\quad \forall\, x\in X.$$

f 是单的. 事实上，根据 T_1 公理，当 $x\neq y$ 时，必有 $\widetilde{B}\in\mathscr{B}$，使得 $x\in\widetilde{B}$，$y\overline{\in}\widetilde{B}$. 再由 T_4 公理（$\{x\}$是闭集）存在 $B\in\mathscr{B}$，使得 $x\in B$，$\overline{B}\subset\widetilde{B}$. 设 B 与 $\widetilde{B}$ 是典型对 π_n，则 $f_n(x)=0$，$f_n(y)=1$，从而 $f(x)\neq f(y)$.

由于 X 与 E^ω都是 C_1 空间，连续性可用序列语言描述. 因此要证 f 是嵌入只要验证：对任一序列$\{x_k\}$，

$$x_k\to x \Longleftrightarrow f(x_k)\to f(x).$$

$\Longrightarrow$. $\forall\,\varepsilon>0$，取 N 充分大，使得

$$\sum_{n=N+1}^{\infty}\frac{1}{n^2}<\frac{\varepsilon^2}{2}.$$

根据 $f_1,f_2,\cdots,f_N$ 的连续性和 $x_k\to x$，取 K 充分大，使得 $k>K$，$i\leqslant N$ 时 $|f_i(x_k)-f_i(x)|<\dfrac{\varepsilon}{\sqrt{2N}}$. 于是当 $k>K$ 时，

$$\rho(f(x_k),f(x))<\sqrt{\frac{\varepsilon^2}{2N}\cdot N+\frac{\varepsilon^2}{2}}=\varepsilon.$$

因此 $f(x_k)\to f(x)$.

$\Longleftarrow$. 只须证明 $x_k\not\to x$ 时 $f(x_k)\not\to f(x)$. 取 x 的开邻域 $\widetilde{B}\in\mathscr{B}$，使得对无穷多个 k，$x_k\overline{\in}\widetilde{B}$. 取 $B\in\mathscr{B}$，使得 $x\in B$，B 与 $\widetilde{B}$ 构成典型对 π_n. 于是对无穷多个 k，$f_n(x_k)-f_n(x)=1$，从而 $\rho(f(x_k),f(x))\geqslant 1/n$. 因此 $f(x_k)\not\to f(x)$. ▌

定理的条件就是要求 X 满足 §1 中所定义的所有分离公理和可数公理. 作为推论，得到：当 X 满足 T_1—T_4 和 C_1、C_2 所有这 6 个公理时，它一定可度量化. 容易看出满足这 6 个公理并不是可度量化的必要条件（度量空间未必是 C_2 空间）. 然而，由于 E^ω 是 C_2 空间，满足 6 个公理对于嵌入 E^ω 来说则是充分必要的.

习　题

1. 证明 Урысон 引理证明中定义的函数 f 满足

$$f(x)=\sup\{r\in \boldsymbol{Q}_I \mid x\overline{\in}\overline{U}_r\}=\inf\{r\in \boldsymbol{Q}_I \mid x\in \overline{U}_r\}.$$

2. 设 X 满足 T_4 公理，A 是 X 的闭子集，则连续映射 $f: A\to \boldsymbol{E}^n$ 可扩张到 X 上.

3. 拓扑空间 Y 的子集 B 称为 Y 的一个**收缩核**，如果存在连续映射 $r: Y\to B$，使得 $\forall x\in B, r(x)=x$；称 r 为 Y 到 B 的一个**收缩映射**. 设 D 是 $\boldsymbol{E}^n$ 的收缩核. X 满足 T_4 公理，A 是 X 的闭集. 证明连续映射 $f: A\to D$ 可扩张到 X 上.

4. 设 $S^n=\left\{(x_1,x_2,\cdots,x_{n+1})\in \boldsymbol{E}^{n+1} \,\middle|\, \sum_{i=1}^{n+1}x_i^2=1\right\}$（**$n$ 维球面**），X 满足 T_4 公理. 证明从 X 的闭集 A 到 S^n 的连续映射可扩张到 A 的一个开邻域上.

§3 紧 致 性

紧致性在分析学中早就出现并有许多应用，然而从本质上讲，它是属于拓扑学范畴的概念，并且是一种最基本、最常见的拓扑性质.

3.1 紧致与列紧

在分析学中紧致性（在那里它等价于列紧性）早就显示了它的威力. 有界闭区间上的连续函数是有界的，达到它的最大、最小值，并且是一致连续的. 在证明这些结论时都用到了同一事实：有界闭区间上的每个序列有收敛的子序列. 这种性质后来称为“列紧性”（自列紧），它可以一字不改地推广到一般拓扑空间中.

定义 2.1 拓扑空间称为**列紧的**，如果它的每个序列有收敛（即有极限点）的子序列.

模仿分析中的方法，容易证明：

命题 2.9 定义在列紧拓扑空间 X 上的连续函数 $f: X\to \boldsymbol{E}^1$ 有界，并达到最大、最小值.

刻画闭区间上的同一特性的另一种概念是“紧致性”，虽然它看起来不如列紧性那样自然和直观，但更能体现拓扑特性. 在拓扑空间中，序列不是一种好的表达形式，而紧致性所用的开集表达形式，从拓扑观点来看更为自然. 第一章§2中已介绍了拓扑空间 X 的覆盖的概念，它是 X 的一个子集族 $\mathscr{U}$，满足 $\bigcup\limits_{U\in\mathscr{U}} U = X$. 如果覆盖 $\mathscr{U}$ 中只含有限个子集，就称 $\mathscr{U}$ 为**有限覆盖**. 如果 $\mathscr{U}$ 的一个子族 $\mathscr{U}'\subset\mathscr{U}$ 本身也构成 X 的覆盖，就称 $\mathscr{U}'$ 是 $\mathscr{U}$ 的**子覆盖**.

定义 2.2 拓扑空间称为**紧致的**，如果它的每个开覆盖有有限的子覆盖.

从表面上看，列紧与紧致似乎没有直接的关系，实质上它们是有着紧密联系的. 对于度量空间来说，这两种性质是等价的(下面将要证明). 对于一般拓扑空间来说，它们并不是等价的，我们只讨论紧致概念.

按照定义，拓扑空间如果只含有限个点，或它的拓扑是有限的(只有有限个开集)，则它是紧致的. $(\boldsymbol{R},\tau_f)$是紧致的，因为它的每个开覆盖 $\mathscr{U}$ 中必定有非空开集 U，U 的余集 U^c 是有限集，取 $\mathscr{U}$ 中有限个开集覆盖 U^c，它们与 U 一起构成 $\mathscr{U}$ 的一个有限子覆盖. $\boldsymbol{E}^1$ 不是紧致的，因为可构造它的一个开覆盖 $\mathscr{U}$，$\mathscr{U}$ 没有有限子覆盖，譬如 $\mathscr{U}=\{(-\infty,a)\mid a\in\boldsymbol{R}\}$.

3.2 紧致度量空间

现在证明对于度量空间，列紧与紧致是等价的.

命题 2.10 紧致 C_1 空间是列紧的.

证明 设 $\{x_n\}$ 是紧致 C_1 空间 X 的一个序列，要证明它有收敛的子序列. 分两步进行.

(1) 用紧致性证明存在点 $x\in X$，它的任一邻域都含有 $\{x_n\}$ 的无穷多项. 用反证法. 否则，$\forall x\in X$，可找到 x 的开邻域 U_x，它只含 $\{x_n\}$ 的有限项. 于是 $\{U_x\mid x\in X\}$ 是 X 的开覆盖，但是 $\{x_n\}$ 不能被

它的任一有限子族盖住，因此它不存在有限子覆盖.这与 X 紧致矛盾.

(2) 设点 x 的任一邻域都含 $\{x_n\}$ 的无穷多项.因为 X 是 C_1 空间，可取 x 的可数邻域基 $\{U_n\}$，使得 $m>n$ 时，$U_m \subset U_n$.取 x_{n_i} 是 $\{x_n\}$ 包含在 U_i 中的那些项中的第 i 个，则 $n_{i+1}>n_i$，$\forall i$.因此 $\{x_{n_1}, x_{n_2}, \cdots\}$ 是 $\{x_n\}$ 的子序列.由作法容易证明 $x_{n_i} \to x$. ▌

度量空间满足 C_1 公理，因此紧致度量空间是列紧的.

逆向的证明要困难得多，还要先引进几个概念.

度量空间 (X,d) 的子集 A 称为 X 的一个 δ-网(δ 是一正数)，如果 $\forall x \in X, d(x,A)<\delta$，即 $\bigcup_{a \in A} B(a,\delta) = X$.

命题 2.11 对任给 $\delta>0$，列紧度量空间存在有限的 δ-网.

证明 用反证法.否则，$\exists \delta_0>0$，对 X 的任何有限子集 A，总可找到点 $x \in X$，使得 $d(x,A) \geqslant \delta_0$.用归纳法构造 X 中序列如下：x_1 任意取定.当前 n 个 $x_1, x_2, \cdots, x_n$ 取好后，取 x_{n+1} 使 $d(x_{n+1}, x_i) \geqslant \delta_0, \forall i=1,\cdots,n$.这样得到的序列 $\{x_n\}$ 满足 $d(x_i,x_j) \geqslant \delta_0, \forall i \neq j$，因此它没有收敛的子序列，与列紧性矛盾. ▌

作为命题 2.11 的一个应用，得到：列紧度量空间一定是有界的.

设 $\mathscr{U}$ 是列紧度量空间 (X,d) 的一个开覆盖，并且 $X \notin \mathscr{U}$.规定 X 上函数 $\varphi_{\mathscr{U}}: X \to \boldsymbol{E}^1$ 为

$$\varphi_{\mathscr{U}}(x) = \sup\{d(x,U^c) \mid U \in \mathscr{U}\}, \quad \forall x \in X.$$

因为 X 是有界的，有 M，使得 $d(x,y) \leqslant M, \forall x,y \in X$，所以当 $U \neq X$ 时，$d(x,U^c) \leqslant M$，从而 $\varphi_{\mathscr{U}}(x)$ 有意义.又由于 $\mathscr{U}$ 是开覆盖，存在 $U \in \mathscr{U}$，使得 $x \in U$，从而 $\varphi_{\mathscr{U}}(x) \geqslant d(x,U^c)>0$.

现在验证 $\varphi_{\mathscr{U}}$ 是连续的.$\forall x,y \in X$，$d(y,U^c) = \inf\{d\{y,a) \mid a \in U^c\} \leqslant \inf\{d(x,y)+d(x,a) \mid a \in U^c\} = d(x,y)+d(x,U^c)$，因此 $\varphi_{\mathscr{U}}(y) \leqslant d(x,y)+\varphi_{\mathscr{U}}(x)$.对称地，$\varphi_{\mathscr{U}}(x) \leqslant d(x,y)+\varphi_{\mathscr{U}}(y)$.这样 $|\varphi_{\mathscr{U}}(x)-\varphi_{\mathscr{U}}(y)| \leqslant d(x,y)$.因此容易看出 $\varphi_{\mathscr{U}}$ 连续.

定义 2.3 设 $\mathscr{U}$ 是列紧度量空间(X,d)的一个开覆盖,$X\overline{\in}\mathscr{U}$.称函数 $\varphi_{\mathscr{U}}$的最小值为 $\mathscr{U}$ 的 **Lebesgue 数**,记作 $L(\mathscr{U})$.

命题 2.12 $L(\mathscr{U})$是正数;并且当 $0<\delta<L(\mathscr{U})$时,$\forall x\in X$,$B(x,\delta)$必包含在 $\mathscr{U}$ 的某个开集 U 中.

证明 因为 X 列紧,所以 $\varphi_{\mathscr{U}}$ 在某点 x_0 处达到最小值,即 $L(\mathscr{U})=\varphi_{\mathscr{U}}(x_0)>0$.

$\forall x\in X,\delta<L(\mathscr{U})\leqslant\varphi_{\mathscr{U}}(x)$,因此存在 $U\in\mathscr{U}$,使得 $d(x,U^c)>\delta$,从而 $B(x,\delta)\subset U$. ▌

现在可以来证明主要结果了.

命题 2.13 列紧度量空间是紧致的.

证明 设(X,d)是列紧度量空间.要对它的开覆盖 $\mathscr{U}$ 找出有限子覆盖.不妨设 $\mathscr{U}$ 中不包含 X,从而有 Lebesgue 数 $L(\mathscr{U})$.取正数 $\delta<L(\mathscr{U})$,令 $A=\{a_1,a_2,\cdots,a_n\}$是 X 的 δ-网(存在性由命题 2.11 保证).于是 $\bigcup\limits_{i=1}^{n}B(a_i,\delta)=X$.由命题 2.12,$\forall i$,有 $U_i\in\mathscr{U}$,使得 $B(a_i,\delta)\subset U_i$.于是$\{U_1,U_2,\cdots,U_n\}$是 $\mathscr{U}$ 的一个有限子覆盖.命题得证. ▌

综合命题 2.10 和 2.13,得到

定理 2.5 若 X 是度量空间,则 X 列紧$\Longleftrightarrow X$ 紧致. ▌

于是有界闭区间是紧致的.球面 S^n 和实心球 D^n 是紧致的.一般地,$\boldsymbol{E}^n$ 的子集 A 紧致的充分必要条件是 A 为有界闭集.

3.3 紧致空间的性质

下面的讨论中常要涉及到拓扑空间的紧致子集.一个拓扑空间 X 的子集 A 如果作为子空间是紧致的,就称为 X 的**紧致子集**.这里在概念上并没有提出任何新思想.下面介绍判断一个子集是否紧致的办法,实用中它常常比定义方便些.

X 中一个开集族 $\mathscr{U}$ 如果满足 $A\subset\bigcup\limits_{U\in\mathscr{U}}U$,则称 $\mathscr{U}$ 是 **A 在 X 中的一个开覆盖**(区别于 A 的开覆盖,后者由 A 中的开集构成).

命题 2.14 A 是 X 的紧致子集 $\Longleftrightarrow A$ 在 X 中的任一开覆盖有有限子覆盖.

证明 $\Longrightarrow$. 设 $\mathscr{U}$ 是 A 在 X 中的开覆盖,则 $\mathscr{U}_A=\{U\cap A \mid U\in\mathscr{U}\}$ 是 A 的开覆盖. 因为 A 紧致,所以 $\mathscr{U}_A$ 有有限子覆盖 $\{U_1\cap A, U_2\cap A,\cdots,U_n\cap A\}$. 则 $\{U_1,U_2,\cdots,U_n\}$ 是 $\mathscr{U}$ 的有限子覆盖.

$\Longleftarrow$. 设 $\mathscr{V}$ 是 A 的开覆盖. 则由子空间拓扑的定义,$\forall V\in\mathscr{V}$,取定 X 中开集 U,使得 $V=U\cap A$. 所有得到的 U 构成 A 在 X 中的开覆盖 $\mathscr{U}$. 由条件,$\mathscr{U}$ 有子覆盖 $\{U_1,U_2,\cdots,U_n\}$. 于是 $\{U_1\cap A,U_2\cap A,\cdots,U_n\cap A\}$ 是 $\mathscr{V}$ 的有限子覆盖. 这证明了 A 的紧致性. ▌

命题 2.15 紧致空间的闭子集紧致.

证明 设 X 是紧致拓扑空间,A 是 X 的闭子集. 证 A 的紧致性只须证明 A 在 X 中的任一开覆盖 $\mathscr{U}$ 有有限子覆盖. 因为 A 是闭集,所以 A^c 是开集. 于是 $\mathscr{U}$ 中添加了 A^c 后得到 X 的一个开覆盖. 由于 X 紧致,它有子覆盖 $\{U_1,\cdots,U_n,A^c\}$. 于是 $\{U_1,\cdots,U_n\}$ 是 $\mathscr{U}$ 的有限子覆盖(A 的覆盖). ▌

命题 2.16 紧致空间在连续映射下的像也紧致.

证明 设 X 紧致,映射 $f: X\to Y$ 连续. 要证明 $f(X)$ 是 Y 的紧致子集. 设 $\mathscr{U}$ 是 $f(X)$ 在 Y 中的开覆盖,则 $\{f^{-1}(U)\mid U\in\mathscr{U}\}$ 是 X 的开覆盖,有子覆盖 $\{f^{-1}(U_1),f^{-1}(U_2),\cdots,f^{-1}(U_n)\}$,即 $X=\bigcup_{i=1}^{n}f^{-1}(U_i)$. 于是 $f(X)=\bigcup_{i=1}^{n}f(f^{-1}(U_i))\subset\bigcup_{i=1}^{n}U_i$. 因此 $\{U_1,U_2,\cdots,U_n\}$ 是 $\mathscr{U}$ 的子覆盖,根据命题 2.14,$f(X)$ 紧致. ▌

命题 2.16 的一个直接推论是:紧致性是拓扑性质. 当然,从定义就可得到这个论断.

推论 定义在紧致空间上的连续函数有界,并且达到最大、最小值.

证明 设 X 紧致,$f: X\to \boldsymbol{E}^1$ 连续. 根据命题 2.16,$f(X)$ 是

$\boldsymbol{E}^1$ 上的紧致子集，因此是 $\boldsymbol{E}^1$ 的有界闭集，故 f 是有界的. 设 a,b 分别是 $f(X)$的最大、最小值. 则有 $x_1, x_2\in X$，使得 $f(x_1)=a$，$f(x_2)=b$，即 f 在 x_1,x_2 处达到最大、最小值. ▌

3.4 Hausdorff 空间的紧致子集

下面讨论紧致和 T_2 公理共同作用下能得到的结果.

命题 2.17 若 A 是 Hausdorff 空间 X 的紧致子集，$x\overline{\in} A$，则 x 与 A 有不相交的邻域.

证明 $\forall y\in A$，则 $x\neq y$. X 是 Hausdorff 空间，因而 x 和 y 有不相交的开邻域 U_y 和 V_y(它们都随 y 而改变). $\{V_y\mid y\in A\}$构成 A 在 X 中的开覆盖，有子覆盖 $\{V_{y_1}, V_{y_2}, \cdots, V_{y_n}\}$. 记 $V=\bigcup_{i=1}^{n}V_{y_i}$（图 2-4），$U=\bigcap_{i=1}^{n}U_{y_i}$，则它们都是开集($U$ 是开集仰仗于"有限")，并且分别是 A 和 x 的邻域. 因为$U\cap V_{y_i}\subset U_{y_i}\cap V_{y_i}=\varnothing$，所以 $U\cap V=\varnothing$. U，V 即为所求. ▌

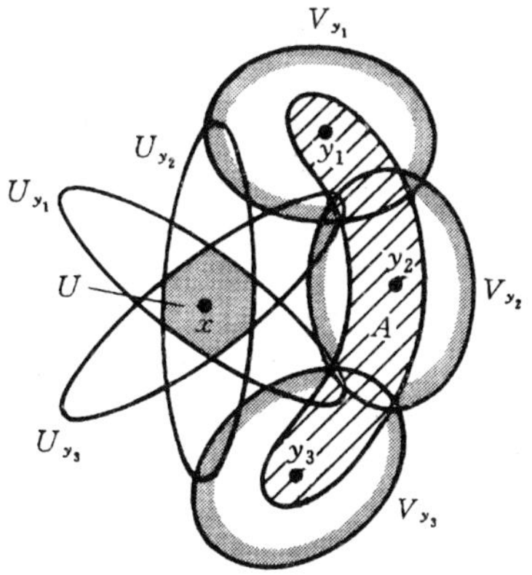

图 2-4

推论 Hausdorff 空间的紧致子集是闭集. ▌

下面是一个常用的定理.

定理 2.6 设 $f: X\to Y$ 是连续的一一对应，其中 X 紧致，Y 是 Hausdorff 空间，则 f 是同胚.

证明 要证明 $f^{-1}: Y\to X$ 连续，只须证 f 是闭映射(见第一章§2 的习题 11). 设 A 是 X 的闭集，由命题 2.15，A 是紧致的；由命题 2.16，$f(A)$是 Y 的紧致子集；再由命题 2.17 的推论知 $f(A)$是 Y 的闭集. ▌

命题 2.18 Hausdorff 空间的不相交紧致子集有不相交的邻域.

证明 用命题 2.17 的方法和结果. 请读者自己补充证明细节. ▌

命题 2.19 紧致 Hausdorff 空间满足 T_3, T_4 公理.

证明 只用证满足 T_4 公理. 设 A 和 B 是紧致 Hausdorff 空间 X 的不相交闭子集,由命题 2.15,A,B 都紧致,再用命题 2.18,A 和 B 有不相交邻域. 这证明了 X 满足 T_4 公理. ▌

3.5 乘积空间的紧致性

容易看出,紧致性没有遗传性,例如闭区间$[a,b]$紧致,它的子集(a,b)不紧致. 但紧致性有可乘性,下面证明此结论.

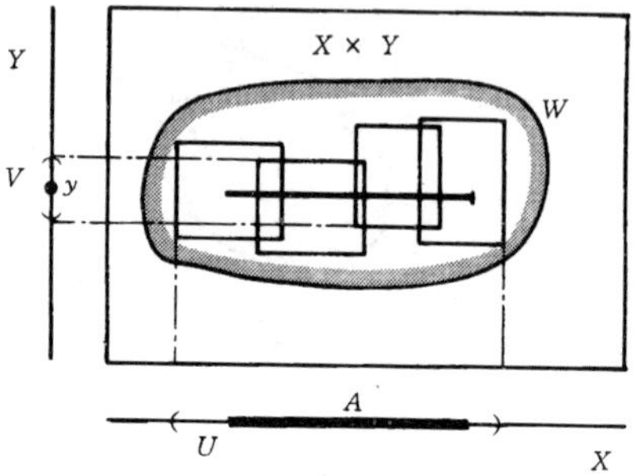

图 2-5

引理 设 A 是 X 的紧致子集,y 是 Y 的一点,在乘积空间 $X\times Y$ 中,W 是 $A\times\{y\}$的邻域. 则存在 A 和 y 的开邻域 U 和 V,使得 $U\times V\subset W$.

证明 $\forall x\in A$,则(x,y)是 W 的内点,因此可作 x,y 的开邻域 U_x,V_x,使得 $U_x\times V_x\subset W$. $\{U_x \mid x\in A\}$是 A 在 X 中的开覆盖. 而 A 紧致,$\{U_x \mid x\in A\}$有子覆盖$\{U_{x_1},U_{x_2},\cdots,U_{x_n}\}$. 记 $U=\bigcup\limits_{i=1}^{n}U_{x_i}$,$V=\bigcap\limits_{i=1}^{n}V_{x_i}$ (见图 2-5),则 U 和 V 分别是 A 和 y 的开邻域,并且 $U\times V\subset\bigcup\limits_{i=1}^{n}(U_{x_i}\times V_{x_i})\subset W$. ▌

定理 2.7 若 X 与 Y 都紧致,则 $X\times Y$ 也紧致.

证明 设 $\mathscr{U}$ 是 $X\times Y$ 的开覆盖. 要说明它有有限子覆盖. $\forall y$

$\in Y$，则 $X\times\{y\}\cong X$，从而是紧致的. $\mathscr{U}$ 也是它在 $X\times Y$ 中的开覆盖，有有限子覆盖，即可选出 $\mathscr{U}$ 中有限个开集，它们的并集 W_y 是 $X\times\{y\}$ 的邻域. 由引理，有 y 的开邻域 V_y，使得 $X\times V_y\subset W_y$，因而 $X\times V_y$ 被 $\mathscr{U}$ 中有限个开集所覆盖. $\{V_y\mid y\in Y\}$ 是紧致空间 Y 的开覆盖，有子覆盖 $\{V_{y_1},V_{y_2},\cdots,V_{y_n}\}$，即 $X\times Y=\bigcup\limits_{i=1}^{m}(X\times V_{y_i})$，其中每个 $X\times V_{y_i}$ 都被 $\mathscr{U}$ 中有限个开集覆盖. 于是 $X\times Y$ 也被 $\mathscr{U}$ 中有限个开集所覆盖，即 $\mathscr{U}$ 有有限子覆盖. ▌

定理的结论容易推广到有限乘积的情形. 对无穷乘积情形，有 **Тихонов 定理**：如果规定 $\prod\limits_{\lambda\in\Lambda}X_\lambda$ 上的拓扑是乘积拓扑，则当每个 X_λ 都紧致时，$\prod\limits_{\lambda\in\Lambda}X_\lambda$ 也紧致. 这个定理的证明要用到 Zorn 引理或与之等价的逻辑命题. 这里省略了.

*3.6 局部紧致与仿紧

紧致性是一种很好的拓扑性质，但它毕竟太强了，连欧氏空间 $\boldsymbol{E}^n$ 也不是紧致的. 现在介绍紧致性的两种推广：局部紧致和仿紧. 它们在拓扑学以及微分几何等学科中都是较常用到的. 但在本书中它们用得很少或不用，这里只介绍它们的定义和最基本的性质.

定义 2.4 拓扑空间 X 称为**局部紧致的**，如果 $\forall x\in X$ 都有紧致的邻域.

显然，紧致空间是局部紧致的；$\boldsymbol{E}^n$ 也是局部紧致的.

下面讨论局部紧致和 T_2 公理配合的结果.

命题 2.20 设 X 是局部紧致的 Hausdorff 空间，则

(1) X 满足 T_3 公理；

(2) $\forall x\in X$，x 的紧致邻域构成它的邻域基；

(3) X 的开子集也是局部紧致的.

证明 (1) 设 $x\in X$，U 是 x 的开邻域. 要证明存在 x 的开邻域 V，使得 $\overline{V}\subset U$.

取 x 的紧致邻域 F，因为 F 是紧致 Hausdorff 空间，所以满足 T_3 公理. 在 F 中，$F\cap U$ 是 x 的开邻域，因此有 F 中开集 W，$x\in W$，并且 $\overline{W}_F\subset F\cap U\subset U$. 又因为 F 是 X 的闭集（见命题 2.17 的推论），所以 $\overline{W}_F=\overline{W}$（见第一章 §1 习题 12 中(1)）. 记 $V=\mathring{F}\cap W$，它是 X 的开集，且 $x\in V$，$\overline{V}\subset\overline{W}\subset U$. V 即为所求.

(2) 设 $x\in X$，U 是 x 的开邻域. 要证明存在 x 的紧致邻域 $C\subset U$.

作 x 的紧致邻域 F，则 $F\cap U$ 是 x 的邻域. 因为 X 满足 T_3 公理，所以有 x 的邻域 V，满足 $\overline{V}\subset F\cap U\subset U$. 令 $C=\overline{V}$，它是紧致空间 F 的闭集，因此紧致. C 即为所求.

(3) 从(2)直接推出. ▌

拓扑空间 X 的覆盖 $\mathscr{U}$ 称为**局部有限**的，如果 X 的每一点有邻域 V，它只同 $\mathscr{U}$ 中有限个成员相交.

设 $\mathscr{U}$ 和 $\mathscr{U}'$ 都是 X 的覆盖，如果 $\mathscr{U}'$ 的每个成员都包含在 $\mathscr{U}$ 的某个成员中，则称 $\mathscr{U}'$ 是 $\mathscr{U}$ 的**加细**，如果 $\mathscr{U}'$ 还是开覆盖，则称 $\mathscr{U}'$ 为 $\mathscr{U}$ 的**开加细**.

定义 2.5 拓扑空间 X 称为**仿紧的**，如果 X 的每个开覆盖都有局部有限的开加细①.

我们只给出一些论断，不予证明.

紧致空间是仿紧的.

仿紧的 Hausdorff 空间满足 T_4 公理.

局部紧致，并满足 C_2 公理的 Hausdorff 空间是仿紧的. 从而 $\boldsymbol{E}^n$ 是仿紧的.

度量空间是仿紧空间.

习　题

1. 证明$(\boldsymbol{R},\tau_f)$的任何子集都紧致；证明$(\boldsymbol{R},\tau_c)$不紧致.

---

① 许多文献中要求仿紧空间必须是 Hausdorff 空间.

2. 按以下步骤证明列紧度量空间紧致.

(1) 若 X 列紧,则每个可数开覆盖有有限子覆盖;

(2) 若 X 满足 C_2 公理,则 X 的每个开覆盖有可数子覆盖;

(3) 如果 X 满足 C_2 公理,则 X 列紧 $\Longrightarrow X$ 紧致;

(4) 列紧度量空间满足 C_2 公理,从而紧致.

3. 有限个紧致子集之并集紧致.

4. 设 A 是度量空间 (X,d) 的紧致子集,则

(1) 规定 A 的直径 $D(A)=\sup\{d(x,y)\mid x,y\in A\}$. 证明存在 $x,y\in A$,使得 $d(x,y)=D(A)$;

(2) 若 $x\overline{\in} A$,则存在 $y\in A$,使得 $d(x,y)=d(x,A)$;

(3) 若 B 是 X 的闭集,$A\cap B=\varnothing$,则 $d(A,B)\neq 0$.

5. 证明紧致空间的无穷子集必有聚点(**Bolzano-Weierstrass 性质**).

6. 如果 X 的每个紧致子集都是闭集,则 X 的每个序列不会有两个或两个以上的极限点.

7. 证明紧致度量空间是可分的,从而是 C_2 空间.

8. 如果 $X\times Y$ 紧致,则 X 与 Y 都紧致.

9. X 的子集族 $\mathscr{A}$ 称为**有核的**,如果 $\mathscr{A}$ 中任何有限个成员之交非空. 证明:X 紧致 $\Longleftrightarrow X$ 的任何有核闭集族 $\mathscr{A}$ 之交 $\bigcap\limits_{A\in\mathscr{A}} A\neq\varnothing$.

10. 设 A,B 分别是 X,Y 的紧致子集,W 是 $X\times Y$ 的开集,并且 $A\times B\subset W$. 证明 A,B 分别有开邻域 U,V,使得 $U\times V\subset W$.

11. 设 Y 紧致,证明投射 $j: X\times Y\to X$ 是闭映射.

12. 设 X 是 Hausdorff 空间,则 X 的任意多个紧致子集之交集也紧致.

13. 如果 X 满足 T_3 公理,A 是 X 的紧致子集,U 是 A 的邻域. 则存在 A 的邻域 V,使得 $\overline{V}\subset U$.

14. 设 X 满足 T_3 公理,则 X 中紧致子集的闭包也紧致.

15. 证明度量空间 X 紧致的充分必要条件是 X 上任一连续函数都是有界的.

16. 设 $f: X \to Y$ 是闭映射，并且 $\forall y \in Y, f^{-1}(y)$ 是 X 的紧致子集. 则对于 Y 的任一紧致子集 $B, f^{-1}(B)$ 也紧致.

17. 证明局部紧致空间的闭子集也是局部紧致的.

18. 设 (X,τ) 是非紧致 Hausdorff 空间. 在 X 中添加一个新元素 Ω，所得集合记作 X_*. 规定 X_* 的子集族

$$\tau_* = \tau \cup \{X_*\} \cup \{X_* \setminus K \mid K \text{ 是 } X \text{ 的紧致子集}\}.$$

(1) 验证 τ_* 是 X_* 上的拓扑，且 τ_* 在 X 上导出的子空间拓扑即 τ；

(2) X 是 (X_*,τ_*) 的稠密子集；

(3) (X_*,τ_*) 是紧致的；(称它是 (X,τ) 的**一点紧致化**)；

(4) 如果 (X,τ) 是局部紧致的 Hausdorff 空间，则 (X_*,τ_*) 是 Hausdorff 空间.

19. 证明 $\boldsymbol{E}^n$ 的一点紧致化同胚于 S^n.

§4 连 通 性

普通的几何中图形的"连通"性是一个非常直观的概念，它几乎无须给出数学定义. 譬如，谁都知道，在圆锥曲线中，椭圆和抛物线是连通的，而双曲线是不连通的. 然而，对于复杂一些的图形，单凭直观就不行了. 我们来看一个例子.

例 1 设 $\boldsymbol{E}^2$ 的一个子集 X 是由 A 和 B 两部分构成的(图 2-6)，其中

$$A = \left\{\left(x, \sin\frac{1}{x}\right) \middle| x \in (0,1)\right\},$$

$$B = \{(0,y) \mid -1 \leqslant y \leqslant 1\}.$$

单凭直观概念，很难判断 X 是不是连通的.

对图形连通性的认识必须深化. 现在，我们要把连通性作为拓扑概念给出严格的定义. 直观上的连通，可以有两种含义：其一是

图形不能分割成互不“粘连”的两部分；其二是图形上任何两点可以用图形上的线连结. 在拓扑学中，这两种含义分别抽象成“连通性”和“道路连通性”两个概念. 它们分别在本节和下一节中讨论. 这是两个不同的概念. 例如对于上面给出的空间 X，将看到它连通，但并不道路连通.

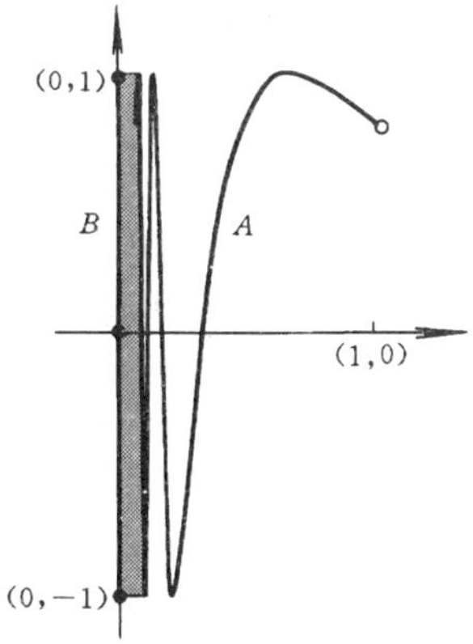

图 2-6

4.1 连通性的定义

从拓扑上解释“空间 X 分割成互不粘连的两部分 A 和 B”，就是说 $X=A\cup B$，A 和 B 是不相交的非空子集，并且 A 和 B 都不包含对方的聚点，也就是说 A 和 B 是不相交的闭集(从而也是开集). 于是得到连通的定义：

定义 2.6 拓扑空间 X 称为**连通的**，如果它不能分解为两个非空不相交开集的并.

显然，连通与下面几种说法是等价的：

X 不能分解为两个非空不相交闭集的并；

X 没有既开又闭的非空真子集；

X 的既开又闭的子集只有 X 与 $\varnothing$.

例如，$(\boldsymbol{R},\tau_f)$是连通的，因为它的任意两个非空开集一定相交；$(\boldsymbol{R},\tau_c)$也是连通的. 双曲线不连通，它的两支是互不相交的非空闭集. 然而，许多直观上连通的空间按照上面的定义来判断并不马上能得出结论，例如 $\boldsymbol{E}^1$ 的连通性和抛物线、椭圆的连通性就是如此. 我们常常根据连通的一些性质，从一些已知连通空间来论证其他空间的连通性. $\boldsymbol{E}^1$ 的连通性是我们的出发点，下面先来证明它.

设 A 是 $\boldsymbol{E}^1$ 的非空真闭集，要证 A 不是开集. 不妨设 $0\in A$，但

A 中含正数. 记 a 是 A 中正数的下确界，由于 A 闭，$a\in A$，且 $a>0$. 而由 $(0,a)\cap A=\varnothing$ 推出 a 不是 A 的内点，从而 A 不是开集. 这就论证了 $\boldsymbol{E}^1$ 不存在非空的既开又闭的真子集，按定义，$\boldsymbol{E}^1$ 是连通的.

4.2 连通空间的性质

命题 2.21 连通空间在连续映射下的像也是连通的.

证明 设 X 连通，$f: X\to Y$ 连续. 要证 $f(X)$ 也连通. 不妨设 $f(X)=Y$（否则考虑连续映射 $f: X\to f(X)$）. 设 B 是 Y 的既开又闭的非空子集，则 $f^{-1}(B)$ 是 X 的既开又闭子集. $f^{-1}(B)$ 是非空的（因为 f 满），因此从 X 的连通性知道 $f^{-1}(B)=X$，从而 $B=Y$（也是因为 f 满）. 这说明 Y 的既开又闭非空子集只有 Y，按定义，Y 连通. ▎

例 2 S^1 是连通的.

这是因为有连续映射 $f: \boldsymbol{E}^1\to S^1$，$f(x)=\mathrm{e}^{\mathrm{i}2\pi x}$，$\forall x\in \boldsymbol{E}^1$. $f(\boldsymbol{E}^1)=S^1$，由 $\boldsymbol{E}^1$ 连通，用命题 2.21 推得 S^1 连通.

$\boldsymbol{E}^1$ 上的子集 A 称为**区间**，如果当 $a,b\in A$ 时 $(a<b)$ 必有 $[a,b]\subset A$；也就是说 A 是凸集.

例 3 设 $A\subset\boldsymbol{E}^1$，则 A 连通 $\Longleftrightarrow A$ 是区间.

证明 $\Longrightarrow$. 若 A 不是区间，则可取到实数 a,b,c 使得 $a<c<b$，并且 $a,b\in A$，而 $c\,\overline{\in}\, A$. 记 $A_1=A\cap(-\infty,c)$，$A_2=A\cap(c,+\infty)$，则 $A=A_1\cup A_2$，$A_1\cap A_2=\varnothing$，A_1 与 A_2 都是 A 的非空开集，因此 A 不连通.

$\Longleftarrow$. 若 A 是区间，则 A 是下列几种形式之一：

$$(a,b),[a,b],[a,b),(a,b],$$

其中 a,b 分别可取 $-\infty$ 和 $+\infty$，$a<b$，对于 $[a,b]$ 可允许 $a=b$，此时它为一点. $(a,b)\cong\boldsymbol{E}^1$，因此连通. 由 $f(x)=|x|$ 给出连续满映射 $f: \boldsymbol{E}^1\to[0,+\infty)$，因此 $[0,+\infty)$ 连通，从而 $[a,b)\cong(a,b]\cong[0,+\infty)$ 也连通. 规定 $g: \boldsymbol{E}^1\to[a,b]$ 为

$$g(x)=\begin{cases}a, & x\leqslant a,\\ x, & a\leqslant x\leqslant b,\\ b, & b\leqslant x.\end{cases}$$

则 g 是连续满映射,因此$[a,b]$连通. ▌

推论 连通空间上的连续函数取到一切中间值(即像集是区间).

证明 设 X 连通,$f:X\to\boldsymbol{E}^1$ 连续,则 $f(X)$是 $\boldsymbol{E}^1$ 的连通子集.由例 3,它是区间. ▌

引理 若 X_0 是 X 的既开又闭的子集,A 是 X 的连通子集,则或者 $A\cap X_0=\varnothing$,或者 $A\subset X_0$.

证明 $A\cap X_0$ 是 A 的既开又闭子集.由于 A 连通,则或者 $A\cap X_0=\varnothing$,或者 $A\cap X_0=A$,即 $A\subset X_0$. ▌

命题 2.22 若 X 有一个连通的稠密子集,则 X 连通.

证明 设 A 是 X 的连通稠密子集,X_0 是 X 的既开又闭子集.如果 $X_0\neq\varnothing$,则 $X_0\cap A\neq\varnothing$(第一章 §1 习题 15),由引理,$A\subset X_0$.于是 $X=\overline{A}\subset\overline{X}_0=X_0$,从而 $X_0=X$.这样,X 的既开又闭子集只有$\varnothing$和 X,因此连通. ▌

推论 若 A 是 X 的连通子集,$A\subset Y\subset\overline{A}$,则 Y 连通.

证明 这是因为在 Y 中看,A 是稠密子集. ▌

下面用引理推出判断连通的一个常用法则.

命题 2.23 如果 X 有一个连通覆盖 $\mathscr{U}$($\mathscr{U}$ 中每个成员都连通),并且 X 有一连通子集 A,它与 $\mathscr{U}$ 中每个成员都相交,则 X 连通.

证明 设 X_0 是 X 的既开又闭子集.要证明 $X_0=\varnothing$或 X.

根据引理,$A\cap X_0=\varnothing$或 $A\subset X_0$.如果 $A\cap X_0=\varnothing$,则$\forall U\in\mathscr{U}$,因为 $U\cap A\neq\varnothing$,所以 $U\not\subset X_0$.由引理,$U\cap X_0=\varnothing$,则 $X_0=\left(\bigcup\limits_{U\in\mathscr{U}}U\right)\cap X_0=\bigcup\limits_{U\in\mathscr{U}}(U\cap X_0)=\varnothing$.如果 $A\subset X_0$,则$\forall U\in\mathscr{U}$,$U\cap X_0\supset U\cap A\neq\varnothing$.由引理,$U\subset X_0$,则 $X=\bigcup\limits_{U\in\mathscr{U}}U\subset X_0$,

$X_0 = X$. ▌

本节开头的例 1 中规定的拓扑空间 X 是连通的. 因为 $A \cong (0,1)$是连通的,$\overline{A}=X$. 用命题 2.22,X 连通.

例 4 $\boldsymbol{E}^2$ 是连通的. 记 $B_x=\{(x,y)\mid y\in \boldsymbol{E}^1\}$,$\forall x\in \boldsymbol{E}^1$. 则$\{B_x\mid x\in \boldsymbol{E}^1\}$是 $\boldsymbol{E}^2$ 的连通覆盖. 记 $A=\{(x,0)\mid x\in \boldsymbol{E}^1\}$,则 A 连通,$A\cap B_x\neq\varnothing$,$\forall x\in \boldsymbol{E}^1$. 用命题 2.23,$\boldsymbol{E}^2$ 连通.

用归纳法可推出 $\boldsymbol{E}^n$ 连通.

例 5 S^n 连通. 任取点 $x\in S^n$,则 $S^n\setminus\{x\}\cong \boldsymbol{E}^n$ 是连通的,显然它是 S^n 的稠密子集. 用命题 2.22 得出 S^n 连通.

定理 2.8 连通性是可乘的.

证明 设 X 和 Y 都是连通空间. 则$\{X\times\{y\}\mid y\in Y\}$是 $X\times Y$ 的连通覆盖. 取 $x\in X$,则$\{x\}\times Y$ 连通,且与每个 $X\times\{y\}$都相交. 根据命题 2.23,$X\times Y$ 连通. ▌

4.3 连通分支

连通分支是研究不连通空间时引出的一个概念.

定义 2.7 拓扑空间 X 的一个子集称为 X 的**连通分支**,如果它是连通的,并且不是 X 的其他连通子集的真子集.

当 A 是 X 的连通分支时,如果 X 的子集 $B\supset A$,并且 $B\neq A$,则 B 不连通. 因此可以说连通分支就是极大连通子集.

当 X 连通时,它只有一个连通分支,就是 X 自身.

下面的命题说明连通分支的存在性.

命题 2.24 X 的每个非空连通子集包含在唯一的一个连通分支中.

证明 设 A 是 X 的一个非空连通子集. 记 $\mathscr{F}=\{F\subset X\mid F$ 连通,$F\cap A\neq\varnothing\}$,$Y=\bigcup\limits_{F\in\mathscr{F}}F$,则 $A\subset Y$(因为 $A\in\mathscr{F}$). 根据命题 2.23,Y 连通. 如果连通子集 $B\supset Y$,则 $B\cap A=A\neq\varnothing$,从而 $B\in\mathscr{F}$,$B\subset Y$. 这说明 Y 是连通分支.

如果 Y' 也是包含 A 的连通分支，则 $Y'\in\mathscr{F}$，因而 $Y'\subset Y$. 由 Y' 的极大性，得 $Y'=Y$. 这证明了唯一性. ▌

X 中任一点 x 作为子空间是连通的，因此 x 包含在唯一的连通分支中. 换句话说，X 的所有连通分支构成 X 的覆盖，并且它们两两不相交.

例 6 记 X 是 $\boldsymbol{E}^1$ 中全体有理数构成的子空间. 因为 X 中多于一点的子空间都不连通(不是区间)，所以 X 中的每个连通分支都是单点集.

命题 2.25 连通分支是闭集.

证明 设 A 是 X 的一个连通分支. 根据命题 2.22，$\overline{A}$ 也是连通的. 由 A 的极大性推出 $\overline{A}=A$，因此 A 是闭集. ▌

例 6 说明连通分支不必是开集.

4.4 局部连通性

定义 2.8 拓扑空间 X 称为**局部连通的**，如果 $\forall x\in X$，x 的所有连通邻域构成 x 的邻域基.

按定义，当 X 局部连通时，如果 U 是点 x 的邻域，则必有 x 的连通邻域 $V\subset U$.

和局部紧致的概念不同，连通空间不一定是局部连通的.

例 7 例 1 中的 X 是连通的，但 X 不是局部连通的. 取原点 $O=(0,0)$. 记 $U=\{(x,y)\in X\mid y\neq -1\}$，则 U 中不包含 O 的任何连通邻域. (由本节习题 10，U 的含 O 的连通分支是 $B\setminus\{(0,-1)\}$，它不是 O 的邻域. 因此 U 中含 O 的连通子集都不是 O 的邻域.)

命题 2.26 局部连通空间的连通分支是开集.

证明 设 X 局部连通，A 是 X 的一个连通分支. $\forall x\in A$，因为 x 有一个连通邻域，它也必包含在 A 中，所以 x 是 A 的内点. 因此 A 是开集. ▌

习　题

1. 证明平凡拓扑空间连通；包含两个以上点的离散拓扑空间不连通.

2. 在实数集 $\boldsymbol{R}$ 上规定拓扑

$$\tau_1 = \{(-\infty, a) \mid -\infty \leqslant a \leqslant +\infty\},$$

$$\tau_2 = \overline{\{[a,b) \mid a < b\}}.$$

证明$(\boldsymbol{R}, \tau_1)$连通，$(\boldsymbol{R}, \tau_2)$不连通.

3. 证明 D^n 连通.

4. 设 X_1, X_2 都是连通空间 X 的开子集，$X_1 \cup X_2 = X$，$X_1 \cap X_2$ 非空，并且连通. 证明 X_1, X_2 都连通.

5. 设 X 是满足 T_1, T_4 公理的连通空间，并且 X 中至少有两个点. 证明 X 是不可数的.

6. 证明局部连通空间的开子集也局部连通.

7. 证明：X 不连通 $\Longleftrightarrow$ 存在定义在 X 上的连续函数 $f: X \to \boldsymbol{E}^1$，使得 $f(X)$是两个点.

8. X 是 $\boldsymbol{E}^2$ 的子集，$X = \{(x,y) \mid x, y$ 不全为无理数$\}$，证明 X 连通.

9. 设 X 是紧致 Hausdorff 空间，$\mathscr{F}$ 是 X 的一族连通闭子集，满足：$\mathscr{F}$ 中任何有限个成员之交是非空连通集. 证明 $\bigcap_{F \in \mathscr{F}} F$ 是非空的连通集.

10. 证明例 7 中所定义的 U 的包含$(0,0)$点的连通分支是 $B \setminus \{(0,-1)\}$.

§5　道路连通性

道路连通是在直观连通概念基础上演化来的另一个拓扑性质. 对于它，“道路”是关键概念.

5.1 道路

道路概念是“曲线”这种直观概念的抽象化.曲线可看作点运动的轨迹.如果把运动的起、终时刻记作 0 和 1,那么运动就是闭区间[0,1]到空间的一个连续映射,曲线就是这个映射的像集.拓扑学中把这个连续映射称作道路,它比像集包含更丰富的含义.

定义 2.9 设 X 是拓扑空间,从单位闭区间 $I=[0,1]$到 X 的一个连续映射 $a:I\to X$ 称为 X 上的一条**道路**.把点 $a(0)$和 $a(1)$分别称为 a 的**起点**和**终点**,统称**端点**.

道路是指映射本身,而不是它的像集.事实上可能有许多不同道路,它们的像集完全相同.在作图时,很难把映射表示出来,只能以它的像集代表它,并且画一箭头表示点运动的方向(图 2-7).

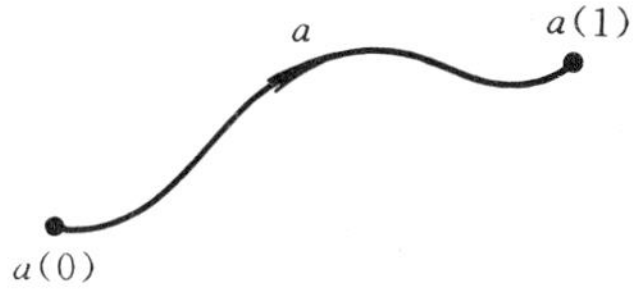

图 2-7

如果道路 $a:I\to X$ 是常值映射,即 $a(I)$是一点,就称为**点道路**.点道路完全被像点 x 决定.本书中把它记作 e_x.

起点与终点重合的道路称为**闭路**.例如点道路是闭路.

道路有两种运算:逆和乘积.

定义 2.10 一条道路 $a:I\to X$ 的**逆**也是 X 上的道路,记作 $\bar{a}$,规定为 $\bar{a}(t)=a(1-t)$,$\forall t\in I$(图 2.8(a)).

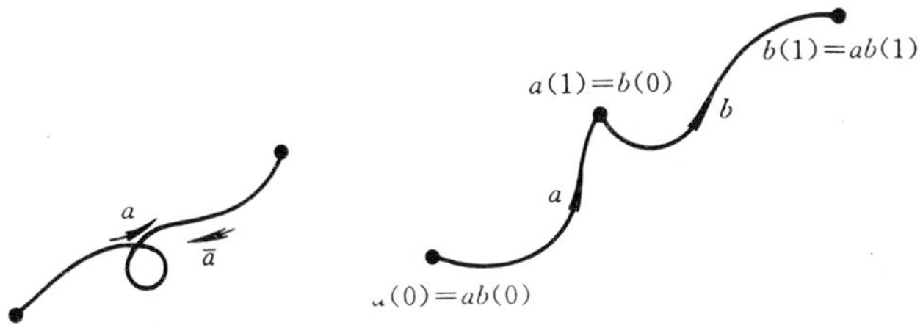

(a) (b)

图 2-8

X 上的两条道路 a 与 b 如果满足 $a(1)=b(0)$，则可规定它们的**乘积** ab，它也是 X 上的道路，规定为

$$ab(t)=\begin{cases}a(2t), & 0\leqslant t\leqslant 1/2,\\ b(2t-1), & 1/2\leqslant t\leqslant 1.\end{cases}$$

（因为 $a(1)=b(0)$，当 $t=1/2$ 时，$a(2t)=a(1)=b(0)=b(2t-1)$. 所以 ab 是确定的，并且由粘接引理知道，它是连续的.）（图 28.(b)）.

下面列出关于逆和乘积的几个性质，它们是容易验证的.

(1) $\bar{e}_x=e_x$；

(2) $\overline{(\bar{a})}=a$；

(3) 当 ab 有意义时，$\bar{b}\bar{a}$ 有意义，且 $\bar{b}\bar{a}=\overline{ab}$.

道路概念不仅在定义道路连通时有用，它也是代数拓扑学中一个重要的基本概念，是建立基本群的基础.

5.2 道路连通空间

定义 2.11 拓扑空间 X 称为**道路连通**的，如果 $\forall x,y\in X$，存在 X 中分别以 x 和 y 为起点和终点的道路.

例 1 $\boldsymbol{E}^n$ 是道路连通的，一般地若 A 是 $\boldsymbol{E}^n$ 中的凸集（即 A 满足：对 A 中任意两点 x,y，线段 $\overline{xy}\subset A$），则 A 是道路连通的. $\forall x,y\in A$，可作道路 a 为 $a(t)=(1-t)x+ty$，$\forall t\in I$. a 分别以 x,y 为起点和终点.

作为运动，上述道路是从 x 匀速地走向 y. 以后对于 $\boldsymbol{E}^n$ 中的有方向的直线段、折线段以及圆弧都自然地看作这种匀速道路. 如道路 $\overline{ABCD}$，是表示像点匀速地从 A 出发沿折线段 $\overline{ABCD}$ 走到 D 的道路.

例 2 §4 开头的例 1 中的 X 不是道路连通的. 下面我们证明：如果 X 上的道路 a 的起点 $a(0)\in B$，则 $a(I)\subset B$. 从而 B 中的点不能与 A 中点用道路连结.

记 $J=a^{-1}(B)$，它是 I 的非空闭集，只须再证 J 是开集，就可

从 I 的连通性推出 $J=I$，从而 $a(I)\subset B$. 设 $t\in J$，则 $a(t)\in B$，不妨设 $a(t)=(0,y)$，$y\neq -1$. 这时，§4 例 7 中所定义的 U 就是 $a(t)$的开邻域(图 2-9). 由 a 的连续性，存在 t 的邻域 W，使得 $a(W)\subset U$. 不妨可设 W 连通(因为 I 是局部连通的)，于是 $a(W)$ 连通，从而 $a(W)$包含于 U 的含 $a(t)$ 的连通分支$B\backslash\{(0,-1)\}$中. 这样 $W\subset J$，t 是 J 的内点，J 是开集.

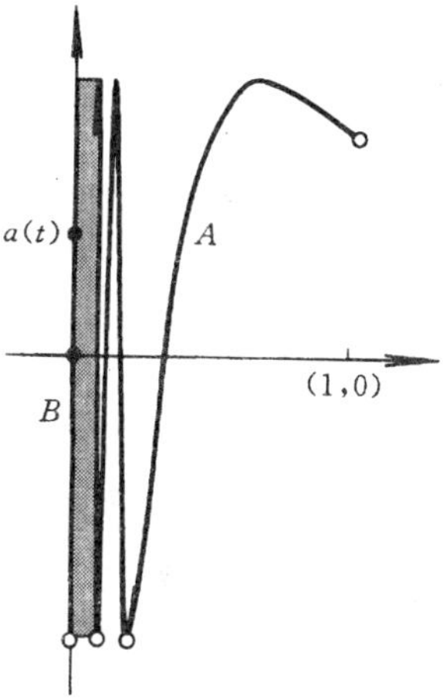

图 2-9

§4 中已经说明 X 是连通的. 这个例子说明道路连通与连通是两个不同的概念. 下面的命题说明它们的联系.

命题 2.27 道路连通空间一定连通.

证明 设 X 道路连通. $\forall x_0,x_1\in X$，则有 X 中道路 a，使得 $a(i)=x_i$，$i=0,1$. 于是 x_0,x_1 在 X 的同一连通子集 $a(I)$ 中，从而它们属于同一连通分支. 这样 X 只有一个连通分支，即 X 连通. ▌

道路连通空间也具有连通空间的某些性质. 如

命题 2.28 道路连通空间的连续映像是道路连通的.

证明 设 X 道路连通，$f: X\to Y$ 连续. $\forall y_0,y_1\in f(X)$，取 $x_i\in f^{-1}(y_i)$，$i=0,1$. 由于 X 道路连通，有道路 a，使得 $a(i)=x_i$，$i=0,1$. 于是 $f\circ a$ 是 $f(X)$中的道路，且 $f\circ a(i)=y_i$，$i=0,1$. 这就证明了 $f(X)$是道路连通的. ▌

道路连通性也是可乘的(本节习题 3). 此外，对于道路连通性也有相当于命题 2.23 的结果(容易从下面对道路连通分支的讨论中推得). 但命题 2.22 对道路连通不成立. 例 2 中的 $A\cong(0,1)$，是道路连通的，但 $X=\overline{A}$ 不道路连通.

5.3 道路连通分支

在拓扑空间 X 中，规定它的点之间的一个关系～：若点 x 与 y 可用 X 上的道路连结，则说 x 与 y 相关，记作 $x\sim y$. 这是一个等价关系：e_x 连结 x 与自己，有自反性；当 a 连结 x 与 y 时，$\bar{a}$ 连结 y 与 x，有对称性；如果 $x\sim y$，$y\sim z$，设 a 从 x 到 y，b 从 y 到 z，则 a 与 b 可乘，并且 ab 从 x 到 z，得到传递性.

定义 2.12 拓扑空间在等价关系～下分成的等价类称为 X 的**道路连通分支**，简称**道路分支**.

按照定义，$\forall x\in X$ 属于 X 的唯一道路分支；X 的每个道路连通的子集包含在某个道路分支中；X 道路连通的充分必要条件是它只有一个道路分支.

命题 2.29 拓扑空间的道路分支是它的极大道路连通子集.

证明 设 A 是 X 的道路分支. 先证 A 道路连通，即$\forall x_0, x_1\in A$，要构造 A 上连结 x_0, x_1 的道路. 由道路分支的定义，存在 X 上道路 a，使得 $a(i)=x_i$，$i=0,1$. 由于 $a(I)$道路连通（命题 2.28），它必含于一道路分支. 又因为 $a(I)$与 A 有交点，所以 $a(I)\subset A$. 于是 a 可看作 A 上连结 x_0, x_1 的道路.

再证极大性. 设 $A\subset B$，B 道路连通，则 B 所在的道路分支就是 A，即 $A=B$. 这证明了 A 的极大性. ▌

从命题立即可推出，X 的每个道路分支都连通，因此必包含在某个连通分支中. 于是，X 的每个连通分支是一些道路分支的并集.

5.4 局部道路连通

类似于局部连通的定义，有局部道路连通的概念.

定义 2.13 拓扑空间 X 称为**局部道路连通**的，如果$\forall x\in X$，x 的道路连通邻域构成 x 的邻域基.

道路连通空间也不一定是局部道路连通的.

例 3 记 X 是 $\boldsymbol{E}^2$ 的"篦形子集"

$$X=\{(x,y)\mid x\text{ 是有理数,或 }y=0\}.$$

显然 X 道路连通,但不是局部道路连通的(请读者自己验证).

引理 如果拓扑空间 X 的每一点 x 有邻域 U_x,使得 x 与 U_x 中每一点都可用 X 上道路连结,则

(1) X 的道路分支都是既开又闭的;

(2) X 的连通分支就是道路分支.

证明 (1) 引理的条件就是 $\forall x\in X$ 有邻域 U_x,它与 x 属同一道路分支,这样 x 是它所在道路分支的内点,因此每个道路分支是开集.道路分支 A 的余集 A^c 是其他道路分支的并集,因此是开集.于是 A 又是闭的.

(2) 设 A 是道路分支,B 是包含 A 的连通分支.则 A 是 B 的既开又闭的非空子集,从而 $A=B$. ▌

局部道路连通空间满足引理的条件,因此有

定理 2.9 局部道路连通空间 X 的道路分支就是连通分支,它们是既开又闭的;当 X 连通时,它一定道路连通. ▌

习 题

1. 证明 S^n 道路连通($n\geqslant 1$).

2. 设 $A\subset\boldsymbol{E}^2$,A^c 是可数集.证明 A 道路连通.

3. 证明道路连通性是可乘的.

4. 设 X_1,X_2 都是 X 的开集,且 $X_1\cup X_2=X$.a 是 X 上的道路,它的两个端点分别在 X_1,X_2 中.证明 $a^{-1}(X_1\cap X_2)$非空.

5. 如果 X_1 和 X_2 都是 X 的开集,$X=X_1\cup X_2$,并且 X 与 $X_1\cap X_2$ 都道路连通,则 X_1 与 X_2 都道路连通.

6. 第 5 题中将"X_1 和 X_2 是 X 的开集"这条件改为"X_1 和 X_2 是 X 的闭集".证明结论仍成立.

§ 6 拓扑性质与同胚

在第一章中曾说过，拓扑性质能用来判断拓扑空间的不同胚．现在我们用本章所学的拓扑性质检验我们学过的各种空间．

在实数集 $\boldsymbol{R}$ 上，我们已建立了各种拓扑．除离散拓扑和平凡拓扑外，还有欧氏拓扑，τ_f，τ_c 以及

$$\tau_1 = \{(-\infty,a) \mid -\infty \leqslant a \leqslant +\infty\},$$

$$\tau_2 = \overline{\{[a,b) \mid a < b\}}.$$

在 $\boldsymbol{E}^1$，$(\boldsymbol{R},\tau_f)$，$(\boldsymbol{R},\tau_c)$，$(\boldsymbol{R},\tau_1)$ 和 $(\boldsymbol{R},\tau_2)$ 这五个空间中，只有 $(\boldsymbol{R},\tau_1)$ 不满足 T_1 公理，只有 $(\boldsymbol{R},\tau_2)$ 不连通，只有 $(\boldsymbol{R},\tau_f)$ 是紧致的，因此它们都不同胚于别的空间．$(\boldsymbol{R},\tau_c)$ 不是 Hausdorff 空间，区别于 $\boldsymbol{E}^1$．因此五个空间两两不同胚．

利用紧致性，得到有界闭区间 $[a,b]$ 不同胚于开区间和 $[0,+\infty)$；S^1 不同胚于 $\boldsymbol{E}^1$．

利用连通性和反证法可得到 $[0,+\infty)$ 不同胚于 $\boldsymbol{E}^1$．否则，设 $f: [0,+\infty) \to \boldsymbol{E}^1$ 是同胚映射，则 $f|(0,+\infty): (0,+\infty) \to \boldsymbol{E}^1 \setminus \{f(0)\}$ 也是同胚映射，但 $(0,+\infty)$ 连通，$\boldsymbol{E}^1 \setminus \{f(0)\}$ 不连通，与连通是拓扑性质矛盾．

习　题

1. 证明 $\boldsymbol{E}^1$ 与 $\boldsymbol{E}^n (n>1)$ 不同胚．
2. 证明 I 与 S^1 不同胚．
3. 若 $f: S^1 \to \boldsymbol{E}^1$ 连续，则 f 不是单的，也不是满的．
4. 若 $f: S^2 \to \boldsymbol{E}^1$ 连续，则存在 $t \in \boldsymbol{E}^1$，使得 $f^{-1}(t)$ 是不可数集，并且在 $f(S^2)$ 中，原像是可数集的点不多于 2 个．
5. 证明 $S^2 \not\cong S^1$．
6. 证明两条相交直线的并集与一条直线不同胚．

第三章　商空间与闭曲面

本章中，我们要讨论一类特殊的拓扑空间：闭曲面，它是拓扑学（特别是代数拓扑学和低维拓扑学）中最重要的研究对象之一，也常在许多别的数学分支中出现. 我们将讨论闭曲面的拓扑分类问题.

商空间概念给出了一种从已有拓扑空间构造新空间的方法. 这种方法在代数拓扑学中是很有用的. 它也将是本章研究闭曲面时所用的主要方法.

§1　几个常见曲面

在曲面中，除了平面 $\boldsymbol{E}^2$ 和球面 S^2 外，最常见的是平环、Möbius 带、环面、Klein 瓶和射影平面. 它们都可以用矩形面块经过粘合而得到.

1.1　平环和 Möbius 带

把矩形面块弯曲并将两侧边粘接，得到一截圆柱面（图 3-1）.

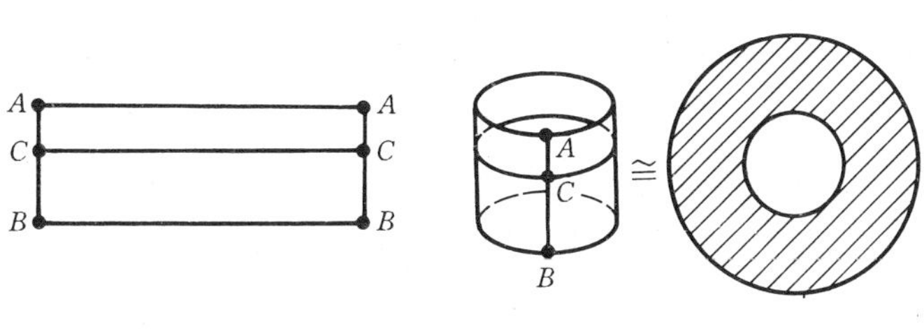

图　3-1

它同胚于平面上由两个同心圆所夹的环带，因此拓扑上称它为平环.确切地说,平环是一个拓扑等价类中诸空间的统称,不论这个空间确实是一环带,还是圆柱面或其他形状,也不管它的大小,只要属于该拓扑等价类,都称作平环.

制造平环时,只要将矩形弯曲而不要拧转,因此矩形两侧边上同高度的点相粘合.图 3-1 中,矩形两侧标相同文字的点表示要粘合在一起的.如果先将矩形拧转 180°,再将两侧边粘接(如图 3-2 所示),所得空间就是著名的 Möbius 带.

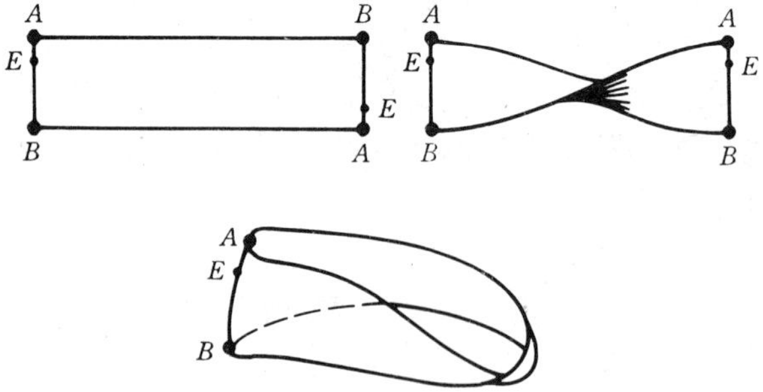

图 3-2

从直观上看,Möbius 带与平环有许多不同之处.首先,平环的边界是两条封闭曲线,它们分别由原矩形的上下边将两端点粘合而得到;而制造 Möbius 带时,原矩形上边的两端与下边两端粘合,连成一条曲线,因此 Möbius 带的边界是一条封闭曲线.其次,平环是双侧的,Möbius 带是单侧的.当然,局面地看,Möbius 带上每一点附近的面块有两个侧向,但从整体上看,这两侧是连成一片的,从某一点的一侧在带上移动可以到达该点的另一侧,中间不用翻越边界.在平环上这是做不到的.还有,沿平环的中线割开可将平环分割成两个平环,而沿 Möbius 带的中线割开得到的还是连通的一条带子(请读者说明这是一个平环).以上的差别,从直观上说明了平环与 Möbius 带不同胚.以后会严格证明它们是不同胚的.

1.2 环面和 Klein 瓶

环面和 Klein 瓶都可以用一截圆柱面(平环)将两个截口互相粘接而得到.

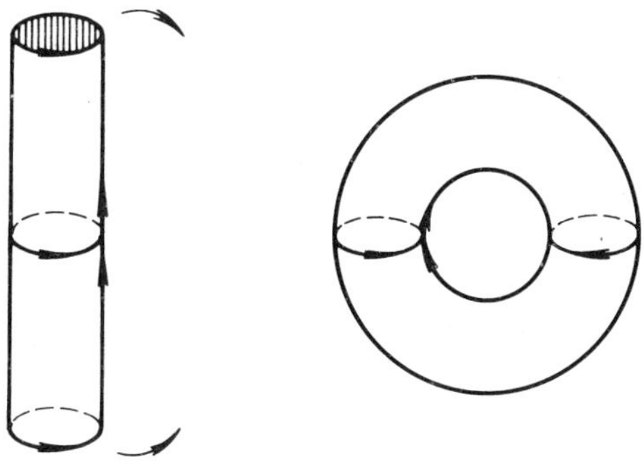

图 3-3

如果每一直母线段的两端粘合,所得到的是**环面**(图 3-3),两个截口是以相同的方向相粘接的. 如果让两个截口方向相反地粘

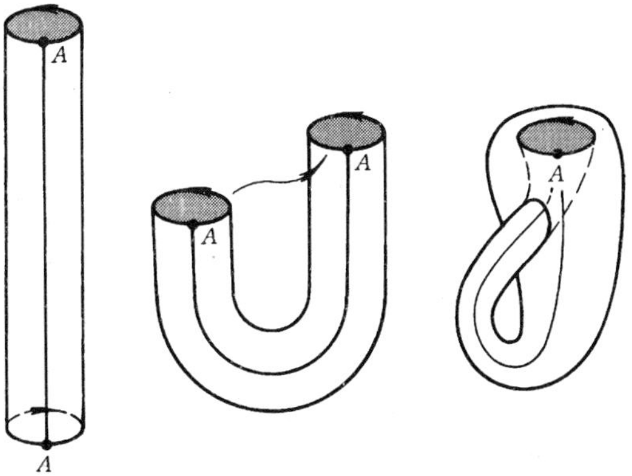

图 3-4

接,则得到 **Klein 瓶**(图 3-4). 要实现这样的粘接,必须将圆柱面弯曲后,把一端穿过管壁进入管内与另一端相接. 在 3 维空间中这是

做不到的，因为在进入管内之处必然要相交. 但在 4 维空间中可以实现（让相交点的第四个坐标不同，从而把它们分开）.

Klein 瓶也是单侧的（图 3-4），以后要证明它与环面不同胚.

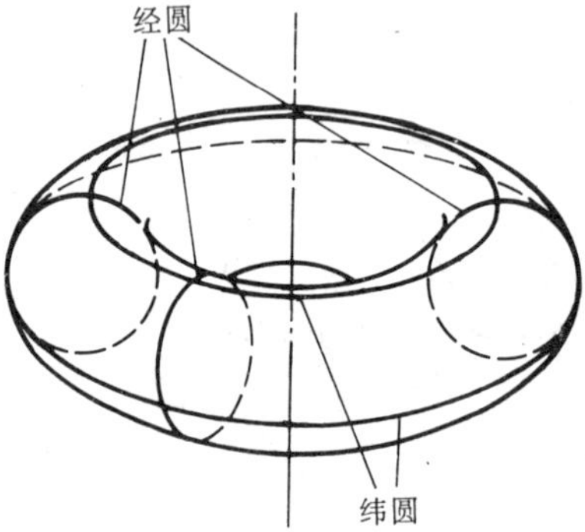

图 3-5

环面是一种常见曲面. 各种轮胎的表面是环面；圆周绕着与它共面但相离的轴线旋转得到环面（图 3-5），称此圆周上的点旋出的圆为**纬圆**，以轴线为界的半平面与环面的交线称为**经圆**；$S^1\times S^1$ 是环面（§2 习题 6）. 一般地记 $T^n=S^1\times\cdots\times S^1$，称为 n 维环面. 这里讨论的是 2 维环面 T^2.

和平环一样，环面和其他曲面都是一个拓扑等价类中空间的统称.

1.3 射影平面

射影平面记作 P^2，它是射影几何学中的概念. 拓扑学中，有几种描述它的方法，其中之一是把圆盘 D^2（它同胚于矩形面块）的边界 S^1 上每一对对径点（同一直径的两个端点）粘合，得到射影平面（图 3-6）. 这种粘接直观上就不好理解了，在 3 维欧氏空间中是做不到的，在 4 维空间中能实现，但也不好想象. 我们将在后面说清楚它.

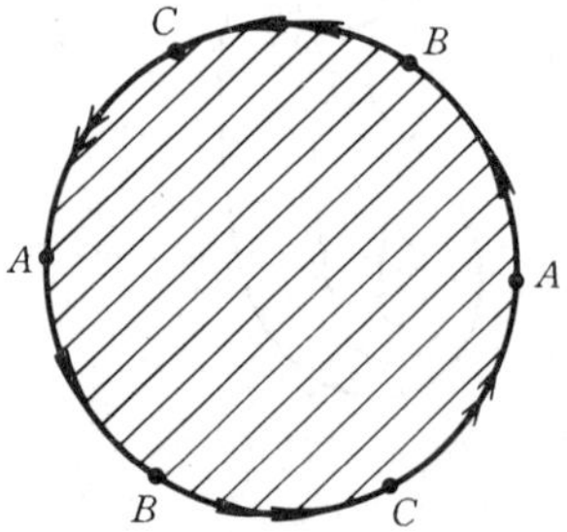

图 3-6

用“粘合”方法制造新拓扑空间是拓扑学中常用的一种方法. 还有许多更复杂的“粘合”，凭直观是不好接受的. 例如，把圆盘 D^2

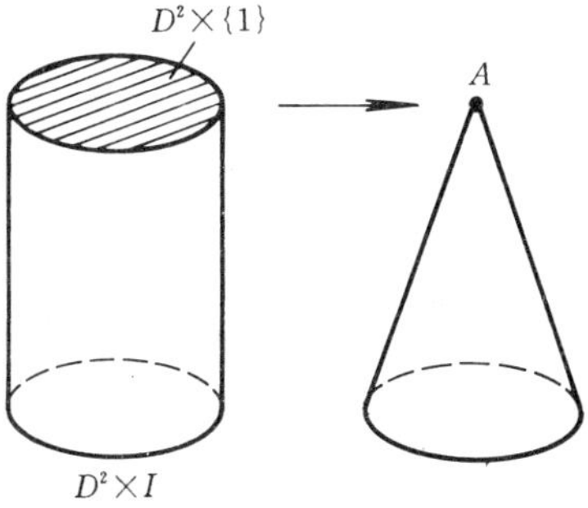

图 3-7

与 I 的乘积空间 $D^2\times I$ 的一端(子集 $D^2\times\{1\}$)捏为一点,得到的空间的直观形象是一个圆锥体(图 3-7).如果用一般拓扑空间 X 代替 D^2,得到的空间是什么?又如把环面上的一个经圆和一个纬圆捏在一起成一个点,又会得到什么空间?这些问题都不能靠直观来回答.

从拓扑学的观点来说,需要有一种描述粘合所得到的新空间(不论它在直观上能否接受)的拓扑的方法.这就是下一节要解决的问题.

习　　题

1. 如果把矩形带先扭转 360°,然后把两侧边粘接,得什么空间(图 3-8)

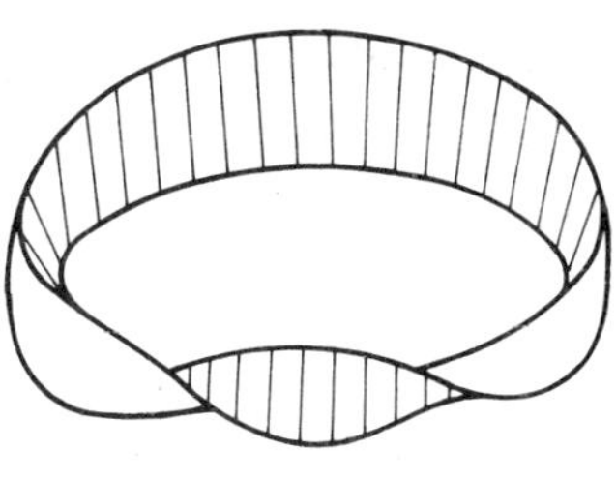

图 3-8

2. 证明:沿 Möbius 带的中腰线割开,所得空间是平环.

3. 如果先将圆柱面拧 180°,再弯曲粘接两截口,得什么空间?(图 3-9)

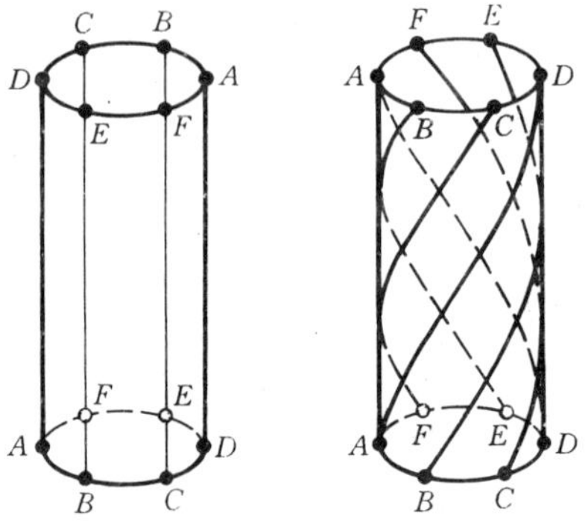

图 3-9

§2 商空间与商映射

2.1 商空间

设拓扑空间 X 上作某种粘合得到新空间.如果把要粘在一起的点称为互相等价的点,X 上就有了一个等价关系,每个等价类被粘合为新空间上的一个点.因此新空间的集合就是等价类的集合.一般地,一个集合 X 上如果有等价关系~,相应的等价类的集合记作 $X/\sim$,称为 X 关于~的**商集**.把 X 上的点对应到它所在等价类,得到映射 $p: X\to X/\sim$,称为**粘合映射**.设 X 已有了拓扑,现在我们来规定 $X/\sim$ 上的一个拓扑.

定义 3.1 设(X,τ)是拓扑空间,~是集合 X 上的一个等价关系.规定商集 $X/\sim$ 上的子集族

$$\tilde{\tau} := \{V\subset X/\sim \mid p^{-1}(V)\in\tau\},$$

则$\tilde{\tau}$是 $X/\sim$ 上的一个拓扑(请读者自己验证),称为 τ 在~下的**商**

拓扑,称$(X/\sim,\tilde{\tau})$是(X,τ)关于$\sim$的**商空间**.

以后,我们在不致产生误解的情况下,把$(X/\sim,\tilde{\tau})$简单记作$X/\sim$.

按照定义,$X/\sim$的开集也就是在 p 之下原像是 X 中开集的那些子集. 显然 $p:X\to X/\sim$是连续的;并且,如果集合 $X/\sim$上另有拓扑 τ' 使得 p 连续,则 $\tau'\subset\tilde{\tau}$. 因此$\tilde{\tau}$是 $X/\sim$上使得粘合映射 p 连续的最大的拓扑.

定理 3.1 设 X,Y 是两个拓扑空间,$\sim$是 X 上的一个等价关系,$g:X/\sim\to Y$ 是一映射,则 g 连续$\Longleftrightarrow g\circ p$ 连续.

证明 $\Longrightarrow$. 由于 p 连续,当 g 连续时,复合映射 $g\circ p$ 也连续(见右图所示的交换图表).

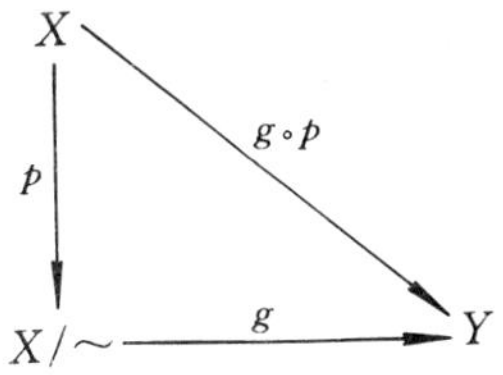

$\Longleftarrow$. 须要对 Y 的任一开集 V,验证 $g^{-1}(V)$是 $X/\sim$的开集. 这是因为 $p^{-1}(g^{-1}(V))=(g\circ p)^{-1}(V)$是 X 的开集(根据 $g\circ p$ 连续),按商拓扑的定义,$g^{-1}(V)$确是开集. ▌

现在用商空间的观点来看 §1 中的"粘合"方法. 以环面 T^2 为例. 记 X 是用来粘制 T^2 的圆柱面. 粘合过程规定了从 X 到 T^2 的连续映射 f. 记$\sim$是粘合决定的等价关系,$g:X/\sim\to T^2$ 是相应的一一对应关系,于是 $f=g\circ p$. 因为 f 连续,所以 g 连续(定理 3.1). 由于 X 紧致和 p 连续,$X/\sim$是紧致的,而 T^2 是 Hausdorff 空间. 根据定理 2.6,连续的一一对应 g 是同胚. 这就是说,在拓扑意义上看,T^2 就是商空间 $X/\sim$. 这样,我们就可以完全摆脱直观,直接用商空间概念来理解 §1 中所说的粘合方法了. 像射影平面那样不好理解的粘合制作法也就有了明确的意义. 反过来粘合法就是商空间这个抽象概念的直观背景.

下面用商空间概念规定一种常用的空间.

设 A 是拓扑空间 X 的一个子集(通常是闭子集),把 A 捏为一点(也就是将 A 看作一个等价类,别的点各自成一等价类),得

到的商空间记作 X/A.

对任一拓扑空间 X,记 $CX := X\times I/X\times\{1\}$,称为 X 上的**拓扑锥**.

如果 $X\subset \boldsymbol{E}^n$,取 $a\in \boldsymbol{E}^{n+1}\setminus \boldsymbol{E}^n$,规定 $\boldsymbol{E}^{n+1}$的子集

$$aX := \{ta + (1-t)x \mid t\in I, x\in X\},$$

称为 X 上以 a 为顶点的**几何锥**.

如果 X 是 $\boldsymbol{E}^n$ 的紧致子集,则 $aX\cong CX$.(习题 10).

2.2 商映射

商映射和商空间是密切相关的概念. 可以说它们是从不同的角度看同一事物. 商映射是从映射的角度观察,更有利于加深认识.

定义 3.2 设 X 和 Y 是拓扑空间,映射 $f: X\to Y$ 称为**商映射**,如果

(1) f 连续;

(2) f 是满的;

(3) 设 $B\subset Y$,如果 $f^{-1}(B)$是 X 的开集,则 B 是 Y 的开集.

注意到 $f^{-1}(B^c)=(f^{-1}(B))^c$,于是,$f^{-1}(B)$是 X 的开集 $\Longleftrightarrow f^{-1}(B^c)$是 X 的闭集. 由此容易推出(3)等价于:设 $F\subset Y$,如果 $f^{-1}(F)$是 X 的闭集,则 F 是 Y 的闭集.

(1)与(3)合在一起也就是:B 是 Y 的开集 $\Longleftrightarrow f^{-1}(B)$是 X 的开集. 当 $X/\sim$是 X 的一个商空间时,粘合映射 $p: X\to X/\sim$满足此条件,并且是满映射,因此是商映射.

分析定理 3.1 的证明,用到的正好就是 p 是商映射这个性质. 因此定理 3.1 可以改写为

定理 3.1a 若 $f: X\to X'$是商映射,$g: X'\to Y$ 是一映射,则 g 连续 $\Longleftrightarrow g\circ f$ 连续. ▌

任给映射 $f: X\to Y$,规定 X 中等价关系 $\underset{f}{\sim}$ 如下:$\forall x, x'\in X$,若 $f(x)=f(x')$,则说 x 与 x' $\underset{f}{\sim}$ 等价,记作 $x \underset{f}{\sim} x'$.

命题 3.1 如果 $f: X\to Y$ 是商映射，则 $X/\overset{f}{\sim}\cong Y$.

证明 记 $p: X\to X/\overset{f}{\sim}$ 是粘合映射. 由 $\overset{f}{\sim}$ 的意义显然有一一对应 $g: X/\overset{f}{\sim}\to Y$，使得 $g\circ p=f$，等价地 $g^{-1}\circ f=p$. 分别用定理3.1和 3.1a，得到 g 和 g^{-1} 的连续性. 因此 g 是同胚. ▌

命题说明，当 $f: X\to Y$ 是商映射时，Y 可看作 X 的一个商空间，而 f 也就是相应的粘合映射.

命题 3.2 连续的满映射 $f: X\to Y$ 如果还是开映射或闭映射，则它是商映射.

证明 f 已满足(1)和(2). 当 f 是开映射时，如果 $f^{-1}(B)$ 是 X 的开集，则 $B=f(f^{-1}(B))$(由(2))是 Y 的开集，因此(3)成立. 当 f 是闭映射时，可类似地证明(3)的等价条件. ▌

例如，乘积空间 $X\times Y$ 到 X 的投射 j 是满的连续开映射，从而它是商映射.（一般来说它不是闭映射.）

下面是一个实用价值很大的判定商映射的充分条件.

定理 3.2 如果 X 紧致，Y 是 Hausdorff 空间，则连续满映射 $f: X\to Y$ 一定是商映射.

证明 设 A 是 X 的闭集，则 A 紧致，从而 $f(A)$ 紧致. 由于 Y 是 Hausdorff 空间，$f(A)$ 是 Y 的闭集. 于是 f 是闭映射. 再用命题 3.2，f 是商映射. ▌

从定义容易看出，单一的商映射就是同胚. 于是定理 3.2 就是定理 2.6 的推广. 它们的证明方法是类似的.

命题 3.3 商映射的复合也是商映射.

证明 设 $f: X\to Y$ 和 $g: Y\to Z$ 都是商映射. $g\circ f$ 显然是满的连续映射. 设 $C\subset Z$，使得 $(g\circ f)^{-1}(C)$ 是开集. 由 f 是商映射和 $f^{-1}(g^{-1}(C))=(g\circ f)^{-1}(C)$，得出 $g^{-1}(C)$ 是开集，再从 g 是商映射推出 C 是开集. 因此 $g\circ f$ 满足条件(3). ▌

2.3 应用举例

例 1 如图 3.10(a)所示粘接矩形的两双对边，得到环面 T^2.

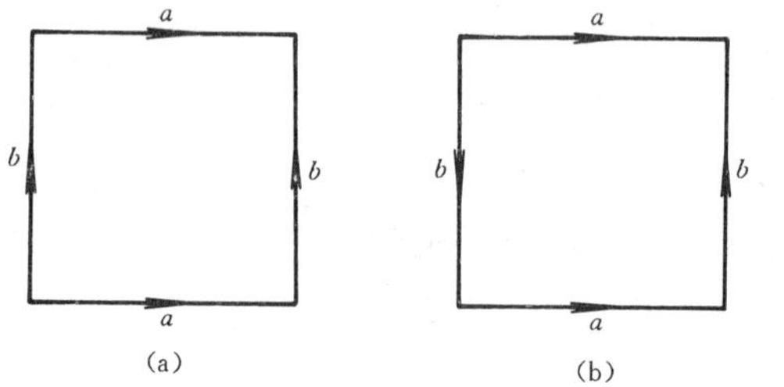

图 3-10

分两步实现粘合.先粘接上下边对 a,成一圆柱面,边对 b 成为它的两个截口.再粘接这两个截口得到 T^2.两次粘合映射的复合是从矩形到 T^2 的商映射,它恰好实现所要求的粘合.

类似地,图 3.10(b)所示的粘合把矩形变为 Klein 瓶.

例 2 记 S^1 为 D^2 的边界圆周,则 $D^2/S^1 \cong S^2$.也就是说把 D^2 的边界捏为一点得到球面 S^2.

作 $f: D^2 \to S^2$ 为

$$f(re^{i2\pi\theta}) = \left(2\sqrt{r(1-r)}\cos\theta,\ 2\sqrt{r(1-r)}\sin\theta,\ 2r-1\right),$$

则 f 满、连续,并且 D^2 紧致,S^2 是 Hausdorff 空间,从而 f 是商映射.不难看出,$\underset{f}{\sim}$ 就是实现捏合 S^1 为一点的等价关系.于是,$D^2/S^1 = D^2/\underset{f}{\sim} \cong S^2$.

例 3 把平环 X 的一条边界上的对径点都粘合,得到 Möbius

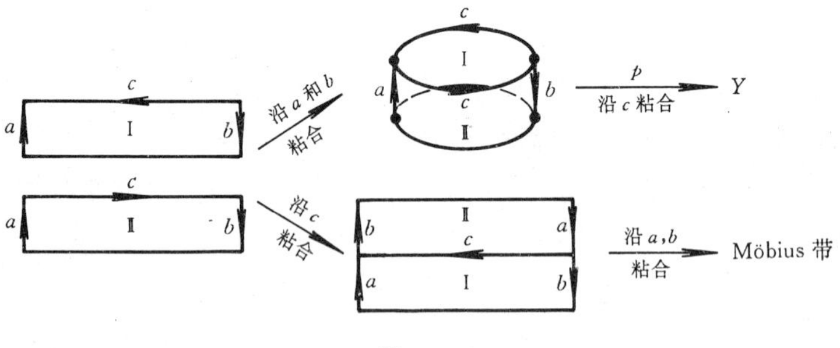

图 3-11

带.

如图 3-11 所示,记所得空间为 Y,相应的粘合映射为 p. X 是两个矩形 Ⅰ 和 Ⅱ 沿 a 和 b 粘接所得商空间. 于是 Y 是 Ⅰ 和 Ⅱ 粘接 a,b 和 c 三对边所得商空间. 如果先沿 c 把 Ⅰ 和 Ⅱ 粘接为一个矩形,再粘接 ab(它们已连接起来)边对,得到的是 Möbius 带,它也是 Ⅰ 和 Ⅱ 粘接边对 a,b,c 所得的商空间. 因此 Y 是 Möbius 带.

例 4 将三角形两边"同向"地粘接(图 3-12)得什么空间?

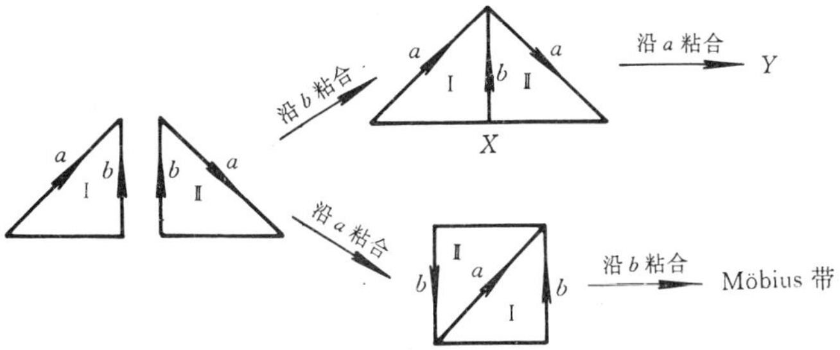

图 3-12

类似于例 3,先将三角形分割为两个小三角形,沿 a 将它们粘接为一个矩形,再把分割线 b 粘接,得到 Möbius 带. 因此所得空间为 Möbius 带.

下面讨论射影平面. 按射影几何中的定义,$\boldsymbol{E}^3$ 中的**中心直线把**就是射影平面. 设**把**的中心为原点 O. 规定度量 $\rho(l_1,l_2)=l_1$ 与 l_2 的夹角. 于是射影平面成为度量空间,记作 P^2.

我们来说明 P^2 的其他几种形式(包括 §1 中给出的形式).

设 S^2 为单位球面. 作映射 $f: S^2\to P^2$ 为:$\forall x\in S^2$,$f(x)$是由 x 与原点 O 决定的直线,则 f 是商映射. $\mathscr{L}$ 就是把 S^2 上的每对对径点看成一个等价类. 因此 S^2 上粘合每一对对径点,所得商空间就是 P^2.

作 $g: D^2\to S^2$ 为 $g(x,y)=\left(x,y,\sqrt{1-x^2-y^2}\right)$,则 $f\circ g: D^2\to P^2$ 也是商映射,因此 D^2 上粘合 S^1 的各对对径点得到 P^2

(图 3-13).

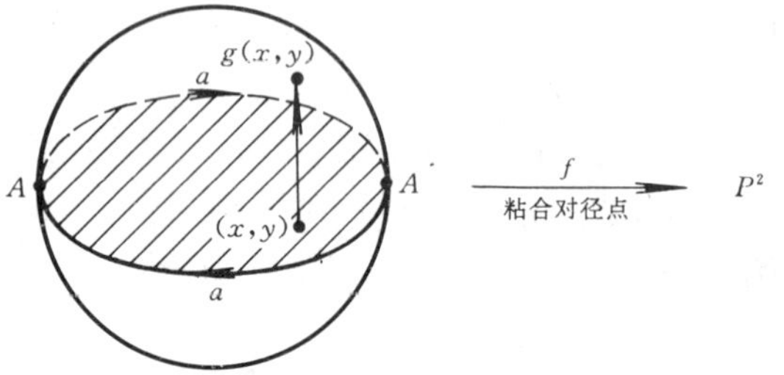

图 3-13

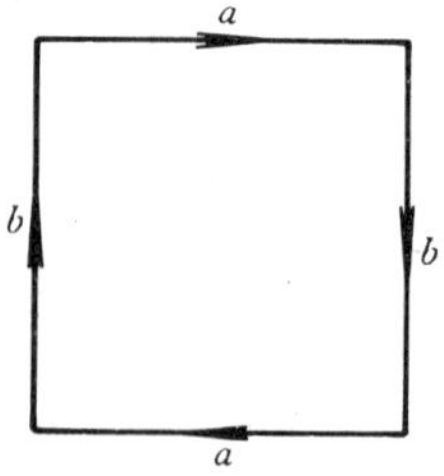

图 3-14

因为矩形同胚于 D^2,因此如图 3-14 那样粘接矩形两双对边也得到 P^2.

例 5 沿边界,将 Möbius 带与 D^2 粘合在一起,商空间就是 P^2.

例 3 说明 Möbius 带是平环粘合外边界上对径点所得商空间. 因此 X 是平环的外边界粘合对径点,内边界粘接一圆盘所得空间(图 3-15). 如先粘接圆盘,则可看出 X 是 P^2.

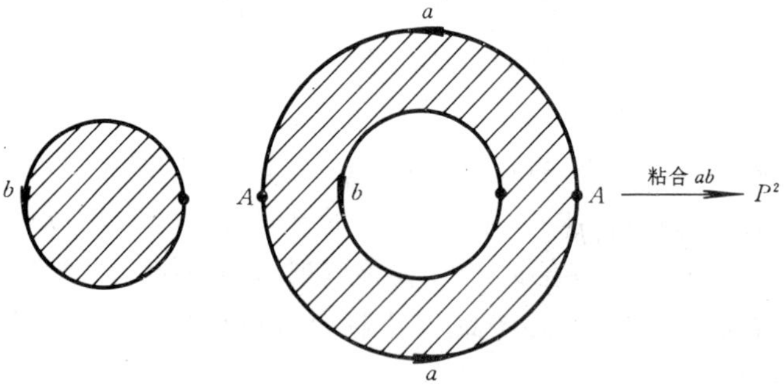

图 3-15

*2.4 关于商映射的一个定理

设 $f_i: X_i \to Y_i (i=1,2)$是映射. 规定映射

$$f_1 \times f_2: X_1 \times X_2 \to Y_1 \times Y_2$$

为$(f_1 \times f_2)(x_1, x_2) = (f_1(x_1), f_2(x_2))$. 显然,当 f_1 和 f_2 都满时 $f_1 \times f_2$ 也满,当 f_1 和 f_2 都连续时 $f_1 \times f_2$ 也连续. 如果 f_1 和 f_2 都是商映射时,$f_1 \times f_2$ 是否也是商映射? 一般地,这是不成立的. 只有在一定的条件下才成立.

定理 3.3 设 $f: X \to Y$ 是商映射,Z 是局部紧致的 Hausdorff 空间,$\mathrm{id}: Z \to Z$ 表示恒同映射,则

$$f \times \mathrm{id}: X \times Z \to Y \times Z$$

也是商映射.

证明 记 $F = f \times \mathrm{id}$. 它显然是连续满映射. 只须验证商映射的条件(3),即当 $W \subset Y \times Z$ 使得 $F^{-1}(W)$是开集时,验证 W 是开集. 任取$(y_0, z_0) \in W$,要证明它是 W 的内点.

取 $x_0 \in f^{-1}(y_0)$,则$(x_0, z_0) \in F^{-1}(W)$. 因为 $F^{-1}(W)$是开集,所以有 z_0 的邻域 B,使得$\{x_0\} \times B \subset F^{-1}(W)$,即$\{y_0\} \times B \subset W$. 由于 Z 是局部紧致 Hausdorff 空间, 可不妨设 B 是紧致的(命题 2.20 中(2)).

规定 Y 的子集 $V := \{y \in Y \mid \{y\} \times B \subset W\}$,则 $y_0 \in V$,并且 $V \times B \subset W$. 如果 $f(x) = y$,则 $F(\{x\} \times B) = \{y\} \times B$,从而 $y \in V \Longleftrightarrow \{x\} \times B \subset F^{-1}(W)$. 规定 $U = f^{-1}(V)$,则 $U = \{x \in X \mid \{x\} \times B \subset F^{-1}(W)\}$.

由于 B 紧致,$F^{-1}(W)$是开集,根据第二章§3 中 3.5 的引理,$\forall x \in U$,则$\{x\} \times B \subset F^{-1}(W)$,有 x 的邻域 U_x,使得 $U_x \times B \subset F^{-1}(W)$,即 $U_x \subset U$. 这样 U 是开集. 由于 f 是商映射,V 也是开集. 于是(y_0, z_0)是 $V \times B$ 的内点,从而也是 W 的内点. ▌

$\boldsymbol{E}^1$ 和 I 都是局部紧致的 Hausdorff 空间. 以后我们常在 $Z = \boldsymbol{E}^1$ 或 I 的情况下应用此定理.

习 题

1. 设 $f: X \to Y$ 和 $g: Y \to Z$ 都是连续映射，使得 $g \circ f$ 是商映射，证明 g 也是商映射.

2. 设 $f: X \to Y$ 是商映射，B 是 Y 的开集（或闭集），$A = f^{-1}(B)$，则 $f_A: A \to B$ 也是商映射.

3. 设 X 是 Hausdorff 空间，证明 CX 也是 Hausdorff 空间.

4. 设 A 是 Hausdorff 空间 X 的紧致子集，证明 X/A 也是 Hausdorff 空间.

5. 规定 $f: (-1,2) \to [0,1]$ 为

$$f(x) = \begin{cases} |x|, & -1 < x \leqslant 0, \\ x, & 0 \leqslant x \leqslant 1, \\ 1, & 1 \leqslant x < 2. \end{cases}$$

证明：

(1) f 是商映射；

(2) f 不是开映射，也不是闭映射.

6. 证明 $S^1 \times S^1 \cong T^2$.

7. 证明 $\boldsymbol{E}^2/D^2 \cong \boldsymbol{E}^2$.

8. 设 A 是环面 T^2 上一经圆与一纬圆的并集. 证明 $T^2/A \cong S^2$.

9. 设 M 是 Möbius 带，∂M 是它的边界. 证明 $M/\partial M \cong P^2$.

10. 设 X 是 $\boldsymbol{E}^n$ 中的紧致子集，$a \in \boldsymbol{E}^{n+1} \setminus \boldsymbol{E}^n$. 证明 $aX \cong CX$.

11. 记 $p: \boldsymbol{E}^1 \to \boldsymbol{E}^1/(0,1]$ 是粘合映射.

(1) 证明 p 既不是开映射，又不是闭映射.

(2) 记 $A = \boldsymbol{E}^1 \setminus (0,1]$. 证明 $p_A: A \to p(A)$ 不是商映射.

12. 设 $f: S^2 \to \boldsymbol{E}^4$ 规定为

$$f(x,y,z) = (x^2 - y^2, xy, xz, yz).$$

证明 $f(S^2) \cong P^2$.

13. 证明由

$$f(x,y)=(\cos 2x\pi,\cos 2y\pi,\sin 2y\pi,\sin 2x\pi\cos\pi y,\sin 2x\pi\sin\pi y)$$
规定的映射 $f: I\times I\to \boldsymbol{E}^5$ 的像 $f(I\times I)\cong$Klein 瓶.

设 X,Y 是两个集合,记 $X\sqcup Y$ 为它们的**无交并**,即由 X 中元素和 Y 中元素构成的新集合. 注意:即便 X 与 Y 是有公共点的,即有 $x\in X,y\in Y$,使得 $x=y$,在 $X\sqcup Y$ 中也要把 x 与 y 看作不同的元素. 因此作为 $X\sqcup Y$ 的子集,X 与 Y 之交 $X\cap Y=\varnothing$.

设 (X_1,τ_1) 与 (X_2,τ_2) 是两个拓扑空间,在 $X_1\sqcup X_2$ 中规定拓扑 $\tau=\{U\subset X_1\sqcup X_2 \mid U\cap X_i\in\tau_i,i=1,2\}$. 称 $(X_1\sqcup X_2,\tau)$ 为 (X_1,τ_1) 与 (X_2,τ_2) 的**拓扑和**. 两个拓扑空间 X 与 Y 的拓扑和记作 $X+Y$.

设 X 与 Y 是两个拓扑空间,$A\subset X$,$f: A\to Y$ 连续. 在 $X+Y$ 中规定等价关系~,使得等价类为下面两种形式:

(1) $X\backslash A$ 中的单个点;

(2) $\{y\}\cup f^{-1}(y),\forall y\in Y$.

称商空间 $(X+Y)/\sim$ 为映射 f 的**贴空间**,记作 $Y\cup_f X$.

14. 设 $i: S^1\to D^2$ 是包含映射,证明 $D^2\cup_i D^2\cong S^2$.

15. 记 $\boldsymbol{E}^2_+=\{(x,y)\in\boldsymbol{E}^2 \mid y\geqslant 0\}$,$f: \boldsymbol{E}^1\to\boldsymbol{E}^2_+$ 规定为 $f(x)=(x,0),\forall x\in\boldsymbol{E}^1$. 证明:$\boldsymbol{E}^2_+\cup_f\boldsymbol{E}^2_+\cong\boldsymbol{E}^2$.

§3 拓扑流形与闭曲面

3.1 流形

球面、环面以及我们熟悉的其他曲面从整体上看比平面复杂多了,但是在局部上,它们每一点的近旁都有一块区域同胚于平面. 这种特性使得我们可以在局部的范围内应用分析学工具对它进行研究. 粗略地讲,具有局部欧氏特性的拓扑空间称之为流形. 它是近代数学最重要的基础概念之一. 它不仅在几何学科中占有重要地位,在分析学科和应用数学中也是重要研究对象. 流形是比较复杂的概念,在不同的研究领域还要求它带有各种特殊的结构.下面定义的拓扑流形是最一般的流形.

定义 3.3 一个 Hausdorff 空间 X 称为 ***n* 维(拓扑)流形**,如果 X 的任一点都有一个同胚于 $\boldsymbol{E}^n$ 或 $\boldsymbol{E}^n_+$ 的开邻域.

这里 $\boldsymbol{E}^n_+$ 是半个 n 维欧氏空间,规定为

$$\boldsymbol{E}^n_+ := \{(x_1, x_2, \cdots, x_n) \in \boldsymbol{E}^n \mid x_n \geqslant 0\}.$$

按照这个定义,$\boldsymbol{E}^n$ 本身就是一个 n 维流形,S^n,D^n 和 T^n 等也都是 n 维流形. 而二次锥面并不是流形,除非把锥顶去掉,因为锥顶的任一邻域不同胚于 $\boldsymbol{E}^2$ 或 $\boldsymbol{E}^2_+$(请读者证明).

设 M 是 n 维流形. 点 $x \in M$ 如果有同胚于 $\boldsymbol{E}^n$ 的开邻域,就称 x 是 M 的**内点**(注意此概念区别于第一章给出的子集内点的概念),否则称为**边界点**. 全体内点的集合称为 M 的**内部**,它是 M 的一个开集.

要让以上概念明确,我们还必须承认一些事实. 譬如,$n \neq m$ 时 $\boldsymbol{E}^n \not\cong \boldsymbol{E}^m$(否则流形的维数就失去意义了);还有,$\boldsymbol{E}^n_+ \not\cong \boldsymbol{E}^n$(否则就没有内点与边界点的区分了). 这些事实现在还不能证明,以后将用基本群或同调群工具予以证明.

从定义不难看出,流形满足 C_1 公理(习题 1),它还是局部道路连通和局部紧致的(习题 6).

如果 n 维流形有边界点,则记 ∂M 是它的边界点的集合. 可以证明 ∂M 是一个没有边界点的 $(n-1)$ 维流形.

3.2 闭曲面

二维流形称为**曲面**. 如 $\boldsymbol{E}^2, S^2, T^2$,平环和 Möbius 带都是曲面. 前三个没有边界点.

定义3.4 没有边界点的紧致连通曲面称为**闭曲面**.

S^2 和 T^2 都是闭曲面. $\boldsymbol{E}^2$ 不是闭曲面. D^2,平环和 Möbius 带不是闭曲面,因为它们有边界点(下章证明,现在只能从直观上接受).

射影平面 P^2 是闭曲面，它的紧致性与连通性明显. 只须验证每一点有开邻域同胚于 $\boldsymbol{E}^2$. 将它看作 D^2 粘合 S^1 上对径点的商空间. 记 $p: D^2 \to P^2$ 是粘合映射. 如果点 $y \in P^2$ 在 p 下的原像是 D^2 的一个内点 x，则 $p(\mathring{D}^2) \cong \mathring{D}^2 \cong \boldsymbol{E}^2$，是 y 的开邻域. 如果 $p^{-1}(y)$ 是 S^1 上一对对径点 x 与 x'，取 $U = B(x, \varepsilon) \cup B(x', \varepsilon)$，$\varepsilon < 1$（图 3-16），则 $p(U) \cong \boldsymbol{E}^2$（读者自己证明），是 y 的开邻域.

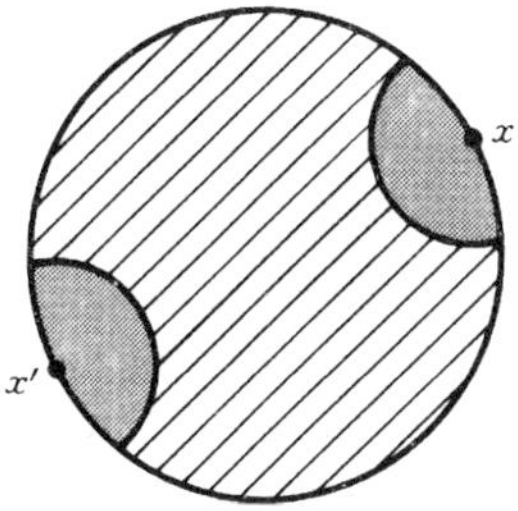

图　3-16

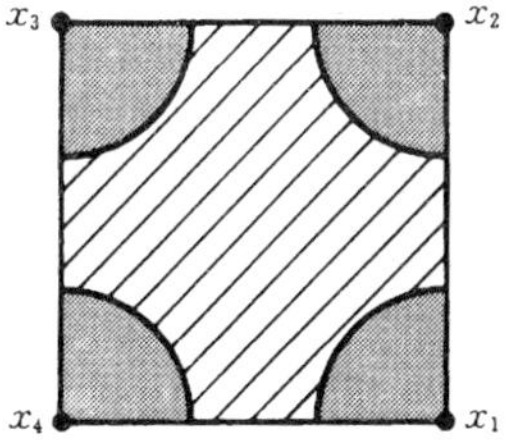

图　3-17

Klein 瓶也是闭曲面. 如果把它看作矩形的商空间，可用与 P^2 相同的办法证明它的每一点有开邻域同胚于 $\boldsymbol{E}^2$，不过多了一种情况：$p^{-1}(y)$ 是矩形的四个顶点 x_1，x_2，x_2，x_4（图 3-17）. 令 $U = \bigcup_{i=1}^{4} B(x_i, \varepsilon)$（$\varepsilon$ 足够小），则 $p(U)$ 就是 y 的开邻域，它同胚于 $\boldsymbol{E}^2$.

一般地，假设 Γ 是一个偶数边的多边形，如果成对地粘接 Γ 的边，那么所得的商空间是闭曲面.

3.3　两类闭曲面

球面是最简单的闭曲面. 对球面施用手术，可得到许多新的闭曲面.

1. 安环柄的球面

环面上挖去一个开圆盘，就说是在环面上挖一个洞，把所得空间称为**环柄**（图 3-18）.

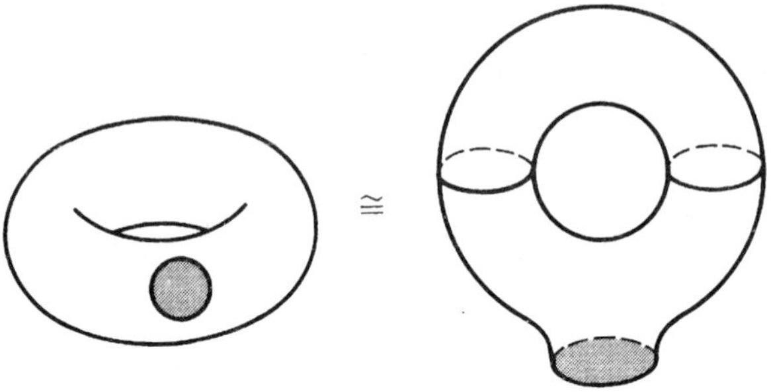

图 3-18

在球面上挖一洞，在洞口粘接上一个环柄(图 3-19). 把这样

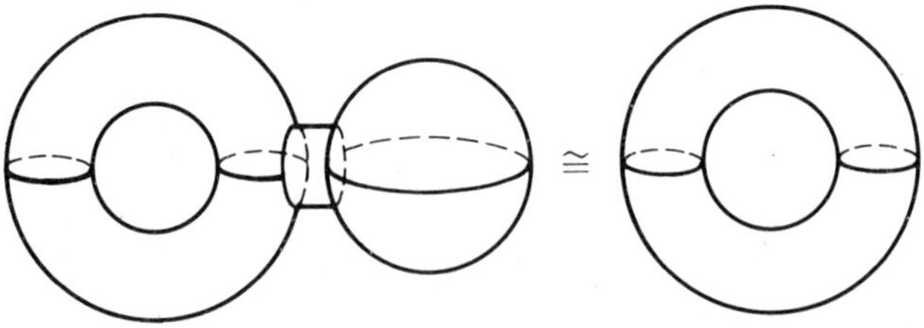

图 3-19

的“手术”称为在球面上安一个环柄. 不难看出，得到的闭曲面是 T^2. 如果在球面上安 n 个环柄，把得到的闭曲面记作 nT^2，称作亏

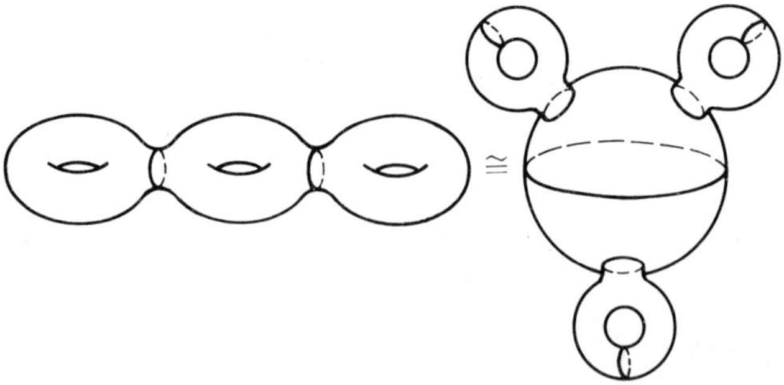

图 3-20

格为 n 的可定向闭曲面. 不难想象，安环柄时洞口的位置和大小(只要不相重叠)对所得闭曲面的拓扑类并不会影响，因此 nT^2 表示一个拓扑等价类. nT^2 的另一种常用的形式就是 n-环面(不同于 n 维环面). 图 3-20 左边画的是一个三环面. 它同胚于安三个环柄的球面.

2. 安交叉帽的球面

在球面上挖一洞，并在洞口粘接一条 Möbius 带，把这种手术称为在球面上安**交叉帽**. 安了 m 个交叉帽的球面称为**亏格为 m 的不可定向闭曲面**，记作 mP^2.

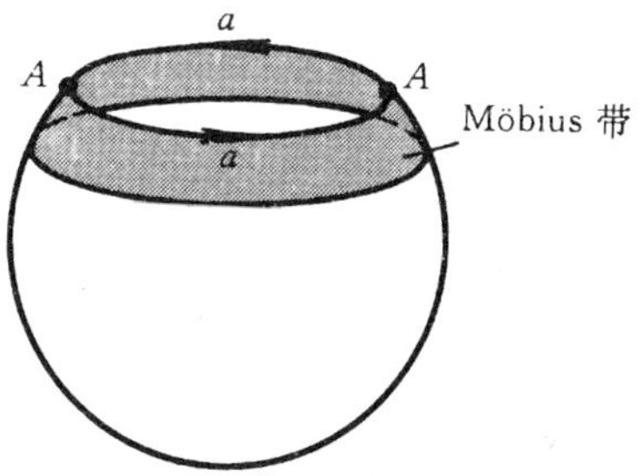

图 3-21

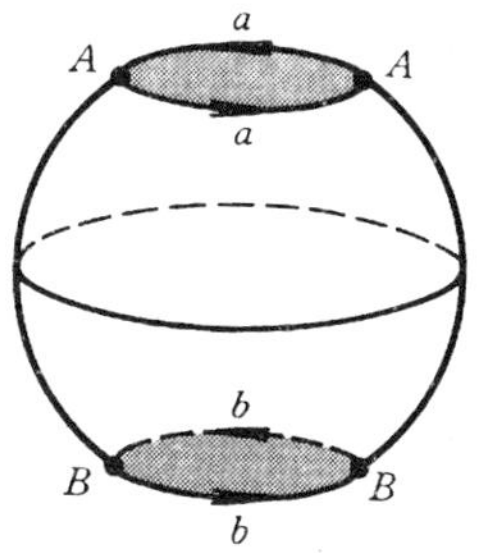

图 3-22

安交叉帽的一种等效手术是将球面上洞口的对径点粘合(图 3-21). 因此 $1P^2$ 就是 P^2. $2P^2$ 可看作两条 Möbius 带沿边界粘接(图 3-22). 矩形的两对邻边“顺向”地粘接得到的就是 $2P^2$，如图 3-23中所示，沿 c 将矩形分割为两个三角形，对它们分别粘接 a 边对和 b 边对，得到两个以 c 为边界的 Möbius 带. 图 3-24 又表明，矩形的这种粘合的结果是 Klein 瓶，因此 $2P^2$ 是 Klein 瓶.

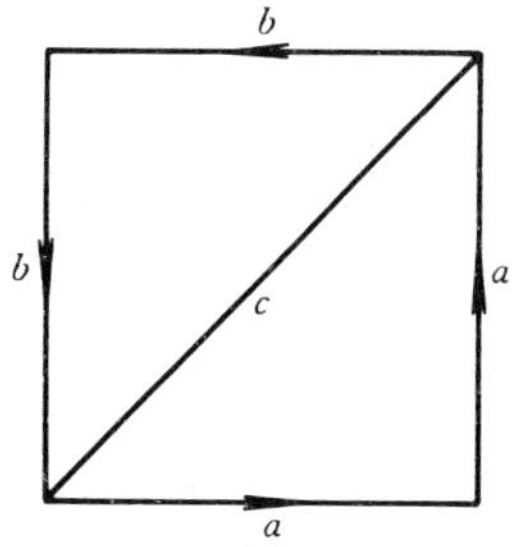

图 3-23

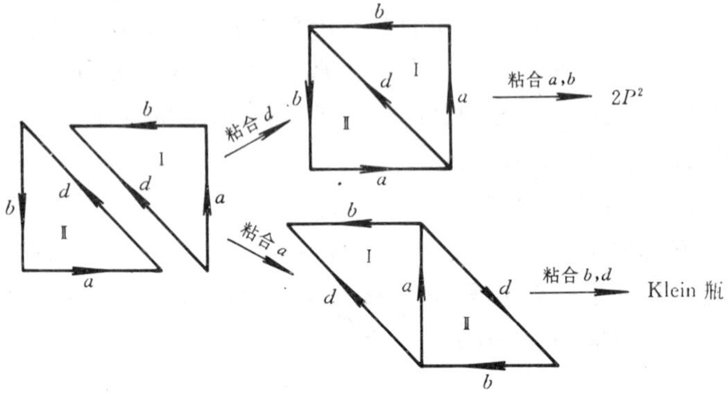

图 3-24

习 题

1. 证明流形满足 C_1 公理.

2. 证明紧致流形满足 C_2 公理.

3. 证明紧致流形是可度量化的.

4. 在 $\boldsymbol{E}^1$ 中规定等价关系～，使得等价类为两种情形：

(1) $\{x\}, x\in[-1,1]$；

(2) $\{x,-x\}, x>1$.

证明 $\boldsymbol{E}^1/\sim$ 的每一点都有同胚于 $\boldsymbol{E}^1$ 的开邻域，但它不是 Hausdorff 空间.

5. 证明流形满足 T_3 公理.

6. 证明流形局部道路连通和局部紧致.

7. 证明流形的内部是它的开子集.

§4 闭曲面分类定理

空间的拓扑分类(按同胚关系分类)自然是拓扑学中的一个重要问题. 但是拓扑空间如此多样，不能奢望对此问题有完全的解答. 即使是解决某些特定空间的分类问题的结果也是很少的. 然而,闭曲面的拓扑分类问题却已得到完美的解决. 闭曲面是流形中最有用的部分,它的分类定理的重要意义就更加明显了.

完成闭曲面分类定理的全部证明必须应用代数拓扑的结果. 本章中我们用商空间方法给出它的部分证明,剩下部分放在下一章完成.

4.1 闭曲面分类定理的叙述

上节我们已介绍了两大类闭曲面:可定向闭曲面$\{nT^2 \mid n$ 为非负整数$\}$($n=0$ 时为球面)和不可定向闭曲面$\{mP^2 \mid m\in \boldsymbol{N}\}$.

定理 3.4(闭曲面分类定理) $\{nT^2\}$和$\{mP^2\}$不重复地列出了闭曲面的所有拓扑类型.

定理的结论有两部分:

(1) 任一闭曲面或属 nT^2 型(对某个非负整数 n),或属 mP^2 型(对某个正整数 m).

(2) $\forall n,m, nT^2\neq mP^2$;当 $n\neq n'$ 时,$nT^2\neq n'T^2$;当 $m\neq m'$ 时,$mP^2\neq m'P^2$.

(2)的证明要用到基本群或同调群,现在不能进行. 下面只对(1)证明.

4.2 闭曲面分类定理结论(1)的证明

1. *闭曲面的多边形表示*

§3 中已说到,一个偶数边的多边形 Γ 如果把边成对的粘接,则得到的商空间为闭曲面. 记 φ 是所说的粘合关系. 如果 Γ 在 φ 之下的商空间同胚于闭曲面 S,就说 Γ 和 φ 一起构成 S 的一个**多边形表示**,记作(Γ,φ). 粘合关系 φ 可以按下面约定在 Γ 上表出:要粘接的边对标以同一字母,并用箭头表示粘接方式. 图 3-25 中列举了四边形上所有可能的粘合关系. 其中(a)是环面的表示,(c)是 P^2,(b)和(d)都是 Klein 瓶. (e)和(f)请读者自己判断.

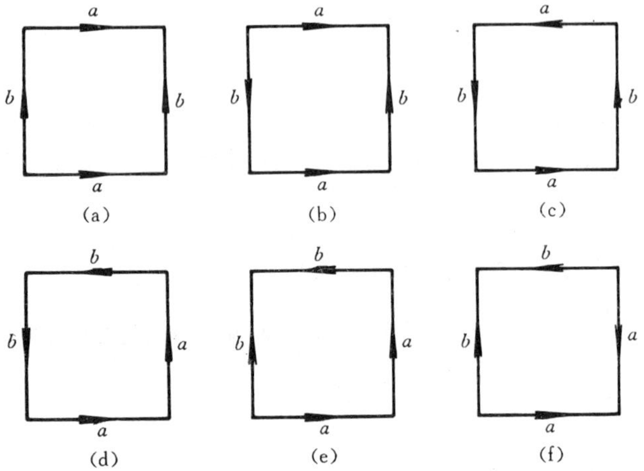

图 3-25

描述一个表示的另一方法是选定 Γ 的一个顶点和一个转向(逆时针或顺时针),然后依次写出标在各边上的字母,并在右上角加或不加 -1 来表明其方向与转向相逆或一致. 例如若取左下角顶点和逆时针方向,则图 3-25 中的(b),(c),(e)分别写出为

$$aba^{-1}b,\quad abab,\quad aabb^{-1}.$$

引理 1 任一闭曲面都有多边形表示.

这个引理的断言将是我们的论证的出发点. 引理的证明要用到 1925 年 T. Rado 的一个经典结果:闭曲面是可三角剖分的,涉及到本书第六章中的概念. 证明本身是初等的,但比较冗长,这里略去了.

显然,有相同形式的多边形表示的闭曲面是相互同胚的. 这给出了判定闭曲面同胚的一个途径. 但是,每个闭曲面有许多不相同的多边形表示,这给上述判定方法的使用造成了困难. 为此,我们提出"**标准多边形表示**"这个概念,在这种表示中,要求粘合法则有一定的规律. 标准多边形表示有两类,它们用文字形式写出为

$$a_1b_1a_1^{-1}b_1^{-1}a_2b_2a_2^{-1}b_2^{-1}\cdots a_nb_na_n^{-1}b_n^{-1},\qquad (\mathrm{I}_n)$$

$$a_1a_1a_2a_2\cdots a_ma_m. \qquad (\mathrm{II}_m)$$

我们下面将证明，除球面外，任一闭曲面都有标准表示；并说明有 (I_n) 这种表示的是 nT^2 型曲面，有(II_m) 这种表示的是 mP^2 型曲面.

2. 多边形表示的标准化

设 S 是一闭曲面,它有多边形表示(Γ,φ). 我们要改造这个表示使之标准化. 不妨设 S 不是球面、环面、射影平面和 Klein 瓶(已知道后三种闭曲面有标准表示),因此 Γ 的边数不会小于 6(因为当边数为 4 时,只可能是上述几种曲面).

下面给出从(Γ,φ)出发,构造 S 的标准表示的程序. 每一步都是用 § 2 中已经使用多次的"剪接"技术.

先约定几个术语.

在(Γ,φ)中,Γ 的在 φ 下要粘接的边对称为**同向对**,如果两边标有相同的方向,否则称**反向对**. 例如在(I_n)中,只出现反向对,(II_m)中只有同向对.

Γ 的所有顶点在粘合关系 φ 下分成若干等价类,称它们为**顶点类**. 例如图 3.25 中的(a)、(b)和(d)都只有一个顶点类;(c)和(e)有两个顶点类;(f)有三个顶点类.

将使用两类剪接手术:

手术 *A*　粘接相邻反向对.

例如对图 3-26 中的多边形 Γ 粘接反向对 a(其他边对暂不粘

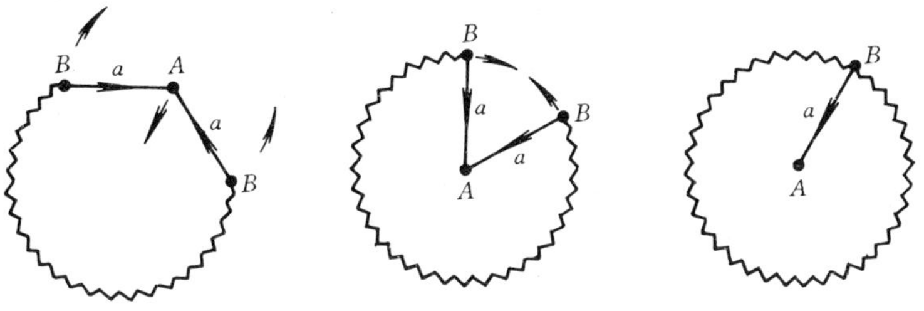

图　3-26

接),得新多边形 Γ',φ 导出 Γ' 的粘合关系 φ'. 得到 S 的另一个表示(Γ',φ'),它的边数比 Γ 少 2,顶点类个数减少 1(Γ 的顶点 A 单独成一顶点类,在 Γ' 中它成为内点).

手术 B 选定 Γ 上一个边对 a,沿一条对角线 a' 剪开 Γ 成两块,使得每一块都有一条 a,然后沿 a 将两块粘接得 Γ'.

图 3-27(a)是沿一个反向对施用手术 B,(b)是沿同向对作手术 B.

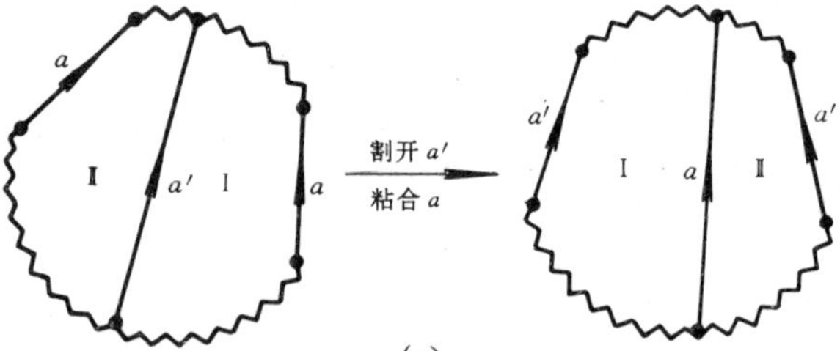

(a)

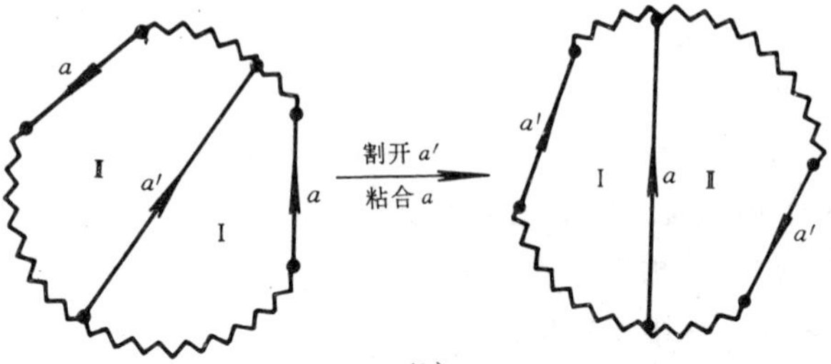

(b)

图 3-27

手术 B 不改变多边形的边数和顶点类数.

以后将会看到,多边形表示有无同向对是一个要紧的性质. 显然手术 A 不改变此性质. 手术 B 也不改变这个性质. 事实上,如对反向对施用手术 B,Ⅰ和Ⅱ只须作平移即可粘接,因此原有边对不改变方向,而增加的 a' 对是反向的;如果对同向对作手术 B,则必须翻转Ⅰ和Ⅱ中的一块才能粘接,因此新增边对 a' 是同向的.

标准化的过程分为两个阶段.

（一）减少多边形边数.

因为减少边数和减少顶点类数同时发生，所以如果(Γ,φ)的顶点类只有一个了，边数就不能再减少.

设(Γ,φ)的顶点类数大于 1. 记其中一类为 P. 如果 P 中只有一个顶点，则这顶点是一反向对的公共端点，对这反向对作手术 A，就可消去 P 类. 如果 P 中含不只一个顶点，取其中一点，使得它的一个相邻顶点不属 P，就像图 3-28(a)的上方的顶点，它和一

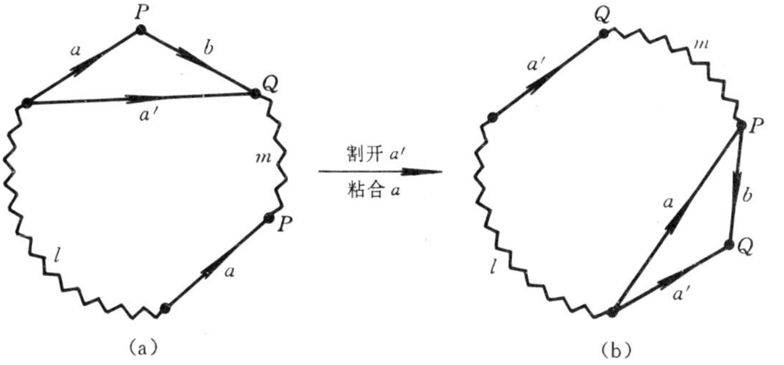

图 3-28

Q 类顶点相邻，从而与它连接的两边不粘接. 如图 3-28 中所示方式，对边对 a 作手术 B，则 P 类顶点减少一个(Q 类增加一个). 重复上述做法，直到 P 类只含一个顶点，再用一次手术 A 使 P 类消去. 同时边数减少 2.

如果(Γ,φ)有 l 条边，k 个顶点类，则用上面的办法可得到一个新表示(Γ',φ')，它只有一个顶点类，边数为 $l-2(k-1)$.

（二）改变粘合方式.

设(一)已完成，(Γ',φ')是所得改造了的表示. 它只有一个顶点类，因此不再用手术 A 了.

引理 2　(Γ',φ')中反向边对不相邻，且至少与另一边对相间排列(图 3-29(a)中的 a 边对与 b 边对).

证明　设 a 是它的一个反向对. 如果它是相邻的，则它们的公

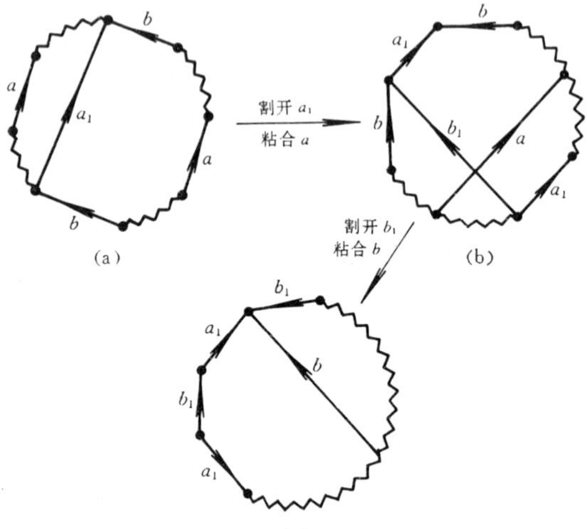

图 3-29

共顶点不与其他顶点等价，顶点类数大于 1，与假设矛盾. 因此 a 边对不相邻.

设 Γ' 中其余边构成折线段 K 与 L. 如果 K 中边不和 L 中的边粘接，则 K 中顶点不与 L 中顶点等价，顶点类个数大于 1. 因此有第二个结论. ▌

下面就两种情况分别讨论：(Γ',φ') 没有同向对；(Γ',φ') 上至少有一同向对. 前面已指出，这两种情况不会因施用手术 A,B 而互相转换.

(i) 没有同向对.

取 a 是一反向对，取 b 是与 a 相间排列的反向对. 则以适当方式（如图 3-29 所示）对 a 和 b 施用两次手术 B，可使边对 a 和 b 消去，增加相间并连接排列的边对 a_1 和 b_1.

多次施行这种做法，最后可得到(I_n)形式的表示

$$a_1b_1a_1^{-1}b_1^{-1}a_2b_2a_2^{-1}b_2^{-1}\cdots a_nb_na_n^{-1}b_n^{-1}.$$

这里自然数 n 等于 Γ' 的边数的四分之一.

(ii) 有同向对.

取 a 是一同向对，图 3-30 表示用一次手术 B 可消去边对 a，

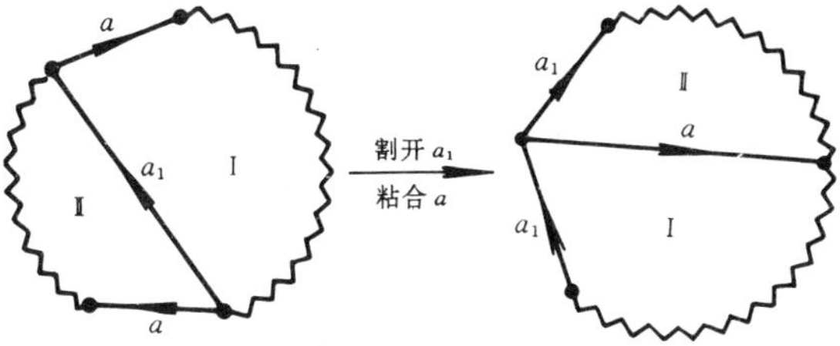

图　3-30

增加一个相邻同向对. 重复这做法，使得不再有不相邻的同向对. 如果此时没有反向对了，则得到(II_m)形式的表示，$2m$ 等于 Γ'的边数；如果有反向对，设 a 是一反向对，b 是与 a 相间排列的边对，因为 b 不是相邻边对，所以 b 是反向对. 利用一个同向对 c，作数次手术 B，可消去边对 a，b 和 c，并增加三个相邻同向对(图 3-31). 这

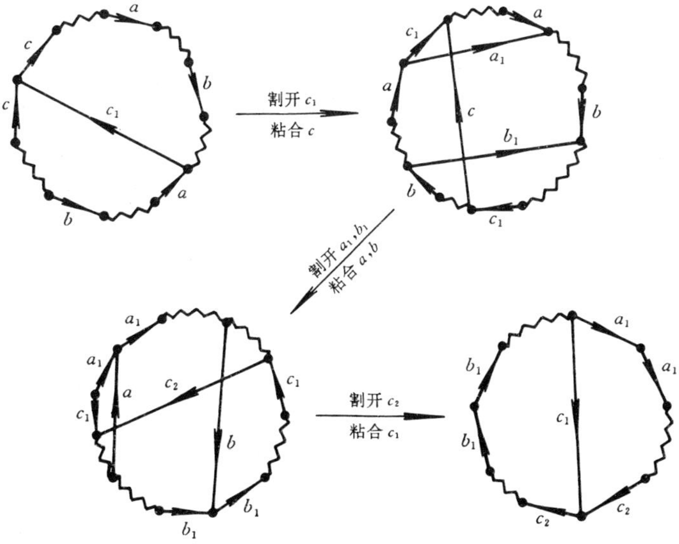

图　3-31

样，在有同向对的情形最后都可改造成(II_m)形式的表示.

至此标准化工作完成.

3. (I_n)和(II_m)分别是 nT^2 和 mP^2 的表示

先考虑(II_m). 图 3-32(a)是 $m=3$ 的情形. Γ 的三条对角线将 Γ 分割成四个三角形，其中 Δ_1，Δ_2 和 Δ_3 分别粘合成 Möbius 带，Δ 粘成挖了三个洞的球面(图 3-32(b))，将三条 Möbius 带分别粘接在三个洞口上得到 S. 因此 S 是安了三个交叉帽的球面，属于 $3P^2$. 一般地(II_m)是 mP^2 的多边形表示.

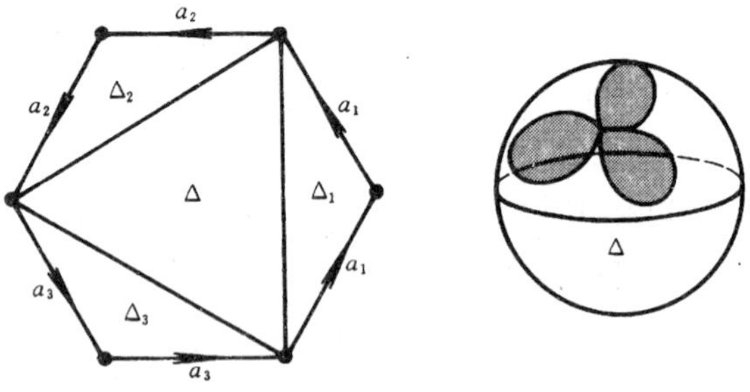

(a) (b)

图 3-32

对(I_n)用类似方法论证，它是 nT^2 的多边形表示. 要注意现在用对角线割下的是图 3-33(a)中的五边形，粘接 a_i 和 b_i，得到一个环柄，见图 3-33(b).

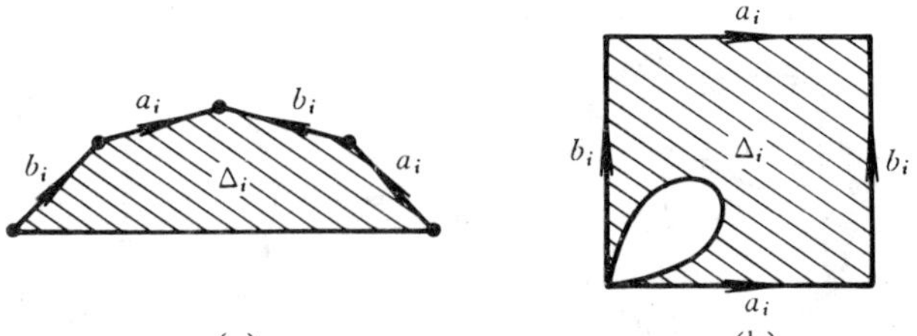

(a) (b)

图 3-33

至此我们已完成了闭曲面分类定理证明的(1)部分.

一般来说,对一个任意给定的多边形表示进行标准化的工作量是很大的.但是,不需要完成整个过程就可决定最后得出的是什么样的标准化表示.决定结果的两个因素:

(i) **有无同向对**?在标准化的过程中,这性质一直不改变.因此,当原表示有同向对时,结果一定是 mP^2 型的,否则是 nT^2 型的.

(ii) **标准化表示的边数**.它可以从原表示的边数 l 和顶点类个数 k 求出:

$$\text{边数} = l - 2k + 2.$$

这样,从原表示可以直接知道曲面的类型.

例如图 3-34 中的多边形表示边数为 8,顶点类有 2 个,因此相

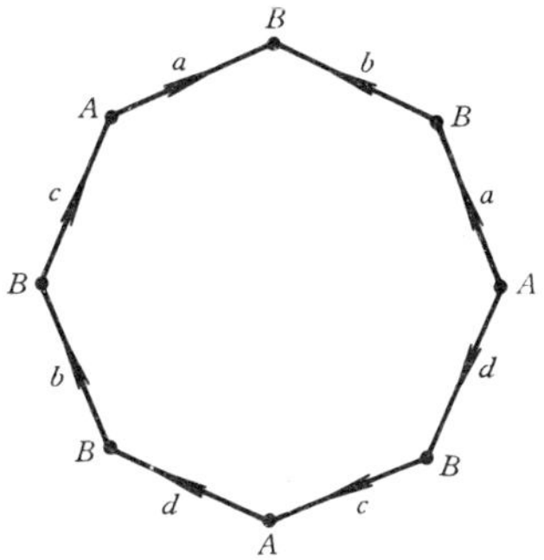

图 3-34

应曲面的标准化表示的边数为 6,原表示有同向对,因此曲面为 $3P^2$ 型的.

习 题

1. 具有下列用文字形式写出的多边形表示的闭曲面是什么类型?

(1) $abcda^{-1}bc^{-1}d$;　　(2) $abacb^{-1}dcd$;

(3) $abcb^{-1}dc^{-1}a^{-1}d^{-1}$; (4) $abca^{-1}cdeb^{-1}fedf$.

2. 两个闭曲面各挖去一个圆盘的内部,然后把洞口对接,所得闭曲面称为原来两个闭曲面的**连通和**. 如果原来闭曲面为 M 和 N,则它们的连通和记作 $M\#N$. 试判别:

(1) 若 M 为 mT^2 型,N 为 nT^2 型,$M\#N$ 是什么型?

(2) 若 M 为 mP^2 型,N 为 nP^2 型,$M\#N$ 是什么型?

(3) 若 M 为 mT^2 型,N 为 nP^2 型,$M\#N$ 是什么型?

3. 如果在环面上挖去一个圆盘的内部,然后把洞口的对径点粘合,所得曲面是什么类型的?

第四章　同伦与基本群

本章和以后各章所讲的都属于代数拓扑学的范畴.代数拓扑学的基本思想是对拓扑空间建立以代数概念(如群、交换群、环等)为形式的拓扑不变量,从而把代数方法引进拓扑学的研究中来.我们已说过,要判定空间不同胚,需要用拓扑性质(不变量).第二章中,我们已看到分离性、可数性、紧致性和连通性这些拓扑性质在这方面的应用.然而用这些概念能解决的问题毕竟太少了,本书至此已积累了不少尚未解决的重要问题,如 $\boldsymbol{E}^n$ 与 $\boldsymbol{E}^m$(当 $n\neq m$ 时)是不是不同胚? $\boldsymbol{E}^2_+$ 与 $\boldsymbol{E}^2$ 的不同胚问题,S^2 与 T^2 以及 S^2 与 D^2 等等不同胚的判定.在这许多问题上,代数拓扑学将表现出它的威力.

同伦论和同调论是代数拓扑学的两大支柱.本书中只能涉及到它们的一些初步知识.同伦是同伦论的最基础的概念之一;基本群是1维同伦群,它是代数拓扑学中最简单,用途最广的部分.

闭曲面分类定理尚未完成的那一半证明涉及到判定两个空间不同胚的问题.例如怎么证明 $S^2\not\cong T^2$? 直观上看,T^2 有洞,可以用线拴住,球面拴不住.但这里并不是指拴它们的线圈能否移走(在4维空间中,栓环面的线圈也能移走),正确的解释为:球面上弹性极好的闭合线圈可以在球面上滑缩为一点,而在环面上有些闭曲线(如经圆或纬圆)不能在环面上滑缩为一点.类似的差别也出现在平环与圆盘的比较中.显然圆盘上的闭曲线可容易地在圆盘上收缩为一点,而平环上环绕着它的洞的闭曲线被洞阻挡而缩不成一点(图4-1).

基本群就是在闭曲线的可收缩性这种直观背景的基础上发展起来的一种结构.拓扑学中用道路概念替代曲线.道路本身是一种连续映射.为了理解道路的收缩和变形的意义,先一般地介绍连续

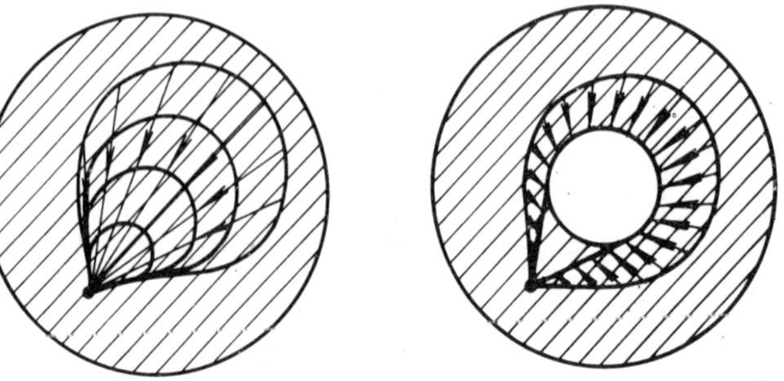

图 4-1

映射的变形,也就是同伦概念.

§1 映射的同伦

同伦就是映射间的连续变形. 设 X 和 Y 都是拓扑空间,记 $C(X,Y)$是 X 到 Y 的所有连续映射的集合. 设 $f,g\in C(X,Y)$,所谓 f 与 g 同伦,就是指 f 可以"连续地"变为 g. 这意味着在每一时刻 $t\in I$,有一连续映射 $h_t\in C(X,Y)$,$h_0=f$,$h_1=g$,并且 h_t 对 t 有连续的依赖关系. 确切的定义为

定义 4.1 设 $f,g\in C(X,Y)$. 如果有连续映射 $H:X\times I\to Y$,使得$\forall x\in X$,$H(x,0)=f(x)$,$H(x,1)=g(x)$,则称 f 与 g **同伦**,记作 $f\simeq g:X\to Y$,或简记为 $f\simeq g$;称 H 是连接 f 和 g 的一个**同伦**(或称**伦移**),记作 $H:f\simeq g$(或 $f\overset{H}{\simeq}g$)(图 4-2).

对每个 $t\in I$,同伦 H 决定 $h_t\in C(X,Y)$为:$h_t(x)=H(x,t)$,于是得到单参数连续映射族$\{h_t|t\in I\}$,称 h_t 为 H 的 t-**切片**. 根据定义 $h_0=f$,$h_1=g$①.

---

① 由 $t\to h_t$ 决定了映射 $h:I\to C(X,Y)$. 在 $C(X,Y)$上的一种特殊拓扑(所谓紧开拓扑)下,h 是连续的. 于是,一个同伦决定了 $C(X,Y)$中的一条道路;反过来 $C(X,Y)$中一条道路决定了一个同伦.

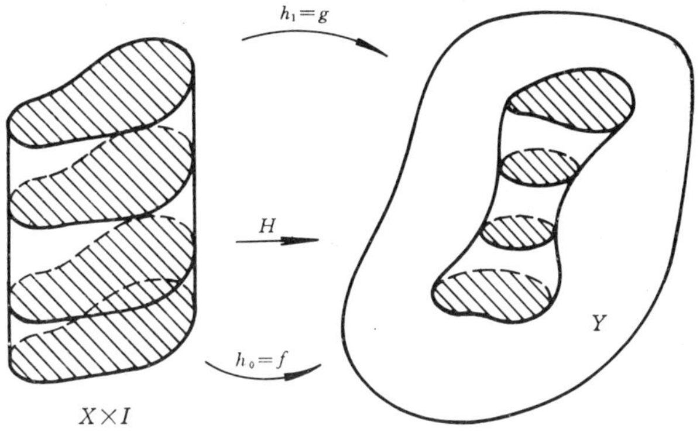

图 4-2

例 1 设 $f,g\in C(X,\boldsymbol{E}^n)$. 规定 $H:X\times I\to\boldsymbol{E}^n$ 为

$$H(x,t)=(1-t)f(x)+tg(x).$$

容易验证 H 是 f 到 g 的同伦(习题 1). H 的直观意义为:当 t 从 0 变到 1 时,$h_t(x)$ 从 $f(x)$ 到 $g(x)$ 作匀速直线运动. 因此称这种同伦为**直线同伦**. 直线同伦构作的基础是线段 $\overline{f(x)g(x)}\subset\boldsymbol{E}^n$. 因此,把 $\boldsymbol{E}^n$ 换成 $\boldsymbol{E}^n$ 的凸子集,同样可构造直线同伦.

例 2 若 $f,g\in C(X,S^n)$,使得 $\forall x\in X,f(x)\neq-g(x)$,则可规定 f 到 g 的同伦 H 为

$$H(x,t)=\frac{(1-t)f(x)+tg(x)}{\|(1-t)f(x)+tg(x)\|}$$

(图 4-3). H 有意义是因为原点 $O\overline{\in}\overline{f(x)g(x)}$,$\forall x\in X$,从而对任何 $t\in I$,$\|(1-t)f(x)+tg(x)\|\neq 0$.

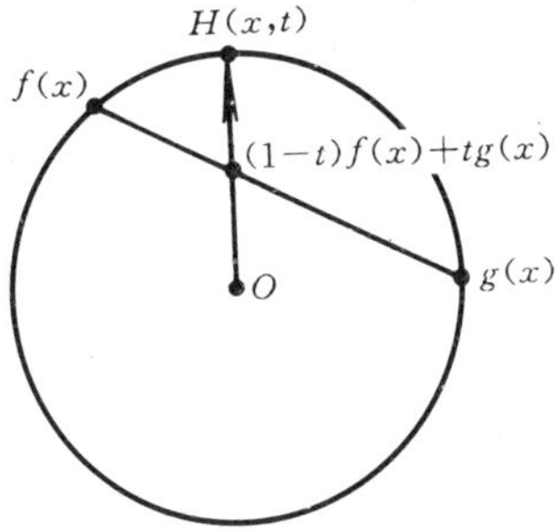

图 4-3

例 3 设 $f,g\in C(X,S^1)$, 使得 $\forall x\in X,f(x)=-g(x)$, 则 $f\simeq g$. 连结 f 和 g 的一个同伦可构作如下:把 S^1 看作复平面上的

单位圆周，其上点用单位复数 e^{it} $(t \in \boldsymbol{R})$ 表示，令

$$H(x,t) = e^{it\pi} \cdot f(x).$$

直观上看，$h_t(x)$ 是把 $f(x)$ 绕原点转 $t\pi$ 角.

命题 4.1 同伦关系是 $C(X,Y)$ 中的一种等价关系.

证明 自反性 设 $f \in C(X,Y)$，令 $H(x,t) \equiv f(x)$，$\forall x \in X$，$t \in I$. 则 $H: f \simeq f$.（这样的同伦称为**常同伦**.）

对称性 设 $H: f \simeq g$，规定 $\overline{H}(x,t) = H(x,1-t)$，$\forall x \in X$，$t \in I$. 则 $\overline{H}: g \simeq f$.（称 $\overline{H}$ 为 H 的**逆**.）

传递性 设 $f \overset{H_1}{\simeq} g \overset{H_2}{\simeq} k$，规定 H_1 与 H_2 的乘积 $H_1H_2: X \times I \to Y$ 为（图 4-4）

$$H_1H_2(x,t) = \begin{cases} H_1(x,2t), & 0 \leqslant t \leqslant 1/2, \\ H_2(x,2t-1), & 1/2 \leqslant t \leqslant 1. \end{cases}$$

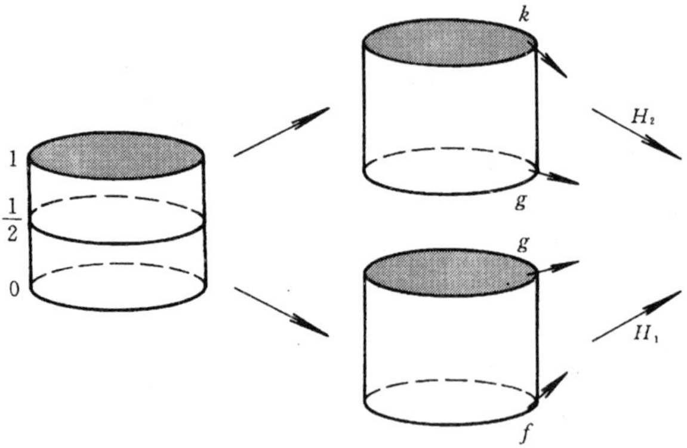

图 4-4

当 $t = \dfrac{1}{2}$ 时，$H_1(x,2t) = H_1(x,1) = g(x) = H_2(x,2t-1)$，因此 H_1H_2 的定义合理. 根据粘合引理，它是连续的. 容易验证 $H_1H_2: f \simeq k$. ∎

把 $C(X,Y)$ 在同伦关系下分成的等价类称为**映射类**. 所有映射类的集合记作 $[X,Y]$.

例 1 说明，当 Y 是 $\boldsymbol{E}^n$ 的凸集时，$[X,Y]$ 中只有一个映射类.

例 4 设 X 是单点空间 $\{x\}$. 则 $C(\{x\},Y)$ 与 Y 之间有一个自然的一一对应：$f\to f(x)$. $\forall y\in Y$，记 f_y 为像点是 y 的映射. 则 f_{y_1} 到 f_{y_2} 的一个同伦就是 Y 中从 y_1 到 y_2 的一条道路，$f_{y_1}\simeq f_{y_2}\Longleftrightarrow$ y_1 和 y_2 在 Y 的同一道路分支中. 因此 $[\{x\},Y]$ 与 Y 的道路分支的集合有一个一一对应关系. 特别当 Y 道路连通时，$[\{x\},Y]$ 只有一个映射类.

命题 4.2 若 $f_0\simeq f_1: X\to Y$，$g_0\simeq g_1: Y\to Z$，则 $g_0\circ f_0\simeq g_1\circ f_1: X\to Z$.

证明 设 $F: f_0\simeq f_1$，$G: g_0\simeq g_1$. 规定连续映射 $\boldsymbol{F}: X\times I\to Y\times I$ 为

$$\boldsymbol{F}(x,t)=(F(x,t),t)$$

（称为 F 的**柱化**）. 则 $G\circ\boldsymbol{F}: g_0\circ f_0\simeq g_1\circ f_1$.（请读者自己验证.） ▌

如果 f 同伦于一个常值映射，则称 f 是**零伦的**.

例 5 设 X 是 $\boldsymbol{E}^n$ 的凸集，则 $\mathrm{id}_X: X\to X$ 零伦（例 1）. 设 e 是 X 到 X 的一个常值映射，则 $\mathrm{id}_X\simeq e$. 对任何拓扑空间 Y 和连续映射 $f: X\to Y$，$f=f\circ\mathrm{id}_X\simeq f\circ e$（用命题 4.2），$f\circ e$ 是常值映射，因此 f 是零伦的. 特别对道路连通空间 Y，$[X,Y]$ 只有一个映射类（见本节习题 2）.

$I=[0,1]$ 是凸集，因此拓扑空间 X 上每条道路（注意它是映射）都同伦于点道路. 道路连通空间的任何两条道路都同伦. 这样，道路的一般同伦并不能反映出空间的很多信息. 对道路，下面所用的是一种有附加要求的同伦.

定义 4.2 设 $A\subset X$，$f,g\in C(X,Y)$. 如果存在 f 到 g 的同伦 H，使得当 $a\in A$ 时，$H(a,t)=f(a)=g(a)$，$\forall t\in I$，则称 f 和 g **相对于 A 同伦**，记作 $f\simeq g\ \mathrm{rel}A$；称 H 是 f 到 g 的**相对于 A 的同伦**，记作 $H: f\simeq g\ \mathrm{rel}A$（或 $f\overset{H}{\simeq}g\ \mathrm{rel}A$）.

例 6 设 Y 是 $\boldsymbol{E}^n$ 的凸集，$f,g\in C(X,Y)$. 如果 x 使得 $f(x)=g(x)$，则 f 到 g 的直线同伦 H 满足 $H(x,t)=f(x)=g(x)$，$\forall t\in I$. 记 $A=\{x\in X\mid f(x)=g(x)\}$，则 $H: f\simeq g\ \mathrm{rel}A$.

下面是命题 4.1 和 4.2 的平行结果，证明从略.

命题 4.3 取定 $A\subset X$，则 $C(X,Y)$ 中相对于 A 的同伦也是等价关系.

命题 4.4 设 $f_0\simeq f_1: X\to Y\ \mathrm{rel}A$，$g_0\simeq g_1: Y\to Z\ \mathrm{rel}B$，并且 $f_0(A)\subset B$，则 $g_0\circ f_0\simeq g_1\circ f_1\ \mathrm{rel}A$.

定义 4.3 设 a,b 是 X 上的两条道路，如果 $a\simeq b\ \mathrm{rel}\{0,1\}$，则称 a 与 b **定端同伦**，记作 $a\stackrel{.}{\simeq}b$.

显然 $a\stackrel{.}{\simeq}b$ 的一个必要条件是 a 与 b 有相同的起终点. a 到 b 的一个定端同伦是从矩形 $I\times I$ 到 X 的一个连续映射. 它把左右侧边分别映为 $a(0)$ 点和 $a(1)$ 点，在下底和上底上的限制分别是道路 a 和 b(图 4-5).

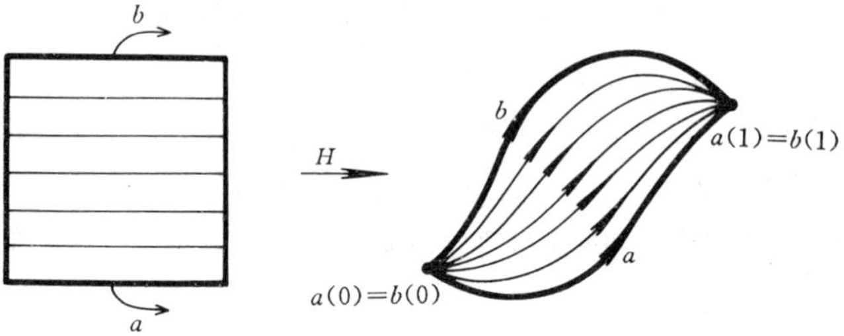

图 4-5

X 的所有道路在 $\stackrel{.}{\simeq}$ 关系下分成的等价类称为 X 的**道路类**. X 的所有道路类的集合记作 $[X]$. 一条道路 a 所属的道路类记作 $\langle a\rangle$，称 a 的起、终点为 $\langle a\rangle$ 的起、终点. 起终点重合的道路类称为**闭路类**. 称起(终)点为它的基点.

习　题

1. 验证直线同伦的连续性.

2. 设 $y_1, y_2 \in Y$，f_{y_i}是将 X 映为$\{y_i\}$的常值映射. 证明：$f_{y_1} \simeq f_{y_2} \Longleftrightarrow y_1$ 与 y_2 在 Y 的同一道路分支中.

3. 证明：如果连续映射 $f: X \to S^n$ 不满，则 f 零伦.

4. 证明：连续映射 $f: X \to Y$ 零伦$\Longleftrightarrow f$ 可扩张到 CX 上.

5. 设 $f: X \to Y$ 连续，X 中道路 $a \mathrel{\dot{\simeq}} b$，证明 $f \circ a \mathrel{\dot{\simeq}} f \circ b$.

6. 记 $p: I \to S^1$ 规定为 $p(t) = \mathrm{e}^{\mathrm{i}2\pi t}$. $f, g \in C(S^1, X)$. 证明

$$f \circ p \mathrel{\dot{\simeq}} g \circ p \Longleftrightarrow f \simeq g \ \mathrm{rel}\{1\}.$$

7. 设 X 是 $\boldsymbol{E}^n$ 中的凸集，则 X 上有相同起、终点的两条道路必定端同伦.

8. 证明：如果连续映射 $f: S^1 \to S^1$ 与恒同映射不同伦，则 f 有不动点.

§2 基本群的定义

基本群是在道路及其运算(逆和乘积)的基础上建立的. 但道路不能直接当作元素来建立群. 有两个问题：一是道路的乘法没有结合律；二是并非任何两条道路都可相乘. 我们用道路类替代道路，解决了第一个问题；用取定基点的办法解决第二个问题.

2.1 道路类的逆和乘积

命题 4.5 (1) 如果 $a \mathrel{\dot{\simeq}} b$，则 $\bar{a} \mathrel{\dot{\simeq}} \bar{b}$；

(2) 如果 $a \mathrel{\dot{\simeq}} b$，$c \mathrel{\dot{\simeq}} d$，并且 ac 有意义，则

$$ac \mathrel{\dot{\simeq}} bd.$$

证明 (1) 设 $H: a \mathrel{\dot{\simeq}} b$，作 $H': I \times I \to X$ 为

$$H'(s,t) = H(1-s,t),$$

容易验证 $H': \bar{a} \mathrel{\dot{\simeq}} \bar{b}$.

(2) 设 $H_1: a \mathrel{\dot{\simeq}} b$，$H_2: c \mathrel{\dot{\simeq}} d$. 作 $H: I \times I \to X$ 为(图 4.6)

$$H(x,t) = \begin{cases} H_1(2s,t), & 0 \leqslant s \leqslant 1/2, \\ H_2(2s-1,t), & 1/2 \leqslant s \leqslant 1. \end{cases}$$

由于 $a(1)=c(0)$，$s=\dfrac{1}{2}$ 时 $H_1(1,t)=a(1)=c(0)=H_2(0,t)$，$H$ 的定义合理. 根据粘接引理，H 连续. 容易验证 $H: ac \dot{\simeq} bd$. ▌

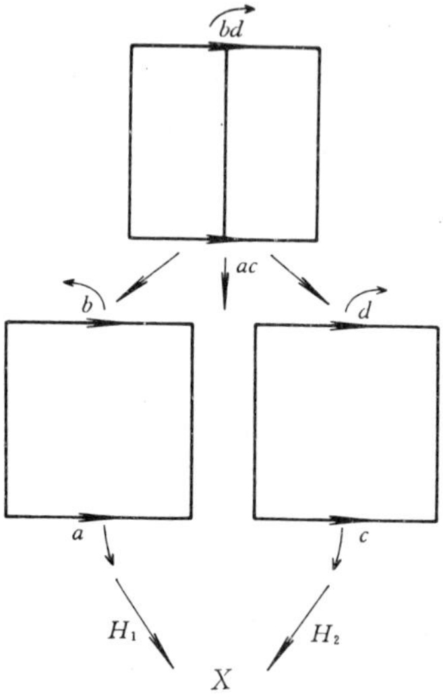

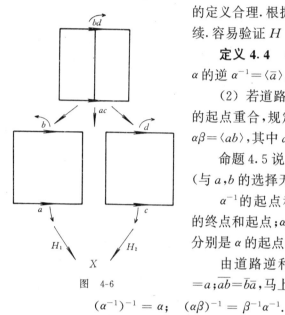

图 4-6

定义 4.4 (1) 规定道路类 α 的逆 $\alpha^{-1}=\langle\bar{a}\rangle$，其中 $a\in\alpha$；

(2) 若道路类 α 的终点与 β 的起点重合，规定 α 与 β 的乘积 $\alpha\beta=\langle ab\rangle$，其中 $a\in\alpha, b\in\beta$.

命题 4.5 说明定义是合理的(与 a,b 的选择无关).

α^{-1} 的起点和终点分别是 α 的终点和起点；$\alpha\beta$ 的起点和终点分别是 α 的起点和 β 的终点.

由道路逆和乘积的性质：$\bar{\bar{a}}=a$；$\overline{ab}=\bar{b}\bar{a}$，马上得到

$$(\alpha^{-1})^{-1}=\alpha;\quad (\alpha\beta)^{-1}=\beta^{-1}\alpha^{-1}.$$

2.2 道路类运算的性质

命题 4.6 设 $f: X\to Y$ 是连续映射，a,b 是 X 上两条道路.

(1) 如果 $a\dot{\simeq}b$，则 $f\circ a\dot{\simeq}f\circ b$；

(2) 如果 a 与 b 可乘，则 $f\circ a$ 与 $f\circ b$ 也可乘，并且

$$(f\circ a)(f\circ b)=f\circ(ab);$$

(3) $\overline{f\circ a}=f\circ\bar{a}$.

证明 (1) 见上节习题 5. 请读者自己验证(2)与(3). ▌

根据(1)，f 导出一个对应 $f_\pi: [X]\to[Y]$ 为 $f_\pi\langle a\rangle=\langle f\circ a\rangle$；(2)和(3)分别说明 f_π 保持乘积运算和逆运算：

$$f_\pi(\alpha\beta)=f_\pi(\alpha)f_\pi(\beta),\ (f_\pi(\alpha))^{-1}=f_\pi(\alpha^{-1}).$$

道路乘法没有结合律，即一般来说 $(ab)c\neq a(bc)$. $(ab)c$ 在 I

的第一个四分之一段按 a 走，第二个四分之一是 b，剩下二分之一是 c；但是 $a(bc)$ 中 a 占了前二分之一，b 和 c 各占后面的两个四分之一.

命题4.7 道路类乘法有结合律.

证明 就是要证明当 $a(1)=b(0)$，$b(1)=c(0)$ 时，$(ab)c\simeq a(bc)$.

规定 $f:[0,3]\to X$ 为

$$f(t)=\begin{cases}a(t), & 0\leqslant t\leqslant 1,\\ b(t-1), & 1\leqslant t\leqslant 2,\\ c(t-2), & 2\leqslant t\leqslant 3.\end{cases}$$

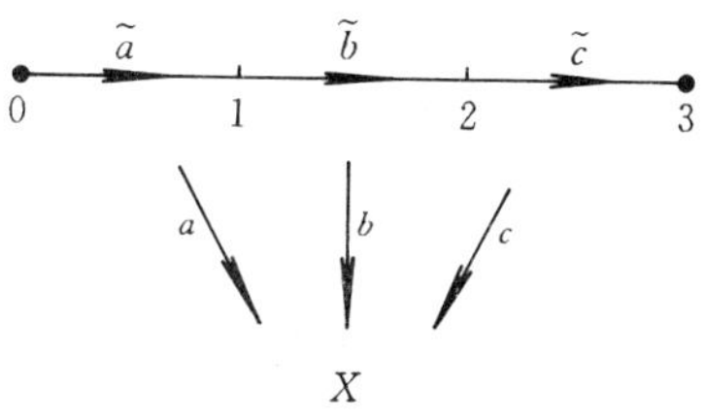

图 4-7

记 $\tilde{a}$，$\tilde{b}$，$\tilde{c}$ 是 $[0,3]$ 上的道路(图4-7)：$\tilde{a}(t)=t$，$\tilde{b}(t)=t+1$，$\tilde{c}(t)=t+2$，则

$$f\circ\tilde{a}=a,\quad f\circ\tilde{b}=b,\quad f\circ\tilde{c}=c.$$

$(\tilde{a}\,\tilde{b})\tilde{c}$ 和 $\tilde{a}(\tilde{b}\tilde{c})$ 是凸集$[0,3]$上从0到3的两条道路，因此$(\tilde{a}\,\tilde{b})\tilde{c}\simeq\tilde{a}(\tilde{b}\tilde{c})$（上节习题7）. 再用命题4.6的(1)和(2)，得到

$$(ab)c=f\circ((\tilde{a}\,\tilde{b})\tilde{c})\simeq f\circ(\tilde{a}(\tilde{b}\tilde{c}))=a(bc).\quad ▌$$

命题4.8 设道路类 α 的起终点分别是 x_0和 x_1. 记 e_{x_0}，e_{x_1}分别是 x_0，x_1处的点道路，则

(1) $\alpha\alpha^{-1}=\langle e_{x_0}\rangle$，$\alpha^{-1}\alpha=\langle e_{x_1}\rangle$；

(2) $\langle e_{x_0}\rangle\alpha=\alpha=\alpha\langle e_{x_1}\rangle$.

证明 记 id_I 是 I 的恒同映射，e_0，e_1分别是 I 上在0，1处的点道路. 取 $a\in\alpha$. 则 $e_{x_i}=a\circ e_i$，$i=0,1$. 利用 I 的凸性，有

$$\mathrm{id}_I\,\overline{\mathrm{id}_I}\simeq e_0,\quad \overline{\mathrm{id}_I}\mathrm{id}_I\simeq e_1,$$

$$e_0\mathrm{id}_I\simeq\mathrm{id}_I\simeq\mathrm{id}_Ie_1.$$

用 a 分别与上述各式的两边复合，得到

$$a\bar{a}\simeq e_{x_0},\quad \bar{a}a\simeq e_{x_1},$$

$$e_{x_0}a\simeq a\simeq ae_{x_1}.$$

因此 $\alpha\alpha^{-1}=\langle e_{x_0}\rangle,\alpha^{-1}\alpha=\langle e_{x_1}\rangle,\langle e_{x_0}\rangle\alpha=\alpha=\alpha\langle e_{x_1}\rangle$. ▌

命题 4.8 说明点道路所在道路类有单位性.

2.3 空间的基本群和连续映射诱导的基本群的同态

设 X 是一个拓扑空间,取定 $x_0\in X$. 把 X 的以 x_0 为基点的所有闭路类的集合记作 $\pi_1(X,x_0)$. 于是 $\pi_1(X,x_0)$中任何两个元素都是可乘的,乘积仍在 $\pi_1(X,x_0)$中.

定义 4.5 称 $\pi_1(X,x_0)$在道路类乘法运算下构成的群为 X 的以 x_0 为基点的**基本群**.

命题 4.7 保证了乘法有结合律,命题 4.8 说明$\langle e_{x_0}\rangle$是单位元,α 的逆就是 α^{-1}.

例 设 X 是 $\boldsymbol{E}^n$ 的凸集,$x_0\in X$ 是任一点. 因为 x_0 处的任意两条闭路都定端同伦,所以 $\pi_1(X,x_0)$只有一个元素,它是平凡群.

设 $f:X\to Y$ 是连续映射,我们已建立保持乘法运算的对应 $f_\pi:[X]\to[Y]$. 如果 $x_0\in X$,记 $y_0=f(x_0)$,则当 $\alpha\in\pi_1(X,x_0)$时,$f_\pi(\alpha)\in\pi_1(Y,y_0)$. 因此 f_π 在 $\pi_1(X,x_0)$上的限制 $f_\pi:\pi_1(X,x_0)\to\pi_1(Y,y_0)$是一个同态.

定义 4.6 如果 $f:X\to Y$ 连续,$x_0\in X,y_0=f(x_0)$,称同态 $f_\pi:\pi_1(X,x_0)\to\pi_1(Y,y_0)$为 **$f$ 诱导出的基本群同态**.

注意这里基点 x_0 是可以任意取的. 因此 f 诱导出许多基本群同态(对每个点 $x\in X$ 有一个同态),它们都记作 f_π.

命题 4.9 设 $f:X\to Y,g:Y\to Z$ 都是连续映射,$x_0\in X,y_0=f(x_0),z_0=g(y_0)$. 则

$$(g\circ f)_\pi=g_\pi\circ f_\pi:\pi_1(X,x_0)\to\pi_1(Z,z_0).$$

证明 设 $\alpha\in\pi_1(X,x_0)$. 取 $a\in\alpha$,则

$(g\circ f)_\pi(\alpha)=\langle g\circ f\circ a\rangle=g_\pi(\langle f\circ a\rangle)=g_\pi\circ f_\pi(\alpha)$. ▌

显然,若 id $:X\to Y$ 是恒同映射,则

$$\mathrm{id}_\pi:\pi_1(X,x_0)\to\pi_1(X,x_0)$$

是恒同自同构,即 $\mathrm{id}_\pi(\alpha)=\alpha,\forall\alpha\in\pi_1(X,x_0)$.

定理 4.1 若 $f: X \to Y$ 是同胚映射，$x_0 \in X, y_0 = f(x_0)$，则 $f_\pi: \pi_1(X, x_0) \to \pi_1(Y, y_0)$ 是同构.

证明 设 g 是 f 的逆映射，g 导出同态 $g_\pi: \pi_1(Y, y_0) \to \pi_1(X, x_0)$. 由命题 4.9.

$$g_\pi \circ f_\pi = (g \circ f)_\pi = \mathrm{id}_\pi: \pi_1(X, x_0) \to \pi_1(X, x_0)$$

是恒同同构，同理 $f_\pi \circ g_\pi: \pi_1(Y, y_0) \to \pi_1(Y, y_0)$ 也是恒同同构. 因此 f_π 与 g_π 是一对互逆的同构. ▌

定理说明基本群是拓扑不变量.

2.4 基本群与基点的关系

基本群是由空间和基点共同决定的. 那么同一空间在不同基点处的基本群有什么关系？下面回答这个问题.

先设 x_0 与 x_1 是在 X 的同一道路分支中的两点. 设 ω 是从 x_0 到 x_1 的一个道路类. $\forall \alpha \in \pi_1(X, x_0)$，$\omega^{-1}\alpha\omega \in \pi_1(X, x_1)$. 于是，由 $\omega_\#(\alpha) = \omega^{-1}\alpha\omega$ 规定了对应 $\omega_\#: \pi_1(X, x_0) \to \pi_1(X, x_1)$（图 4-8）.

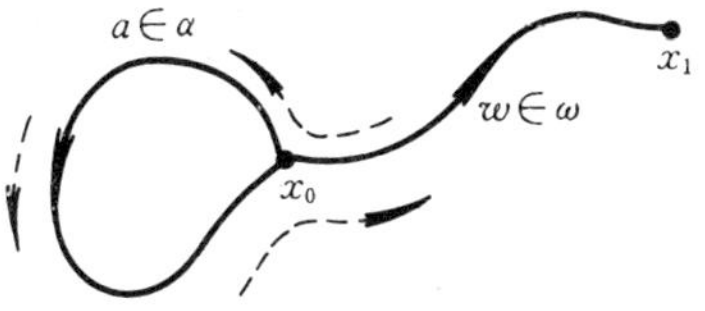

图 4-8

定理 4.2 若 ω 是从 x_0 到 x_1 的道路类，则

(1) 如果 ω' 是从 x_1 到 x_2 的道路类，则

$$(\omega\omega')_\# = \omega'_\# \circ \omega_\#: \pi_1(X, x_0) \to \pi_1(X, x_1);$$

(2) $\omega_\#: \pi_1(X, x_0) \to \pi_1(X, x_1)$ 是同构.

证明 (1) 假设 $\alpha \in \pi_1(X, x_0)$，

$$(\omega\omega')_\#(\alpha) = (\omega\omega')^{-1}\alpha\omega\omega' = \omega'^{-1}(\omega^{-1}\alpha\omega)\omega'$$
$$= \omega'_\# \circ \omega_\#(\alpha).$$

(1)得到证明.

(2) 任取 $\alpha, \beta \in \pi_1(X, x_0)$，则

$$\begin{aligned}\omega_\#(\alpha)\omega_\#(\beta) &= \omega^{-1}\alpha\omega\omega^{-1}\beta\omega \\ &= \omega^{-1}\alpha\beta\omega \quad (\text{用命题 4.8}) \\ &= \omega_\#(\alpha\beta).\end{aligned}$$

因此 $\omega_\#$是同态.

根据(1),$\omega_\#^{-1}\circ\omega_\#=(\omega\omega^{-1})_\#=\langle e_{x_0}\rangle_\#$显然是恒同同构;同理 $\omega_\#\circ\omega_\#^{-1}$也是恒同同构. 因此 $\omega_\#$是同构,$\omega_\#^{-1}$是它的逆. ▌

从定义容易看出,当 $\omega\in\pi_1(X,x_0)$,$\omega_\#$是 $\pi_1(X,x_0)$上的一个内自同构.

至此,我们已证明,当 x_0 与 x_1 属于 X 的同一道路分支时,$\pi_1(X,x_0)\cong\pi_1(X,x_1)$,并且从 x_0 到 x_1 的每个道路类都决定从 $\pi_1(X,x_0)$到 $\pi_1(X,x_1)$的一个同构. 一般地这个同构与道路类的选择有关.

如果 X 是道路连通的,则它的基本群的同构型与基点的选择无关. 这个同构型就叫作 X 的基本群,记作 $\pi_1(X)$.

定义 4.7 道路连通并有平凡基本群的拓扑空间称为**单连通空间**.

例如 D^2,I 以及欧氏空间的任何凸集都是单连通的.

命题 4.10 设 A 是 X 的一个道路分支,$x_0\in A$,$i: A\to X$ 是包含映射. 则

$$i_\pi:\pi_1(A,x_0)\to\pi_1(X,x_0)$$

是同构.

证明 设 a 是 X 上在 x_0 处的闭路. $a(I)$是道路连通的,并且包含 x_0,因此 $a(I)\subset A$. 这样 a 也可看作 A 中的道路,由此得出 i_π 是满的.

如果在 X 中,$a\overset{H}{\simeq}e_{x_0}$. 则 H 的像也是包含 x_0 的道路连通子集,从而在 A 中. 这说明在 A 中也有 $a\simeq e_{x_0}$. 由此得到 i_π 是单的. ▌

设 x_0,x_1 在 X 的不同的道路分支中. 记 A_i 是包含 x_i 的道路分支,命题说明 $\pi_1(X,x_i)\cong\pi_1(A_i)$,$i=0,1$. 一般来说,$\pi_1(A_0)$与

$\pi_1(A_1)$是没有什么联系的. 因此当 x_0, x_1 不在同一道路分支中时，$\pi_1(X, x_0)$与 $\pi_1(X, x_1)$没有关系.

习　题

1. 设 X 是平凡拓扑空间. 证明对任何 $x_0 \in X, \pi_1(X, x_0)$是平凡群.

2. 设 X 是离散拓扑空间，$x_0 \in X$. 证明 $\pi_1(X, x_0)$是平凡群.

3. 设 x_0 是$(\boldsymbol{R}, \tau_2)$(见第二章 § 6)的一点，证明$(\boldsymbol{R}, \tau_2)$在 x_0 的基本群是平凡群.

4. 设 $f: X \to Y$ 连续，$x_i \in X, y_i = f(x_i), i = 0, 1$. 记 ω 是从 x_0 到 x_1 的道路类. 证明下面的同态图表可交换：

$$
\begin{array}{ccc}
\pi_1(X, x_0) & \xrightarrow{f_\pi} & \pi_1(Y, y_0) \\
\Big\downarrow{\scriptstyle \omega_\#} & & \Big\downarrow{\scriptstyle (f_\pi \circ \omega)_\#} \\
\pi_1(X, x_1) & \xrightarrow{f_\pi} & \pi_1(Y, y_1)
\end{array}
$$

5. 设 A 是 X 的收缩核，$i: A \to X$ 是包含映射，$r: x \to A$ 是收缩映射. 证明$\forall x_0 \in A, i_\pi: \pi_1(A, x_0) \to \pi_1(X, x_0)$是单同态，$r_\pi: \pi_1(X, x_0) \to \pi_1(A, x_0)$是满同态.

6. 设 X 单连通，a, b 是 X 中有相同起、终点的道路，证明 $a \simeq b$.

7. 设 $\omega_\#$，$\omega'_\#$ 是 x_0 到 x_1 的两个道路类. 证明 $\omega_\# = \omega'_\#: \pi_1(X, x_0) \to \pi_1(X, x_1) \Longleftrightarrow \omega\omega'^{-1}$在 $\pi_1(X, x_0)$的中心里(即 $\omega\omega'^{-1}$与任一 $\alpha \in \pi_1(X, x_0)$都可交换：$\omega\omega'^{-1}\alpha = \alpha\omega\omega'^{-1}$).

8. 证明若 x_0, x_1 在 X 的同一道路分支中，则从 x_0 到 x_1 的任一道路类决定相同的同构$\Longleftrightarrow \pi_1(X, x_0)$是交换群.

9. 试直接构造从$(ab)c$ 到 $a(bc)$的定端同伦.

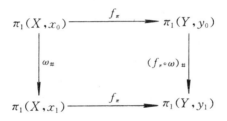

§3　S^n 的基本群

基本群的定义不是构造性的，不能用来计算基本群. 事实上也不存在对任何空间都有效的一般计算方法. 因此基本群的计算就成为我们所面临的问题. 许多有效的方法都是利用基本群的性质以及一些技巧，把所作计算转化为求较简单空间的基本群. 当然，这些较简单空间的基本群必须会算. 本节所讲的 S^n 的基本群就经常作为求其他空间基本群的基础.

3.1　S^1 的基本群

S^1 的基本群可以作为下章中的复叠空间理论的一个应用而得到. 它在基本群的计算和应用中的地位是非常重要的，因此我们还是要先介绍一个比较初等的计算方法.

把 S^1 看作复平面上的单位圆，$S^1=\{z\in \boldsymbol{C} \mid \|z\|=1\}$. 取 $z_0=1\in S^1$ 作基点.

设 a 是基点为 z_0 的闭路，当 t 从 0 变到 1 时，$a(t)$ 从 z_0 出发在 S^1 上运动，并回到 z_0，就像一个赛跑运动员从跑道上的一点出发，最后跑回起点. 首先，我们将规定 a 的"圈数"概念；然后再说明圈数就是判别闭路定端同伦的数量标志，由此得出 $\pi_1(S^1,z_0)$ 的结构.

规定连续映射 $p:\boldsymbol{E}^1\to S^1$ 为 $p(t)=\mathrm{e}^{\mathrm{i}2\pi t}$，它在计算中起了关键性作用. p 在局部上是同胚的：记 $J_t=(t,t+1)$，则 $p|J_t:J_t\to S^1$ 是嵌入映射. 记 $p_t=p|J_t:J_t\to S^1\backslash\{\mathrm{e}^{\mathrm{i}2\pi t}\}$，$p_t$ 是同胚映射. 并且 $p^{-1}(S^1\backslash\{\mathrm{e}^{\mathrm{i}2\pi t}\})=\bigcup\limits_{n\in\boldsymbol{Z}}J_{t+n}$（图 4-9）.

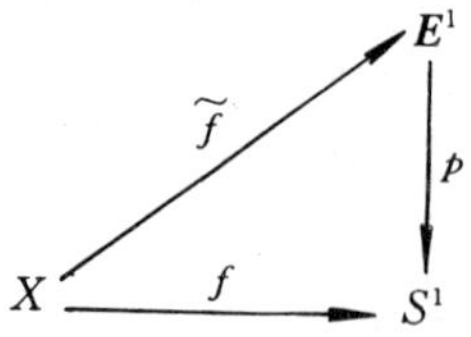

设 X 是一个拓扑空间，$f:X\to S^1$ 连续. X 到 $\boldsymbol{E}^1$ 的连续映射 $\widetilde{f}:X\to\boldsymbol{E}^1$ 如果满足 $p\circ\widetilde{f}=f$，即左面的映射图表可

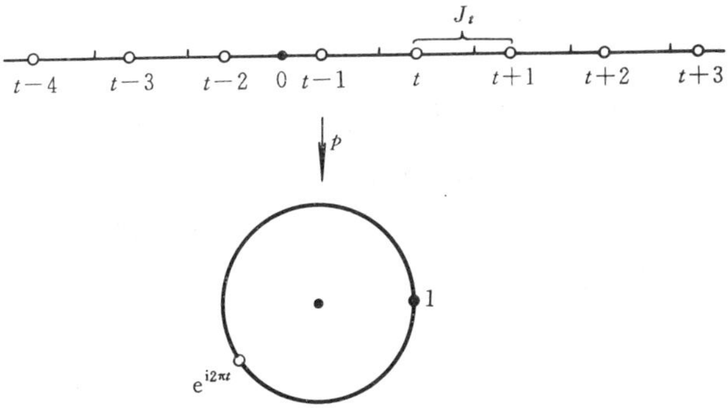

图 4-9

交换，则称$\widetilde{f}$是 f 的一个**提升**.

引理 1 如果 f 不满，$x_1 \in X, t_1 \in \boldsymbol{E}^1$ 使得 $p(t_1)=f(x_1)$，则存在 f 的提升$\widetilde{f}$，使得

$$\widetilde{f}(x_1) = t_1.$$

证明 由于 f 不满，可取 $z=e^{i2\pi t} \overline{\in} f(X)$. 则 $f(X) \subset S^1 \setminus \{z\}$. 由于 $p(t_1)=f(x_1) \neq z$，存在整数 n，使得 $t_1 \in J_{t+n}$ (图 4-10). 规定

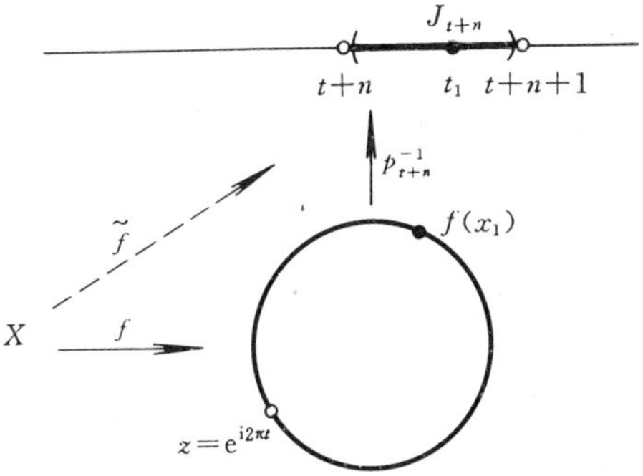

图 4-10

$$\widetilde{f} = i_{t+n} \circ p_{t+n}^{-1} \circ f,$$

这里 $i_{t+n}: J_{t+n} \to \boldsymbol{E}^1$ 是包含映射. 于是

$$\begin{aligned} p \circ \widetilde{f} &= p \circ i_{t+n} \circ p_{t+n}^{-1} \circ f \\ &= p_{t+n} \circ p_{t+n}^{-1} \circ f = f, \end{aligned}$$

并且不难看出$\widetilde{f}(x_1)=t_1$. ∎

引理 2 设 a 是 S^1 上的道路，$t_0 \in \boldsymbol{E}^1$ 使得 $p(t_0)=a(0)$，则存在 a 的唯一提升 $\widetilde{a}$，使得 $\widetilde{a}(0)=t_0$.

证明 *存在性* 取自然数 m，将 I 等分成 m 个小区间：$I_1, I_2, \cdots, I_n \left(I_i = \left[\frac{i-1}{m}, \frac{i}{m}\right]\right)$，使得 $a|I_i(i=1,2,\cdots,m)$ 不满. 利用引理 1，顺次规定 $a|I_i$ 的提升 $\tilde{a}_i$，使得 $\tilde{a}_1(0)=t_0$，$\tilde{a}_{i+1}\left(\frac{i}{m}\right)=\tilde{a}_i\left(\frac{i}{m}\right)$，$\forall i=1,2,\cdots,m-1$. 根据粘接引理，由各个 $\tilde{a}_i$ 并合成的映射 $\tilde{a}: I \to \boldsymbol{E}^1$ 是连续的，它是 a 的提升，并且 $\tilde{a}(0)=\tilde{a}_1(0)=t_0$.

唯一性 设 $\tilde{a}, \tilde{a}'$ 都是 a 的提升. 作 $f=\tilde{a}'-\tilde{a}: I \to \boldsymbol{E}^1$. $\forall t \in I$，$p(f(t))=p(\tilde{a}'(t)-\tilde{a}(t))=p(\tilde{a}'(t))/p(\tilde{a}(t))=a(t)/a(t)=1$，因此 $f(t)$ 是整数. 但 f 是连续的，I 连通，因此它一定是常值函数. 如果 $\tilde{a}'(0)=\tilde{a}(0)$，则 $f(0)=0$，从而 $f(t)=0, \forall t \in I$，即 $\tilde{a}'(t)-\tilde{a}(t)=0, \forall t \in I$. 于是 $\tilde{a}'=\tilde{a}$. ▌

在唯一性部分的证明中我们已说明，同一道路 a 的两个提升 $\tilde{a}$ 与 $\tilde{a}'$ 相差一个常数，因此 $\tilde{a}'(1)-\tilde{a}(1)=\tilde{a}'(0)-\tilde{a}(0)$，或 $\tilde{a}'(1)-\tilde{a}'(0)=\tilde{a}(1)-\tilde{a}(0)$，即 $\tilde{a}(1)-\tilde{a}(0)$ 是与提升 $\tilde{a}$ 的选择无关，完全由 a 决定的常数. 如果 a 是基点为 z_0 的闭路，就称这个常数为 a 的**圈数**，记作 $q(a)$，即

$$q(a) := \tilde{a}(1) - \tilde{a}(0),$$

这里 $\tilde{a}$ 是 a 的任一提升. $q(a)$ 是整数(因为 $\tilde{a}(0)$ 和 $\tilde{a}(1)$ 都是整数).

引理 3 设 a，b 是 S^1 上基点为 z_0 的两条闭路，使得 $\forall t \in I$，$a(t) \neq -b(t)$，则 $q(a)=q(b)$.

证明 取 a 和 b 的提升 $\tilde{a}$ 和 $\tilde{b}$，使得 $\tilde{a}(0)=\tilde{b}(0)=0$. 规定 $f=\tilde{a}-\tilde{b}$，则 f 是 I 上的连续函数，$f(0)=0$. 如果 $q(a)\neq q(b)$，不妨设 $q(a)>q(b)$，则 $f(1)=q(a)-q(b)$ 是自然数，从而有 $t \in I$，使得 $f(t)=\frac{1}{2}$，即 $\tilde{a}(t)=\tilde{b}(t)+\frac{1}{2}$. 于是 $a(t)=\mathrm{e}^{\mathrm{i}2\pi\tilde{a}(t)}=-\mathrm{e}^{\mathrm{i}2\pi\tilde{b}(t)}=-b(t)$，与条件矛盾. ▌

引理 4 设 a, b 是 S^1 上基点为 z_0 的闭路，则 $q(a)=q(b) \Longleftrightarrow a \underset{\cdot}{\simeq} b$.

证明 $\Longleftarrow$. 设 $H: a \overset{\cdot}{\simeq} b$. 记 h_t 是 H 的 t-切片, $\forall t \in I$. 由于 H 是一致连续的, 存在 $\delta > 0$, 使得 $|t_1 - t_2| < \delta$ 时, $\forall s \in I, h_{t_1}(s) \neq -h_{t_2}(s)$. 由引理 3, $q(h_{t_1}) = q(h_{t_2})$. 于是 $q(h_t)$ 不依赖于 t, $q(a) = q(h_0) = q(h_1) = q(b)$.

$\Longrightarrow$. 作 $\tilde{a}, \tilde{b}$ 是 a, b 的提升, 使得 $\tilde{a}(0) = \tilde{b}(0) = 0$. 则 $\tilde{a}(1) = q(a) = q(b) = \tilde{b}(1)$. 因此 $\tilde{a}, \tilde{b}$ 是 $\boldsymbol{E}^1$ 上有相同起终点的道路, 从而 $\tilde{a} \overset{\cdot}{\simeq} \tilde{b}$, $a = p \circ \tilde{a} \overset{\cdot}{\simeq} p \circ \tilde{b} = b$. ▌

定理 4.3 $\pi_1(S^1, z_0)$ 是自由循环群.

证明 设 $\alpha \in \pi_1(S^1, z_0)$, 规定 $q(\alpha) = q(a), a \in \alpha$, 得到映射 $q: \pi_1(S^1, z_0) \to \mathbf{Z}$.

设 $\alpha = \langle a \rangle, \beta = \langle b \rangle$. 作 a, b 的提升 $\tilde{a}$ 和 $\tilde{b}$, 使得 $\tilde{a}(1) = \tilde{b}(0)$, 则 $\tilde{a}\,\tilde{b}$ 是 ab 的提升. 它的起、终点为 $\tilde{a}(0)$ 和 $\tilde{b}(1)$, 于是

$$\begin{aligned} q(\alpha\beta) &= \tilde{b}(1) - \tilde{a}(0) \\ &= \tilde{b}(1) - \tilde{b}(0) + \tilde{a}(1) - \tilde{a}(0) \\ &= q(a) + q(b) = q(\alpha) + q(\beta). \end{aligned}$$

这说明 q 保持运算, 是同态. 引理 4 说明 q 是单同态.

记 $a_0: I \to S^1$ 为 $a_0(t) = \mathrm{e}^{\mathrm{i}2\pi t}$, 显然 $q(a_0) = 1, q(\langle a_0 \rangle) = 1$. 对任何正整数 $n, q(\langle a_0 \rangle^n) = n, q(\langle \bar{a}_0 \rangle^n) = -n$, 因此 q 又是满同态, 从而是同构. 于是, $\pi_1(S^1, z_0)$ 是由 $\langle a_0 \rangle$ 生成的自由循环群. ▌

3.2 $n \geqslant 2$ 时, S^n 单连通

$S^n (n \geqslant 2)$ 是道路连通的, 下面证明 $\pi_1(S^n)$ 平凡.

命题 4.11 设 X_1, X_2 都是 X 的开集, 其中 X_2 是单连通的, 并且 $X_1 \cup X_2 = X$, $X_1 \cap X_2$ 非空, 道路连通. 则有 $i_\pi: \pi_1(X_1, x_0) \to \pi_1(X, x_0)$ 是满同态, 这里 $i: X_1 \to X$ 是包含映射, $x_0 \in X_1$.

证明 只须证明 X 上以 x_0 为基点的任一闭路 a 定端同伦于 X_1 上的闭路. 记 $X_0 = X_1 \cap X_2$.

记 $U_i = a^{-1}(X_i), i = 1, 2$. 则 $\{U_1, U_2\}$ 是 I 的开覆盖. 记 δ 是它

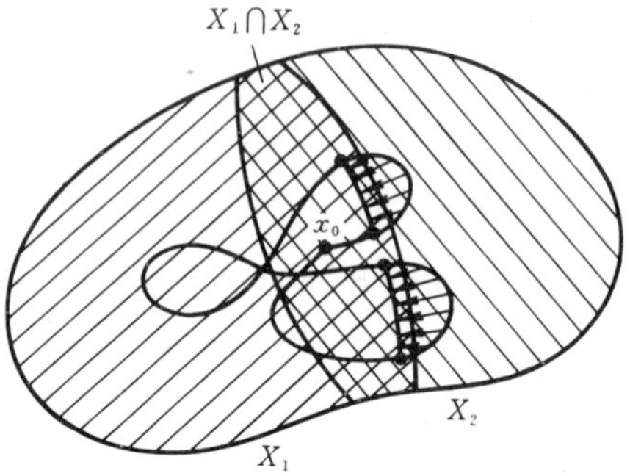

图 4-11

的 Lebesgue 数. 取正整数 $m>\frac{1}{\delta}$，等分 I 为 m 小段. 则每个小段包含在 U_1 或 U_2 中. 如果分割点不在 $U_1\cap U_2$ 中，则它所在 U_i 必定包含与它连接的那两个小段. 把这样的分割点去掉，得到 I 的一个新的分割，它的每个分割点都在 $U_1\cap U_2$ 中，每个小区间都包含在 U_1 或 U_2 中.

设 $I_i=[t_i,t_i']$($i=1,2,\cdots,k$)是所有不在 U_1 中的区间. 于是就有 $\forall i$，$a(I_i)\subset X_2$，且 $a(t_i)$，$a(t_i')\in X_0$. 作 $b_i: I_i\to X_0$，使得 $b(t_i)=a(t_i)$，$b(t_i')=a(t_i')$. 由于 X_2 单连通，有 $H_i: a|I_i\simeq b_i\mathrm{rel}\{t_i,t_i'\}$（§2 习题 6）(图 4-11). 作道路 $b: I\to X$ 为

$$b(t)=\begin{cases}b_i(t), & t\in I_i,\\ a(t), & \text{其他};\end{cases}$$

作 $H: I\times I\to X$ 为

$$H(t,s)=\begin{cases}H_i(t,s), & t\in I_i,\\ a(t), & \text{其他}.\end{cases}$$

则 $b(I)\subset X_1$，$H: a\dot{\simeq}b$. ▌

推论 若 X 是它的两个单连通开集 X_1,X_2 的并集，并且 $X_1\cap X_2$ 非空，道路连通，则 X 也单连通.

证明 因为 X_1,X_2 单连通，所以它们都道路连通. 又因为它们相交非空，所以它们的并集 X 也道路连通.

根据命题 4.11，$\forall x_0\in X_1\cap X_2$，$\pi_1(X,x_0)=i_\pi(\pi_1(X_1,x_0))$是平凡群. ▌

当 $n\geqslant 2$ 时，取 S^n 上两点 x_1,x_2. 记 $X_i=S^n\setminus\{x_i\}$($i=1,2$)，则

$X_i \cong \boldsymbol{E}^n$ 是单连通的，$X_1 \cap X_2 \cong \boldsymbol{E}^n \setminus \{O\}$ 是道路连通的. 用推论，得出 S^n 是单连通的.

3.3 T^2 的基本群

$T^2 = S^1 \times S^1$. 我们先证明关于乘积空间基本群的一个定理，用它求出 T^2的基本群.

定理4.4 设 $x_0 \in X, y_0 \in Y$，则

$$\pi_1(X \times Y, (x_0, y_0)) \cong \pi_1(X, x_0) \times \pi_1(Y, y_0).$$

（右边记号“×”表示群的直积.）

证明 规定 $\varphi: \pi_1(X \times Y, (x_0, y_0)) \to \pi_1(X, x_0) \times \pi_1(Y, y_0)$ 为

$$\varphi(\gamma) = ((j_x)_\pi(\gamma), (j_y)_\pi(\gamma)), \quad \forall \gamma \in \pi_1(X \times Y, (x_0, y_0)),$$

其中 j_x 和 j_y 分别是 $X \times Y$ 到 X 和 Y 的投射. φ 显然是同态.

φ 是满同态 $\forall \alpha = \langle a \rangle \in \pi_1(X, x_0), \beta = \langle b \rangle \in \pi_1(Y, y_0)$，作 $X \times Y$ 中的闭路 c 为 $c(t) = (a(t), b(t))$，则 $(j_x)_\pi(\langle c \rangle) = \langle j_x \circ c \rangle = \langle a \rangle = \alpha$；同样地 $(j_y)_\pi(\langle c \rangle) = \langle b \rangle = \beta$. 于是 $\varphi(\langle c \rangle) = (\alpha, \beta)$.

φ 是单同态 设 $\varphi(\gamma) = 1, c \in \gamma$. 于是 $j_x \circ c \overset{\cdot}{\simeq} e_{x_0}, j_y \circ c \overset{\cdot}{\simeq} e_{y_0}$. 记 $H: j_x \circ c \overset{\cdot}{\simeq} e_{x_0}, G: j_y \circ c \overset{\cdot}{\simeq} e_{y_0}$. 规定 $F: I \times I \to X \times Y$ 为 $F(s,t) = (H(s,t), G(s,t))$. 容易验证 $F: c \overset{\cdot}{\simeq} e$（$e$ 为 (x_0, y_0) 处的点道路），因此 $\gamma = \langle c \rangle = 1$. ▌

应用此定理到 T^2上，得到 $\pi_1(T^2) \cong \mathbf{Z} \times \mathbf{Z}$.

对任何正整数 n，有 $\pi_1(T^n) \cong \overbrace{\mathbf{Z} \times \cdots \times \mathbf{Z}}^{n个} = \mathbf{Z}^n$.

推论 $T^2 \not\cong S^2$.

证明 基本群是拓扑不变量，而 $\pi_1(T^2) \not\cong \pi_1(S^2)$，因此 $T^2 \not\cong S^2$. ▌

习　　题

1. 设映射 $f: S^1 \to S^1$ 规定为 $f(z) = -z$. 试描述同态 $f_\pi: \pi_1(S^1, 1) \to \pi_1(S^1, -1)$.

2. 设 $f: S^1 \to S^1$ 规定为 $f(z)=z^n$, $n\in\mathbf{Z}$. 试描述同态 f_π: $\pi_1(S^1,1)\to\pi_1(S^1,1)$.

3. 设 $f,g:(S^1,1)\to(Y,y_0)$都连续,且 $f_\pi=g_\pi:\pi_1(S^1,1)\to\pi_1(Y,y_0)$,证明 $f\simeq g\ \mathrm{rel}1$.

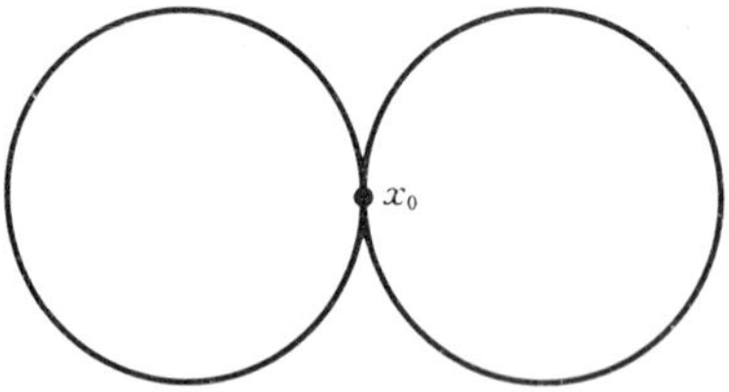

图 4-12

4. 设 X 由两个相切的圆周构成(图 4-12),切点记作 x_0. Y 是一拓扑空间. 连续映射 $f,g:X\to Y$ 满足 $f(x_0)=g(x_0)=y_0$. 证明如果 $f_\pi=g_\pi:\pi_1(X,x_0)\to\pi_1(Y,y_0)$,则 $f\simeq g\ \mathrm{rel}x_0$.

5. 证明平环的基本群是自由循环群. 由此说明平环与 D^2 不同胚.

6. 举例说明,命题 4.11 中 $X_1\cap X_2$ 道路连通的条件不可缺少.

7. 证明若 $x\in\boldsymbol{E}^2$,U 是 x 的邻域,则 $U\setminus\{x\}$不单连通.

§4 基本群的同伦不变性

本节穿插着讲两方面的内容:拓扑空间的同伦等价和基本群的同伦不变性. 前者介绍拓扑空间集合中的一种新的等价关系,并讨论各种常用情况,它们都是代数拓扑学的重要的基本概念;后者包括同伦的映射导出的基本群同态间的关系以及基本群的伦型不变性,它们在基本群的计算和应用中起了十分重要的作用.

4.1 同伦的映射导出的基本群同态间的关系

设 $f\simeq g:X\to Y$,于是 f 可以逐渐地变为 g,那么基本群同态 f_π 也应该"逐渐地"变为 g_π. 也就是说 f_π 与 g_π 应该有着密切的联系. 下面来探讨这种联系.

取定 $x_0\in X$. 记 $y_0=f(x_0)$, $y_1=g(x_0)$. 一般来说 $y_0\neq y_1$，因此 f_π 和 g_π 是从 $\pi_1(X,x_0)$分别到不同群 $\pi_1(Y,y_0)$和 $\pi_1(Y,y_1)$的两个同态. 设 $H: f\simeq g$，由 $w(t)=H(x_0,t)$, $t\in I$，规定了 Y 中从 y_0 到 y_1 的道路 w，称为 H 在 x_0 处的**踪**. 记 $\omega=\langle w\rangle$. 由定理 4.2 知，有同构 $\omega_\#: \pi_1(Y,y_0)\to\pi_1(Y,y_1)$.

定理 4.5 $g_\pi=\omega_\#\circ f_\pi: \pi_1(X,x_0)\to\pi_1(Y,y_1)$，即图表

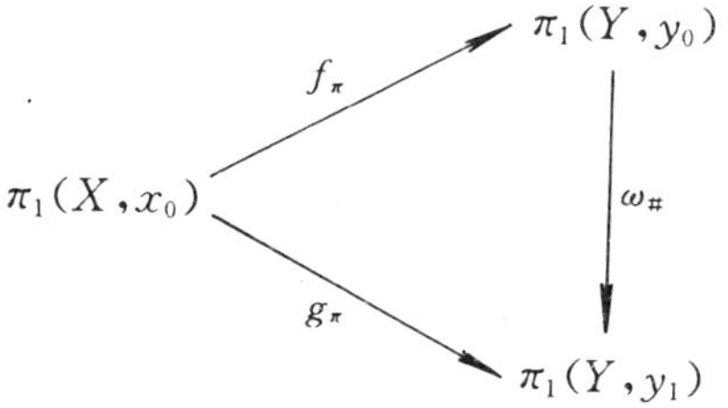

可交换.

证明 $\forall\langle a\rangle\in\pi_1(X,x_0)$，要验证 $g_\pi(\langle a\rangle)=\omega_\#(f_\pi(\langle a\rangle))$，即 $\omega\langle g\circ a\rangle=\langle f\circ a\rangle\omega$，或 $w(g\circ a)\doteq(f\circ a)w$.

规定 $F: I\times I\to Y$ 为 $F(s,t)=H(a(s),t)$(图 4-13). 记 b_0, b_1, c_0 和 c_1 是 $I\times I$ 上的道路，规定为：$b_i(t)=(t,i)$, $c_i(t)=(i,t)$, $i=0,1$. 于是 $F\circ c_i=w$, $i=0,1$；$F\circ b_0=f\circ a$, $F\circ b_1=g\circ a$. 在凸集 $I\times I$ 上，道路 c_0b_1 与 b_0c_1 有相同的起、终点，从而 $c_0b_1\doteq b_0c_1$，此式两边都与 F 复合，得到 $w(g\circ a)\doteq(f\circ a)w$. ▌

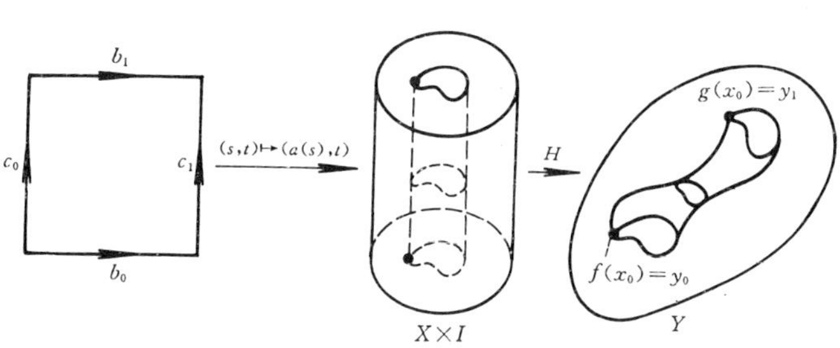

图 4-13

定理 4.5 说明，当 $f\simeq g$ 时，f_π 与 g_π 相差一个同构. 因此它们会具有许多共同的性质. 例如当其中一个是单同态（或满同态，或同构）时，另一个也是. 如果 f 零伦，则 f_π 是平凡同态.

4.2 拓扑空间的同伦等价

定义 4.8 设 X 与 Y 为两个拓扑空间. 如果存在连续映射 $f: X\to Y$ 和 $g: Y\to X$，使得

$$g\circ f\simeq \mathrm{id}_X: X\to X,$$

$$f\circ g\simeq \mathrm{id}_Y: Y\to Y,$$

则说 X 与 Y 是**同伦等价的**（或有**相同的伦型**），记作 $X\simeq Y$. 称 f 和 g 为**同伦等价**（**映射**）. 称 g 是 f 的一个**同伦逆**，反之 f 也是 g 的同伦逆.

不难验证（验证过程略），同伦等价是拓扑空间集合中的等价关系. 并且，每个同胚映射 $f: X\to Y$ 都是同伦等价，因此 $X\cong Y \Longrightarrow X\simeq Y$. 但 $X\simeq Y$ 推不出 $X\cong Y$. 也就是同伦等价是比同胚更广泛的等价关系. 每个同伦等价类都由若干个同胚等价类所构成.

同胚映射的逆是唯一的，而同伦等价（映射）的同伦逆却不是唯一的，它们构成一个映射类（本节习题 3）.

例 1 $\boldsymbol{E}^1\simeq\boldsymbol{E}^2$.

记 $r: \boldsymbol{E}^2\to\boldsymbol{E}^1$ 为 $r(x,y)=x$，$i: \boldsymbol{E}^1\to\boldsymbol{E}^2$ 为 $i(x)=(x,0)$，则 $r\circ i=\mathrm{id}_{\boldsymbol{E}^1}: \boldsymbol{E}^1\to\boldsymbol{E}^1$；$i\circ r\simeq\mathrm{id}_{\boldsymbol{E}^2}: \boldsymbol{E}^2\to\boldsymbol{E}^2$，规定 $H: \boldsymbol{E}^2\times I\to\boldsymbol{E}^2$ 为 $H(x,y,t)=(x,ty)$，则 H 是 $i\circ r$ 到 $\mathrm{id}_{\boldsymbol{E}^2}$ 的一个同伦.

显然 $\boldsymbol{E}^1\not\cong\boldsymbol{E}^2$，因为 $\boldsymbol{E}^1$ 去掉一点就不连通，$\boldsymbol{E}^2$ 则不然.

例 2 对任何拓扑空间 X，$X\times I\simeq X$.

记 $j: X\times I\to X$ 是投射，$i_0: X\to X\times I$ 为 $i_0(x)=(x,0)$，则 $j\circ i_0=\mathrm{id}_X$，$i_0\circ j\simeq\mathrm{id}_{X\times I}$.（请自己构造同伦.）

因为平环是 $S^1\times I$，所以它与 S^1 同伦等价.

命题 4.12 若 $f: X\to Y$ 是同伦等价，$x_0\in X$，$y_0=f(x_0)$，则 $f_\pi: \pi_1(X,x_0)\to\pi_2(Y,y_0)$是同构.

证明 设 g 是 f 的一个同伦逆. $g(y_0)=x_1$(图 4-14). 因为 $g\circ f\simeq \mathrm{id}_X$, 所以 $g_\pi\circ f_\pi=(g\circ f)_\pi:\pi_1(X,x_0)\to\pi_1(X,x_1)$与 $\mathrm{id}_\pi:\pi_1(X,x_0)\to\pi_1(X,x_0)$ 相差一个同构(定理 4.5),

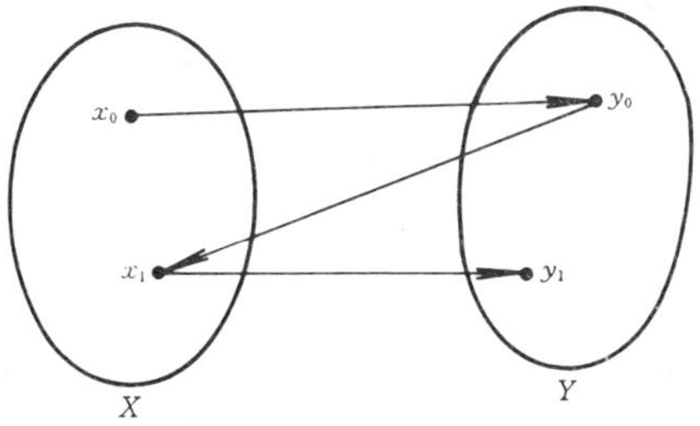

图 4-14

而 id_π 是恒同同构, 因此 $g_\pi\circ f_\pi$ 是同构. 从而 $f_\pi:\pi_1(X,x_0)\to\pi_1(Y,y_0)$是单同态, $g_\pi:\pi_1(Y,y_0)\to\pi_1(X,x_1)$是满同态. 再利用 $f\circ g\simeq\mathrm{id}_Y$,用同样方法推出 $g_\pi:\pi_1(Y,y_0)\to\pi_1(X,x_1)$是单同态. 于是 g_π 是同构,从而 $f_\pi:\pi_1(X,x_0)\to\pi_1(Y,y_0)$也是同构. ▌

作为直接的推论,有

定理 4.6 若 $X\simeq Y$,且它们道路连通,则 $\pi_1(X)\cong\pi_1(Y)$.

利用这定理,可把计算一个空间的基本群问题转化为求伦型相同而比较简单的空间的基本群. 例如从平环$\simeq S^1$ 和 $\pi_1(S^1)\cong\mathbf{Z}$,得到平环的基本群也是自由循环群.

根据这个定理,基本群还可用来判定空间不同伦等价. 例如平环与 D^2 不同伦等价,因为平环的基本群是自由循环群,而 $\pi_1(D^2)$平凡;$T^2\not\simeq S^2$,因为 $\pi_1(T^2)\cong\mathbf{Z}\times\mathbf{Z}\not\cong\pi_1(S^2)$.

4.3 形变收缩核

许多常见的空间同伦等价的例子直接或间接地和形变收缩核概念有关.

定义 4.9 设 A 是 X 的子空间,$i:A\to X$ 是包含映射. 如果存在收缩映射 $r:X\to A$(即 $r\circ i=\mathrm{id}_A:A\to A$),使得 $i\circ r\simeq\mathrm{id}_X:X\to X$,就称 A 是 X 的一个**形变收缩核**.

显然,r 与 i 是一对互为同伦逆的同伦等价. 因此 $A\simeq X$.

设 H 是从 id_X 到 $i\circ r$ 的一个同伦,则

$$H(x,0)=x,\quad \forall\, x\in X, \tag{1}$$

$$H(x,1)\in A,\quad \forall\, x\in X, \tag{2}$$

$$H(a,1)=a,\quad \forall\, a\in A. \tag{3}$$

定义 4.9a 设 A 是 X 的子空间,连续映射 $H: X\times I\to X$ 如果满足上述三个条件(1),(2),(3),就称 H 是 X 到 A 的一个**形变收缩**.

于是,当 A 是 X 的形变收缩核时,就存在从 X 到 A 的形变收缩.反之,当 H 是从 X 到 A 的形变收缩时,可规定收缩映射 $r: X\to A$,使得 $i\circ r(x)=H(x,1)$,则 $H: \mathrm{id}_X\simeq i\circ r$,从而 A 是 X 的形变收缩核.因此,形变收缩核与形变收缩只是同一件事的两种不同定义方式,它们分别从空间和映射这两个不同角度作描述.

例 3 把乘积空间 $X\times I$ 的子集 $X_s=X\times\{s\}$ 称为它的 s-切片.则每个 s-切片都是 $X\times I$ 的形容收缩核.

取定 s_0,则 $X\times I$ 到 X_{s_0} 的一个形变收缩可规定为

$$H(x,s,t)=(x,(1-t)s+ts_0).$$

例 4 S^{n-1} 是 $\boldsymbol{E}^n\setminus\{0\}$ 的形变收缩核.形变收缩 H 可规定为

$$H(x,t)=(1-t)x+t\,\frac{x}{\|x\|}.$$

相应的收缩映射是由 $r(x)=\dfrac{x}{\|x\|}$ 所规定的映射(图 4-15).

如果 $X\subset\boldsymbol{E}^n$,A 是 X 的子集,且有收缩映射 $r: X\to A$,使得 $\overline{xr(x)}\subset X,\forall x\in X$,则 $i\circ r$ 与 id_X 间可建立直线同伦,因而 A 是 X 的形变收缩核.特别地,当 X 是凸集时,它的每个收缩核都是形变收缩核.

例 5 $D^n\times\{0\}\cup S^{n-1}\times I$ 是 $D^n\times I$ 的形变收缩核(图 4-16).

若 $D^n\times I$ 看作 $\boldsymbol{E}^{n+1}$ 的子集

$$D^n\times I=\left\{(x_1,\cdots,x_n,x_{n+1})\,\middle|\,\sum_{i=1}^{n}x_i^2\leqslant 1,x_{n+1}\in I\right)\Big\},$$

则它是一个凸集.为了说明结论只须作一个收缩映射.以点

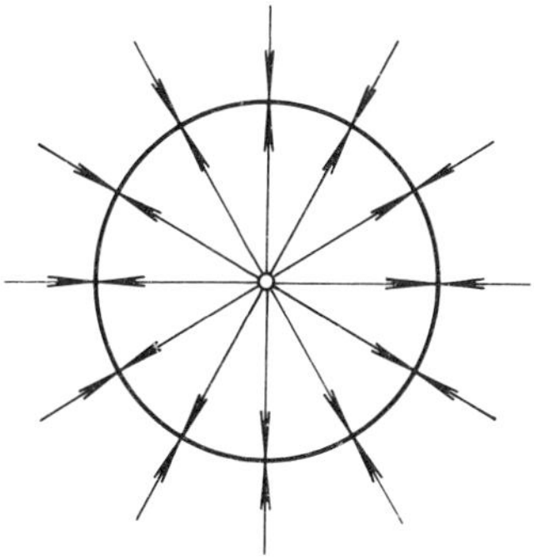

图 4-15

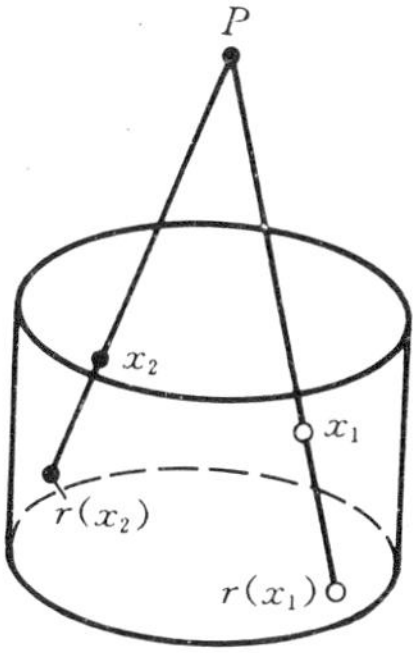

图 4-16

$P(0,\cdots,0,2)$为中心作中心投射 r,将 $D^n\times I$ 上各点映射到 $D^n\times\{0\}\cup S^{n-1}\times I$ 上(即$\forall x\in D^n\times I$,$r(x)$是连结 P 与 x 的直线与 $D^n\times\{0\}\cup S^{n-1}\times I$ 的交点),则 r 是收缩映射.

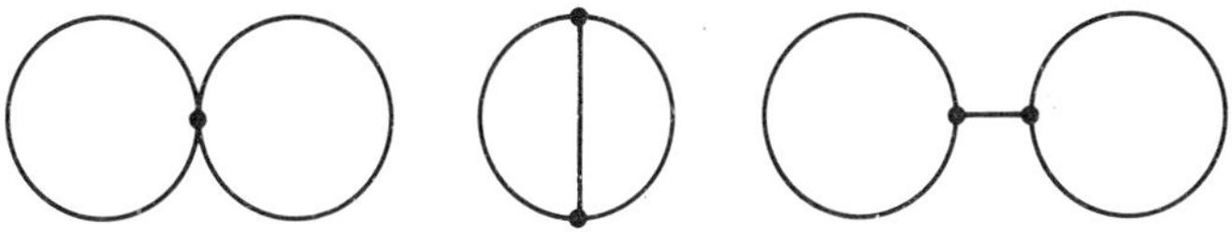

(a) (b) (c)

图 4-17

例 6 图 4-17 中的三个图形(a),(b)和(c)互相同伦等价,因为它们都是挖去了两点的平面的形变收缩核. 图 4-18 是 $\boldsymbol{E}^2\setminus\{O_1,O_2\}$到图 4-17(a)图形的一个收缩映射 r 的图示(两个圆内的点分别用从圆心作的中心投射映到圆周上,左(右)侧部分映到 x_1(x_2),两圆的上(下)方部分作垂直向下(上)投影). $\forall x\in\boldsymbol{E}^2\setminus\{O_1,O_2\}$,$\overline{xr(x)}\subset\boldsymbol{E}^2\setminus\{O_1,O_2\}$,因此图 4-17 中(a)图形是 $\boldsymbol{E}^2\setminus\{O_1,O_2\}$ 的形变收缩核.

图 4-17 中(a),(b),(c)这三个图形互相不同胚,并且,任何一个不能嵌入到另一个图形中,因此它们之间没有形变收缩核现象.

X 到 A 的一个形变收缩 H 如果保持 A 中的点不动,即形变

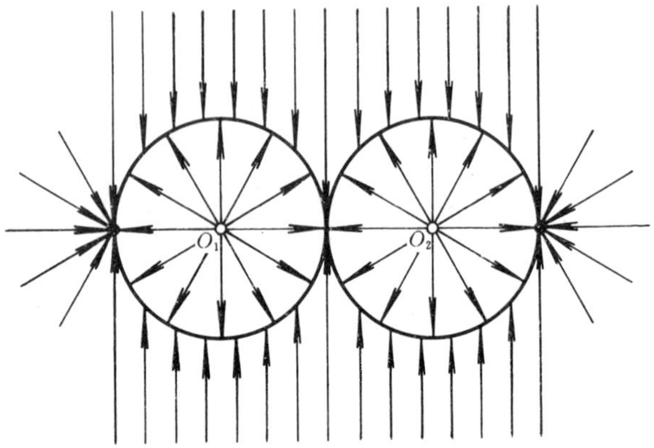

图 4-18

收缩定义中的条件(3)改成

$$H(a,t)=a,\quad \forall\, a\in A,\ t\in I, \tag{3'}$$

则称 H 是一个**强形变收缩**，称 A 是 X 的**强形变收缩核**. 这时有 $H: \mathrm{id}_X \simeq i\circ r\ \mathrm{rel}A$，于是，强形变收缩就是保持形变收缩核中的每一点不动的形变收缩.

上面几个例子中出现的都是强形变收缩(核). 下面例中的形变收缩核不是强形变收缩核.

例 7 设 X 是 $\boldsymbol{E}^2$ 的篦形子集(见第二章 § 5 例 3)，$A\subset X$ 是 Y 轴(图 4-19). 规定 X 到 A 的形变收缩 H 为

$$H((x,y),t)=\begin{cases}(x,(1-3t)y), & 0\leqslant t\leqslant \dfrac{1}{3},\\ ((2-3t)x,0), & \dfrac{1}{3}\leqslant t\leqslant \dfrac{2}{3},\\ (0,(3t-2)y), & \dfrac{2}{3}\leqslant t\leqslant 1.\end{cases}$$

因此 A 是 X 的形变收缩核. 但是不存在 X 到 A 的强形变收缩(请读者自己证明).

下面我们给出构造一个商空间的形变收缩的有用方法.

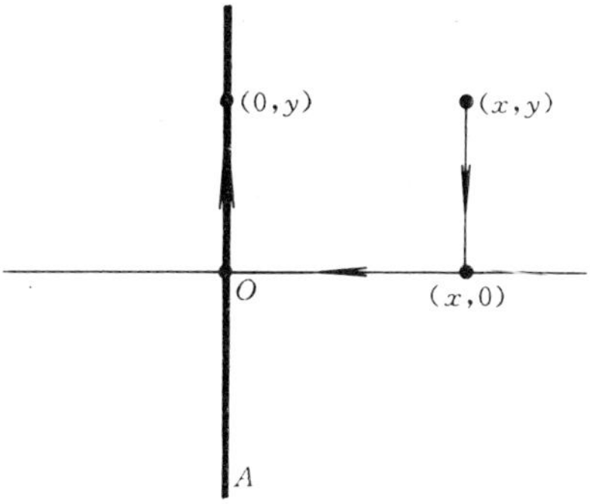

图 4-19

命题 4.13 设 $f: X \to Y$ 是商映射，$A \subset X$，$B = f(A)$. 如果 H 是 X 到 A 的(强)形变收缩，并且满足条件：当 $x \overset{f}{\sim} x'$ 时，$\forall t \in I$，$H(x,t) \overset{f}{\sim} H(x',t)$. 则存在 Y 到 B 的(强)形变收缩.

证明 规定 $G: Y \times I \to Y$ 为 $G(y,t) = f(H(x,t))$，其中 $x \in f^{-1}(y)$. H 满足的条件保证了 G 是确定的，并且 $G \circ (f \times \mathrm{id}_I) = f \circ H$.（见右面图表）根据定理3.3，$f \times \mathrm{id}_I$ 是商映射. $f \circ H$ 是连续的，根据定理3.1a，G 连续.

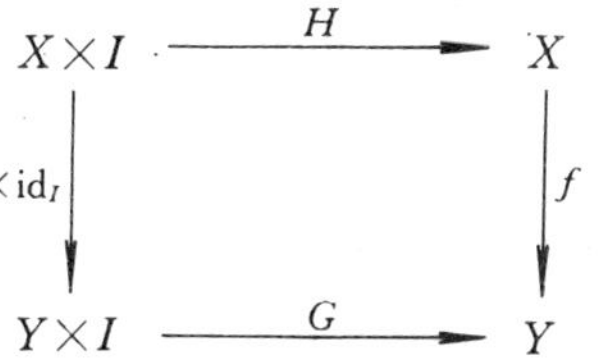

$\forall y \in Y$，取 $x \in f^{-1}(y)$，则 $G(y,0) = f(H(x,0)) = f(x) = y$；$G(y,1) = f(H(x,1)) \in f(A) = B$. $\forall b \in B$，取 A 中点 $a \in f^{-1}(b)$，则 $G(b,1) = f(H(a,1)) = f(a) = b$. 于是 G 是 Y 到 B 的形变收缩. 如果 H 是强形变收缩，则 $G(b,t) = f(H(a,t)) = f(a) = b$，因此 G 也是强形变收缩. ∎

例 8 拓扑锥 CX 以锥顶为强形变收缩核.

$CX = X \times I / X \times \{1\}$，记 $f: X \times I \to CX$ 是粘合映射. 作 $X \times I$ 到 $X \times \{1\}$ 的强形变收缩 $H: (X \times I) \times I \to X \times I$ 为

$$H(x,t,s) = (x, (1-s)t + s),$$

则 H 满足命题 4.13 的条件，从而 H 导出 CX 到锥顶 $f(X \times \{1\})$

的强形变收缩.

例 9　Möbius 带以腰圆为强形变收缩核.

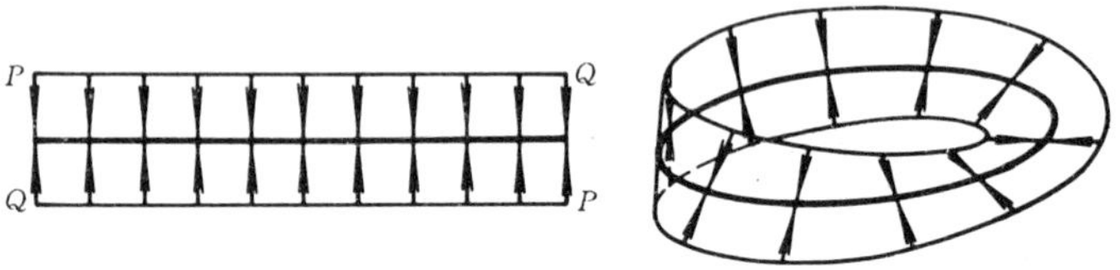

图　4-20

记 X 是 Möbius 带，它是矩形 M 粘合两侧边所得商空间. 记 $f: M\to X$ 是商映射. 设 A 是连结 M 的两侧边中点的线段，则 $f(A)$ 是 X 的腰圆. 记 $r: M\to A$ 是沿竖直方向把 M 压向 A(图 4-20). 则从 id_M 到 $i\circ r$ 的直线同伦是 X 到 A 的一个强形变收缩，并且满足命题 4.13 的条件，从而导出 X 到腰圆的强形变收缩.

记 x_0 是腰圆上一点，a 是以 x_0 为基点，并沿腰圆走一圈的闭路，则 $\pi_1(X,x_0)$是由$\langle a\rangle$生成的自由循环群.

例 10　环面 T^2 去掉一点后，以一个经圆和一个纬圆的并集为强形变收缩核(图 4-21).

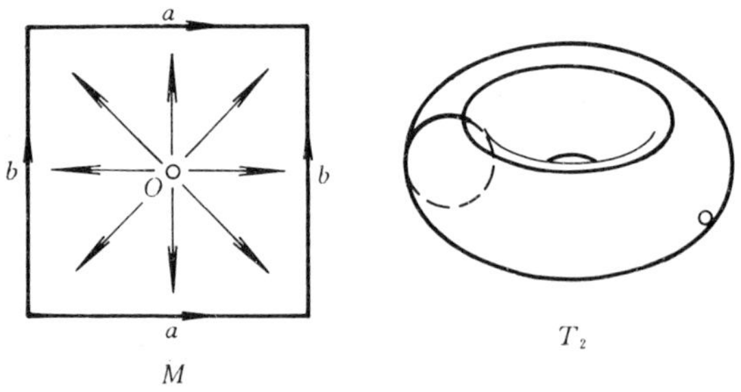

图　4-21

设 M 为一矩形，O 为 M 的一个内点，则 $M\setminus\{O\}$粘接 a 和 b 后得到 T^2 挖去一点. M 的边界 Γ 是 $M\setminus\{O\}$的强形变收缩核，任一强形变收缩导出 T^2 去掉一点到 Γ 粘合而得的经圆和纬圆的强形变收缩.

用同样方法可以说明,任何闭曲面去掉一点后,可强形变收缩为曲面上的一个**圆束**(即两两相交于同一点的一组圆周的并集)$\bigvee_{i=1}^{k} S_i^1$,其中

$$k=\begin{cases}2n, & \text{若闭曲面是 } nT^2 \text{ 型},\\ m, & \text{若闭曲面是 } mP^2 \text{ 型}.\end{cases}$$

图 4-22 是双环面的情形.

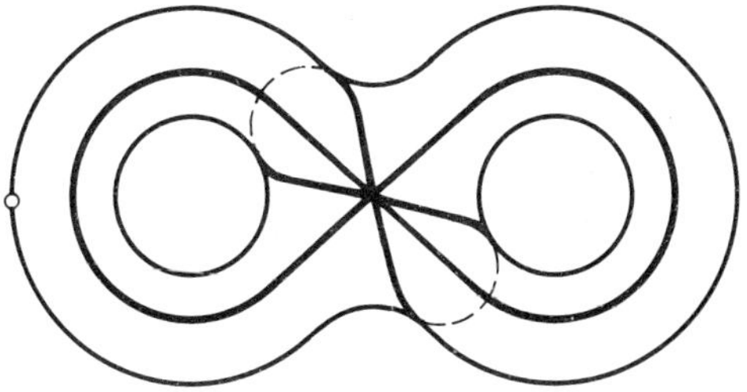

图 4-22

4.4 可缩空间

可缩空间是伦型最简单的一类空间.

定义 4.10 与单点空间同伦等价的拓扑空间称为**可缩空间**.

所有可缩空间构成一个空间的同伦等价类,它是最简单的一个等价类.可缩空间是道路连通的(见习题 4),并且是单连通的.

命题 4.14 如果 X 是可缩空间,则 $\forall x\in X$ 都是 X 的形变收缩核.

证明 从 X 到 $\{x\}$ 只有一个映射,记作 r. 因为 X 可缩,r 是同伦等价. 由于 X 道路连通,$\{x\}$到 X 的映射类只有一个,从而哪一个都是 r 的同伦逆(习题 3). 于是包含映射 $i:\{x\}\to X$ 也是 r 的同伦逆,即 $i\circ r\simeq \mathrm{id}_X$. 这说明$\{x\}$是 X 的形变收缩核. ▌

欧氏空间 $\boldsymbol{E}^n$ 及 $\boldsymbol{E}^n$ 中的凸集都是可缩空间. CX 也是可缩的,

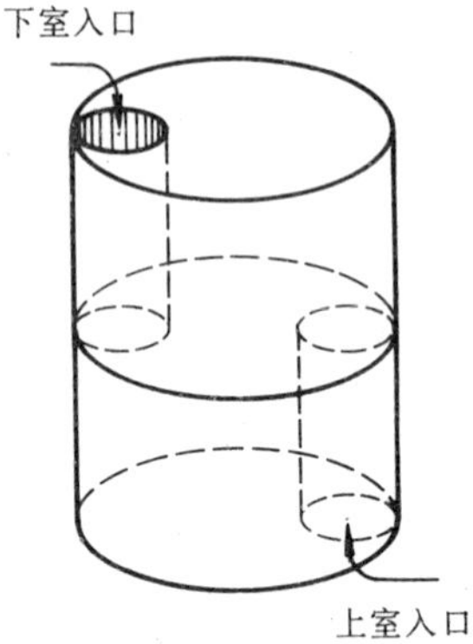

图 4-23

例 7 中的空间也是可缩的. 下面给出两个直观上难以想象的可缩空间的例子.

例 11 图 4-23 中的空间 X 是这样构造的:一个带上下底面的圆筒用一截面隔成上下两室,每一室再在另一室中开一出口(用与筒壁相切的小圆柱面做成). 很难直接看出 X 可形变收缩到它的某一点. 但 X 确实是可缩的,因为它是实心圆柱体的形变收缩核. 请读者构造一个从圆柱体到 X 的形变收缩.

例 12 把三角形的三边如图 4-24(a)中所示粘合,得到所谓"**蜷帽**",记作 Q. 难以想象 Q 的可缩性. 但它也确实是可缩的. 下面给出此断言的论证概要.

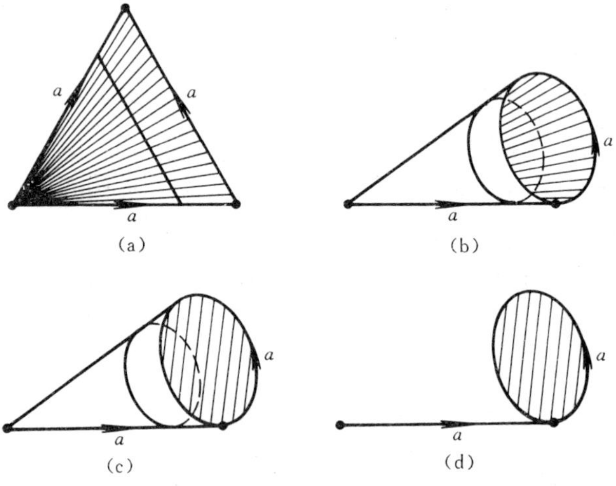

图 4-24

Q 可看成一个圆锥体的侧面粘合底边与一条母线而得商空间

(图 4-24(b)). 作圆锥体的商空间 S,它是把圆锥体的底边与一条母线粘合,而得到的(图 4-24(c)). 因为圆锥体的侧面是圆锥体的强形变收缩核,所以 Q 是 S 的强形变收缩核. 而 S 可强形变收缩为图 4-24(d)中的图形,而后者是一圆盘. 这样 S 可缩. 从而 Q 也可缩. 请读者自己补出以上论证的细节.

习　题

1. 设 Y 道路连通,且 $\pi_1(Y)$是交换群. 如果 $f\simeq g: X\to Y$,并且对 $x_0\in X$,$f(x_0)=g(x_0)=y_0$. 则

$$f_\pi = g_\pi : \pi_1(X,x_0) \to \pi_1(Y,y_0).$$

2. 设 f,g 都是 S^1 到 S^1 的连续映射,并且都保持 $1\in S^1$ 不动. 则 $f\simeq g \Longleftrightarrow f_\pi=g_\pi: \pi_1(S^1,1)\to\pi_1(S^1,1)$.

3. 设 $f: X\to Y$ 是一个同伦等价,则 f 的所有同伦逆构成 Y 到 X 的一个映射类.

4. 与道路连通空间同伦等价的拓扑空间也道路连通.

5. $\pi_0(X)$表示空间 X 的道路分支的集合. 证明若 $X\simeq Y$,则 $\pi_0(X)$与 $\pi_0(Y)$之间可建立一一对应.

6. 若 B 是 A 的形变收缩核,A 是 X 的形变收缩核,则 B 也是 X 的形变收缩核.

7. 若 $B\subset A\subset X$,A 是 X 的收缩核,B 是 X 的形变收缩核,则 B 也是 A 的形变收缩核.

8. 若 X_1,X_2 是 X 的两个闭子集,$X_1\cup X_2=X$,又 $X_0=X_1\cap X_2$ 非空,且是 X 的形变收缩核. 则 X_0 也是 X_1 和 X_2 的形变收缩核.

9. 设 Y 是可缩空间. 证明任何拓扑空间到 Y 只有一个映射类.

10. 设 X 是 Möbius 带,A 是它的边界,$x_0\in A$. 证明包含映射 $i: A\to X$ 诱导的同态 $i_\pi: \pi_1(A,x_0)\to\pi_1(X,x_0)$不是同构.

11. 证明 Möbius 带的边界不是它的收缩核.

12. 设 x_0 是 D^n 的边界 S^{n-1} 上一点. 证明 $S^{n-1}\setminus\{x_0\}$是 $D^n\setminus\{x_0\}$的形变收缩核.

13. 证明下列各空间互相同伦等价:

(1) 球面 S^2 加一条直径(图 4-25(a));

(2) 在环面的一个纬圆上粘接一个圆盘(图 4-25(b));

(3) 球面 S^2 加一圆周 S^1(它们相切,图 4-25(c)).

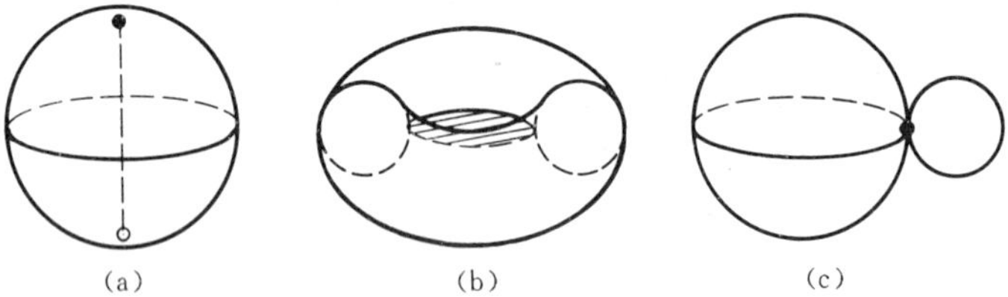

图 4-25

14. 证明 $\boldsymbol{E}^2\not\simeq\boldsymbol{E}^n,\forall n>2$.

15. 证明 $D^2\not\simeq D^n,\forall n>2$.

16. 设 l 是 $\boldsymbol{E}^3$ 中一条直线. 证明 $\pi_1(\boldsymbol{E}^3\setminus l)$是自由循环群.

§5 基本群的计算与应用

同伦不变性是计算基本群的有效工具. 本节介绍计算基本群的另一个常用工具:Van-Kampen 定理,它也能把复杂空间基本群的计算转化为较简单空间基本群的计算. 本节还将介绍基本群的几个有代表性的应用.

5.1 Van-Kampen 定理

Van-Kampen 定理的叙述和证明都比较复杂,并涉及到较多的代数概念. 许多文献中用母元与关系这种表示群的语言来叙述这个定理. 本书中采用一种较容易接受的形式来表述. 将要用到两个群的自由乘积的概念,读者可以在附录 A 中找到它的定义. 定理的证明也不放在正文中，列为本书的附录 B. 附录 B 中还写出了用母元与关系这种语言来叙述 Van-Kampen 定理的方式.

k 个自由循环群的**自由乘积**①称作秩为 k 的**有限生成自由群**. 在每个自由循环群中取定生成元，得元素组 $\{a_1,a_2,\cdots,a_k\}$，则该有限生成自由群的每个元素都可唯一地用这组元素表出，因此把它称为由 $\{a_1,\cdots,a_k\}$ 自由生成的自由群，并记作 $F(a_1,a_2,\cdots,a_k)$.

易证 $F(a_1,\cdots,a_k)*F(b_1,\cdots,b_l)=F(a_1,\cdots,a_k,b_1,\cdots,b_l)$.

设 A 是群 G 的子集，把 G 中包含 A 的最小的子群称为由 A 生成的子群，记作 $\langle A\rangle$；把 G 中包含 A 的最小正规子群称为由 A 生成的正规子群，记作 $[A]$.

现在叙述定理.

定理 4.7（Van-Kampen 定理） 如果拓扑空间 X 可分解为两个开集 X_1 与 X_2 之并，并且 $X_0=X_1\cap X_2$ 非空，道路连通. 则 $\forall x_0\in X_0$，有

$$\pi_1(X,x_0)\cong\pi_1(X_1,x_0)*\pi_1(X_2,x_0)\Big/\big[\{(i_1)_\pi(\alpha)(i_2)_\pi(\alpha^{-1})\mid\alpha\in\pi_1(X_0,x_0)\}\big],$$

其中 $i_l: X_0\to X_l(l=1,2)$ 是包含映射.

如果记 $i_l': X_l\to X(l=1,2)$ 也是包含映射，则同态 $(i_1')_\pi: \pi_1(X_1,x_0)\to\pi_1(X,x_0)$ 和 $(i_2')_\pi: \pi_1(X_2,x_0)\to\pi_1(X,x_0)$ 决定唯一的同态 $\varphi: \pi_1(X_1,x_0)*\pi_1(X_2,x_0)\to\pi_1(X,x_0)$（习题 1）. 定理的结论可以明确地表述成：$\varphi$ 是满同态，并且 $\operatorname{Ker}\varphi=[\{(i_1)_\pi(\alpha)(i_2)_\pi(\alpha^{-1})\mid\alpha\in\pi_1(X_0,x_0)\}]$. 这就给出了定理要证明的两个方面，其中 φ 是满同态的证明还不算太困难（习题 2），麻烦的是另一部分. 有兴趣的读者可以参看附录 B，也可在参考书目[4]和[5]中找到证明.

定理要求 X_1,X_2 都是开集，在许多情况下显得不方便. 下面

---

① 这里出现的代数术语的定义都可参见附录 A.

给出它的替代形式.

定理 4.7a 如果定理 4.7 中 X_1, X_2 都改为闭集，并且 X_0 是它的一个开邻域的强形变收缩核，其他条件不变，则结论仍成立.

对于不大熟悉代数的人，Van-Kampen 定理的结论不大好理解，也不好应用. 好在在本书中只在下列两种特殊的情形应用定理，对代数知识的依赖要少得多.

(1) X_0 是单连通的，这时结论简化为

$$\pi_1(X, x_0) \cong \pi_1(X_1, x_0) * \pi_1(X_2, x_0);$$

(2) X_2 是单连通的，则

$$\pi_1(X, x_0) \cong \pi_1(X_1, x_0)/[\mathrm{Im}(i_1)_\pi],$$

特别当 $\pi_1(X_0, x_0)$ 有生成元组 A 时，$[\mathrm{Im}(i_1)_\pi] = [(i_1)_\pi(A)]$.

5.2 Van-Kampen 定理应用举例

例 1 圆束 $\bigvee_{i=1}^{n} S_i^1$ 的基本群.

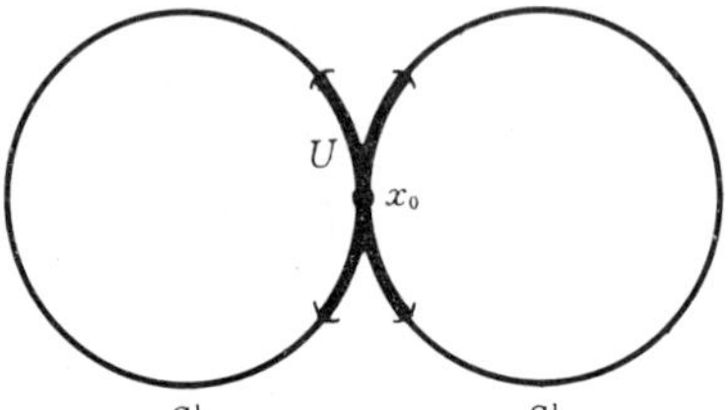

图 4-26

设 $n=2, X=S_1^1 \vee S_2^1$. 则 S_i^1 是 X 的闭子集，$S_1^1 \cap S_2^1 = \{x_0\}$ 是某个开邻域 U 的强形变收缩核(图 4-26). 用特殊情形(1)，得到

$$\pi_1(S_1^1 \vee S_2^1, x_0) \cong \pi_1(S_1^1, x_0) * \pi_1(S_2^1, x_0).$$

记 a_i 是 x_0 处沿 S_i^1 走一圈的闭路，则

$$\pi_1(S_1^1 \vee S_2^1, x_0) = F(\langle a_1 \rangle, \langle a_2 \rangle).$$

一般地，在 $\bigvee_{i=1}^{n} S_i^1$ 中，记 a_i 是在各圆交点 x_0 处沿 S_i^1 走一圈的

闭路，则

$$\pi_1\left(\bigvee_{i=1}^{n} S_i^1, x_0\right) = F(\langle a_1\rangle, \langle a_2\rangle, \cdots, \langle a_n\rangle),$$

是秩为 n 的有限生成自由群.

例 2 计算闭曲面的基本群.

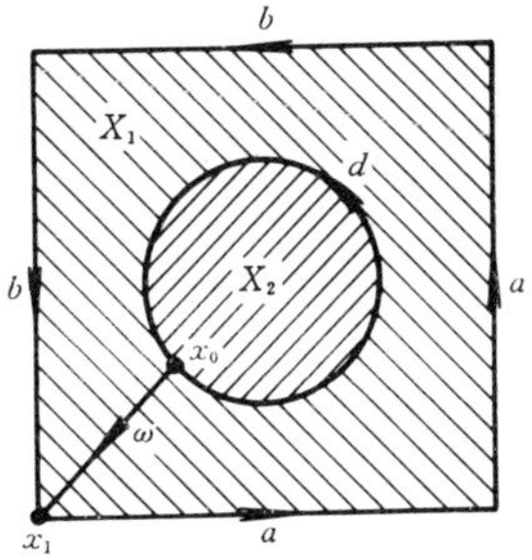

图 4-27

以 Klein 瓶为例. 矩形 M 按图 4-27所示方式粘接两对邻边，得到的商空间 X 是 Klein 瓶. 设 $A\subset X$ 是由 M 的边界粘合成的子集，它是两个圆的圆束，记交点为 x_1. 取 $X\backslash A$ 中的一个圆盘，记作 X_2. 记 $X_1=X\backslash\mathring{X}_2$，则对 X, X_1, X_2 可用定理的特殊情形(2)，得到

$$\begin{aligned}\pi_1(X, x_0) &\cong \pi_1(X_1, x_0)/[\mathrm{Im}(i_1)_\pi] \\ &= \pi_1(X_1, x_0)/[\langle d\rangle],\end{aligned}$$

其中 $x_0\in X_0=X_1\cap X_2$(是一圆周)，d 是 x_0 处沿 X_0 走一圈的闭路. A 是 X_1 的形变收缩核，从而包含映射 $i: A\to X_1$ 导出同构 $i_\pi: \pi_1(A, x_1)\to\pi_1(X_1, x_1)$. 利用例 1 的结果，推出

$$\pi_1(X_1, x_1) = F(\langle a\rangle, \langle b\rangle),$$

$\langle a\rangle, \langle b\rangle$分别是图 4-27 中所示闭路 a, b 在 X_1 中的闭路类. 取 ω 是 X_1 中从 x_0 到 x_1 的道路类，则同构 $\omega_\#$ 把 $\langle d\rangle$ 映为 $\omega^{-1}\langle d\rangle\omega=\langle a\rangle^2\langle b\rangle^2$. 于是

$$\pi_1(X, x_0)\cong\pi_1(X_1, x_1)/[\omega_\#(\langle d\rangle)] = F(\langle a\rangle, \langle b\rangle)/[\langle a\rangle^2\langle b\rangle^2].$$

用同样办法计算任何闭曲面的基本群，得到

$$\pi_1(X)\cong\begin{cases} F(\alpha_1,\cdots,\alpha_m)/[\alpha_1^2\cdots\alpha_m^2], & X\text{ 是 } mP^2\text{ 型}, \\ F(\alpha_1,\beta_1,\cdots,\alpha_n,\beta_n)/[\alpha_1\beta_1\alpha_1^{-1}\beta_1^{-1}\cdots\alpha_n\beta_n\alpha_n^{-1}\beta_n^{-1}], & \\ & X\text{ 是 } nT^2\text{ 型}.\end{cases}$$

下面介绍基本群的几个应用.

5.3 完成闭曲面分类定理 3.4 的证明

闭曲面分类定理 3.4 证明的剩下部分是要说明不同类型闭曲面不同胚，为此只须说明它们的基本群不同构. 两个群的不同构并不很容易从它们的结构判定，但交换群的不同构比较容易判定. 为此我们求闭曲面基本群的交换化. 关于群的交换化的有关概念和性质可在附录 A 中找到. 群 G 的交换化记作 $\widetilde{G}$. 利用命题 A.11 和 A.12 可以算出[①]

$$\widetilde{\pi_1(X)} \cong \begin{cases} \overbrace{\mathbf{Z}\times\cdots\times\mathbf{Z}}^{m-1\text{个}}\times\mathbf{Z}_2, & X \text{ 是 } mP^2 \text{ 型闭曲面}, \\ \mathbf{Z}^{2n}, & X \text{ 是 } nT^2 \text{ 型闭曲面}. \end{cases}$$

于是不同类型的闭曲面的基本群交换化以后不同构，因此基本群也不同构. 分类定理证明完成.

事实上，我们也证明了不同类型的闭曲面的伦型不相同. 因此闭曲面的同伦分类与拓扑分类是一致的.

5.4 Brouwer 不动点定理 2 维情形的证明

我们叙述这个著名定理，并用基本群为工具，完成 2 维情形的证明. 高维的证明在第八章中完成.

定理 4.8（Brouwer 不动点定理） 设 f 是 n 维实心球 D^n 到自身的连续映射，则存在 $x\in D^n$，使得 $f(x)=x$.

证明 用反证法. 设 f 没有不动点，即 $f(x)\neq x, \forall x\in D^n$. 于是可以规定 $g: D^n\to S^{n-1}$ 为

$$g(x)=\frac{x-f(x)}{\|x-f(x)\|}$$

（图 4-28）. 则 g 连续，并且 $g_0=g|S^{n-1}: S^{n-1}\to S^{n-1}$ 满足 $g_0(x)\neq -x, \forall x\in S^{n-1}$（请自己验证）. 因此 $g_0\simeq \mathrm{id}_{S^{n-1}}: S^{n-1}\to S^{n-1}$（§ 1

① 参看附录 A 最后的例 1，例 2.

例 2). 因为 $g_0=g\circ i$，其中 i : $S^{n-1}\to D^n$ 是零伦的，所以 g_0 是零伦的. 于是推出 $\mathrm{id}_{S^{n-1}}$: $S^{n-1}\to S^{n-1}$ 是零伦的.（以上论证对维数 n 没有加特殊要求.）

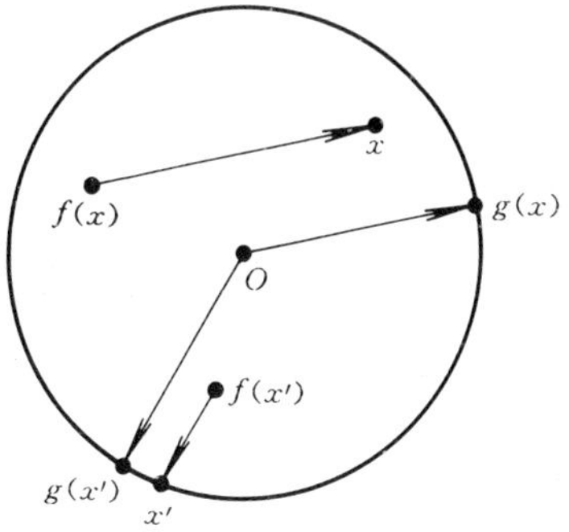

图 4-28

当 $n=2$ 时，$\pi_1(S^1)\cong\mathbf{Z}$. 从而 id_{S^1} 导出的基本群的自同构不是平凡的；而常值映射导出平凡的基本群同态，因此 id_{S^1} 不是零伦的. 这个矛盾说明 f 一定有不动点. ▌

5.5 代数基本定理的证明

定理 4.9（代数基本定理） 复数域上次数大于零的一元多项式有根.

证明 用反证法. 设 n 次复系数多项式 $P(z)=\sum_{i=0}^{n}a_iz^i$ 在复平面上无根. 于是 $a_0\neq0$，否则 0 是根. 不妨设 $a_n=1$. $\forall r>0$，规定 f_r : $S^1\to S^1$ 为

$$f_r(z)=P(rz)/\|P(rz)\|.$$

则 $\forall r$，$f_r\simeq f_0$. 而 $f_0(z)=a_0/\|a_0\|$，即 f_0 是常值映射. 于是 f_r 零伦. 但是不难证明当 $r\to+\infty$ 时，$f_r(z)\to z^n$，从而当 r 充分大时，$f_r\simeq h_n$，这里 h_n : $S^1\to S^1$ 规定为 $h_n(z)=z^n$，它不是零伦的，因为 $(h_n)_\pi$ 不是平凡同态. 导出矛盾. ▌

5.6 曲面上的边界点

第三章已对曲面的边界点作了规定：曲面上的点称为边界点，如果它没有同胚于 $\boldsymbol{E}^2$ 的开邻域. 当然，它就有开邻域同胚于 $\boldsymbol{E}^2_+$. 但是还有不明确的问题.

首先,还没有证明 $\boldsymbol{E}_+^2 \not\cong \boldsymbol{E}^2$. 现在来证明此论断. $\boldsymbol{E}^2$ 中去掉任意一点就不再单连通(同伦等价于 S^1),而 $\boldsymbol{E}_+^2$ 上去掉有些点(确切地说:$(x,0)(\forall x\in \boldsymbol{E}^1)$后仍是单连通的(实际上是可缩的),因此 $\boldsymbol{E}_+^2 \not\cong \boldsymbol{E}^2$.

其次,直观上的边界点是不是就是现在意义的边界点?例如对于圆盘 D^2,S^1 上的点是边界点吗?这种点已有同胚于 $\boldsymbol{E}_+^2$ 的开邻域,还会有同胚于 $\boldsymbol{E}^2$ 的开邻域吗?

命题 4.15 设 x 是拓扑空间 X 的一点,V 是 x 的一个开邻域,并有同胚映射 $f: V\to \boldsymbol{E}_+^2$,使得 $f(x)=0$(原点),则 x 没有同胚于 $\boldsymbol{E}^2$ 的开邻域.

证明 用反证法. 设 x 有开邻域 $U\cong \boldsymbol{E}^2$,$g: U\to \boldsymbol{E}^2$ 是同胚映射. 则 $\boldsymbol{E}_+^2$ 中 O 的开邻域 $f(U\cap V)$同胚于 $\boldsymbol{E}^2$ 中的开集 $g(U\cap V)$(图 4-29).

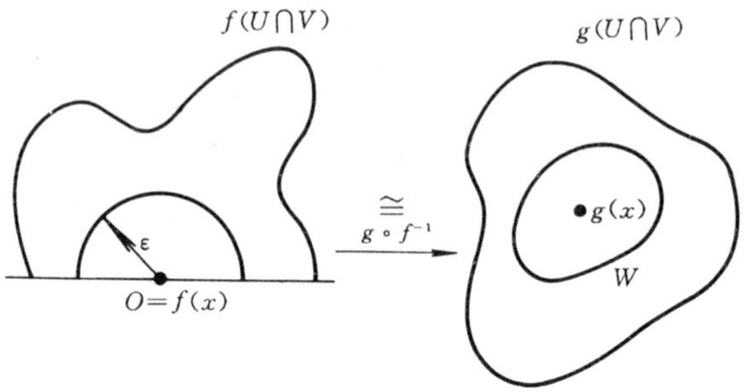

图 4-29

取 $\varepsilon>0$,使得 $\boldsymbol{E}_+^2$ 中的球形邻域 $B(O,\varepsilon)\subset f(U\cap V)$. 则 $B(O,\varepsilon)$与 $\boldsymbol{E}^2$ 中某个开集 W 同胚,于是 $B(O,\varepsilon)\setminus\{O\}$同胚于 W 去掉一点. 后者不可缩(§3 习题 7),而 $B(O,\varepsilon)\setminus\{O\}$是可缩的,矛盾. ▌

习　　题

1. 设 G_1,G_2,H 是三个群. $f_i: G_i\to H$ 是同态$(i=1,2)$. 证明存一唯一同态 $\varphi: G_1 * G_2\to H$,使得 $\varphi|G_i=f_i(i=1,2)$.

2. 设 X_1,X_2 是 X 的开集，$X_1\cup X_2=X$，$X_0=X_1\cap X_2$ 非空，并且道路连通，$x_0\in X_0$. 证明由 $(i_1)_\pi: \pi_1(X_1,x_0)\to\pi_2(X,x_0)$ 和 $(i_2)_\pi: \pi_1(X_2,x_0)\to\pi_1(X,x_0)$ 决定的同态 $\varphi: \pi_1(X_1,x_0)*\pi_1(X_2,x_0)\to\pi_1(X,x_0)$ 是满同态.

3. 证明 $n>2$ 时，$\boldsymbol{E}^n$ 去掉有限个点后仍是单连通的.

4. 求下列空间的基本群：

(1) $\boldsymbol{E}^2$ 中去掉 3 个点；

(2) S^2 中去掉 3 个点；

(3) T^2 上去掉 3 个点.

5. 求下列空间的基本群：

(1) $\boldsymbol{E}^3$ 中去掉 2 条不相交直线；

(2) $\boldsymbol{E}^3$ 中去掉 3 条坐标轴；

(3) "田"字形.

6. 把三角形的三条边按图 4-30 所示方式粘接在一起. 求所得商空间的基本群.

7. 证明：如果曲面 M 与 N 同胚，则它们的边界也同胚. 并由此说明 Möbius 带与平环不同胚.

8. 设 $f: D^2\to\boldsymbol{E}^2$ 连续. 证明在下列条件之一成立时，f 有不动点：

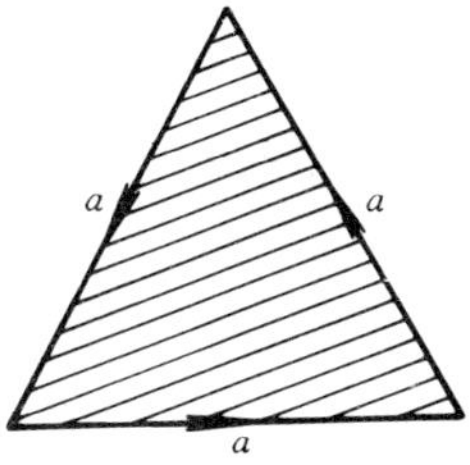

图 4-30

(1) $f(S^1)\subset D^2$；

(2) $\forall x\in S^1, f(x), x$ 与原点不共线；

(3) $\forall x\in S^1$，线段 $\overline{xf(x)}$ 过原点.

9. 设 $f: D^2\to D^2$ 连续，并且 S^1 上每一点都不动，证明 f 是映满的.

10. 记 S_i^2 是 $\boldsymbol{E}^3$ 中以 $(i,0,0)$ 为球心，$\frac{1}{2}$ 为半径的球面，$X=\bigcup_{i\in\mathbf{Z}} S_i^2$ (图 4-31). 证明 X 单连通.

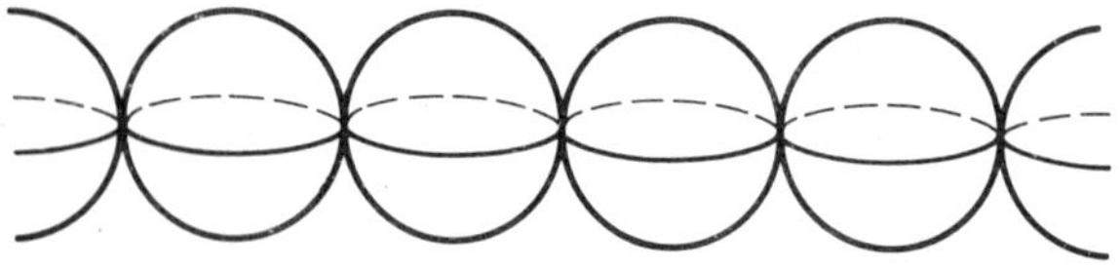

图 4-31

*§6 Jordan 曲线定理

平面或球面上同胚于圆周 S^1 的子集称为 Jordan 曲线，或称为简单闭曲线.

定理 4.10（Jordan 曲线定理） 若 J 是 $\boldsymbol{E}^2$ 上的一条 Jordan 曲线，则 $\boldsymbol{E}^2\backslash J$ 有两个连通分支，它们都以 J 为边界.

这是一个应用十分广泛的著名定理. 它看起来很直观，而证明起来很困难，但迄今已有不少证法. 下面用基本群为工具给出一个证明.

先指出几个明显事实.

（1）$\boldsymbol{E}^2\backslash J$ 是 $\boldsymbol{E}^2$ 的开集，因此是曲面，并且没有边界点. 它局部道路连通，从而连通分支就是道路分支，并且都是 $\boldsymbol{E}^2$ 中的开集.

（2）$\boldsymbol{E}^2\backslash J$ 有唯一无界连通分支.

（3）如果把定理中 $\boldsymbol{E}^2$ 换成 S^2，与原定理等价.

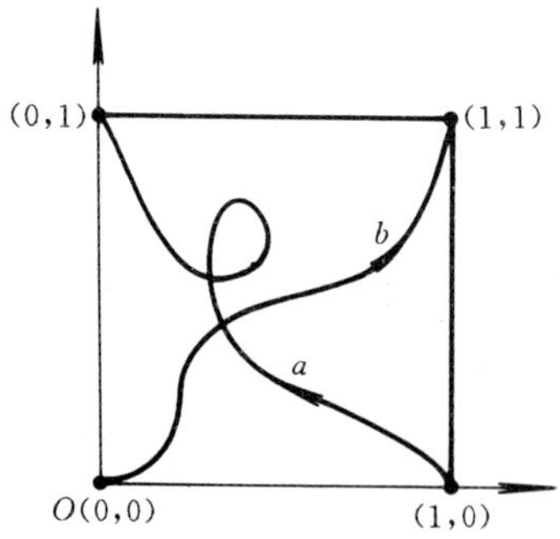

图 4-32

引理 D^2 上连结边界 S^1 上两个不同点，并且不经过 S^1 的其他点的道路 a 分割 D^2（即 $D^2\backslash a(I)$ 不道路连通）.

证明 由于 $I\times I\cong D^2$，只须对 $I\times I$ 证明相应的命题. 不妨设 a 是从 $I\times I$ 的顶点 $(1,0)$ 到 $(0,1)$ 的道路，它不经过其他

边界点(见图 4-32). 我们证明, $I\times I$ 中从(0,0)到(1,1)的任一道路 b 都与 a 相交,即存在 s,t,使得 $a(s)=b(t)$. 从而(0,0)和(1,1)属于 $I\times I\backslash a(I)$的不同道路分支.

用反证法,设 $\forall s,t,a(s)\neq b(t)$. 则可构造连续映射 $f: I\times I\to S^1$ 为

$$f(s,t)=\frac{a(s)-b(t)}{\|a(s)-b(t)\|}.$$

则 $f(0,0)=1$, $f(1,0)=\mathrm{e}^{\mathrm{i}\frac{\pi}{2}}$, $f(1,1)=\mathrm{e}^{\mathrm{i}\pi}$, $f(0,1)=\mathrm{e}^{\mathrm{i}\pi\frac{3}{2}}$. 记 m_1, m_2, m_3 和 m_4 分别是 S^1 上在四个象限中的弧(图 4-33). 记 $I\times I$ 四

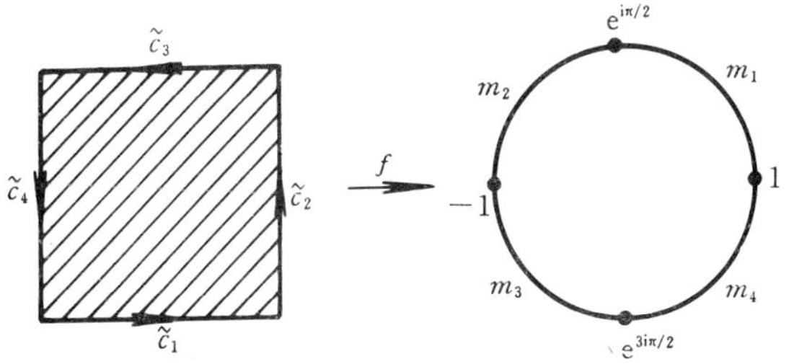

图 4-33

条边决定的道路为 $\tilde{c}_1,\tilde{c}_2,\tilde{c}_3$ 和 $\tilde{c}_4$,如图中所标,则不难发现, $f\circ\tilde{c}_i$ 的像在 m_i 上. 由此可看出 $c=f\circ(\tilde{c}_1\tilde{c}_2\tilde{c}_3\tilde{c}_4)$是 S^1 以 1 为基点的闭路, 圈数为 1. 但是 $\tilde{c}_1\tilde{c}_2\tilde{c}_3\tilde{c}_4$ 是 $I\times I$ 中的闭路, 因此 $\langle c\rangle=f_\pi\langle\tilde{c}_1\tilde{c}_2\tilde{c}_3\tilde{c}_4\rangle$是 $\pi_1(S^1)$的单位元,矛盾. ▌

定理 4.10 的证明 证明分三步进行.

第一步 证明 $\boldsymbol{E}^2\backslash J$ 不道路连通.

取 J 上距离最大的两点 A,B(即 $d(A,B)=\mathrm{diam}J$). 作矩形 M,使得 A,B 恰好是它一双对边的中点,并且 J 包含在 M 中,只有 A,B 两点在 M 的边界上(图 4-34). 把 J 被 A,B 分割成的两段分别记作 J_1 和 J_2,它们都同胚于 I,从而可看作 M 上从 A 到 B 的两条道路的像. 根据引理,若 C 和 D 是 M 的上、下边的中点,则线

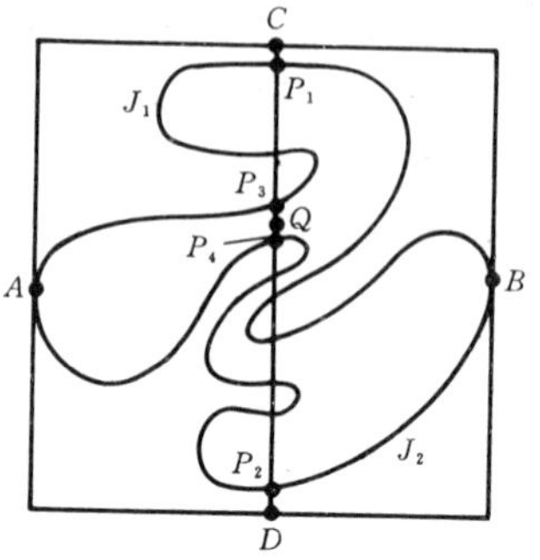

图 4-34

段$\overline{CD}$与 J_1 和 J_2 都相交. 记 P_1 是$\overline{CD}$与 J 的最高交点，P_2 是最低交点. 不妨设 $P_1\in J_1$，则 $P_2\in J_2$(否则可设计从 C 到 D 的 M 中一条道路如下：从 C 直下到 P_1，沿 J_1 从 P_1 到 P_2，再从 P_2 直下到 D，这条道路与 J_2 无交点). 记 P_4 是$\overline{CD}$与 J_2 的最高交点，P_3 是$\overline{CP_4}$与 J_1 的最低交点，则$\overline{P_3P_4}$的内部无 J 上的点. 取 Q 为$\overline{P_3P_4}$的一内点. 下面用反证法证明在 $\boldsymbol{E}^2\backslash J$ 中，Q 与 M 外的部分不在同一分支中. 如果有道路 a 与 J 不相交，且 $a(0)=Q$，$a(1)$ 在 M 外，则 a 与 M 的边界必相交. 设第一个交点是 E 点，则 E 不是 A，B，设 E 在边界上半部分. 构造 M 中从 D 到 C 的道路如下：从 D 直上 P_2，沿 J_2 从 P_2 到 P_4，直上到 Q，沿 a 到 E，再沿 M 的边界的上半部分从 E 到 C. 这是一条与 J_1 不相交的道路，与引理的结论相矛盾.

第二步　证明 $\boldsymbol{E}^2\backslash J$ 的每个连通分支都以 J 为边界.

对于 $\boldsymbol{E}^2\backslash J$ 的一个有界连通分支 U，记 $\partial U=\overline{U}\cap U^c$，就是 U 的边界. 因为 $\boldsymbol{E}^2\backslash J$ 的每个连通分支都是开集，它们都与 $\overline{U}$ 不相交，从而与 ∂U 不相交，于是 $\partial U\subset J$. 下面用反证法证 $\partial U=J$. 如果 $\partial U\neq J$，则由于 $J\cong S^1$，∂U 是 J 的闭子集，一定存在 J 的一闭弧 $L(\cong I)$，使得 $\partial U\subset L$. 利用 Tietze 扩张定理，对于 $\boldsymbol{E}^2$ 的闭集 L，$\mathrm{id}:L\to L$ 可扩张为收缩映射 $r:\boldsymbol{E}^2\to L$. 构造连续映射 $f:\boldsymbol{E}^2\to\boldsymbol{E}^2$ 如下：

$$f(x)=\begin{cases} i\circ r(x), & x\in\overline{U},\\ x, & x\in U^c,\end{cases}$$

其中 $i:L\to\boldsymbol{E}^2$ 是包含映射(注意到当 $x\in\partial U=\overline{U}\cap U^c$ 时，$i\circ r(x)=x$，这说明 f 的合理性). $\overline{U}\cup L$ 是有界的，不妨设它在 D^2 的内

部. 于是由 f 在 D^2 上的限制得到 D^2 的自映射 $f_0: D^2 \to D^2$,它在 S^1 上不动,并且 f_0 不满(因为 $U \subset D^2$,而且 $\forall x, f(x) \overline{\in} U$),这与 §5 习题 9 的结果矛盾.

对于无界分支 U,证法相同,只须把 f 的定义修改为:

$$f(x) = \begin{cases} x, & x \in \overline{U}, \\ i \circ r(x), & x \in U^c. \end{cases}$$

第三步 证明只有两个分支.

否则,存在 $\boldsymbol{E}^2 \backslash J$ 的分支 V,使得 $Q \overline{\in} V \subset M$. 作 M 中从 C 到 D 的道路 b 为:从 C 直下到 P_1,沿 J_1 从 P_1 到 P_3,直下到 P_4,再沿 J_2 到 P_2,直下 D. 则 b 不经过 V,即 $V \subset M \backslash b(I)$. 由引理,$A, B$ 在 $M \backslash b(I)$的不同分支中,而 A, B 都在 J 上,$J \subset \overline{V}$,于是 A, B 和 V 应在 $M \backslash b(I)$的同一分支中. 这个矛盾否定了 V 的存在. ▌

第五章　复叠空间

复叠空间(有的文献中称作复迭空间或覆盖空间)的理论,是代数拓扑学中的一个很小的分支.但是它的应用相当广泛,在代数拓扑学和低维流形中它都是很常用的工具,在分析学(如复变函数)中也很有用.它与基本群关系很密切,可用来计算某些空间的基本群.用复叠空间还能得到有关群的一些有趣的结果.

§1　复叠空间及其基本性质

1.1　复叠映射与复叠空间

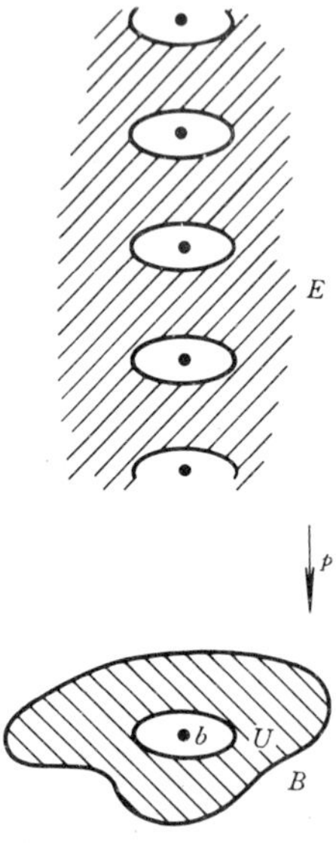

图　5-1

复叠映射的一个典型例子是映射$p: \boldsymbol{E}^1 \to S^1, x \mapsto e^{i2\pi x}$.这个映射在$\pi_1(S^1)$的计算中起了关键性作用.它的重要特性是:$\forall z \in S^1$,$p^{-1}(S^1 \setminus \{z\})$是$\boldsymbol{E}^1$上一族互不相交的开区间的并集,并且$p$把其中每个开区间同胚地映成$S^1 \setminus \{z\}$.粗略地说,复叠映射就是具有类似特性的映射.

定义 5.1　设E和B都是道路连通、局部道路连通的拓扑空间,$p: E \to B$是连续映射.如果$\forall b \in B$有开邻域U,使得$p^{-1}(U)$是E的一族两两不相交的开集$\{V_\alpha\}$的并集,并且p把每个V_α同胚地映成U,则称$p: E \to B$是**复叠映射**,E和p一起称为B上的**复叠空间**,记作(E, p),

把 B 称为它的**底空间**(图 5-1).

具有上面所说性质的开集 U 称为**基本邻域**. 不难看出，包含在一个基本邻域中的任何开集也是基本邻域. 由于 B 局部道路连通，$\forall b\in B$ 都有道路连通的基本邻域，此时每个 V_α 也就是 $p^{-1}(U)$ 的道路分支. 我们以后总是取道路连通的基本邻域，并且称每个 V_α 为 $p^{-1}(U)$的分支.

$\forall b\in B$，称 $p^{-1}(b)$是 b 点上的**纤维**. 利用 B 的道路连通性可以证明，纤维的"势"(基数)与 b 的选择无关，称它为复叠空间(映射)的**叶数**(也叫层数)(习题 2).

B 的自同胚映射 $f: B\to B$ 是叶数等于 1 的复叠映射. $p: \boldsymbol{E}^1\to S^1, x\mapsto \mathrm{e}^{\mathrm{i}2\pi x}$ 的叶数不是有限数.

例 1 S^1 到自身的**整幂映射** $h_n: S^1\to S^1, z\mapsto z^n$ 是复叠映射，叶数为 n(图 5-2).

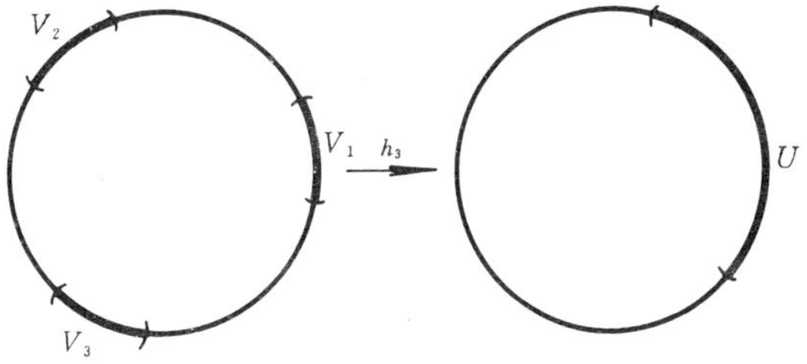

图 5-2

例 2 设 $p: S^n\to P^n$ 是粘合映射(粘合每一对对径点)，则它也是复叠映射，叶数为 2(图 5-3).

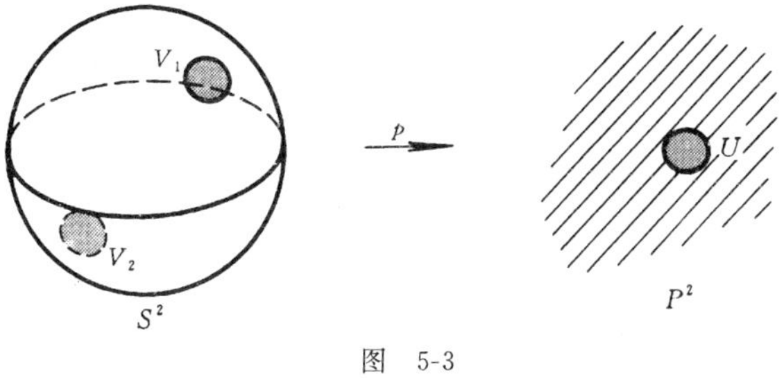

图 5-3

以上两例请读者自己验证．也可用后面的命题 5.1 来说明．

例 3 把环面看成$S^1\times S^1$．映射$p: \boldsymbol{E}^2\to T^2$，$(x, y)\mapsto (e^{i2\pi x}, e^{i2\pi y})$ 是复叠映射(参看习题 5)(图 5-4)．

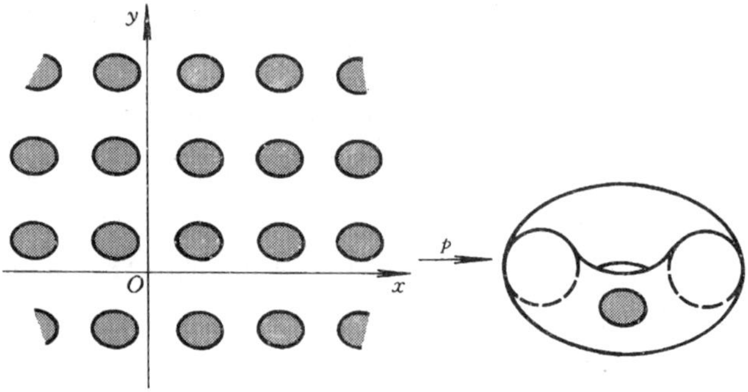

图 5-4

例 4 图 5-5 是四个依次相切的圆周到两个相切圆周(◯◯字形空间)的一个复叠映射．它把两边的圆周分别映为◯◯字形的两个圆周，中间两个圆周各 2 幂地映到◯◯的两个圆周上(标有 a，b 的弧段分别映到 a，b 圆上)．叶数为 3．

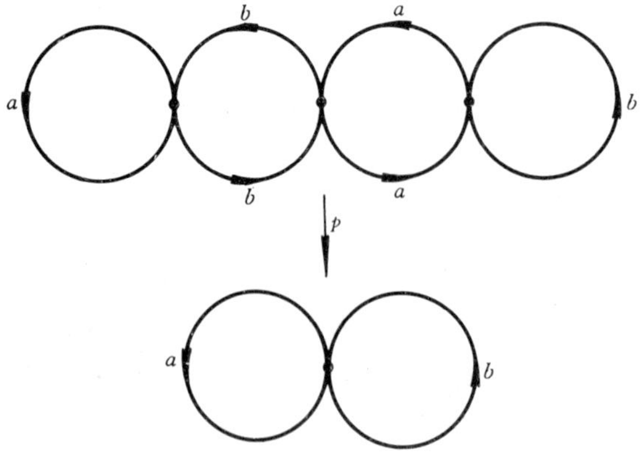

图 5-5

设 X 是道路连通、局部道路连通的空间. 设 $f: X\to X$ 是同胚映射，并且 $f^n=\mathrm{id}$，当 $0<m<n$ 时，f^m没有不动点. 规定 X 上等价关系为：x 与 x' 等价，如果存在 l，使 $f^l(x)=x'$. 记商空间为 X/f，$p: X\to X/f$ 是粘合映射.

命题 5.1 如果 X 是道路连通、局部道路连通的 Hausdorff 空间，则 $p: X\to X/f$ 是叶数等于 n 的复叠映射.

证明 $\forall y\in X/f$，设 $p^{-1}(y)=\{x,f(x),\cdots,f^{n-1}(x)\}$. 因为 X 是 Hausdorff 空间，所以可取 x 的开邻域 V，使得 V，$f(V)$，…，$f^{n-1}(V)$两两不相交. 记 $U=p(V)$，则 $p^{-1}(U)=\bigcup\limits_{l=0}^{n-1}f^l(V)$，从而 U 是开集，并且 p 把 $f^l(V)$同胚地映为 U（习题 4），于是 U 是 y 的基本邻域. ∎

例 5 X 的构造如图 5-6. 它由一个大圆周与 n 个与它外切的等半径小圆周构成，切点等分大圆周. 记 $f: X\to X$ 是绕大圆心旋转 $\frac{2\pi}{n}$ 角，则 $f^n=\mathrm{id}$. $0<m<n$ 时，f^m 无不动点. 用命题 5.1，得到 X/f 和复叠映射 $p: X\to X/f$，叶数为 n. X/f 是◯◯字形.

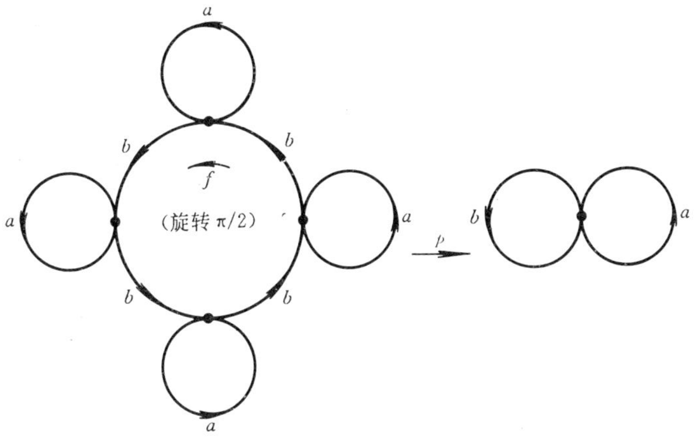

图 5-6

例 6　图 5-7 是一个中心对称地放置在 $\boldsymbol{E}^3$ 中的双环面 F. 设 $f: F\to F$ 为中心对称映射. 则 F/f 是一个 $3P^2$ 型曲面(请自己证明,见习题 7). 从而得到 $2T^2$ 曲面到 $3P^2$ 曲面的一个叶数为 2 的复叠映射.

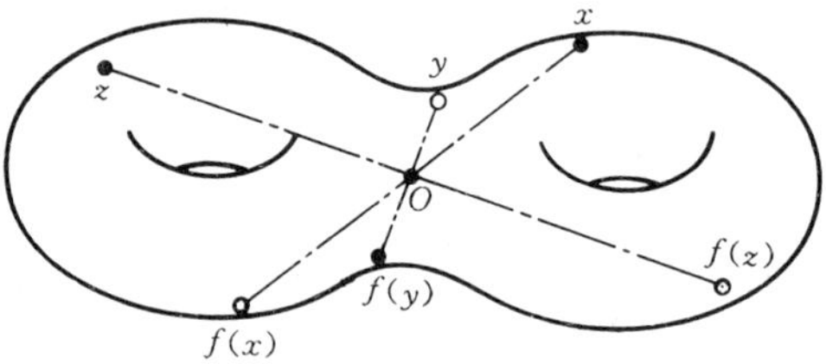

图　5-7

类似地对任意正整数 n,可以构造 nT^2 到 $(n+1)P^2$ 的 2 叶复叠映射.

1.2　映射提升问题

在复叠空间理论中,映射的提升问题是一个核心问题. 设 $p: E\to B$是复叠映射,X 是一个拓扑空间. 两个连续映射 $f: X\to B$ 和 $\widetilde{f}: X\to E$ 如果满足 $p\circ\widetilde{f}=f$,就称 $\widetilde{f}$ 是 f 的一个**提升**. 本节和下节将讨论各种情况下映射提升的存在性问题. 先证明一个关于提升的唯一性的命题.

定理 5.1(提升唯一性定理)　设 X 连通. $\widetilde{f}_1,\widetilde{f}_2: X\to E$ 都是 $f: X\to B$ 的提升(关于复叠映射 $p: E\to B$ 的),并且在某一点 $x_0\in X$,$\widetilde{f}_1(x_0)=\widetilde{f}_2(x_0)$,则 $\widetilde{f}_1=\widetilde{f}_2$.

证明　记 $A=\{x\in X\mid\widetilde{f}_1(x)=\widetilde{f}_2(x)\}$. 要证 $A=X$. 因为 X 是连通的,$A\neq\varnothing(x_0\in A)$,所以只用证 A 是开集,也是闭集.

(1) A 是开集. 设 $x_1\in A$,要证 x_1 是 A 的内点. 设 $e=\widetilde{f}_1(x_1)=\widetilde{f}_2(x_1)$. 由于 p 是局部同胚(习题 6),存在 e 的开邻域 V,使得 $p|V$ 是嵌入映射. 记 $W=\widetilde{f}_1^{-1}(V)\cap\widetilde{f}_2^{-1}(V)$,它是 x_1 的开邻域.

$\forall x\in W, \widetilde{f}_1(x), \widetilde{f}_2(x)\in V$，且 $p(\widetilde{f}_1(x))=p(\widetilde{f}_2(x))$. 由于 $p|V$ 是嵌入，得 $\widetilde{f}_1(x)=\widetilde{f}_2(x)$，从而 $W\subset A$，x_1 是 A 的内点.

(2) A 是闭集，即 A^c 是开集. 设 $x_1\in A^c$，要证 x_1 是 A^c 的内点. 记 $e_i=\widetilde{f}_i(x_1)$，则 $e_1\neq e_2$. 又 $p(e_i)=f(x_1)$，$i=1,2$. 由复叠映射的定义知，存在 e_1,e_2 的不相交的开邻域 V_1,V_2，记 $W=\widetilde{f}_1^{-1}(V_1)\cap \widetilde{f}_2^{-1}(V_2)$，则 W 是 x_1 的开邻域. $\forall x\in W, \widetilde{f}_1(x), \widetilde{f}_2(x)$分别在 V_1,V_2 中，因此不相同. 于是 $W\subset A^c$. x_1 是 A^c 的内点. ▌

命题 5.2 设 a 是 B 中的道路，$a(0)=b$，$e\in p^{-1}(b)$，则存在 a 的唯一提升 $\widetilde{a}$，使得 $\widetilde{a}(0)=e$.

证明 $\widetilde{a}$ 可用第四章 § 3 引理 2 的方法构造. 唯一性由定理 5.1 推出. ▌

命题 5.3 a,b 是 B 上的两条道路，$a\simeq b$，$\widetilde{a}$ 和 $\widetilde{b}$ 分别是 a 和 b 的提升，且 $\widetilde{a}(0)=\widetilde{b}(0)$，则 $\widetilde{a}\simeq\widetilde{b}$.

这个命题是下节中的同伦提升定理的推论. 证明在下节中补，先用它来讨论复叠空间的基本群.

1.3 复叠空间的基本群

取定 $e\in E$，记 $b=p(e)$. 命题 5.2 说明，E 上以 e 为起点的所有道路的集合与 B 上以 b 为起点的所有道路的集合间有一一对应关系：$\widetilde{a}\mapsto p\circ\widetilde{a}$. 命题 5.3 说明，上述对应保持定端同伦关系，因此它导出 E 上以 e 为起点的道路类的集合与 B 上以 b 为起点的道路类的集合间的一一对应 p_π. 记 $L(e)$是 E 上以 e 为起点，终点在 $p^{-1}(b)$中的道路类的集合，则 $p_\pi(L(e))=\pi_1(B,b)$. 限制 p_π 在 $\pi_1(E,e)$上，得到

命题 5.4 $p_\pi:(\pi_1(E,e))\to\pi_1(B,b)$是单同态. ▌

规定 $H_e:=p_\pi(\pi_1(E,e))$，它是 $\pi_1(B,b)$的子群.

命题 5.5 H_e 在 $\pi_1(B,b)$中的指数$[\pi_1(B,b):H_e]$等于复叠映射 p 的叶数.

证明 $[\pi_1(B,b):H_e]$就是$\pi_1(B,b)$中H_e的右陪集的“个数”. 而p的叶数是$p^{-1}(b)$中的“点数”. 下面构造从$p^{-1}(b)$到H_e的全部右陪集的集合$\pi_1(B,b)/H_e$的一个一一对应η,从而完成证明.

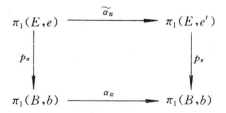

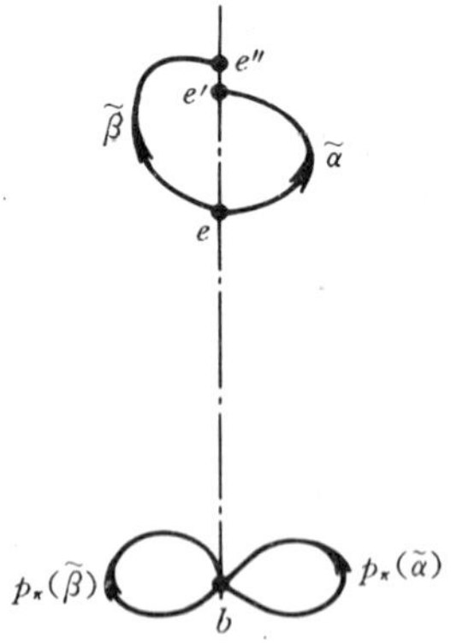

图 5-8

$p_\pi: L(e)\to\pi_1(B,b)$是一一对应. 如果$\widetilde{\alpha},\widetilde{\beta}\in L(e)$有相同的终点,则

$$p_\pi(\widetilde{\alpha})(p_\pi(\widetilde{\beta}))^{-1}=p_\pi(\widetilde{\alpha}\,\widetilde{\beta}^{-1})\in H_e,$$

即$p_\pi(\widetilde{\alpha})$与$p_\pi(\widetilde{\beta})$在$H_e$的同一个右陪集中. 这样,可规定对应$\eta: p^{-1}(b)\to\pi_1(B,b)/H_e$如下: $\forall e'\in p^{-1}(b)$, 取$\widetilde{\alpha}\in L(e)$以$e'$为终点, 令$\eta(e')=[p_\pi(\widetilde{\alpha})]$($p_\pi(\widetilde{\alpha})$所在右陪集). 易见$\eta$是满的. 设$e',e''\in p^{-1}(b)$,$\eta(e')=\eta(e'')$,取$\widetilde{\alpha},\widetilde{\beta}\in L(e)$, 终点分别为$e'$和$e''$(图 5-8),则$[p_\pi(\widetilde{\alpha})]=[p_\pi(\widetilde{\beta})]$,即存在$\gamma\in H_e$, 使得$p_\pi(\widetilde{\beta})=\gamma p_\pi(\widetilde{\alpha})$. 取$\widetilde{\gamma}\in\pi_1(E,e)$,使得$p_\pi(\widetilde{\gamma})=\gamma$. 则$p_\pi(\widetilde{\beta})=p_\pi(\widetilde{\gamma}\,\widetilde{\alpha})$. 由于$p_\pi$是单的,有$\widetilde{\beta}=\widetilde{\gamma}\,\widetilde{\alpha}$,从而$e'=e''$. 这说明$\eta$还是单一的. ▌

一般地,H_e与e在$p^{-1}(b)$中的选择有关.

命题 5.6 $\{H_e|e\in p^{-1}(b)\}$构成$\pi_1(B,b)$的一个子群共轭类.

证明 设$e,e'\in p^{-1}(b)$,取$\widetilde{\alpha}$是从e到e'的一个道路类,$\alpha=p_\pi(\widetilde{\alpha})\in\pi_1(B,b)$,则有交换同态图表(第四章§2 习题 4)

$$\begin{array}{ccc}\pi_1(E,e) & \xrightarrow{\widetilde{\alpha}_\#} & \pi_1(E,e')\\ \downarrow{\scriptstyle p_\pi} & & \downarrow{\scriptstyle p_\pi}\\ \pi_1(B,b) & \xrightarrow{\alpha_\#} & \pi_1(B,b)\end{array}$$

其中 $\alpha_{\#}$ 是 $\pi_1(B,b)$ 上的一个内自同构. 因此

$$H_{e'} = p_\pi(\tilde{\alpha}_{\#}(\pi_1(E,e))) = \alpha_{\#}(p_\pi(\pi_1(E,e)) = \alpha_{\#} H_e$$

与 H_e 共轭. 反之, 若 $\pi_1(B,e)$ 的子群 G 与 H_e 共轭, 设 $G=\alpha_{\#} H_e$. 取 $\tilde{\alpha}\in L(e)$, 使得 $p_\pi(\tilde{\alpha})=\alpha$. 记 e' 是 $\tilde{\alpha}$ 的终点, 则由上面讨论知, $H_{e'}=G$. ▌

在本节的最后, 我们举出两个应用的例子.

(1) $\pi_1(P^n)\cong \mathbf{Z}_2(n\geqslant 2)$.

例 2 给出了从 S^n 到 P^n 的一个 2 叶复叠映射. 当 $n\geqslant 2$ 时, S^n 单连通, 因此 H_e 是平凡子群. 利用命题 5.5, 推出 $\pi_1(P^n)$ 有两个元素, 从而 $\pi_1(P^n)\cong \mathbf{Z}_2$.

(2) 秩为 2 的自由群有秩为 4 的自由子群.

例 4 构造的复叠映射的底空间的基本群是秩为 2 的自由群, 而复叠空间的基本群是秩为 4 的自由群.

事实上用构造◯◯字形的复叠空间的方法可以说明, 秩为 2 的自由群有秩为任意正整数的自由子群, 也有秩为无穷可数的自由子群.

习　题

1. 设 $p: E\to B$ 是复叠映射, 证明 p 是开映射(从而是商映射).

2. 设 $p: E\to B$ 是复叠映射, 证明纤维的势(基数) $\# p^{-1}(b)$ 与 $b\in B$ 的选择无关.

3. 设 $p: E\to B$ 是复叠映射, $U\subset B$ 是开集, 设 $h: U\to E$ 是 U 上的一个截面(即 h 是包含映射 $i: U\to B$ 的提升), 证明 $h(U)$ 是 E 的开集.

4. 验证命题 5.1 中的 p 是开映射.

5. 设 $p_i: E_i\to B_i$ 是复叠映射, $i=1,2$. 证明 $p_1\times p_2: E_1\times E_2\to B_1\times B_2$ 也是复叠映射.

6. 设 $p: E\to B$ 是复叠映射, 证明 p 是局部同胚的(即 $\forall e\in$

E,有 e 的开邻域 V,使得 $p|V: V \to p(V)$是同胚).

7. 证明例 6 中的 F/f 是 $3P^2$ 型曲面.

8. 对于实数 $a<b$,作 $p:(a,b)\to S^1$ 为 $p(x)=\mathrm{e}^{\mathrm{i}2\pi x}$. p 是不是复叠映射?

9. $p:[a,b]\to S^1, x\mapsto \mathrm{e}^{\mathrm{i}2\pi x}$ 是不是复叠映射?

10. 试构造 T^2 到 T^2 的一个 2 叶复叠映射,并构造从 T^2 到 Klein 瓶的一个 2 叶复叠映射.

11. 试构造◯◯字形上的两个不同形式的 4 叶复叠映射.

12. 设 $p: E\to B$ 是复叠映射,X 连通. 证明从 X 到 B 的常值映射的提升也一定是常值映射.

13. 设 $p: E\to B$ 是复叠映射,U 是 B 的道路连通子集,V 是 $p^{-1}(U)$的一个道路分支. 证明 $p(V)=U$.

14. 设 $p: E\to B$ 是复叠映射,V 是 E 的道路连通开子集,$U=p(V)$. 如果包含映射 $i: U\to B$ 诱导的基本群同态 $i_\pi: \pi_1(U)\to\pi_1(B)$是平凡的,则 $p|V: V\to U$ 是同胚映射.

15. 拓扑空间 X 的子集 A 称为**半单连通子集**,如果 A 道路连通,并且包含映射诱导的基本群同态 $i_\pi: \pi_1(A)\to\pi_1(X)$是平凡的. 证明复叠空间的底空间的半单连通的开子集一定是基本邻域.

16. 如果拓扑空间 X 的每一点都有半单连通的邻域,就说 X 是**局部半单连通的**. 证明当底空间 B 是局部半单连通时,复叠空间 E 也是局部半单连通的.

17. 设 $E_1 \xrightarrow{\tilde{p}} E \xrightarrow{p} B$ 都是复叠映射,并且 B 是局部半单连通的,则 $p\circ\tilde{p}: E_1\to B$ 也是复叠映射.

18. 设 $E_1 \xrightarrow{\tilde{p}} E \xrightarrow{p} B$ 都是复叠映射,并且 p 是有限叶的,证明 $p\circ\tilde{p}$ 也是复叠映射.

19. 设 $p: E\to B$ 是复叠映射,$b\in B$,$e\in p^{-1}(b)$. a 和 a'都是 B 中从 b 到 b_1 的道路,$\tilde{a}$ 和 $\tilde{a}'$分别是 a 和 a'的以 e 为起点的提升. 证明 $\tilde{a}(1)=\tilde{a}'(1)\Longleftrightarrow\langle a\,\overline{a'}\rangle\in H_e$.

§2 两个提升定理

本节讲两个重要的提升定理:同伦提升定理和映射提升定理,并介绍它们的一些应用.前一定理的一个应用是命题 5.3,现在将补充其证明.本节中假定 $p: E\to B$ 是复叠映射.

2.1 同伦提升定理

定理 5.2(同伦提升定理) 设 $\widetilde{f}: X\to E$ 和 $F: X\times I\to B$ 都连续,并且满足 $F(x,0)=p\circ\widetilde{f}(x),\forall x\in X$. 则存在 F 的提升 $\widetilde{F}: X\times I\to E$,使得 $\widetilde{F}(x,0)=\widetilde{f}(x),\forall x\in X$.

证明 $\forall x\in X$,记 z_x 是 F 在 x 处的踪(见第四章 §4),它是 B 上由 $z_x=F(x,t)$ 决定的道路.由命题 5.2,z_x 有唯一以 $\widetilde{f}(x)$ 为起点的提升,记作 $\widetilde{z}_x$. 规定 $\widetilde{F}$ 为 $\widetilde{F}(x,t)=\widetilde{z}_x(t)$,则 $\widetilde{F}(x,0)=\widetilde{z}_x(0)=\widetilde{f}(x)$,$p\circ\widetilde{F}(x,t)=p\circ\widetilde{z}_x(t)=z_x(t)=F(x,t)$. 只须再验证 $\widetilde{F}$ 的连续性.为此先证一个引理.

引理 若 $F(\{x\}\times[t_0,t_1])$ 在某个基本邻域中,并且 $\widetilde{F}$ 的 t_0-切片 $\widetilde{f}_{t_0}$ 在 x 连续,则存在 x 的邻域 W,使得 $\widetilde{F}|W\times[t_0,t_1]$ 连续.

证明 设 $F(\{x\}\times[t_0,t_1])\subset$ 基本邻域 U,则 $\widetilde{F}(x,t_0)\in p^{-1}(U)$,因此有 $\widetilde{F}(x,t_0)$ 的开邻域 V,使得 $p|V: V\to U$ 是同胚.根据第二章 §3 中的引理和 $\widetilde{f}_{t_0}$ 在 x 连续的假定,存在 x 的邻域 W,使得 $\widetilde{f}_{t_0}(W)\subset V$,并且 $F(W\times[t_0,t_1])\subset U$(图 5-9).于是 $\forall x'\in W$,

$$\widetilde{F}(\{x'\}\times[t_0,t_1])=\widetilde{z}_{x'}([t_0,t_1])\subset p^{-1}(U)$$

并且连通,因此一定包含在 V 中.这样 $\widetilde{F}(W\times[t_0,t_1])\subset V$,从而 $\widetilde{F}|W\times[t_0,t_1]=(p|V)^{-1}\circ F|W\times[t_0,t_1]$ 是连续的.引理证毕.

回到定理的证明.$\{F^{-1}(U)\,|\,U\subset B$ 是基本邻域$\}$ 是 $X\times I$ 的开覆盖.于是,$\forall x\in X$,存在正整数 n,将 I 等分为 n 个小区间 $I_1,I_2,\cdots,I_n$,则 $\forall i$,$F(\{x\}\times I_i)$ 包含于某个基本邻域.依次对 $\{x\}\times I_1$,

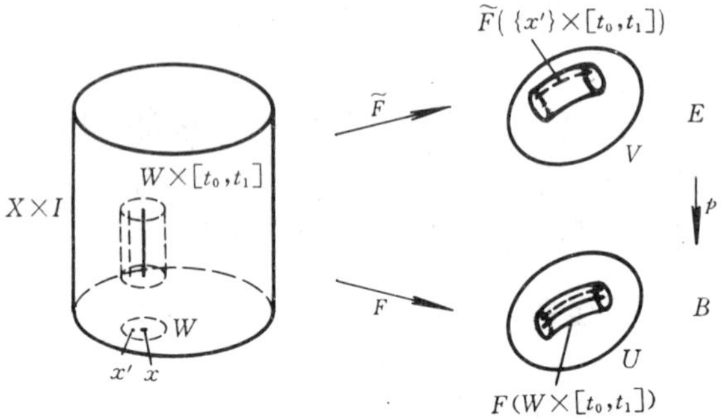

图 5-9

$\cdots,\{x\}\times I_n$ 用引理(注意 $\widetilde{f}_0=\widetilde{f}$ 在 x 连续,由 $\widetilde{F}|W\times I_i$ 连续得到 $\widetilde{f}_{\frac{i}{n}}$ 在 x 连续),得到 $\widetilde{F}$ 在 $\{x\}\times I$ 的一个邻域上连续. 由 x 的任意性,得到 $\widetilde{F}$ 连续. ▌

命题 5.3 的证明

设 $H:I\times I\to B$ 是 a 到 b 的定端同伦. 根据同伦提升定理,存在 H 的提升 $\widetilde{H}$,使得 $\widetilde{H}(t,0)=\widetilde{a}(t)$. 因为 $H|\{i\}\times I(i=0,1)$ 是常值映射,所以 $\widetilde{H}|\{i\}\times I$ 也是常值映射(§1 习题 12). 记 $\widetilde{b}'$ 是由 $\widetilde{b}'(t)=\widetilde{H}(t,1)$ 规定的道路,则 $\widetilde{b}'$ 也是 b 的提升,并且 $\widetilde{b}'(0)=\widetilde{a}(0)=\widetilde{b}(0)$,由提升唯一性得到 $\widetilde{b}'=\widetilde{b}$. 于是 $\widetilde{H}:\widetilde{a}\dot{\simeq}\widetilde{b}$. ▌

2.2 映射提升定理

定理 5.3(映射提升定理) 设 X 是道路连通、局部道路连通的空间,$f:X\to B$ 连续,$x_0\in X, b_0=f(x_0), e_0\in p^{-1}(b_0)$. 则存在 f 的提升 $\widetilde{f}$ 使得 $\widetilde{f}(x_0)=e_0 \Longleftrightarrow f_\pi(\pi_1(X,x_0))\subset H_{e_0}$.

证明 $\Longrightarrow$. 如果 $\widetilde{f}$ 存在,则

$$f_\pi(\pi_1(X,x_0)) = p_\pi(\widetilde{f}_\pi(\pi_1(X,x_0)) \subset p_\pi(\pi_1(E,e_0)) = H_{e_0}.$$

$\Longleftarrow$. 构造 $\widetilde{f}$ 如下:$\forall x\in X$,取 X 中从 x_0 到 x 的道路 w,记 $\widetilde{w}$ 是 $f\circ w$ 的以 e_0 为起点的提升. 规定 $\widetilde{f}(x)=\widetilde{w}(1)$.

首先证明 $\widetilde{w}(1)$与 w 的选择无关. 如果 w'是另一条从 x_0 到 x 的道路. 因为

$$\langle(f\circ w)(f\circ \overline{w}')\rangle = f_\pi(\langle w\overline{w}'\rangle)\in H_{e_0},$$

所以$(f\circ w)(f\circ \overline{w}')$的以 e_0 为起点的提升 $\widetilde{a}$ 是一条闭路. 于是 $\widetilde{a}\widetilde{w}'$是$((f\circ w)(f\circ \overline{w}'))(f\circ w')$的提升,并且

$$((f\circ w)(f\circ \overline{w}'))(f\circ w') = f\circ((w\overline{w}')w') \simeq f\circ w,$$

根据命题 5.3,$\widetilde{w}$ 与 $\widetilde{a}\widetilde{w}'$有相同的终点,即 $\widetilde{w}(1)=\widetilde{w}'(1)$.

其次证明$\widetilde{f}$的连续性. $\forall x\in X$,设 V 是$\widetilde{f}(x)$的邻域,不妨设 $p(V)$是基本邻域,并且 $p|V: V\to U$ 是同胚. 因为 $f^{-1}(U)$是 x 的开邻域,且 X 是局部道路连通的,所以可找到 x 的道路连通的邻域 W,使得 $f(W)\subset U$. $\forall x'\in W$,取 v 是 W 中从 x 到 x'的道路,记 $\widetilde{v}=(p|V)^{-1}\circ f\circ v$,它是 $f\circ v$ 的以$\widetilde{f}(x)$为起点的提升. 记 w 是从 x_0 到 x 的道路,$\widetilde{w}$ 是 $f\circ w$ 的以 e_0 为起点的提升,则 wv 从 x_0 到 x',$\widetilde{w}\widetilde{v}$ 是 $f\circ wv$ 的提升. 由$\widetilde{f}$的定义,$\widetilde{f}(x')=\widetilde{v}(1)\in V$. 这就证明了$\widetilde{f}(W)\subset V$,$\widetilde{f}$在 x 连续. ▌

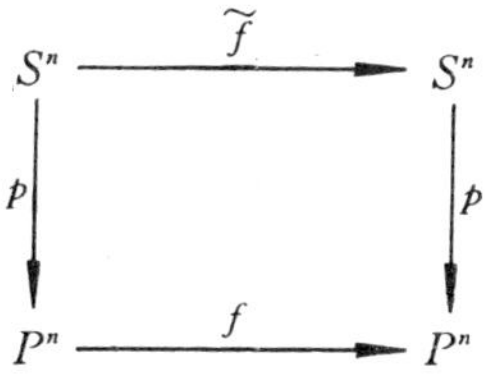

例 1 设 $p: S^n\to P^n$ 是上节例 2 规定的复叠映射$(n\geqslant 2)$,$f: P^n\to P^n$ 是连续映射,则存在连续映射$\widetilde{f}: S^n\to S^n$,使得 $p\circ\widetilde{f}=f\circ p$,即右边的映射图表交换. 理由如下:

考察映射 $f\circ p: S^n\to P^n$,因为 S^n 是单连通的,所以 $f\circ p$ 满足定理 5.3 的充要条件,从而存在它的提升$\widetilde{f}$,即有连续映射$\widetilde{f}: S^n\to S^n$,使得 $p\circ\widetilde{f}=f\circ p$. 由于 $p: S^n\to P^n$ 是两叶的,这样的$\widetilde{f}$有两个.

例 2 设 $n\geqslant 2$,则 S^n 到 S^1 只有一个映射类.

设 f 和 g 都是从 S^n 到 S^1 的连续映射,设 $p: \boldsymbol{E}^1\to S^1$ 为 $p(t)=\mathrm{e}^{\mathrm{i}2\pi t}$. 因为 S^n 是单连通的,根据定理 5.3,存在 f 和 g 关于 p 的提升$\widetilde{f}: S^n\to\boldsymbol{E}^1$ 和 $\widetilde{g}: S^n\to\boldsymbol{E}^1$. 由于 $\boldsymbol{E}^1$ 是凸集,$\widetilde{f}\simeq\widetilde{g}$,从而

$$f = p \circ \widetilde{f} \simeq p \circ \widetilde{g} = g.$$

例 3 证明 P^2 到 S^1 的每个连续映射都零伦.

设 $f: P^2 \to S^1$ 连续,导出 $f_\pi: \pi_1(P^2) \to \pi_1(S^1)$. 因为 $\pi_1(P^2) \cong \mathbf{Z}_2$, $\pi_1(S^1) \cong \mathbf{Z}$ 没有 2 阶元素,所以 $\mathrm{Im} f_\pi$ 是 $\pi_1(S^1)$ 的平凡子群. 因而 f 满足定理 5.3 的条件,有提升 $\widetilde{f}: P^2 \to \boldsymbol{E}^1$. $\widetilde{f}$ 是零伦的,因此 f 也零伦.

2.3 复叠空间的分类

现在考察底空间相同的诸复叠空间之间的关系. 设 (E_1, p_1) 和 (E_2, p_2) 都是 B 上的复叠空间. 如果一个连续映射 $h: E_1 \to E_2$ 满足 $p_2 \circ h = p_1$(即 h 是 p_1 关于 $p_2: E_2 \to B$ 的一个提升),则称 h 是 (E_1, p_1) 到 (E_2, p_2) 的**同态**. 如果同态 h 是一个同胚映射,则称为**同构**. 当从 (E_1, p_1) 到 (E_2, p_2) 有同构时,就称它们是**等价**的.

取 $b \in B$. §1 中已说明,当 $p: E \to B$ 是复叠映射时,$\{H_e = p_\pi(\pi_1(E, e)) \mid e \in p^{-1}(b)\}$ 是 $\pi_1(B, b)$ 的一个子群共轭类.

命题 5.7 设 (E_i, p_i) 是 B 上的复叠空间 $(i=1,2)$, $b \in B$. 则 (E_1, p_1) 与 (E_2, p_2) 等价 $\Longleftrightarrow$ 它们决定 $\pi_1(B, b)$ 的同一个子群共轭类.

证明 $\Longrightarrow$. 设 $h: E_1 \to E_2$ 是同构. 取 $e_1 \in p_1^{-1}(b)$, $e_2 = h(e_1)$,则

$$(p_1)_\pi(\pi_1(E_1, e_1)) = (p_2)_\pi \circ h_\pi(\pi_1(E_1, e_1)) = (p_2)_\pi(\pi_1(E_2, e_2)).$$

于是 (E_1, p_1) 和 (E_2, p_2) 所决定的子群共轭类都是 $(p_1)_\pi(\pi_1(E_1, e_1))$ 所在的那个共轭类.

$\Longleftarrow$. 取 $e_1 \in p_1^{-1}(b)$, $e_2 \in p_2^{-1}(b)$,使得 $(p_1)_\pi(\pi_1(E_1, e_1)) = (p_2)_\pi(\pi_1(E_2, p_2))$. 则由定理 5.3,得到同态 $h: E_1 \to E_2$ 和 $k: E_2 \to E_1$,使得 $h(e_1) = e_2$, $k(e_2) = e_1$. 于是,$k \circ h: E_1 \to E_1$ 是 E_1 的自同态,满足 $k \circ h(e_1) = e_1$. 而 $\mathrm{id}: E_1 \to E_1$ 也是满足 $\mathrm{id}(e_1) = e_1$ 的自同态. 根据提升唯一性定理,$k \circ h = \mathrm{id}$. 同理 $h \circ k$ 也是恒同映射. 因

此 h 是同胚，(E_1,p_1)与(E_2,p_2)等价. ▌

习　题

1. 设 $p:E\to B$ 是复叠映射，X 连通. 设 $f:X\to B$ 是零伦的连续映射，证明 f 有提升，并且每个提升都是零伦的.

2. 设 $p:E\to B$ 是复叠映射，U 是 B 的道路连通开集，并且包含映射 $i:U\to B$ 导出的基本群同态 $i_\pi:\pi_1(U)\to\pi_1(B)$是平凡的，则 U 是基本邻域.

3. 设 $f:S^2\to T^2$ 连续，证明 f 零伦.

4. 证明 P^2 到 T^2 只有一个映射类.

5. 设$p_i:E_i\to B$是复叠映射$(i=1,2)$，并且有(E_1,p_1)到(E_2,p_2)的同态 $h:E_1\to E_2$，证明 h 是复叠映射.

§3　复叠变换与正则复叠空间

本节介绍一类常见的复叠空间——正则复叠空间，及其特殊情形泛复叠空间. 复叠变换虽然并不是正则复叠空间的特有概念，但只对正则复叠空间才显出它的用处.

3.1　复叠变换

定义 5.2　设 $p:E\to B$ 是一个复叠映射，E 的一个自同胚 $h:E\to E$ 如果满足 $p\circ h=p$，就称为(E,p)的一个**复叠变换**(或称**升腾**).

按上节的术语，复叠变换也就是(E,p)的自同构. 条件 $p\circ h=p$ 就是说 h 是 p 的提升.

显然，$\mathrm{id}:E\to E$ 是复叠变换；复叠变换的逆也是复叠变换，复叠变换的乘积(复合)也是复叠变换. 于是，全体复叠变换在乘积运算下构成群，称为(E,p)的**复叠变换群**，记作 $\mathscr{D}(E,p)$.

$\mathscr{D}(E,p)$中有多少元素？为了考察此问题，取定 $e\in E$，记 $b=$

$p(e)$. 则每个复叠变换 h 把 e 变为 $p^{-1}(b)$中的点. 根据提升唯一性，当 $h\neq h'$ 时，$h(e)\neq h'(e)$.

命题 5.8 设 $e'\in p^{-1}(b)$，则存在 $h\in\mathscr{D}(E,p)$使得 $h(e)=e'$ 的充要条件是 $H_e=H_{e'}$.

证明 *必要性* 设有 h 使 $h(e)=e'$，则

$$H_{e'}=p_\pi(\pi_1(E,e'))=p_\pi(h_\pi(\pi_1(E,e))\\=p_\pi(\pi_1(E,e))=H_e.$$

充分性 若 $H_e=H_{e'}$，根据定理 5.3，存在 $p:E\to B$ 的提升 $h:E\to E$ 和 $h':E\to E$，使得 $h(e)=e'$，$h'(e')=e$. 于是 $h'\circ h$ 也是 $p:E\to B$ 的提升，并且 $h'\circ h(e)=e$. 由提升唯一性，$h'\circ h=\mathrm{id}$. 同理 $h\circ h'=\mathrm{id}$. 于是 h 是同胚，$h\in\mathscr{D}(E,p)$. ▌

然而，在一般的复叠空间中，命题 5.8 的条件并不是总能成立的.

例 1 考察§1 例 4 中的复叠空间. 记◯◯字形的切点为 b_0，则 $p^{-1}(b_0)$是复叠空间中的三个切点 e_1,e_2,e_3(图 5-10). 不难证明复叠空间的每个自同胚必须保持 e_2 不动，从而它只有恒同这一个复叠变换.

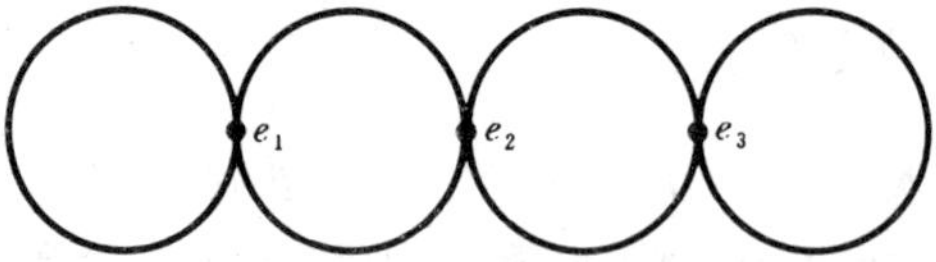

图 5-10

3.2 正则复叠空间

定义 5.3 复叠映射 $p:E\to B$ 如果对某个 $e\in E$，H_e 是 $\pi_1(B,p(e))$的正规子群，则称 p 是**正则复叠映射**，称(E,p)是 B 上的**正则复叠空间**.

事实上，当(E,p)是 B 上的正则复叠空间时，$\forall e'\in E$，$H_{e'}$都

是 $\pi_1(B,p(e'))$ 的正规子群. 这是因为从 e 到 e' 的道路类 $\widetilde{\omega}$ 导出的同构 $\widetilde{\omega}_{\#}$ 和 $p_\pi(\widetilde{\omega})$ 导出的同构 $(p_\pi(\widetilde{\omega}))_{\#}$ 使图表

$$\begin{array}{ccc}
\pi_1(E,e) & \xrightarrow{\ \widetilde{\omega}_{\#}\ } & \pi_1(E,e') \\
\Big\downarrow{\scriptstyle p_\pi} & & \Big\downarrow{\scriptstyle p_\pi} \\
\pi_1(B,p(e)) & \xrightarrow{\ (p_\pi(\widetilde{\omega}))_{\#}\ } & \pi_1(B,p(e'))
\end{array}$$

交换, 于是 $H_{e'}=(p_\pi(\widetilde{\omega}))_{\#}(H_e)$ 是 $\pi(B,p(e'))$ 的正规子群.

因为正规子群只和自己共轭, 所以对于正则复叠空间, 当 e,e' 在同一纤维中时, $H_e=H_{e'}$. 即 $\forall b\in B$, $\forall e\in p^{-1}(b)$ 决定 $\pi_1(B,b)$ 的同一正规子群 H_e, 以后将它记作 H_b.

从命题 5.8 容易推出, (E,p) 是 B 上的正则复叠空间的充要条件是: $\forall e,e'\in E$, 如果 $p(e)=p(e')$, 则存在复叠变换把 e 映为 e'.

例 2 把 S^3 看作 2 维复空间 $\boldsymbol{C}^2$ 中的单位球面

$$S^3=\{(z_1,z_2)\mid \|z_1\|^2+\|z_2\|^2=1\}.$$

作 $f: S^3\to S^3$ 为 $f(z_1,z_2)=\left(\mathrm{e}^{\frac{\mathrm{i}2\pi}{p}}z_1,\mathrm{e}^{\frac{\mathrm{i}2\pi q}{p}}z_2\right)$, 其中 p,q 为自然数, $(p,q)=1$ (p,q 互素). 则 f 是周期同胚, $f^p=\mathrm{id}$, 并且当 $1\leqslant r<p$ 时, f^r 没有不动点(因为 $\dfrac{r}{p}$ 和 $\dfrac{rq}{p}$ 都不是整数, 并且 z_1,z_2 不能都为 0). 记商空间 S^3/f 为 $L(p,q)$, 称为**透镜空间**. 根据命题 5.1, 粘合映射 $\pi: S^3\to L(p,q)$ 是复叠映射, 并且 f 是复叠变换. 每个纤维都是 S^3 在 f 作用下的轨道(即点集 $\{x,f(x),\cdots,f^{p-1}(x)\}$), 于是同一纤维中任何两点 e 和 e' 都有复叠变换(f 的幂)把 e 映为 e'. 因此 π 是正则复叠映射.

不难看出, $L(2,1)=P^3$.

一般地, 命题 5.1 中所给出的复叠映射 $p: X\to X/f$ 都是正则的. 因此, §1 中例 1, 例 2, 例 5 和例 6 给出的都是正则复叠映射.

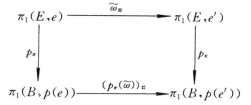

$p: E^1 \to S^1, x \mapsto e^{i2\pi x}$ 和 §1 例 3 给出的也都是正则复叠映射.

定理 5.4 若 $p: E \to B$ 是正则复叠映射,$b \in B$,则 $\mathscr{D}(E,p) \cong \pi_1(B,b)/H_b$.

证明 因为 H_b 是 $\pi_1(B,b)$ 的正规子群,所以 $\pi_1(B,b)/H_b$ 是商群. 把 $\alpha \in \pi_1(B,b)$ 所代表的 $\pi_1(B,b)/H_b$ 中的元素记作 $[\alpha]$. 由于 p 是正则的,$\mathscr{D}(E,p)$ 与 $p^{-1}(b)$ 之间可建立一一对应关系 ξ 如下:取定 $e \in p^{-1}(b)$,$\forall h \in \mathscr{D}(E,p)$,令 $\xi(h)=h(e) \in p^{-1}(b)$. 命题 5.5的证明中,我们已建立从 $p^{-1}(b)$ 到 $\pi_1(B,b)/H_b$ 的一一对应 η. 作 $\theta=\eta \circ \xi$: $\mathscr{D}(E,p) \to \pi_1(B,b)/H_b$,它是一一对应. 只用再验证 θ 是同态.

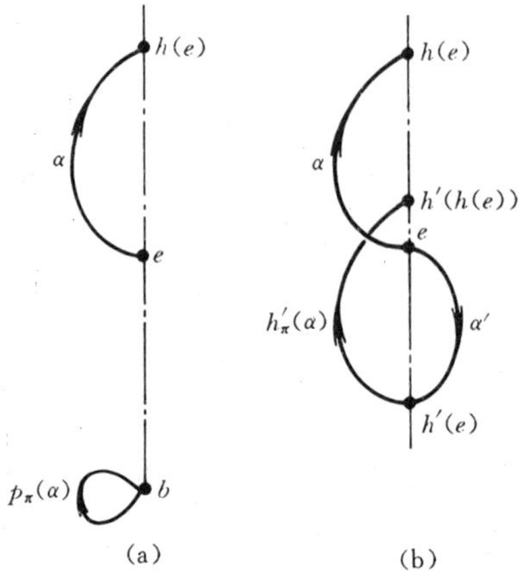

图 5-11

按照定义,$\forall h \in \mathscr{D}(E,p)$,取 E 中从 e 到 $h(e)$ 的道路类 α,则 $\theta(h)=[p_\pi(\alpha)]$(图 5-11(a)).

设 $h,h' \in \mathscr{D}(E,p)$. 分别取 α 和 α' 是 E 中从 e 到 $h(e)$ 和 $h'(e)$ 的道路类,则就得 $h'_\pi(\alpha)$ 是从 $h'(e)$ 到 $h' \circ h(e)$ 的道路类. 于是 $\alpha' h'_\pi(\alpha)$ 从 e 到 $h' \circ h(e)$(图 5-11(b)),从而

$$\theta(h' \circ h) = [p_\pi(\alpha' h'_\pi(\alpha))] = [p_\pi(\alpha')p_\pi(\alpha)] = \theta(h') \cdot \theta(h).$$

这就证明了 θ 保持运算,是同态. ▌

3.3 泛复叠空间

定义 5.4 如果复叠空间 (E,p) 的 E 是单连通的,就称为**泛复叠空间**(也叫**万有复叠空间**),相应的复叠映射称为**泛复叠映射**.

泛复叠空间是一种特殊的正则复叠空间，因为$\forall e\in E$，H_e是平凡群. §1 中的例 2 和例 3 都是泛复叠空间. 本节中例 2 给出的也是泛复叠空间.

根据定理 5.4，当(E,p)是B上的泛复叠空间时，$\pi_1(B)\cong\mathscr{D}(E,p)$. 这给出了计算基本群的一种途径.

例如，$p:\boldsymbol{E}^1\to S^1$，$x^1\mapsto e^{i2\pi x}$是泛复叠映射，不难看出，复叠变换是平移，移动距离是整数. 记$\varphi:\boldsymbol{E}^1\to\boldsymbol{E}^1$为$\varphi(x)=x+1$，则$\mathscr{D}(\boldsymbol{E}^1,p)$是$\varphi$生成的自由循环群. 于是$\pi_1(S^1)\cong\boldsymbol{Z}$.

§1 例 3 中的$p:\boldsymbol{E}^2\to T^2$也是泛复叠映射. $\forall h\in\mathscr{D}(\boldsymbol{E}^2,p)$，$h(x,y)=(x+n,y+m)$，$n,m\in\boldsymbol{Z}$. 记$\varphi,\psi\in\mathscr{D}(\boldsymbol{E}^2,p)$为$\varphi(x,y)=(x+1,y)$，$\psi(x,y)=(x,y+1)$，则$\mathscr{D}(\boldsymbol{E}^2,p)$是以$\varphi$和$\psi$为基的自由交换群，因此$\pi_1(T^2)\cong\boldsymbol{Z}\times\boldsymbol{Z}$.

$\pi:S^3\to L(p,q)$（见例 2）也是泛复叠映射，$\mathscr{D}(S^3,\pi)$是f生成的p阶循环群，因此$\pi_1(L(p,q))\cong\boldsymbol{Z}_p$.

下面的命题说明，B上的泛复叠空间是B上所有其他复叠空间的复叠空间. 这正是它名称的来源.

命题 5.9 设$p_0:E_0\to B$是泛复叠映射，$p:E\to B$是复叠映射，则有复叠映射$\tilde{p}:E_0\to E$，使得$p\circ\tilde{p}=p_0$.

证明 因为p_0是泛复叠映射. 在定理 5.3 中，让$X=E_0$，则对于复叠映射p，映射p_0有提升$\tilde{p}:E_0\to E$，即$\tilde{p}$使右边的映射图表交换. 只用再验证$\tilde{p}$是复叠映射.

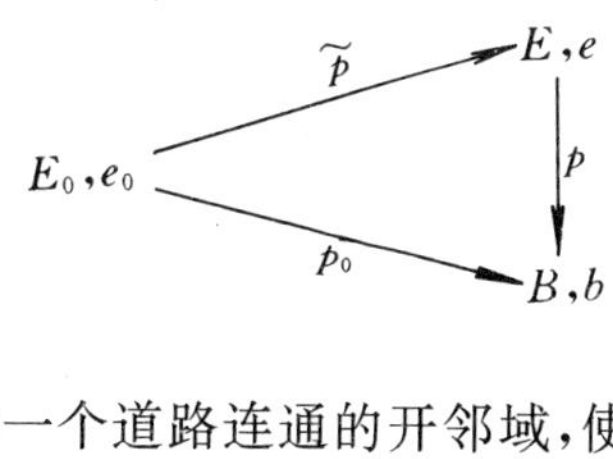

$\forall e\in E$，记$b=p(e)$. 取U是b的一个道路连通的开邻域，使它关于p和p_0都是基本邻域. 设V是$p^{-1}(U)$中e所在的道路分支，则$p|V:V\to U$是同胚. 记$\{W_\alpha\}$是$p_0^{-1}(U)$的连通分支的集合. $p_0^{-1}(U)=\tilde{p}^{-1}(p^{-1}(U))$，因此$\tilde{p}^{-1}(V)\subset p_0^{-1}(U)=\bigcup\limits_{\alpha}W_\alpha$. $\forall\alpha$，$\tilde{p}(W_\alpha)\subset p^{-1}(U)$，并且是道路连通的，于是它在$p^{-1}(U)$的某个道

路分支中. 这样 $\tilde{p}^{-1}(V)=\bigcup_{\tilde{p}(W_\alpha)\subset V} W_\alpha$. 如果 $\tilde{p}(W_\alpha)\subset V$，则因为 $p_0|W_\alpha=p|V\circ\tilde{p}|W_\alpha$，其中 $p_0|W_\alpha, p|V$ 都是同胚，所以 $\tilde{p}|W_\alpha: W_\alpha\to V$ 也是同胚. 这样，V 是基本邻域，$\tilde{p}: E_0\to E$ 是复叠映射. ▌

习　题

1. 设 $p: E\to B$ 是泛复叠映射，则 B 是局部半单连通的，并且 B 的道路连通开集 U 是基本邻域 $\Longleftrightarrow U$ 半单连通.

2. 如果 $q-q'$ 能被 p 整除，则 $L(p,q)=L(p,q')$.

3. 若 $p: E\to B$ 是正则复叠映射，$U\subset B$ 是道路连通的基本邻域，V_α 是 $p^{-1}(U)$ 的一个分支. 证明 $p^{-1}(U)$ 的所有分支的集合为 $\{h(V_\alpha)\mid h\in\mathscr{D}(E,p)\}$.

4. 设 $p: E\to B$ 是泛复叠映射，G 是 $\mathscr{D}(E,p)$ 的子群. 记 $E_1=E/G$，$\tilde{p}: E\to E_1$ 为投射，$p_1: E_1\to B$ 是 p 导出的映射. 证明 $\tilde{p}$ 与 p_1 都是复叠映射.

5. 设 $p: E\to B$ 是泛复叠映射. a 和 a' 是 B 的两条有相同起、终点的道路，$\tilde{a}$ 和 $\tilde{a}'$ 是 a 和 a' 的提升，且 $\tilde{a}(0)=\tilde{a}'(0)$. 证明 $\tilde{a}(1)=\tilde{a}'(1)\Longleftrightarrow a\simeq a'$.

6. 设 $p: E\to B$ 是泛复叠映射，$e\in E$，$b=p(e)$. 记 B 的以 b 为起点的道路类的集合为 Ω_b，规定对应

$$\rho: \Omega_b\to E$$

为：$\forall\langle a\rangle\in\Omega_b$，$\rho(\langle a\rangle):=\tilde{a}(1)$，这里 $\tilde{a}$ 是 a 的以 e 为起点的提升. 证明 ρ 是一一对应.

*§4　复叠空间存在定理

在复叠空间的应用中，还必须解决复叠空间的存在与否的问题，即要知道满足什么条件的空间有复叠空间. 本节就要讨论这个问题. 我们将给出泛复叠空间存在的一个充分必要条件，并指出它

也是别的类型的复叠空间存在的充分条件，对于实际应用中遇到的大多数空间，这个条件总是满足的，因此它不会成为应用复叠空间的障碍.

如果空间 B 上有泛复叠空间，则 B 是局部半单连通的（§3 习题 1）. 本节的主要定理说明局部半单连通还是存在泛复叠空间的充分条件.

定理 5.5（复叠空间存在定理） 如果拓扑空间 B 道路连通和局部道路连通，并且还局部半单连通，则 B 有泛复叠空间.

证明 下面是一个构造性的证明，分几步进行.

（一）构造空间 E 和映射 $p: E\to B$

§3 的习题 6 说明，如果 $p: E\to B$ 是泛复叠映射，则对 $\forall b\in B$，B 中以 b 为起点的道路类的集合与 E 可建立一一对应关系. 这个事实启示我们迈出构造泛复叠空间的第一步：取点 $b_0\in B$，令 E 是 B 中以 b_0 为起点的道路类的集合. 同时规定映射 $p: E\to B$ 为：$\forall \alpha\in E, p(\alpha)=\alpha(1)$，即令 $p(\alpha)$ 是道路类 α 的终点. 从 B 是道路连通的条件立即推出 p 是满映射.

现在通过规定 E 的一个拓扑基来给出 E 的拓扑. 设 $\alpha\in E$，U 是 B 的道路连通开集，使得 $\alpha(1)\in U$. 规定

$$(\alpha,U)=\{\alpha\langle w\rangle \mid w \text{ 是 } U \text{ 中起点为 } \alpha(1) \text{ 的道路}\},$$

并记

$$\mathscr{B}=\{(\alpha,U)\mid \alpha\in E, U \text{ 是 } \alpha(1) \text{ 的道路连通开邻域}\}.$$

容易验证 $\mathscr{B}$ 是集合 E 的一个拓扑基. 规定 E 上的拓扑为 $\overline{\mathscr{B}}$. 所得拓扑空间仍记作 E.

（二）p 是连续开映射

容易看出，对于 $\mathscr{B}$ 中的任一成员 (α,U)，$p(\alpha,U)=U$ 是 B 的开集. 由此可推出 p 是开映射.

要证 p 连续，只须对于 B 的每个道路连通开集 U，验证 $p^{-1}(U)$ 是开集（因为由 B 局部道路连通推出，所有道路连通开集构成 B 的拓扑基）. 为此要说明 $\forall \alpha\in p^{-1}(U)$ 都是 $p^{-1}(U)$ 的内点.

由 $\alpha\in p^{-1}(U)$ 得到 $\alpha(1)=p(\alpha)\in U$，从而 $(\alpha,U)\in\mathscr{B}$，并且 $p(\alpha,U)=U$. 于是 $\alpha\in(\alpha,U)\subset p^{-1}(U)$，因此 α 是 $p^{-1}(U)$ 的内点.

在进行下一步论证之前，先证明一个引理.

引理 (1) 如果 $(\alpha,U)\in\mathscr{B}$，$\beta\in(\alpha,U)$，则 $(\alpha,U)=(\beta,U)$.

(2) 如果 $(\alpha,U)\in\mathscr{B}$，并且 U 半单连通，则 $p:(\alpha,U)\to U$ 是同胚映射.

证明 (1) 设 $\beta=\alpha\langle w\rangle$，$w$ 是 U 中的道路，则 $\beta(1)=w(1)\in U$，从而 (β,U) 有意义. 并且 $\forall\gamma\in(\beta,U)$ 可写成 $\gamma=\beta\langle w'\rangle$. 于是 $\gamma=\alpha\langle ww'\rangle\in(\alpha,U)$. 这样 $(\beta,U)\subset(\alpha,U)$. 又因为 $\alpha=\beta\langle\overline{w}\rangle\in(\beta,U)$，同样可证得 $(\alpha,U)\subset(\beta,U)$. 于是 $(\alpha,U)=(\beta,U)$.

(2) $p:(\alpha,U)\to U$ 是连续的，并且因为 (α,U) 是 E 的开集，$p:E\to B$ 是开映射，所以 $p:(\alpha,U)\to U$ 也是开映射. 为证明它是同胚映射，只用验证 p 是一一对应. 设 $\beta_1,\beta_2\in(\alpha,U)$ 且 $p(\beta_1)=p(\beta_2)=b$，设 $\beta_1=\alpha\langle w_1\rangle$，$\beta_2=\alpha\langle w_2\rangle$，则 w_1,w_2 都是 U 中从 $\alpha(1)$ 到 b 的道路. 由于 U 半单连通，$\langle w_1\rangle=\langle w_2\rangle$，从而 $\beta_1=\beta_2$. 这证明了 $p:(\alpha,U)\to U$ 是单一的. 上面早已指出它是满的，从而确为一一对应. 引理证毕.

现在继续证明定理 5.5.

(三) 求 B 的基本邻域.

$\forall b\in B$，取 U 是 b 的半单连通的开邻域，则

$$\bigcup_{\alpha\in p^{-1}(b)}(\alpha,U)\subset p^{-1}(U).$$

下面证明反向的包含关系. $\forall\beta\in p^{-1}(U)$，则 $p(\beta,U)=U$，因此存在 $\alpha\in p^{-1}(b)\cap(\beta,U)$. 由引理的(1)，$(\beta,U)=(\alpha,U)$. 从而 $\beta\in(\alpha,U)\subset\bigcup\limits_{\alpha\in p^{-1}(b)}(\alpha,U)$. 我们已得到 $p^{-1}(U)$ 的分解式

$$p^{-1}(U)=\bigcup_{\alpha\in p^{-1}(b)}(\alpha,U),$$

对于 $p^{-1}(b)$ 中不同的元素 α,α'，(α,U) 与 (α',U) 不相交.（否则，设 $\beta\in(\alpha,U)\cap(\alpha',U)$，则 $(\alpha,U)=(\beta,U)=(\alpha',U)$，于是 $p:(\alpha,U)$

$\to U$ 把 α,α' 都映到 b，与引理的(2)矛盾.)因此每个开集(α,U)确是 $p^{-1}(U)$的道路分支. 引理的(2)已说明 $p:(\alpha,U)\to U$ 是同胚，$\forall\alpha\in p^{-1}(b)$. 这样 U 符合基本邻域的条件.

(四) 为说明 $p:E\to B$ 是复叠映射，只须再验证 E 是道路连通的. 记 α_0 是 b_0 处的点道路所在的道路类. 我们来证明，$\forall\alpha\in E$，存在 E 中道路连结 α_0 和 α. 设 $\alpha=\langle a\rangle$. 我们用 $a_r^s(r,s\in I)$表示 B 中如下规定的道路：

$$a_r^s(t)=a(r(1-t)+st),\quad \forall\, t\in I.$$

作映射 $\tilde{a}:I\to E$ 为 $\tilde{a}(t)=\langle a_0^t\rangle$. 于是 $\tilde{a}(0)=\alpha_0$，$\tilde{a}(1)=\langle a\rangle=\alpha$.

验证 $\tilde{a}$ 的连续性，为此要对$\forall(\beta,U)\in\mathscr{B}$，证明 $\tilde{a}^{-1}(\beta,U)$是 I 的开集. $\forall s\in\tilde{a}^{-1}(\beta,U)$，由于 $\tilde{a}(s)=\langle a_0^s\rangle\in(\beta,U)$，则 $a(s)=\langle a_0^s\rangle(1)\in U$. 由 a 的连续性，可取 $\delta>0$，使得当$|r-s|<\delta$ 时，道路 a_r^s 在 U 中. 于是$\langle a_0^r\rangle=\langle a_0^s\rangle\langle a_s^r\rangle\in(\beta,U)$，从而 $\tilde{a}(r)\in(\beta,U)$，$r\in\tilde{a}^{-1}(\beta,U)$. 这样，$s$ 是 $\tilde{a}^{-1}(\beta,U)$的内点. 由 s 的任意性，得出 $\tilde{a}^{-1}(\beta,U)$确是开集. 这样，$\tilde{a}$ 确是连结 α_0 和 α 的道路.

(五) 最后来证明 E 单连通. 由于已证明 $p:E\to B$ 是复叠映射，只用验证：当 B 中 b_0 处的闭路 a 在 α_0 处的提升若是闭路，则 $\langle a\rangle=\alpha_0$. 事实上，按(四)的方式构造的 $\tilde{a}$ 就是 a 的提升(它是唯一的!). $\tilde{a}$ 是闭路，就是$\langle a\rangle=\tilde{a}(1)=\tilde{a}(0)=\alpha_0$. ▌

对于一般复叠空间的存在性，B 的局部半单连通也是充分条件. 一般的复叠空间存在定理叙述如下：

定理 5.5a 如果 B 道路连通、局部道路连通和局部半单连通，则对$\forall b\in B$ 和 $\pi_1(B,b)$的任一子群 G，存在复叠映射 $p:E\to B$ 以及 $p^{-1}(b)$的一点 e，使得 $H_e=G$.

读者可以仿照定理 5.5 的证明方法，写出这个一般定理的证明，这里省略了. 它也可作为定理 5.5 的推论，不过要用到下面的命题.

命题 5.10 若 B 有泛复叠空间，则对$\forall b\in B$ 和 $\pi_1(B,b)$的任一子群 G，存在复叠映射 $p:E\to B$ 以及 $p^{-1}(b)$的一点 e，使得 H_e

$=G$.

证明 论证的一部分已在§3的习题中出现.

设 $\tilde{p}:\tilde{E}\to B$ 是泛复叠映射. 取定 $\tilde{e}\in\tilde{p}^{-1}(b)$. 记 $\theta:\mathscr{D}(\tilde{E},\tilde{p})\to\pi_1(B,b)$ 是定理 5.4 证明中规定的同构, $\tilde{G}=\theta^{-1}(G)$. 记 $E=\tilde{E}/\tilde{G}$, $p:E\to B$ 是 $\tilde{p}$ 诱导的映射, 则 p 是复叠映射(见§3 习题 3). 设 e 是 $\tilde{e}$ 所在的 $\tilde{G}$ 等价类, 则 $p(e)=\tilde{p}(\tilde{e})=b$. 剩下只须证明 $H_e=G$ 了.

$\forall\langle a\rangle\in\pi_1(B,b)$, 记 $\tilde{g}=\theta^{-1}(\langle a\rangle)$. 设 $\tilde{a}$ 是 $\tilde{E}$ 中以 $\tilde{e}$ 为起点的道路, 且 $\tilde{p}\circ\tilde{a}=a$, 则 $\tilde{a}(1)=\tilde{g}(\tilde{e})$. 记 $p_1:\tilde{E}\to E$ 为投射, 则 $p_1\circ\tilde{a}$ 是 a(关于 p)在 e 处的提升. 于是

$$\langle a\rangle\in H_e\Longleftrightarrow p\circ\tilde{a}\text{ 是 }e\text{ 处的闭路 }\Longleftrightarrow p(\tilde{g}(\tilde{e}))=e$$
$$\Longleftrightarrow\tilde{g}\in\tilde{G}\Longleftrightarrow\langle a\rangle\in G.\quad\blacksquare$$

第六章　单纯同调群(上)

同调理论是代数拓扑学的最基本的组成部分. 在同调论中,拓扑空间对应着一系列交换群,称为它的同调群;连续映射对应着空间的同调群之间的同态. 它们有拓扑不变性和同伦不变性,从而深刻地反映了空间的拓扑特征. 并且因为我们同时建立各种维数的同调群,所以它们不仅能像基本群那样解决低维几何问题,也能解决高维问题.

有多种同调论系统,单纯同调论是其中最简单、出现最早的一种. 它只适用于一类特殊的空间,这种空间是欧氏空间中具有组合结构的紧致子集,能用一些最简单的几何体(所谓"单纯形")有规则地拼接成. 单纯同调论正是利用这种组合结构,用组合方法构造同调群的,因此也称作组合拓扑学.

单纯同调论几何直观强,易于计算. 尽管它对空间的要求似乎过于苛刻,但许多常用空间都符合其要求,再加上同伦不变性,它仍不失去广泛的应用. 它还是学习其他同调论的基础.

单纯同调论内容十分丰富,理论的建立也比基本群困难得多. 本书只能介绍它的最基础的部分. 本章讲单纯同调群的定义及有关的基本概念;第七章讲连续映射导出的同调群的同态,第八章介绍单纯同调群的一些应用.

我们涉及的群都是交换群(或称 Abel 群),按照代数学的习惯,以后群的运算称作加法,单位元记作 0;平凡群称为零群,也记作 0;平凡同态称为零同态;两个群的直积称作直和,并用$\oplus$作运算符号,例如 $\mathbf{Z}\oplus\mathbf{Z}$ 就是 $\mathbf{Z}\times\mathbf{Z}$. 本书将用到的有关交换群的一些知识(主要是有限生成交换群的直和分解定理)放在附录 A 中.

§1 单纯复合形

本节介绍单纯同调论所适用的空间. 关于欧氏空间，我们作如下约定：当 $n<m$ 时，$\boldsymbol{E}^n$ 将自然看作 $\boldsymbol{E}^m$ 的子空间，它由 $\boldsymbol{E}^m$ 中后面 $m-n$ 个坐标为 0 的那些点所构成. 因此低维欧氏空间中的图形也自然是高维欧氏空间中的图形. 一般地我们将不指出欧氏空间的维数，读者可认为一切讨论都是在足够高维的欧氏空间中进行的.

1.1 单纯形

单纯同调论所适用的空间是用各种维数的单纯形所构造的. 低维的单纯形是我们十分熟悉的几何图形：0 维单纯形是点，1 维单纯形是直线段，2 维单纯形是三角形，3 维单纯形是四面体. 高维单纯形则是它们的高维类似物，为了给出它的明确定义，先来分析低维单形的几何特征.

首先，低维单纯形都是各自顶点集的**凸包**，即包含它的各顶点的最小凸集，从而它们由顶点完全确定. 其次，这些低维单纯形的顶点是要满足一定的几何条件的，如三角形的三个顶点不共线，四面体的顶点不共面等. 这些条件推广为下面的概念：欧氏空间中的有限点集 $A=\{a_0,a_1,\cdots,a_n\}$ 称为**处于一般位置**(或称**几何无关**)，如果对于它们，满足下列两个条件：

(1) $\sum\limits_{i=0}^{n}\lambda_i=0$；

(2) $\sum\limits_{i=0}^{n}\lambda_i a_i=0$

的实数组 $\lambda_0,\lambda_1,\cdots,\lambda_n$ 一定都为 0.

显然当 A 只有一点时，它是处于一般位置的，两个不同点也处于一般位置. 从解析几何知道，当 $n=2$ 或 3 时，A 处于一般位置相当于它不共线或不共面. 下面的命题给出点组处于一般位置与向量组线性无关这两个概念的联系.

命题 6.1 设 $n>0$,则 $A=\{a_0,\cdots,a_n\}$处于一般位置$\Longleftrightarrow$向量组$\{a_1-a_0,\cdots,a_n-a_0\}$线性无关.

证明 $\Longrightarrow$. 设实数组 $\lambda_1,\cdots,\lambda_n$ 使得 $\sum\limits_{i=1}^{n}\lambda_i(a_i-a_0)=0$. 记 $\lambda_0=-\sum\limits_{i=1}^{n}\lambda_i$,则 $\sum\limits_{i=0}^{n}\lambda_i=0$,并且

$$\sum_{i=0}^{n}\lambda_i a_i=\sum_{i=1}^{n}\lambda_i(a_i-a_0)=0,$$

由 A 处于一般位置得到 $\lambda_1=\lambda_2=\cdots=\lambda_n=0$,因此$\{a_1-a_0,\cdots,a_n-a_0\}$线性无关.

$\Longleftarrow$. 设实数组 $\lambda_0,\lambda_1,\cdots,\lambda_n$ 符合(1)和(2),从(1)得出 $\lambda_0=-\sum\limits_{i=1}^{n}\lambda_i$,代入(2)得到 $\sum\limits_{i=1}^{n}\lambda_i(a_i-a_0)=0$,由于$\{a_1-a_0,\cdots,a_n-a_0\}$线性无关,得到 $\lambda_1=\cdots=\lambda_n=0$,再从(1)得出 $\lambda_0=0$,这说明 A 处于一般位置. ▌

如果 a_0 用任何别的 a_i 代替,命题仍然成立.

定义 6.1 欧氏空间中处于一般位置的 $n+1$ 个点$\{a_0,\cdots,a_n\}$ $(n\geqslant 0)$的凸包称为一个 ***n* 维单纯形**,简称 ***n* 维单形**,记作$(a_0,a_1,\cdots,a_n)$. 称 a_i 为它的**顶点**,$i=0,\cdots,n$.

本书中为了简便,常用小写英文字母或希腊字母来命名一个单形,并在下面加一横线,如单形 $\underline{s}$,单形 $\underline{\sigma}$ 等. 0 维单形只有一个点,即它唯一的顶点 a,通常就记作 a.

不难验证,对于欧氏空间的任一子集 A,A 的凸包为

$$\Big\{\sum_{a\in A}\lambda_a a\,\Big|\,\lambda_a\geqslant 0,\text{只有有限个不为 0,并且}\sum_{a\in A}\lambda_a=1\Big\},$$

因此作为点集,

$$(a_0,a_1,\cdots,a_n)=\Big\{\sum_{i=0}^{n}\lambda_i a_i\,\Big|\,\lambda_i\geqslant 0,\sum_{i=0}^{n}\lambda_i=1\Big\},$$

也就是说,$\forall x\in(a_0,a_1,\cdots,a_n)$,存在非负实数组$\{\lambda_0,\lambda_1,\cdots,\lambda_n\}$,使

得 $x=\sum_{i=0}^{n}\lambda_i a_i$，并且 $\sum_{i=0}^{n}\lambda_i=1$. 这样的实数组是被 x 唯一决定的，因为如果 $\{\lambda_0',\lambda_1',\cdots,\lambda_n'\}$ 也适合要求，则有

(1) $\sum_{i=0}^{n}(\lambda_i-\lambda_i')=\sum_{i=0}^{n}\lambda_i-\sum_{i=0}^{n}\lambda_i'=0$；

(2) $\sum_{i=0}^{n}(\lambda_i-\lambda_i')a_i=\sum_{i=0}^{n}\lambda_i a_i-\sum_{i=0}^{n}\lambda_i' a_i=x-x=0$.

从而由 $\{a_0,a_1,\cdots,a_n\}$ 处于一般位置推出 $\lambda_i-\lambda_i'=0(i=0,1,\cdots,n)$. 称 $\{\lambda_0,\lambda_1,\cdots,\lambda_n\}$ 为 x 关于顶点集 $\{a_0,a_1,\cdots,a_n\}$ 的**重心坐标**.

把向量组 $\{a_1-a_0,\cdots,a_n-a_0\}$ 所张的 n 维子空间记作 L，将 L 作平移向量为 a_0 的平移，得到超平面 $L+a_0$①. 不难得出

$$L+a_0=\left\{\sum_{i=0}^{n}\lambda_i a_i\,\middle|\,\sum_{i=0}^{n}\lambda_i=1\right\},$$

于是 $L+a_0=L+a_i(i=0,1,\cdots,n)$. 称它为 $\{a_0,a_1,\cdots,a_n\}$ 所张的超平面. 由 $\{a_0,a_1,\cdots,a_n\}$ 处于一般位置，推出：$L+a_0$ 上的每一点 x 决定一数组 $\{\lambda_0,\lambda_1,\cdots,\lambda_n\}$，使得 $x=\sum_{i=0}^{n}\lambda_i a_i$，$\sum_{i=0}^{n}\lambda_i=1$，称它为 x 关于 $\{a_0,a_1,\cdots,a_n\}$ 的重心坐标. 于是，$(a_0,a_1,\cdots,a_n)$ 是 $L+a_0$ 上具有非负重心坐标的点所构成的子集.

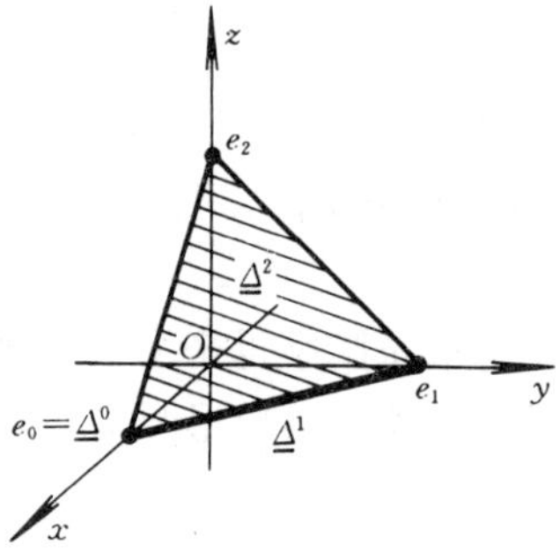

图 6-1

设欧氏空间的点 $e_i=(0,\cdots,0,\overset{\text{第}i\text{个}}{1},0,\cdots)$，则 $\{e_1,e_2,\cdots,e_{n+1}\}$ 处于一般位置，称 $(e_1,e_2,\cdots,e_{n+1})$ 为 n 维**自然单形**，简单记作 $\underline{\Delta}^n$. 图 6-1 中画出了 $\underline{\Delta}^0$，$\underline{\Delta}^1$ 和 $\underline{\Delta}^2$. 自然单形上点的重心坐标就是它原来的直

---

① 欧氏空间中一个 k 维线性子空间 L 经过平移得到的像称为一个 **k 维超平面**，如果平移向量为 a，则记此超平面为 $L+a$.

角坐标.

单形的顶点在几何上区别于单形上的其他点. 对于单形 $\underline{s}$ 上的非顶点 x，有 $\underline{s}$ 上的线段以 x 为中点(图 6-2)，对于顶点这种线段不存在(习题 4). 因此单形的顶点被单形所决定，从而单形上点的重心坐标也是确定的(在不计次序的意义下).

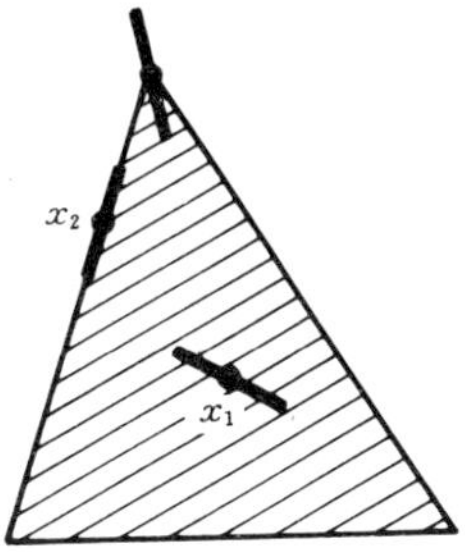

图 6-2

重心坐标全为正数的点称为单形的**内点**，其余的点，即至少有一个重心坐标为 0 的点称为单形的**边缘点**；单形 $\underline{s}$ 的全部内点的集合记作 $\underline{\mathring{s}}$，称为 $\underline{s}$ 的**内部**，全部边缘点的集合记作 $\partial\underline{s}$，称为 $\underline{s}$ 的**边缘**.

维数相同的单形互相同胚，n 维单形同胚于 D^n，其边缘同胚于 S^{n-1}. 这些都留作习题.

如果单形 $\underline{t}$ 的顶点都是单形 $\underline{s}$ 的顶点，则说 $\underline{t}$ 是 $\underline{s}$ 的**面**，记作 $\underline{t}\prec\underline{s}$. 例如总有 $\underline{s}\prec\underline{s}$，$\underline{s}$ 的每个顶点都是 $\underline{s}$ 的面. 当 $\underline{t}\prec\underline{s}$，并且 $\underline{t}$ 的维数小于 $\underline{s}$ 的维数时，就说 $\underline{t}$ 是 $\underline{s}$ 的**真面**.

例如单形 $\underline{s}=(a_0,a_1,a_2)$，则它的真面有：0 维面 a_0,a_1 和 a_2；1 维面 $(a_0,a_1),(a_0,a_2),(a_1,a_2)$.

当 $\underline{t}\prec\underline{s}$ 时，作为点集，有包含关系 $\underline{t}\subset\underline{s}$. 如果 $\underline{t}$ 是 $\underline{s}$ 的真面，则 $\underline{t}\subset\partial\underline{s}$. 反之 $\underline{s}$ 的每个边缘点必在 $\underline{s}$ 的某个真面上，例如若 $x\in(a_0,a_1,\cdots,a_n)$，它的重心坐标 $\lambda_n=0$，则它在真面 $(a_0,\cdots,a_{n-1})$ 上. 于是，单形的边缘就是它的所有真面的并集.

1.2 单纯复合形

单形就像建筑中的预制件，可用来拼接成复杂一些的空间. 但拼接是要有规则的，主要的规则就是规则相处.

两个单形称为**规则相处**的，如果它们不相交，或者相交部分是它们的公共面. 图 6-3 的(a)，(b)，(c)是一个 2 维单形与一个 1 维单形规则相处的情形，而(d)，(e)，(f)都不是规则相处的.

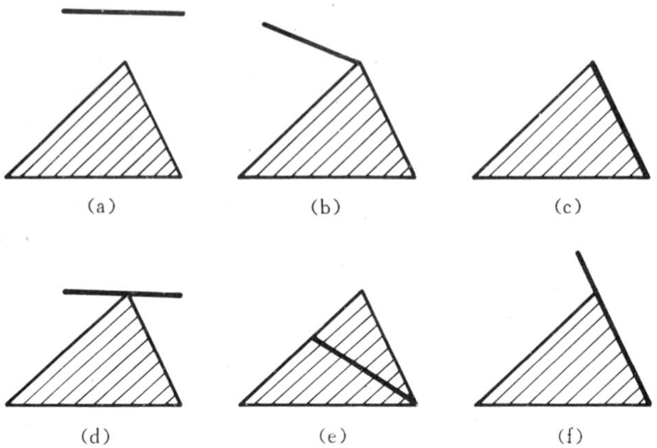

图　6-3

如果 $\underline{t}_1,\underline{t}_2$ 都是单形 $\underline{s}$ 的面，则 $\underline{t}_1\cap\underline{t}_2$ 就是它们的公共顶点所张的单形，是 $\underline{t}_1,\underline{t}_2$ 的公共面(或是空集)，因此 $\underline{t}_1$ 与 $\underline{t}_2$ 规则相处.

定义 6.2　设 K 是以单形为元素的有限集合. 如果 K 满足

(1) K 中任何两个单形规则相处；

(2) 如果 $\underline{s}\in K,\underline{t}<\underline{s}$，则 $\underline{t}\in K$，

就称 K 是一个**单纯复合形**(本书中简称为**复形**)，称 K 中单形维数的最大值为 K 的**维数**，记作 $\dim K$.

复形 K 中的 0 维单形称为 K 的顶点.

例如，设 $\underline{s}$ 是 n 维单形，记 $\mathrm{Cl}\underline{s}$ 为 $\underline{s}$ 的所有面的集合，则 $\mathrm{Cl}\underline{s}$ 显然是一个单纯复合形，维数为 n，称为 $\underline{s}$ 的**闭包复形**；当 $n>0$ 时，记 $\mathrm{Bd}\underline{s}$ 是 $\underline{s}$ 的所有真面的集合，则它是一个 $n-1$ 维复形，称为 $\underline{s}$ 的**边缘复形**，它只比 $\mathrm{Cl}\underline{s}$ 少 $\underline{s}$ 这一个单形.

复形 K 的一个子集 L 如果也是复形，就称 L 是 K 的一个**子复形**. 例如 $\mathrm{Bd}\underline{s}$ 是 $\mathrm{Cl}\underline{s}$ 的子复形. 复形 K 的任一子集 L 显然都满足定义 6.2 中的条件(1)，因此它是不是 K 的子复形只须检验条件(2).

复形 K 中所有维数不超过自然数 r 的单形构成 K 的一个子

复形，称为 K 的 **r 维骨架**，记作 K^r. 例如 $\mathrm{Bd}\underline{s}$ 是 $\mathrm{Cl}\underline{s}$ 的 $n-1$ 维骨架(n 是单形 $\underline{s}$ 的维数). K 的 0 维骨架 K^0 就是它的顶点集.

复形 K 如果不能分解为两个非空不相交子复形的并，就说 K 是**连通的**，否则称 K 不连通. K 的一个连通子复形 L 称为 K 的一个**连通分支**，如果 $K\backslash L$ 也是子复形. 不难证明 K 的连通分支就是它的极大连通子复形. 显然每个复形总可分解为有限个连通分支的并集.

应该注意，复形不是拓扑空间，而是一个有组合结构的集合. 因此，这里所说的连通和连通分支与拓扑空间的连通和连通分支是不同的概念.

复形 K 如果有一个顶点 a，使得 K 中的单形或者本身以 a 为一个顶点，或者是 K 中某个以 a 为一个顶点的单形的面，则称 K 为一个**单纯锥**，称 a 为它的**锥顶**. 图 6-4 中的两个复形都是单纯

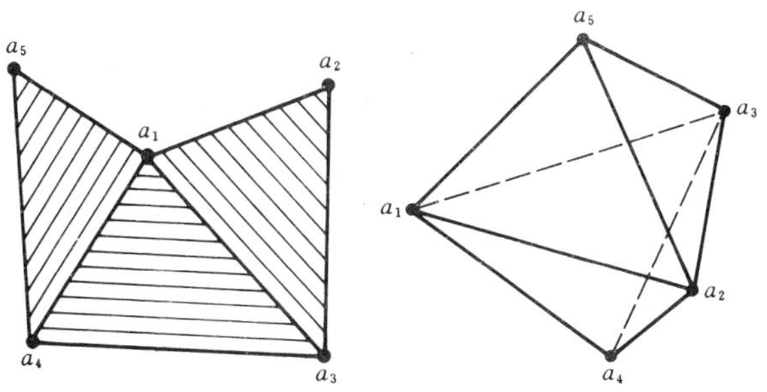

图 6-4

锥，左边的复形(它由 3 个 2 维单形及它们的面构成)的锥顶是 a_1；右面的复形(它由 2 个 3 维单形及它们的面构成)的顶点 a_1,a_2,a_3 都可作为锥顶. 任一单形的闭包复形是单纯锥，每个顶点都是锥顶.

1.3 多面体与可剖分空间

单纯复合形不是拓扑空间，但单形是欧氏空间的子集. 设 K

是一个复形，记

$$|K| := \bigcup_{\underline{s}\in K} \underline{s}.$$

定义 6.3 设 X 是欧氏空间的一个子集，如果存在单纯复合形 K，使得 $X=|K|$，就称 X 是一个**多面体**，称 K 是 X 的一个**单纯剖分**(也称**三角剖分**)，称 X 是 $\boldsymbol{K}$ **的多面体**.

例如 $|\mathrm{Cl}\underline{s}|=\underline{s}$，$|\mathrm{Bd}\underline{s}|=\partial\underline{s}$，因此每个单形和它的边缘都是多面体. 不难看出，平面上的多边形和 $\boldsymbol{E}^3$ 中的"多面体"(按立体几何的意义)都是现在意义的多面体. 因此定义拓广了立体几何中多面体概念的含义.

一个多面体可以有许多不同的单纯剖分，如设$\overline{ab}$是一线段. 则 $K_1=\{(a,b),a,b\}$是$\overline{ab}$的一个单纯剖分，任取一个内点 c，则 $K_2=\{(a,c),(c,b),a,b,c\}$也是$\overline{ab}$的一个单纯剖分.

命题 6.2 设 K 是复形，$|K|=X$，则对 X 的任意点 x，存在 K 中唯一单形 $\underline{s}$，使得 $x\in\mathring{\underline{s}}$. 称它为 x 的**承载单形**，记作 $\mathrm{Car}_K x$.

证明 由于 $X=|K|=\bigcup_{\underline{s}\in K}\underline{s}$，$x$ 必定包含在 K 的某些单形中，记 $\underline{s}$ 是其中维数最低的，则 $x\in\mathring{\underline{s}}$(否则 $x\in\partial\underline{s}$，从而 x 属于 $\underline{s}$ 的某个真面 $\underline{t}$，它的维数小于 $\underline{s}$).

如果 $x\in\underline{s}'\in K$，并且 $\underline{s}'\neq\underline{s}$，则由于 $\underline{s}$ 与 $\underline{s}'$ 规则相处，$\underline{s}\cap\underline{s}'$(它含 x，因此非空)是 $\underline{s}$ 与 $\underline{s}'$ 的公共面. 它的维数不低于 $\underline{s}$，因此 $\underline{s}\cap\underline{s}'=\underline{s}$，$\underline{s}<\underline{s}'$，$x$ 不是 $\underline{s}'$ 的内点. 这样，K 中只有 $\underline{s}$ 以 x 为内点. ▌

多面体并不是拓扑概念，它是分片"平直"的，因此，尽管 n 维单形 $\underline{s}$ 的边缘 $\partial\underline{s}$是多面体，与它同胚的 $n-1$ 维单位球面并不是多面体. 与多面体相关的拓扑概念是可剖分空间.

定义 6.4 与某个多面体同胚的拓扑空间称为**可剖分空间**. 如果 K 是复形，$\varphi: |K|\to X$ 是同胚映射，则把 K 和 φ 一起称作可剖分空间 X 的一个**单纯剖分**(或称**三角剖分**)，记作(K,φ).(常常简单地称 K 为 X 的**剖分**.)

于是，对任何 n，S^n 是可剖分空间．平环是可剖分的，图 6-5 的

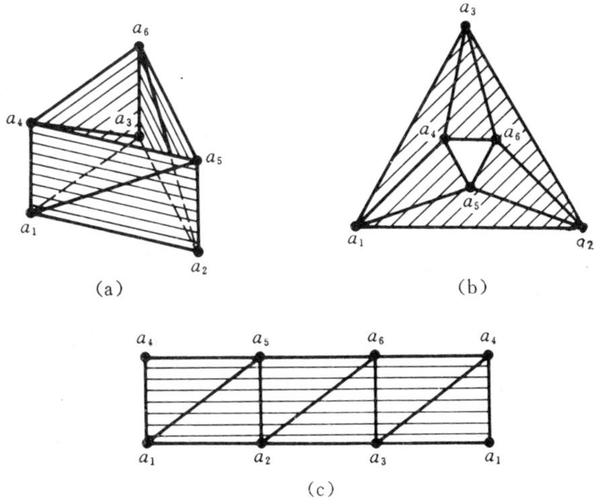

图 6-5

(a)和(b)中的复形的多面体都是平环．把它们在(a_1,a_4)处剪开，就能把它们展开成(c)的形式，注意它的两侧是同一个 1 维单形(a_1,a_4)

Möbius 带也是可剖分的，图 6-6(a)是它的一个剖分，(b)是此剖分的展开图．

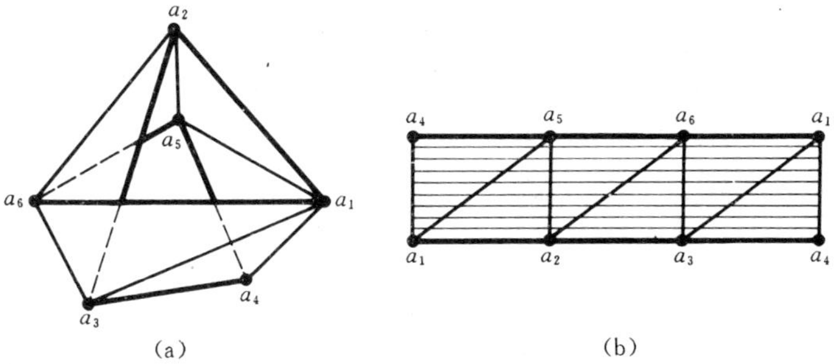

图 6-6

第三章证明闭曲面分类定理时，我们已用到闭曲面是可剖分空间的结果，它是 1925 年被 T. Rado 所证明的. 下面给出几个常见闭曲面的典型剖分.

图 6-7 是环面 T^2 的一个剖分和它的展开图. 它由 9 个四边形

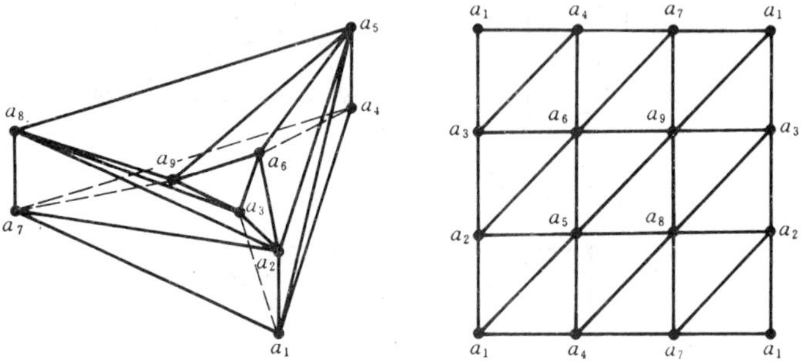

图 6-7

粘接成，每个四边形分割成两个 2 维单形，因此共有 18 个 2 维单形，27 个 1 维单形，9 个顶点.

图 6-8(a)和(b)分别是 Klein 瓶和射影平面 P^2 的剖分的展开

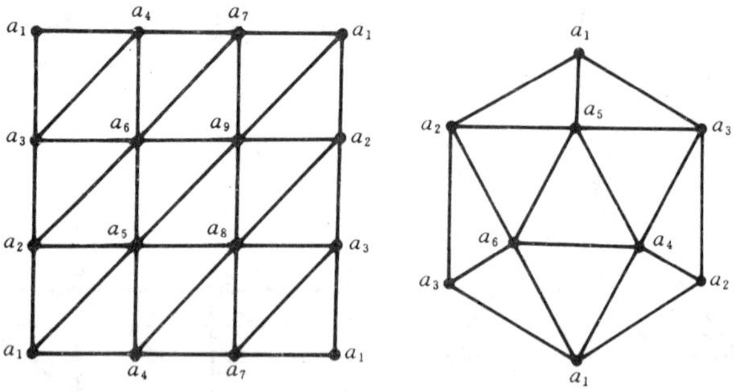

(a) (b)

图 6-8

图. 相应的复形不能在 $\boldsymbol{E}^3$ 中实现，因此画不出来. 怎么说明这两个展开图确实表示复形？回答此问题只须在欧氏空间中构造出复形，

它具有展开图中所示的结构. 以 P^2 为例,设 K 是 $\mathrm{Cl}\underline{\Delta}^5$ 的子复形,它由所有顶点,所有 1 维单形和以下 10 个 2 维单形所构成:(e_0,e_2,e_5),(e_0,e_3,e_5),(e_0,e_1,e_3),(e_1,e_2,e_3),(e_2,e_3,e_4),(e_0,e_2,e_4),(e_0,e_1,e_4),(e_1,e_4,e_5),(e_1,e_2,e_5),(e_3,e_4,e_5). 则 K 具有图 6-8(b)中展开图所示的结构,从而 $|K|$ 是 P^2.

习 题

1. 设 $\{a_0,a_1,\cdots,a_n\}$ 是欧氏空间中处于一般位置的点组,b 是欧氏空间的一点,则 $\{b,a_0,a_1,\cdots,a_n\}$ 处于一般位置 $\Longleftrightarrow b$ 不在 $\{a_0,a_1,\cdots,a_n\}$ 所张成的超平面上.

2. 设 $\underline{s}=(a_0,a_1,\cdots,a_n)$ 是 n 维单形,b 是欧氏空间中一点,使得对 $\underline{s}$ 的任何两个不同点 x,x',线段 $\overline{bx}$ 和 $\overline{bx'}$ 只交一点 b,则 $\{b,a_0,a_1,\cdots,a_n\}$ 处于一般位置.

3. 设 b 是单形 $\underline{s}$ 的内点,证明对 $\partial\underline{s}$ 上的两个不同点 x,x',$\overline{xb}\cap\overline{x'b}=\{b\}$.

4. 设 x,x' 是单形 $\underline{s}$ 的两个不同点,c 是线段 $\overline{xx'}$ 的中点. 证明 c 不是 $\underline{s}$ 的顶点.

5. 证明若 $\underline{s}$ 是 n 维单形,则 $\partial\underline{s}\cong S^{n-1}$,$\underline{s}\cong D^n$.

6. 设 K 是单形的有限集合. 证明 K 是复形的充分必要条件是:

(1) 若 $\underline{s}\in K$,则 $\underline{s}$ 的面也在 K 中;

(2) K 中任何两个单形的内部不相交.

7. 如果 K_1,K_2 都是复形 K 的子复形,则 $K_1\cup K_2$ 和 $K_1\cap K_2$ 也都是 K 的子复形.

8. 设 L 是复形,a 是欧氏空间中一点,满足:对 $|L|$ 上任何两个不同点 x,x',$\overline{ax}\cap\overline{ax'}=\{a\}$. $\forall\underline{s}\in L$,记 $a\underline{s}$ 是 a 与 $\underline{s}$ 的顶点一起张成的单形(参见习题 2). 规定

$$K=\{a\underline{s}\mid\underline{s}\in L\}\cup\{a\}\cup L.$$

证明 K 是复形,并且是以 a 为锥顶的单纯锥.

9. 设 K 是复形，证明下列条件互相等价：

(1) K 连通；　(2) $|K|$ 连通；　(3) K^1 连通.

10. 设 K 是连通复形，证明

$$\pi_1(|K|) \cong \pi_1(|K^2|).$$

11. 证明复形的连通分支是极大连通子复形.

12. 设 L 是复形 K 的连通子复形，则 L 是 K 的极大连通子复形 $\Longleftrightarrow K \backslash L$ 中任一单形的顶点都不在 K 中.

13. 设 K 是复形，则 $|K| = \bigcup_{\underline{s} \in K} \mathring{\underline{s}}$.

§2　单纯复合形的同调群

本节从单纯复合形的组合结构出发，构造它的同调群. 复形的组合结构包括两个要素：它所包含的各维单形的个数和这些单形的连接关系. 链群和边缘同态分别反映了这两个要素，它们是建立同调群的关键概念. 单形的定向概念有助于更好地刻画单形间的连接关系，它是建立边缘同态的基础.

2.1　单形的定向

单形的定向是从向量空间的定向概念引伸来的. 向量空间的定向是用基向量组确定的. n 维向量空间的有序的 n 个线性无关向量称为一个基向量组，它确定一个定向. 两个基向量组的过渡矩阵的行列式如果是正数，则它们确定同一定向，是负数则确定相反的定向，因此 $n>0$ 时，n 维向量空间有两个定向.

设 $\underline{s}$ 是一个 n 维单形，$n>0$. 记 L 是与 $\underline{s}$ 所在的超平面平行的 n 维向量空间. 如果取定 $\underline{s}$ 顶点的一个排列 $a_0, a_1, \cdots, a_n$，则由

$$a_1 - a_0, a_2 - a_0, \cdots, a_n - a_0$$

确定 L 的一个基向量组，从而得到 L 的一个定向. 这个定向依赖于 $\underline{s}$ 顶点的排列. 不难看出，当原排列作一次对换时，则新排列得

到的定向与原定向相反. 于是,当两个排列相差偶置换时,它们确定 L 的同一定向,相差奇置换时确定相反的定向. 把 $\underline{s}$ 顶点的全部排列(共$(n+1)!$ 个)分为两大类:相差偶置换的排列属同一类,相差奇置换的排列属不同类. 于是,每一类确定 L 的一个定向. 基于以上几何背景,我们直接称这两个排列类为 n 维单形 $\underline{s}$ 的两个**定向**. 称取定了定向的单形为**定向单形**. 于是 $\underline{s}$ 顶点的任一排列 a_0, $a_1,\cdots,a_n$ 确定 $\underline{s}$ 的一个定向,把相应的定向单形记作

$$a_0a_1\cdots a_n.$$

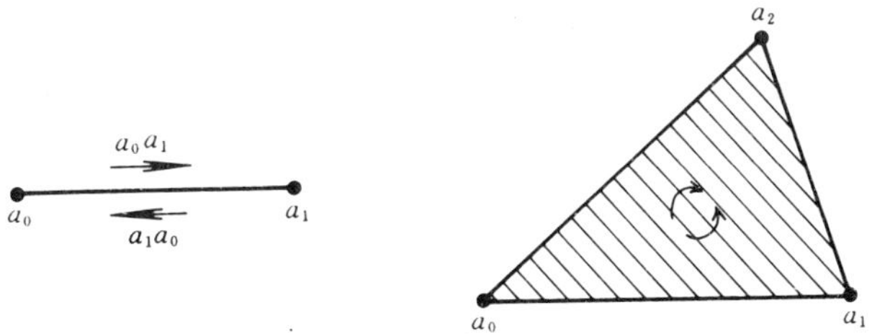

图 6-9

图 6-9 表出 1 维和 2 维定向单形的情形. 左图是 1 维单形(a_0, a_1),它的两个定向单形为 a_0a_1 和 a_1a_0,分别是两条有向线段. 右图是 2 维单形(a_0,a_1,a_2),它的两个定向单形分别是 $a_0a_1a_2=a_1a_2a_0=a_2a_0a_1$ 和 $a_0a_2a_1=a_2a_1a_0=a_1a_0a_2$,两个定向分别是所在平面的逆时针转向和顺时针转向.

以上讨论对 0 维单形不适合,因为 0 维单形只有一个顶点,也就只有一个排列. 为了叙述上的统一,也把 0 维单形称为 0 维定向单形.

本书中常用小写英文字母或希腊字母(下面不加横线)命名定向单形,如定向单形 s,定向单形 σ 等. 对定向单形也讨论面的关系,也用记号“$<$”. 事实上对定向单形,面的关系内涵更丰富了,以后将详细论述.

2.2 链群

设 K 是一个复形，$0\leqslant q\leqslant \dim K$. 设 K 有 α_q 个 q 维单形，并记 $T_q(K)$ 是 K 的所有 q 维定向单形的集合. 于是，当 $q>0$ 时，

$$\# T_q(K) = 2\alpha_q, \quad \# T_0(K) = \alpha_0.$$

这里 # 号表示集合含元素的个数或势.

定义 6.5 定义在 $T_q(K)$ 上的一个整值函数，如果在相反定向单形上取值为相反数，则称为 K 上的一个 **q 维链**. K 的所有 q 维链的集合在函数加法运算下构成的交换群称为 K 的 **q 维链群**，记作 $C_q(K)$.

设 s 为 K 的一个 q 维定向单形，则 s 决定 K 上的一个 q 维链如下：它在 s 上取值为 1，在 s 的相反定向单形上取值为 -1，其他定向单形上取值 0. 这个链仍记作 s. 于是若 s' 是 s 的相反定向单形，则看作链，$s'=-s$. 以后我们经常把定向单形 s 的相反定向单形记作 $-s$.

$q=0$ 时，K 的每个顶点决定一个定向单形，因此按定义，$C_0(K)$ 是由 K 的顶点（看作 0 维链）集合生成的自由交换群，秩为 α_0.

在 $q>0$ 时，对 K 的每个 q 维单形取定一个定向，得 α_q 个 q 维定向单形，记作 $s_1, s_2, \cdots, s_{\alpha_q}$. 从定义容易看出，两个 q 维链 c 和 c' 相同 $\Longleftrightarrow c(s_i)=c'(s_i), i=1,\cdots,\alpha_q$. 并且如果记 $n_i=c(s_i)$，则 $c=\sum_{i=1}^{\alpha_q} n_i s_i$（这里 s_i 看作链）. 于是，$\forall c\in C_q(K)$ 有唯一的方式写成链 $s_1, s_2, \cdots, s_{\alpha_q}$ 的线性组合，也就是说 $s_1, s_2, \cdots, s_{\alpha_q}$ 自由生成 $C_q(K)$，$C_q(K)$ 是秩为 α_q 的自由交换群. 习惯上，常把链看作定向单形的线性组合，当 $c=\sum_{i=1}^{\alpha_q} n_i s_i$ 时，把 n_i 称为链 c 的系数.

为了叙述上的方便，我们扩大链群的定义范围，规定当 $q<0$ 或 $q>\dim K$ 时，$C_q(K)=0$.

2.3 边缘同态

复形中单形的连接关系就是“面”的关系，而相邻维数的单形间的“面”关系又是关键. 有了单形定向的概念，就能更好地来刻画这种关系.

设 s 是 q 维定向单形，t 是 $q-1$ 维定向单形，并且是 s 的面. 设 a 是 s 比 t 多的那个顶点. 取 t 的顶点的一个代表其定向的排列 $a_0a_1\cdots a_{q-1}$，则定向单形 $aa_0\cdots a_{q-1}$ 与该排列的选择无关，记 $at=aa_0\cdots a_{q-1}$. 如果 $s=at$，就称 t 是 s 的**顺向面**，如果 $s=-at$，就称 t 是 s 的**逆向面**.

例如，a_1 是 a_0a_1 的顺向面，而 a_0 是 a_0a_1 的逆向面；对于 2 维定向单形 $a_0a_1a_2$ 来说，a_1a_2，a_0a_1 和 a_2a_0 是它的顺向面，a_2a_1，a_1a_0 和 a_0a_2 是逆向面.

对于任给 $s\in T_q(K)$，$t\in T_{q-1}(K)$，规定 s 与 t 的**关联系数** $[s;t]$ 为

$$[s;t]:=\begin{cases}0, & t \text{ 不是 } s \text{ 的面；}\\ 1, & t \text{ 是 } s \text{ 的顺向面；}\\ -1, & t \text{ 是 } s \text{ 的逆向面.}\end{cases}$$

显然，$[-s;t]=-[s;t]=[s;-t]$.

例如设 $s=a_0a_1\cdots a_q$，$t=a_0\cdots\hat{a}_i\cdots a_q$（$\hat{a}_i$ 表示去掉 a_i），则 $s=(-1)^ia_it$，因此 $[s;t]=(-1)^i[a_it;t]=(-1)^i$，$(-1)^ia_0\cdots\hat{a}_i\cdots a_q$ 是 s 的顺向面.

关联系数是建立边缘同态的基础，下面的引理是建立边缘同态以及别的许多链群间的同态的工具，它完全是代数的，证明留作习题.

引理 设 G 是交换群，$\varphi_0: T_q(K)\to G$ 是一个对应，使得 $\varphi_0(-s)=-\varphi_0(s)$，$\forall s\in T_q(K)$，则 φ_0 能唯一地扩张为同态 $\varphi: C_q(K)\to G$. ▍

设 $0<q\leqslant \dim K$，$s\in T_q(K)$. 规定 $\partial_q s: T_{q-1}\to \mathbf{Z}$ 为

$$\partial_q s(t) = [s;t], \quad \forall\, t \in T_{q-1}(K).$$

于是$\partial_q s(-t)=[s;-t]=-[s;t]=-\partial_q s(t)$，按定义，$\partial_q s$ 是 K 上的 $q-1$ 维链，即$\partial_q s\in C_{q-1}(K)$，称为 s 的**边缘链**.

不难看出，$\partial_q s$ 就是 s 的顺向面(作为链)之和：

$$\partial_q s = \sum_{[s;t]=1} t,$$

如果 $s=a_0a_1\cdots a_q$，则

$$\partial_q s = \sum_{i=0}^{n} (-1)^i a_0 a_1 \cdots \hat{a}_i \cdots a_q.$$

图 6-10 是 1 维单形和 2 维单形的边缘链. $\partial_1 a_0a_1=a_1-a_0$，即

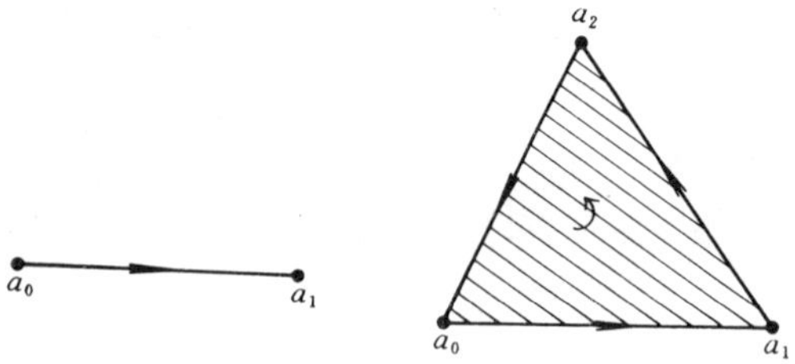

图 6-10

1 维定向单形的边缘链是它的终点减起点；$\partial_2 a_0a_1a_2=a_1a_2-a_0a_2+a_0a_1=a_0a_1+a_1a_2+a_2a_0$，这 3 个 1 维定向单形(看作有向线段)可连接成一条有向闭折线，其方向就是 2 维定向单形的转向.

现在已规定了对应$\partial_q: T_q(K)\to C_{q-1}(K)$，并且它满足引理的条件，即$\partial_q(-s)=-\partial_q s$(因为$\partial_q(-s)(t)=[-s;t]=-[s;t]=-\partial_q s(t)$，$\forall t\in T_{q-1}(K)$). 于是它可以唯一地扩张为 $C_q(K)$到 $C_{q-1}(K)$的同态，仍记作∂_q，称为 $C_q(K)$到 $C_{q-1}(K)$的**边缘同态**.

取定 K 的 α_q 个定向单形 $s_1,\cdots,s_{\alpha_q}$，它们构成 $C_q(K)$的基. 设链 $c=\sum_{i=1}^{\alpha_q} n_i s_i$，则因为$\partial_q$ 是同态，所以有

$$\partial_q c = \sum_{i=1}^{\alpha_q} n_i\, \partial s_i.$$

当 $q\leqslant 0$ 或 $q>\dim K$ 时，规定 ∂_q 是零同态.

定理 6.1 $\forall q\in\mathbf{Z}, \partial_{q-1}\circ\partial_q=0$.

证明 只须对 $1<q\leqslant\dim K$ 的情形证明，并且只用验证 $\forall s\in T_q(K), \partial_{q-1}\circ\partial_q s=0$.

记 $s=a_0a_1\cdots a_q$，则

$$\begin{aligned}\partial_{q-1}\circ\partial_q s &= \partial_{q-1}\Big(\sum_{i=0}^{q}(-1)^i a_0a_1\cdots\hat{a}_i\cdots a_q\Big)\\ &=\sum_{i=1}^{q}(-1)^i\,\partial_{q-1}(a_0a_1\cdots\hat{a}_i\cdots a_q)\\ &=\sum_{i=1}^{q}(-1)^i\Big(\sum_{j=1}^{i-1}(-1)^j a_0\cdots\hat{a}_j\cdots\hat{a}_i\cdots a_q\\ &\quad+\sum_{j=i+1}^{q}(-1)^{j-1}a_0\cdots\hat{a}_i\cdots\hat{a}_j\cdots a_q\Big)\\ &=\sum_{0\leqslant j<i\leqslant q}(-1)^{i+j}a_0\cdots\hat{a}_j\cdots\hat{a}_i\cdots a_q\\ &\quad-\sum_{0\leqslant i<j\leqslant q}(-1)^{i+j}a_0\cdots\hat{a}_i\cdots\hat{a}_j\cdots a_q\\ &=0. \qquad \blacksquare\end{aligned}$$

图 6-11 的复形 K 中，设 2 维链 $c=a_0a_1a_4+a_1a_3a_4+a_1a_2a_3$. a_1a_4 是 $a_0a_1a_4$ 的顺向面，是 $a_1a_3a_4$ 的逆向面，因此它在 $\partial_2 c$ 中不出现（即 $\partial_2 c(a_1a_4)=0$）. 同理 $\partial_2 c$ 中也没有 a_1a_3. 可算得 $\partial_2 c=a_0a_1+a_1a_2+a_2a_3+a_3a_4+a_4a_0$，直观上看是围这 3 个三角形的有向闭折线，方向由三角形的转向决定，$\partial_1(\partial_2 c)=0$.

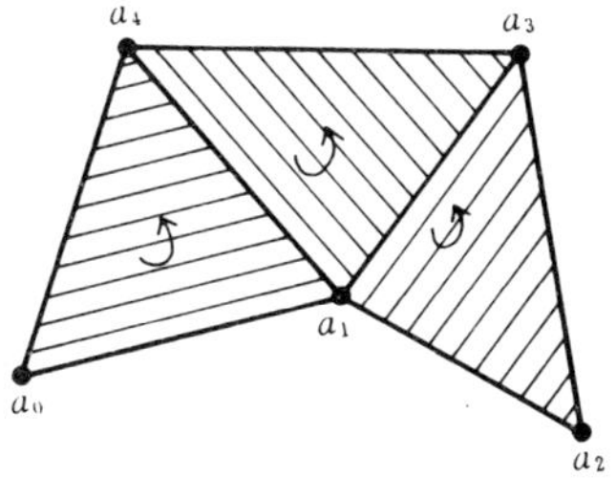

图 6-11

2.4 同调群

设 K 为复形. 我们已对每个整数 q 建立了 q 维链群 $C_q(K)$，

并定义了边缘同态 $\partial_q: C_q(K) \to C_{q-1}(K)$. 所有这些链群和边缘同态合在一起,称为 K 的**链复形**,记作 $C(K)$,即

$$C(K) := \{C_q(K); \partial_q | q \in \mathbf{Z}\}.$$

$C(K)$也可看作交换群与同态的一个序列

$$\cdots 0 \xrightarrow{\partial_{n+1}} C_n(K) \longrightarrow \cdots \longrightarrow C_q(K) \xrightarrow{\partial_q} C_{q-1}(K) \longrightarrow \cdots$$
$$\longrightarrow C_1(K) \xrightarrow{\partial_1} C_0(K) \xrightarrow{\partial_0} 0 \cdots (n = \dim K).$$

从链复形 $C(K)$出发建立同调群,只是代数问题了.

定义 6.6 称边缘同态 $\partial_q: C_q(K) \to C_{q-1}(K)$的核为 K 的 $\boldsymbol{q}$ **维闭链群**,记作 $Z_q(K)$,它的元素称为 K 的 $\boldsymbol{q}$ **维闭链**;称边缘同态 $\partial_{q+1}: C_{q+1}(K) \to C_q(K)$的像为 K 的 $\boldsymbol{q}$ **维边缘链群**,记作 $B_q(K)$,其元素称为 K 的 $\boldsymbol{q}$ **维边缘链**.

$Z_q(K)$与 $B_q(K)$都是 $C_q(K)$的子群,因此都是自由交换群. $\forall b_q \in B_q(K)$,存在 $c_{q+1} \in C_{q+1}(K)$,使得 $b_q = \partial_{q+1} c_{q+1}$,于是

$$\partial_q b_q = \partial_q(\partial_{q+1} c_{q+1}) = (\partial_q \circ \partial_{q+1}) c_{q+1} = 0$$

(根据定理 6.1, $\partial_q \circ \partial_{q+1}$ 是零同态). 因此 $B_q(K)$是 $Z_q(K)$的子群.

定义 6.7 设 K 是单纯复合形,称商群 $Z_q(K)/B_q(K)$为 K 的 $\boldsymbol{q}$ **维同调群**,记作 $H_q(K)$.

如果 K 中两个 q 维链 c 与 c'之差是边缘链,即 $c - c' \in B_q(K)$,则说 c 与 c'是**同调**的,记作 $c \sim c'$. 同调关系是 $C_q(K)$中的一个等价关系,$C_q(K)$在此关系下分成的等价类(也就是商群 $C_q(K)/B_q(K)$的元素)称为**同调类**. 链 c 所在的同调类记作$\langle c \rangle$. 与闭链同调的链也是闭链,$H_q(K)$中的元素也就是闭链的同调类.

同调群是有着深刻的几何内涵的,只是建立同调群的曲折复杂的过程和抽象的代数化的形式掩盖了它的几何背景. 下面我们来剖析 1 维同调群的几何意义.

复形 K 的一个 1 维链 c 如果能写成下面的形式:

$$c = a_0 a_1 + a_1 a_2 + \cdots + a_{r-1} a_r + a_r a_{r+1},$$

其中 $a_1, \cdots, a_r$ 各不相同,且和 a_0, a_{r+1}不同,就称 c 是一条 **1 维简**

单链，称 a_0, a_{r+1} 分别是它的起点和终点；如果 $a_0 = a_{r+1}$，就称为 **1 维简单闭链**（图 6-12）. 显然，1 维简单闭链确是闭链，并且任何 1 维闭链可分解为若干 1 维简单闭链之和（习题 2）.

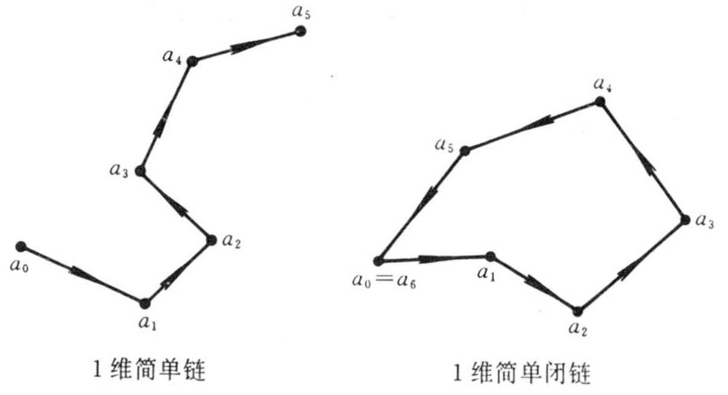

图 6-12

一个 1 维复形 L 称为**树**，如果 L 连通，并且去掉它的任何一个 1 维单形就要破坏连通性.

如果 L 是树，a, b 是 L 的不同顶点，则 K 中有唯一 1 维简单链分别以 a, b 为起、终点（习题 7）. L 不存在 1 维简单闭链，从而 $Z_1(L) = 0$.

设 K 是连通复形. K 的子复形 L 如果是树，并且 $K^0 \subset L$，则称 L 是 K 的一个极大树. 图 6-13 中，用黑线勾划的部分就是复形 K 的一个极大树.

如果 $s = b_1 b_2$ 是 $K \setminus L$ 中的 1 维定向单形，则 L 中有从 b_2 到 b_1 的 1 维简单链，它加上 s 就得到 K 的一个 1 维简单闭链. 对 $K \setminus L$ 中每个 1 维单形

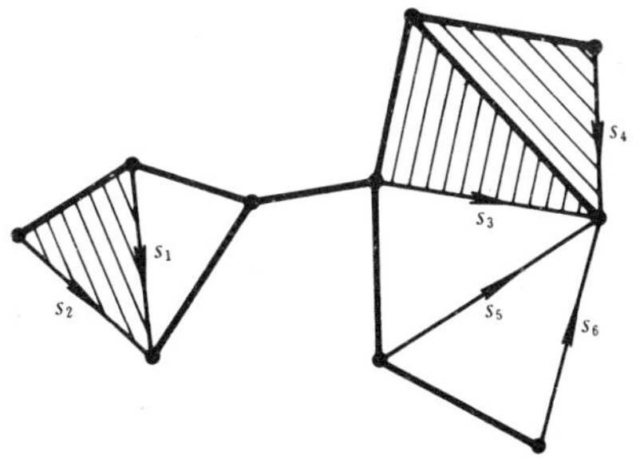

图 6-13

取好定向,得到 1 维定向单形集合$\{s_1,s_2,\cdots,s_m\}$,由 s_i 按上述方法决定的 1 维简单闭链记作 z_i.

命题 6.3 $\{z_1,z_2,\cdots,z_m\}$是 $Z_1(K)$的基.

证明 $\forall z\in Z_1(K)$,记 $z(s_i)=n_i$. 则 $z-\sum_{i=1}^{m}n_iz_i$ 在每个 s_i 上取值为 0,于是 $z-\sum_{i=1}^{m}n_iz_i\in Z_1(L)$,从而 $z-\sum_{i=1}^{m}n_iz_i=0$,即

$$z=\sum_{i=1}^{m}n_iz_i,$$

这说明$\{z_1,z_2,\cdots,z_m\}$生成 $Z_1(K)$.

不难看出,$z_i(s_j)=\begin{cases}1, & i=j\\ 0, & i\neq j\end{cases}$,于是$\left(\sum_{i=1}^{m}k_iz_i\right)(s_j)=k_j$,因此当 $\sum_{i=1}^{m}k_iz_i=0$ 时,$k_i=0(i=1,2,\cdots,m)$. 于是$\{z_1,\cdots,z_m\}$是 $Z_1(K)$的基. ▌

如果 K 是 1 维连通复形,那么 $H_1(K)=Z_1(K)$,它的秩 m 就是$|K|$上的“洞”的个数,因为 $K\backslash L$ 中每个 1 维单形连结树 L 的两顶点,造成一个洞. 对于一般连通复形 K,则 m 是$|K^1|$的洞数,也就是说,$Z_1(K)$的秩就是$|K^1|$上洞的数目. 例如图 6-13 中的复形 K 的 $Z_1(K)$秩为 6,$|K^1|$的洞数就是 6. K 的 2 维单形把其中 3 个洞封闭了,即$|K|$只有 3 个洞,这情形正好由将 $Z_1(K)$对 $B_1(K)$作商群所反映:z_3,z_4 以及 z_1-z_2 都是边缘链,因此 $H_1(K)$的秩为 3. 一般来说,任何复形 K 的 1 维同调群的秩就是$|K|$上的洞数,但情况可能会很复杂. 洞的含义也须推广.

笼统地讲,高维同调群反映了“高维洞”的情况.

习 题

1. 设 G 是交换群,对应 $\varphi_0:T_q(K)\to G$ 满足 $\varphi_0(-s)=-\varphi_0(s)$,$\forall s\in T_q(K)$. 证明 φ_0 可唯一地扩张为 $C_q(K)$到 G 的同态.

2. 证明复形的每条1维闭链都是若干简单闭链的和.

3. 设 K 是 n 维复形,并且它的 n 维单形数不超过 $n+1$,证明 $Z_n(K)=0$.

4. 设 K 是 $\boldsymbol{E}^2$ 中的2维复形,证明 $Z_2(K)=0$.

5. 设 K 是树,证明 K 的顶点数比1维单形数大1.

6. 设 K 是连通复形,α_q 是 K 的 q 维单形个数,$q\in\mathbf{Z}$. 证明 $Z_1(K)$ 的秩等于 $\alpha_1-\alpha_0+1$.

7. 设 K 是连通复形,a 和 b 是 K 的两个顶点. 证明 K 有1维简单链分别以 a 和 b 为起、终点.

§3　同调群的性质和意义

本节从同调群的定义出发,讨论它的一些简单性质;并讨论0维同调群的几何意义,1维同调群与基本群的关系;我们还将建立著名的 Euler-Poincaré 公式.

3.1　同调群的简单性质

复形 K 的 q 维闭链群 $Z_q(K)$ 由同态 $\partial_q: C_q(K)\to C_{q-1}(K)$ 决定,q 维边缘链群由 $\partial_{q+1}: C_{q+1}(K)\to C_q(K)$ 决定,因此,$H_q(K)$ 只与 K 的链复形中 $C_{q+1}(K)\xrightarrow{\partial_{q+1}}C_q(K)\xrightarrow{\partial_q}C_{q-1}(K)$ 段有关.

命题 6.4　当 $r>q$ 时,$H_q(K^r)\cong H_q(K)$.

证明　显然 $C_{q+1}(K^r)\xrightarrow{\partial_{q+1}}C_q(K^r)\xrightarrow{\partial_q}C_{q-1}(K^r)$ 就是 $C_{q+1}(K)\xrightarrow{\partial_{q+1}}C_q(K)\xrightarrow{\partial_q}C_{q-1}(K)$. 由此得到 $H_q(K^r)\cong H_q(K)$. ▌

当 $q<0$ 或 $q>\dim K$ 时,因为 $C_q(K)=0$,所以 $Z_q(K)=0$,$H_q(K)=0$.

当 $q=\dim K$ 时,因为 $C_{q+1}(K)=0$,所以 $B_q(K)=0$. 于是 $H_q(K)=Z_q(K)$,它是自由交换群.

当 $q=0$ 时,$Z_0(K)=C_0(K)$.

设 K 不连通，$K=K_1\cup K_2$，其中 K_1 和 K_2 是不相交子复形. 显然 $C_q(K)=C_q(K_1)\oplus C_q(K_2)$，$\forall q\in\mathbf{Z}$，并且 ∂_q 把 $C_q(K_i)$ 映到 $C_{q-1}(K_i)$ 中，$i=1,2$. 于是 $Z_q(K)=Z_q(K_1)\oplus Z_q(K_2)$. 类似地有 $B_q(K)=B_q(K_1)\oplus B_q(K_2)$. 由此立即得出

$$H_q(K)=H_q(K_1)\oplus H_q(K_2).$$

以上结果可推广到 K 分解成多个不相交子复形的并集的情形，于是有

定理 6.2（直和分解定理） 设复形 K 的连通分支为 $K_1,K_2,\cdots,K_r$，则 $\forall q\in\mathbf{Z}$，

$$H_q(K)\cong H_q(K_1)\oplus\cdots\oplus H_q(K_r)=\bigoplus_{i=1}^{r}H_q(K_i). \quad \blacksquare$$

3.2 0 维同调群的几何意义

命题 6.5 复形 K 的 0 维同调群是自由交换群，它的秩等于 K 的连通分支数.

证明 根据直和分解定理，只须证明连通复形的 0 维同调群是自由循环群.

设 $\{a_1,a_2,\cdots,a_{\alpha_0}\}$ 是 K 的全部顶点，则 $Z_0(K)=C_0(K)$ 由 $\{a_1,a_2,\cdots,a_{\alpha_0}\}$ 生成. $\forall a_i,a_j$，由于 K 连通，存在 1 维简单链 c_1 分别以 a_i 和 a_j 为起、终点（§2 习题 7），于是 $a_j-a_i=\partial c_1$，$a_j\sim a_i$. 设 $c\in C_0(K)$，$c=\sum_{i=1}^{\alpha_0}k_ia_i$，则 $c\sim\left(\sum_{i=1}^{\alpha_0}k_i\right)a_1$. 记 $d(c)\coloneqq\sum_{i=1}^{\alpha_0}k_i$，称为 c 的**指数**，则 $\langle c\rangle=d(c)\langle a_1\rangle$. 因此 $H_0(K)$ 是由 $\langle a_1\rangle$ 生成的循环群. 下面计算 $\langle a_1\rangle$ 的阶.

不难看出 $d(c+c')=d(c)+d(c')$，$\forall s\in T_1(K)$，$d(\partial_1 s)=0$. 设 $n\langle a_1\rangle=0$，则 $na_1\in B_0(K)$，因而有 $c_1=\sum l_is_i\in C_1(K)$，使得 $na_1=\partial c_1$. 于是 $n=d(\partial c_1)=d(\sum l_i\partial s_i)=\sum l_id(\partial s_i)=0$. 得出 $\langle a_1\rangle$ 的阶为 0，因此它自由生成 $H_0(K)$，$H_0(K)$ 是自由循环群. $\blacksquare$

*3.3 1维同调群与基本群的关系

当 K 是连通复形时，$H_1(K)$ 和 $\pi_1(|K|)$ 都反映了 $|K|$ 上"洞"的个数，而一般地它们是不相同的，$H_1(K)$ 是交换群，$\pi_1(|K|)$ 可能不是交换群. 事实上，这两个群之间有着密切的关系.

定理 6.3 当复形 K 连通时，$H_1(K)$ 同构于 $\pi_1(|K|)$ 的交换化.

证明 因为 $\pi_1(|K|)\cong\pi_1(|K^2|)$（见 §1 习题 10），$H_1(K)\cong H_1(K^2)$（命题 6.4），所以不妨假定 K 是 2 维复形.

取定 K 的一个极大树 L 和一个顶点 a. 则 $\forall a_i\in K^0$，存在 L 中从 a 到 a_i 的唯一 1 维简单链 c_i，它又决定 $|L|$ 中从 a 到 a_i 的道路 w_i（在图 6-14 中，$c_i=aa_j+a_ja_k+a_ka_i$）.

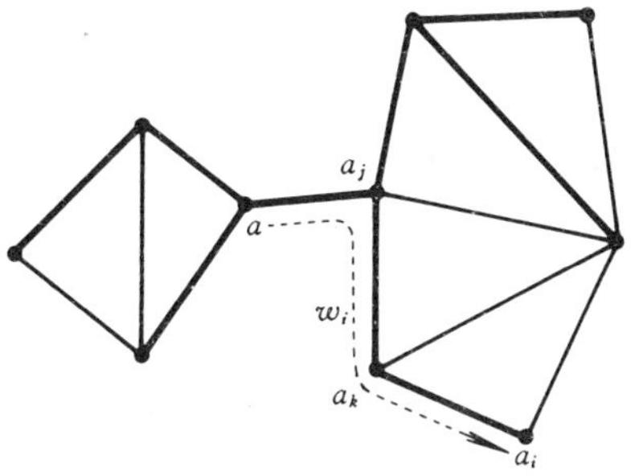

图 6-14

$\forall s\in T_1(K)$，设 $s=a_ia_j$. 记 $z_s=c_i+a_ia_j-c_j$，$b_s=w_i\,\overrightarrow{a_ia_j}\,\overline{w}_j$（$\overrightarrow{a_ia_j}$ 是从 a_i 到 a_j 的线性道路），则 z_s 是闭链，b_s 是 a 处的闭路. 对 $K\backslash L$ 中每个 1 维单形取定定向，并排列为 $\{s_1,s_2,\cdots,s_m\}$，它们决定 m 个 1 维闭链 $\{z_{s_1},z_{s_2},\cdots,z_{s_m}\}$ 和 a 处的 m 条闭路 $\{b_{s_1},b_{s_2},\cdots,b_{s_m}\}$. 类似于命题 6.3 可以证明：$\{z_{s_1},z_{s_2},\cdots,z_{s_m}\}$ 是 $Z_1(K)$ 的基.

下面归纳地（对 K 中 2 维单形的个数作归纳）证明存在同态 $\varphi:\pi_1(|K|,a)\to H_1(K)$，使得

(1) $\varphi(\langle b_s\rangle)=\langle z_s\rangle,\forall s\in T_1(K)$；

(2) $\mathrm{Ker}\varphi$ 是 $\pi_1(|K|,a)$ 的换位子群.

若 K 没有 2 维单形，则用 Van-Kampen 定理可以证明，

$\pi_1(|K|,a)$ 由 $\{\langle b_{s_1}\rangle,\cdots,\langle b_{s_m}\rangle\}$ 自由生成，$H_1(K)=Z_1(K)$ 由 $\{z_{s_1},\cdots,z_{s_m}\}$ 自由生成. 规定 $\varphi(\langle b_s\rangle)=\langle z_s\rangle,\forall s\in T_1(K)$，则 φ 决定一个同态 $\varphi:\pi_1(|K|,a)\to H_1(K)$. 显然(1)满足，并根据命题 A. 12，$\mathrm{Ker}\varphi$ 是 $\pi_1(|K|,a)$ 的换位子群.

假设对于 2 维单形不多于 k 个的情形上述断言成立. 设 K 有 $k+1$ 个 2 维单形. 取 $\underline{\sigma}=(a_1,a_2,a_3)\in K$，记 $K_1=K\backslash\underline{\sigma}$. 则 L 仍是 K_1 的极大树，且 b_s,z_s 等概念都不改变. 由归纳假设，存在同态 $\varphi_1:\pi_1(|K_1|,a)\to H_1(K_1)$，满足条件(1)和(2).

记

$$s=a_1a_2,\quad s'=a_2a_3,\quad s''=a_3a_1;$$

$$b=b_sb_{s'}b_{s''},\quad z=z_s+z_{s'}+z_{s''},$$

则 $\varphi_1(\langle b\rangle)=\langle z\rangle$，并且 $b\simeq w_1\alpha\overline{w_1}$(这里 α 是从 a_1 出发绕 $\underline{\sigma}$ 一周又回到 a_1 的道路)(图 6-15)，

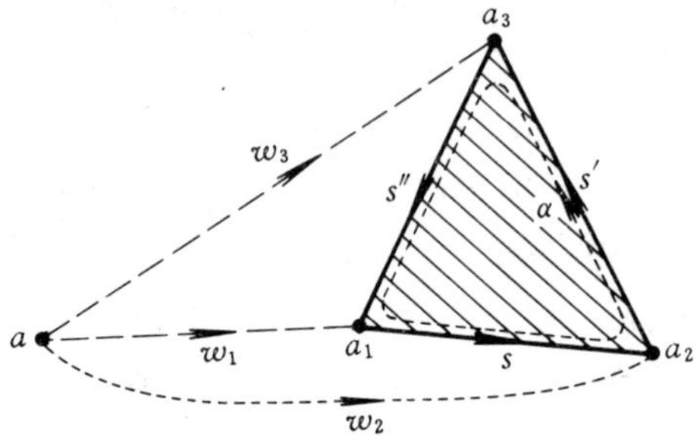

图 6-15

$$z=a_1a_2+a_2a_3+a_3a_1=\partial\, a_1a_2a_3.$$

根据 Van-Kampen 定理，

$$\pi_1(|K|,a)=\pi_1(|K_1|,a)/[\langle b\rangle],$$

按照同调群的定义，若记$\ll z\gg$是$\langle z\rangle$生成的 $H_1(K_1)$的子群，则

$$H_1(K)=H_1(K_1)/\ll z\gg.$$

由 $\varphi_1(\langle b\rangle)=\langle z\rangle$ 得到 $\varphi_1([\langle b\rangle])=\ll z\gg$. 于是(用命题 A. 11)，存在同态 $\varphi:\pi_1(|K|,a)\to H_1(K)$使得下面图表可交换：

$$
\begin{array}{ccc}
\pi_1(|K_1|,a) & \longrightarrow & \pi_1(|K|,a) \\
\Big\downarrow \varphi_1 & & \Big\downarrow \varphi \\
H_1(K_1) & \longrightarrow & H_1(K)
\end{array}
$$

(上下同态是投射),并且 $\mathrm{Ker}\varphi$ 是 $\pi_1(|K|,a)$ 的换位子群. 由图表的交换性及 φ_1 满足(1),推得 φ 满足(1).

归纳证明完成,从而完成了命题的证明. ▌

3.4 Euler-Poincaré 公式

设复形 K 有 α_q 个 q 维单形,$q=0,1,\cdots,\mathrm{dim}K$.

定义 6.8 称整数

$$\chi(K) := \sum_{q=0}^{\mathrm{dim}K}(-1)^q\alpha_q$$

为复形 K 的 **Euler 示性数**.

Euler 示性数与立体几何中凸多面体的 Euler 数有密切关系. 设凸多面体有 e_0 个顶点,e_1 条棱,e_2 个面. 对它的每个面可用一些互不交叉的对角线分割为三角形,从而使凸多面体的表面有一个三角剖分 K. 设 K 的 q 维单形数为 α_q,$q=0,1,2(\mathrm{dim}K=2)$,则 $\alpha_0=e_0$(上述分割不增加新顶点),$\alpha_1-e_1=\alpha_2-e_2$(因为每加一条对角线就增加一个面). 于是 $\chi(K)=\alpha_0-\alpha_1+\alpha_2=e_0-e_1+e_2$,即就是凸多面体的 Euler 数. 因此 Euler 示性数可看成凸多面体 Euler 数的推广.

$H_q(K)$ 是有限生成交换群,记它的秩为 β_q,即

$$\beta_q := \mathrm{rank}(H_q(K)),$$

称为复形 K 的 q 维 **Betti 数**.

定理 6.4(Euler-Poincaré 定理) 设 K 是 n 维复形,β_q 是 K 的 q 维 Betti 数,$q=0,1,\cdots,n$. 则有 **Euler-Poincaré 公式**

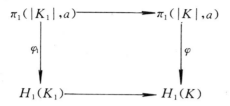

$$\chi(K) = \sum_{q=0}^{n}(-1)^q\beta_q.$$

证明 分别记 $\lambda_q = \operatorname{rank}(Z_q(K))$，$\mu_q = \operatorname{rank}(B_q(K))$．利用附录 A 中的定理 A.2，从 $H_q(K) = Z_q(K)/B_q(K)$ 可得到

$$\beta_q = \lambda_q - \mu_q,\quad 0 \leqslant q \leqslant n.$$

又因为 $B_{q-1}(K)$ 和 $Z_q(K)$ 分别是 $\partial_q: C_q(K) \to C_{q-1}(K)$ 的像与核，所以有 $B_{q-1}(K) \cong C_q(K)/Z_q(K)$，于是

$$\mu_{q-1} = \alpha_q - \lambda_q,\quad 0 \leqslant q \leqslant n$$

(令 $\mu_{-1}=0$)，两式相加，得到

$$\alpha_q - \beta_q = \mu_q + \mu_{q-1},\quad 0 \leqslant q \leqslant n.$$

于是

$$\begin{aligned}\chi(K) - \sum_{q=0}^{n}(-1)^q\beta_q &= \sum_{q=0}^{n}(-1)^q(\alpha_q - \beta_q) \\ &= (-1)^n\mu_n + \mu_{-1},\end{aligned}$$

$\mu_n=\mu_{-1}=0$，因此 $\chi(K) - \sum_{q=0}^{n}(-1)^q\beta_q = 0$． ▌

下章我们将说明 $H_q(K)$ 是由 $|K|$ 的拓扑所决定的，因此 $\sum_{q=0}^{n}(-1)^q\beta_q$ 是 $|K|$ 的拓扑不变量. α_q 由 K 决定，因此从表面上看，$\chi(K)$ 似乎由 K 的组合结构决定. 定理说明了 $\chi(K)$ 与剖分 K 的选择无关，它反映了 $|K|$ 的拓扑性质.

3.5 以交换群 G 为系数群的同调群

在建立同调群的过程中，**Z** 可以用任何交换群 G 代替，得到系数群为 G 的同调群. 下面简要地回顾一下过程.

复形 K 的以 G 为系数群的 q 维链群为

$$\begin{aligned}C_q(K;G) \coloneqq \{\text{对应 } c: T_q(K) \to G \mid c(-s) = -c(s), \\ \forall s \in T_q(K)\},\end{aligned}$$

加法由 $(c+c')(s)=c(s)+c'(s)$ 规定. 一般地，q 维定向单形 $s\in$

$T_q(K)$不再能看成一个 q 维链，但$\forall g\in G$，gs 是一个 q 维链，$\forall t\in T_q(K)$，

$$gs(t)=\begin{cases}\pm g, & t=\pm s,\\ 0, & t\neq\pm s.\end{cases}$$

这种形式的 q 维链生成了 $C_q(K;G)$. 规定 gs 的边缘链 $\partial_q(gs)\in C_{q-1}(K;G)$为

$$\partial_q(gs)(t)=[s;t]g,\quad \forall\, t\in T_{q-1}(K).$$

用线性扩张得到边缘同态 $\partial_q: C_q(K;G)\to C_{q-1}(K;G)$，它也满足 $\partial_{q-1}\circ\partial_q=0$，从而得到 K 的以 G 为系数群的链复形 $C(K;G)$，并由它产生 K 的以 G 为系数群的同调群 $H_q(K;G)$.

特别当 G 是域时，$C_q(K;G)$，$Z_q(K;G)$和 $B_q(K;G)$都是 G 上的线性空间，$H_q(K;G)$作为 $Z_q(K;G)$对子空间 $B_q(K;G)$的商也是线性空间. 记 $d_q=\dim H_q(K;G)$，则利用线性空间维数的加法公式也可得到相应的 Euler-Poincaré 公式：

$$\chi(K)=\sum_{q=0}^{n}(-1)^q d_q,$$

这里 $n=\dim K$.

以后会看到，一般地 d_q 与 β_q 不一定相同.

习　题

1. 若 $K=K_1\cup K_2$，$K_0=K_1\cap K_2$ 是 r 维的，则

$$H_q(K)\cong H_q(K_1)\oplus H_q(K_2),\quad \forall\, q>r+1.$$

2. 若 $K=K_1\cup K_2$，$K_0=K_1\cap K_2$ 是一个顶点，则

$$H_q(K)\cong H_q(K_1)\oplus H_q(K_2),\quad \forall\, q>0.$$

3. 设 $K=K_1\cup K_2$，$K_0=K_1\cap K_2$ 非空，试证明

(1) 若 K_0 连通，则$\forall z\in Z_1(K)$，存在 $z_i\in Z_1(K_i)$，$i=1,2$，使得 $z=z_1+z_2$；

(2) 若 $H_{q-1}(K_0)=0$，则$\forall z\in Z_q(K)$，存在 $z_i\in Z_q(K_i)$，$i=1,2$，使得 $z=z_1+z_2$；

(3) 若 $H_q(K_0)=0, z_i\in Z_q(K_i)(i=1,2)$使 z_1+z_2 在 K 中同调于 0,则 z_i 在 K_i 中同调于 $0, i=1,2$.

4. 设 $K=K_1\cup K_2, K_0=K_1\cap K_2$ 是**零调**的,即

$$H_q(K_0)\cong\begin{cases}\mathbf{Z}, & q=0,\\ 0, & q\neq 0,\end{cases}$$

证明

$$H_q(K)\cong H_q(K_1)\oplus H_q(K_2),\quad \forall\, q\neq 0.$$

5. 利用 Euler-Poincaré 公式证明树的顶点数比 1 维单形数大 1.

6. 详细写出关于以域 G 为系数群的 Euler-Poincaré 公式的证明.

7. 设 K 是连通复形,G 为交换群,证明

$$H_0(K;G)\cong G.$$

§4 计算同调群的实例

和基本群不同,同调群的定义本身给出了计算它的途径. 但是一般来说,按照定义作计算,工作量是很大的. 下面通过几个实例介绍一些计算中的技巧.

例 1 单纯锥是零调的(零调的定义见§3 习题 4).

设 K 是单纯锥,a 为一个锥顶.

K 是连通的,因此 $H_0(K)\cong\mathbf{Z}$. 下面证明

$$H_q(K)=0,\quad q>0.$$

如果 K 只有一个顶点 a,结论显然. 下面讨论 K 不只一个顶点的情形,记 L 是 K 中所有不以 a 为顶点的单形构成的子复形,称为单纯锥 K 的**锥底**(相对于锥顶 a 的).

当 $q>0$ 时,对于 L 中的 $q-1$ 维链 $c=\sum n_it_i$,规定 K 中的 q 维链.

$$ac:=\sum n_iat_i.$$

不难得到，

$$\partial_q(ac) = c - a\,\partial_{q-1}c$$

（习题 1）.

当 $q>0$ 时，K 中 q 维定向单形或在 L 中，或可写成 at 或 $-at$ 的形式，其中 $t\in T_{q-1}(L)$. 因此，$\forall c\in C_q(K)$ 有唯一的分解式

$$c = c' + ac'',$$

其中 $c'\in C_q(L)$，$c''\in C_{q-1}(L)$. 如果 $c\in Z_q(K)$，则

$$0 = \partial_q c = \partial_q c' + c'' - a\,\partial_{q-1}c'',$$

其中 $\partial_q c'+c''\in C_{q-1}(L)$. 于是有

$$\partial_q c' + c'' = 0 \text{ 和 } \partial_{q-1}c'' = 0.$$

取 $\tilde{c}=ac'$，则

$$\partial_{q+1}\tilde{c} = c' - a\,\partial_q c' = c' + ac'' = c,$$

因此 $c\in B_q(K)$. 我们证明了 $q>0$ 时 $Z_q(K)=B_q(K)$，从而 $H_q(K)=0$. 于是，单纯锥是零调的.

例 2 设 $\underline{s}$ 是 n 维单形，$n>1$，$K=\mathrm{Cl}\underline{s}$. 则 K 是单纯锥，因此有

$$H_q(K) \cong \begin{cases} \mathbf{Z}, & q=0, \\ 0, & q\neq 0. \end{cases}$$

设 $L=\mathrm{Bd}\underline{s}$，则 L 是 K 的 $n-1$ 维骨架（它只比 K 少一个 n 维单形）. 于是，当 $q<n-1$ 时，$H_q(L)=H_q(K)$（命题 6.4）. 显然$q\geqslant n$时 $H_q(L)=0$. 只剩下 $H_{n-1}(L)$了.

因为 $B_{n-1}(L)=0$，所以

$$H_{n-1}(L) = Z_{n-1}(L) = Z_{n-1}(K).$$

又因为 $H_{n-1}(K)=0$，所以 $Z_{n-1}(K)=B_{n-1}(K)$. K 只有一个 n 维单形，$C_n(K)\cong\mathbf{Z}$，并且 $\partial_n: C_n(K)\to C_{n-1}(K)$是单同态，因此

$$B_{n-1}(K) = \mathrm{Im}\,\partial_n \cong C_n(K) \cong \mathbf{Z},$$

于是 $H_{n-1}(L)\cong\mathbf{Z}$，我们得到，对 n 维单形 $\underline{s}(n>1)$

$$H_q(\mathrm{Bd}\underline{s}) \cong \begin{cases} \mathbf{Z}, & q=0,n-1, \\ 0, & q\neq 0,n-1. \end{cases}$$

如果 $n=1$，则 $\mathrm{Bd}\underline{s}$ 是两个顶点的 0 维复形，因此

$$H_q(\mathrm{Bd}\underline{s}) \cong \begin{cases} \mathbf{Z} \oplus \mathbf{Z}, & q = 0, \\ 0, & q \neq 0. \end{cases}$$

对 $n>1$ 的情形，$H_{n-1}(\mathrm{Bd}\underline{s})$ 也可利用 Euler-Poincaré 公式计算，请读者自己试一下.

例 3 设 K 是平环的一个剖分(图 6-16). 它的 6 个二维单形都取逆时针定向，并分别记作 σ_1, $\sigma_2,\cdots,\sigma_6$，如图中所标出.

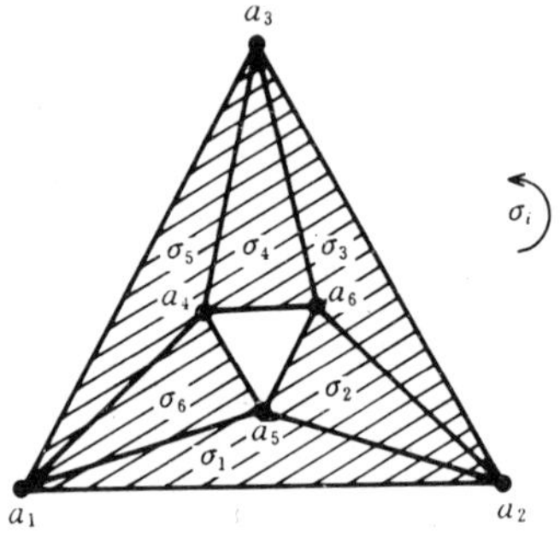

图 6-16

K 是连通的，因此 $H_0(K)\cong\mathbf{Z}$. $H_q(K)=0$，当 $q\neq 0,1,2$ 时.

K 是 2 维复形，因此 $H_2(K)=Z_2(K)$. 设 $c=\sum_{i=1}^{6} n_i\sigma_i \in C_2(K)$，则

$$\partial_2 c = n_1 a_1 a_2 + n_2 a_6 a_5 + n_3 a_2 a_3 + n_4 a_4 a_6 + n_5 a_3 a_1 + n_6 a_5 a_4 + \cdots.$$

于是 $\partial_2 c=0 \Longrightarrow n_1=n_2=\cdots=n_6=0$，即 $Z_2(K)=0$，$H_2(K)=0$.

计算 $H_1(K)$. 设 $c\in C_1(K)$，若 c 在 a_1a_2 上取值为 k. 则 $c-\partial k\sigma_1$ 在 a_1a_2 上取值为 0，它同调于 c. 我们称这个步骤为**用 $\boldsymbol{\sigma_1}$ 消去 $\boldsymbol{c}$ 中的 $\boldsymbol{a_1a_2}$**. 还可用 σ_2 消去 a_5a_6，用 $\sigma_3,\sigma_4,\sigma_5$ 和 σ_6 分别消去 a_2a_3，a_4a_6，a_3a_1 和 a_4a_5，于是 c 同调于链

$$c' = n_1 a_1 a_5 + n_2 a_5 a_2 + n_3 a_2 a_6 + n_4 a_6 a_3 + n_5 a_3 a_4 + n_6 a_4 a_1.$$

如果 $c\in Z_1(K)$，则 $c'\in Z_1(K)$，因此

$$0 = \partial c' = (n_6-n_1)a_1 + (n_2-n_3)a_2 + (n_4-n_5)a_3 + (n_5-n_6)a_4 + (n_1-n_2)a_5 + (n_3-n_4)a_6,$$

从而 $n_1=n_2=\cdots=n_6$. 记

$$z = a_1 a_5 + a_5 a_2 + a_2 a_6 + a_6 a_3 + a_3 a_4 + a_4 a_1.$$

则 $c'=n_1 z$，$\langle c\rangle = n_1\langle z\rangle$. 这说明 $H_1(K)$ 是由 $\langle z\rangle$ 生成的循环群. 剩

下只用计算$\langle z\rangle$的阶. 设$m\langle z\rangle=0$,则有$c=\sum_{i=1}^{6}n_i\sigma_i\in C_2(K)$,使得$\partial_2 c=mz$. $\partial_2 c$和mz在a_1a_2的值分别为n_1和0,因此$n_1=0$. 同理可得$n_2=\cdots=n_6=0$, 即$c=0$, 从而$m=0$. 于是$\langle z\rangle$是0阶的, $H_1(K)\cong\mathbf{Z}$.

例 4 设K是环面的一个剖分(图 6-17). 如图中所示,取定 2

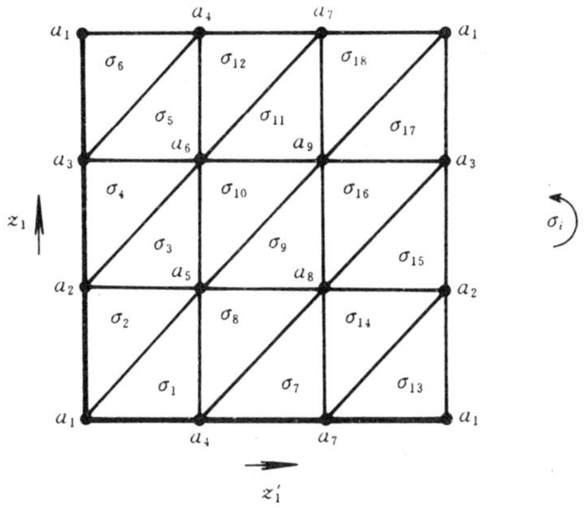

图 6-17

维单形的定向,并记作$\sigma_i(i=1,\cdots,18)$.

$H_0(K)\cong\mathbf{Z}$.

$H_q(K)=0$,当$q\neq 0,1,2$时.

记$z_1=a_1a_2+a_2a_3+a_3a_1$,$z_1'=a_1a_4+a_4a_7+a_7a_1$,它们是1维闭链;记$z_2=\sum_{i=1}^{18}\sigma_i$,不难验证$z_2\in Z_2(K)$.

注意到任何两个相邻的2维定向单形在它们的公共面上诱导出相反的定向,例如a_5a_1是σ_1的顺向面,而a_1a_5是σ_2的顺向面. 于是若$c\in C_2(K)$,则$\partial_2 c$在a_1a_5上取值为$0\Longleftrightarrow c$在σ_1与σ_2上取值相同. 于是,$c\in Z_2(K)\Longleftrightarrow c$在每个$\sigma_i$上取同样的秩$n$,也就是说$c=nz_2$. 因此$Z_2(K)$是$z_2$生成的自由循环群,

$$H_2(K)=Z_2(K)\cong\mathbf{Z}.$$

设 $c\in C_1(K)$，用例 3 中的办法，可以用 σ_{14} 消去 a_7a_2，用 σ_7 消去 a_7a_8，……最后

$$c\sim c'=n_1a_1a_2+n_2a_2a_3+n_3a_3a_1+n_4a_1a_4+n_5a_4a_7 \\ +n_6a_7a_1+n_7a_2a_5+n_8a_5a_8+n_9a_3a_6+n_{10}a_6a_9.$$

当 c 是闭链时，$\partial_1c'=0$，可推出 $n_7=n_8=n_9=n_{10}=0$，$n_1=n_2=n_3$，$n_4=n_5=n_6$. 于是

$$c'=n_1z_1+n_4z_1',\quad \langle c\rangle=n_1\langle z_1\rangle+n_4\langle z_1'\rangle,$$

因此 $\langle z_1\rangle$ 和 $\langle z_1'\rangle$ 生成 $H_1(K)$.

若 $n\langle z_1\rangle+m\langle z_1'\rangle=0$，则 $nz_1+mz_1'\in B_1(K)$. 有 $c\in C_2(K)$，$\partial_2c=nz_1+mz_1'$. 由于 nz_1+mz_1' 在 K“内部”的 1 维定向单形上取值为 0，可推出 $c=kz_2$，从而 $\partial_2c=0$，得到 $n=m=0$. 这样 $H_1(K)$ 是以 $\langle z_1\rangle$ 和 $\langle z_1'\rangle$ 为基的自由群，$H_1(K)\cong\mathbf{Z}\oplus\mathbf{Z}$.

例 5 K 是射影平面 P^2 的剖分，图 6-18 标出了它的 10 个 2 维单形的定向和名称.

$$H_0(K)\cong\mathbf{Z},\quad H_q(K)=0,\quad q\neq 0,1,2.$$

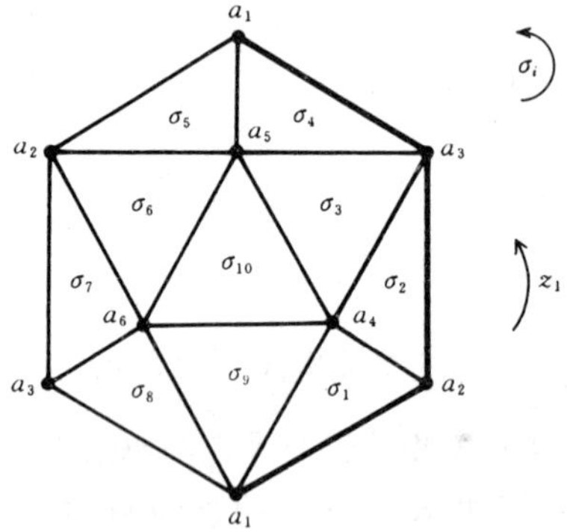

图 6-18

令 $z_1=a_1a_2+a_2a_3+a_3a_1$，$c_2=\sum\limits_{i=1}^{10}\sigma_i$. 类似于例 4，一个 2 维链

c，如果 $\partial_2 c$ 中不出现“内部”的1维单形，则 $c=nc_2$. 不难算出 $\partial_2 c_2=2z_1$，因此 $nc_2\in Z_2(K)\Longrightarrow n=0$. 这样 $H_2(K)=Z_2(K)=0$.

用前两例的办法可说明，K 的1维闭链同调于 z_1 的整数倍，即 $H_1(K)$ 是 $\langle z_1\rangle$ 生成的循环群. 又因为 $2z_1=\partial_2 c_2$，所以 $\langle z_1\rangle$ 是2阶的，$H_1(K)\cong\mathbf{Z}_2$.

从上面的计算结果得 K 的各维 Betti 数为：$\beta_0=1,\beta_1=\beta_2=0$，$\chi(K)=0-0+1=1$.

如果用 $\mathbf{Z}_2$ 域作为系数群，则 $\partial_2 c_2=0$，c_2 是闭链，$H_2(K,\mathbf{Z}_2)=Z_2(K;\mathbf{Z}_2)\cong\mathbf{Z}_2$. $H_0(K;\mathbf{Z}_2)$ 和 $H_1(K;\mathbf{Z}_2)$ 也是 $\mathbf{Z}_2$. 因此 $d_1=d_2=d_0=1$，$\chi(K)=1-1+1=1$.

习　题

1. 设 K 是单纯锥，a 为锥顶，L 为锥底. 设 $c\in C_{q-1}(L)$，证明 $\partial_q(ac)=c-a\,\partial_{q-1}c$.

2. 设 $K=\mathrm{Bd}(a_0,a_1,a_2,a_3)\cup\mathrm{Bd}(a_0,a_1,a_4)$（图6-19），求 K 的各维同调群.

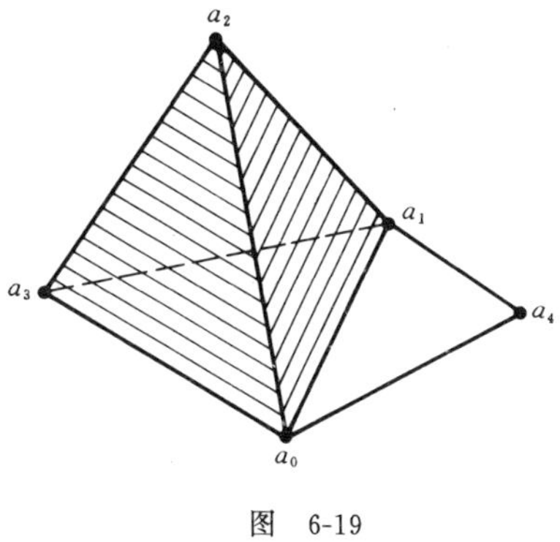

图　6-19

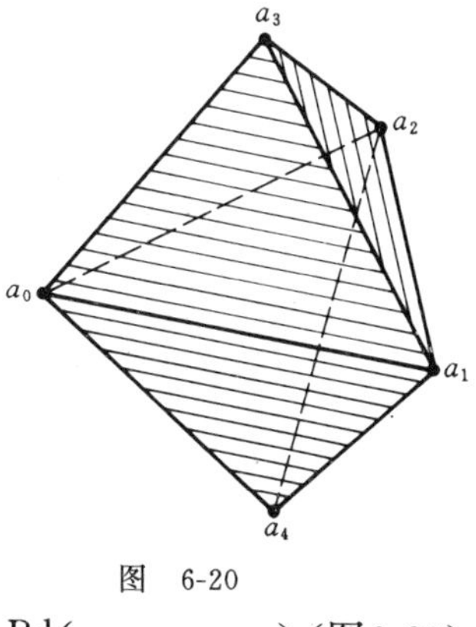

图　6-20

3. 设 $K=\mathrm{Bd}(a_0,a_1,a_2,a_3)\cup\mathrm{Bd}(a_0,a_1,a_2,a_4)$（图6-20），求 K 的各维同调群.

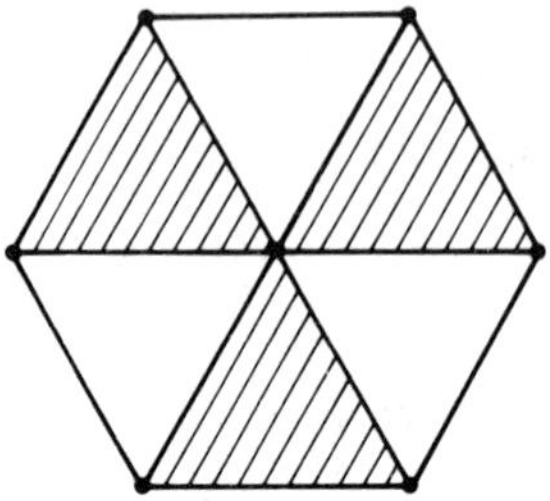

图　6-21

4. 求图6-21中的复形 K 的各维同调群.

5. 利用 Euler-Poincaré 公式证明关于组合数 $C_n^i(i\leqslant n)$的公式

$$\sum_{i=0}^{n}(-1)^i C_n^i = 0 .$$

(提示:考虑 $n-1$维单形 $\underline{s}$ 的闭包复形 $\mathrm{Cl}\underline{s}$ 的 Euler 示性数.)

6. 设 K 是 P^2的剖分(见例5),计算 $H_q(K;Q)$,Q 是有理数域.

7. 设 K 是单纯锥,G 是交换群,计算 $H_q(K;G)$.

第七章　单纯同调群（下）

第六章中建立的同调群只是复形上的一种代数结构，还没有体现出它的拓扑特性. 本章要建立拓扑空间（多面体和可剖分空间）的同调群，自然是要利用它们的剖分的同调群来规定. 于是我们就面临着同调群的拓扑不变性问题：有相同（或同胚）多面体的复形的同调群是不是同构?这就要把同调群的研究向前发展. 我们要对从多面体 $|K|$ 到 $|L|$ 的连续映射 f，建立从同调群 $H_q(K)$ 到 $H_q(L)$ 的同态 f_{*q}. 这是一项难度较大、技术性很强的工作. 我们还要讨论同调群的同伦不变性，它也是计算同调群的一个工具.

§1　单纯映射和单纯逼近

本节为定义连续映射诱导的同调群同态作准备，介绍单纯映射和单纯逼近这两个重要概念.

1.1　单纯映射

单纯同调群建立的基础是复形的组合结构，然而一般的连续映射并不保持这种组合结构，因此不像基本群那样能用自然的方式建立它所对应的同调群同态. 我们先考虑一种与复形的组合结构相适应的映射，即复形间的单纯映射.

定义 7.1　设 K 和 L 是复形，K 到 L 的一个对应 $\varphi: K\to L$（它把 K 的每个单形对应到 L 的一个单形）称为**单纯映射**①，如果

---

① 本书中的单纯映射概念与一般书中不同，那里把命题 7.1 中的连续映射 $\bar{\varphi}$ 称作单纯映射.

它满足以下要求：

(1) 若 a 是 K 的顶点，则 $\varphi(a)$ 是 L 的顶点；

(2) 若 K 中单形 $\underline{s}=(a_0,a_1,\cdots,a_q)$，则 $\varphi(\underline{s})$ 的顶点集是 $\{\varphi(a_0),\varphi(a_1),\cdots,\varphi(a_q)\}$（并不要求 $\varphi(a_0),\varphi(a_1),\cdots,\varphi(a_q)$ 互不相同）.

由定义看出，当 φ 是单纯映射时，它还满足：

(3) $\forall \underline{t}<\underline{s}\in K$，有 $\varphi(\underline{t})<\varphi(\underline{s})$，即 φ 保持面的关系；

(4) $\forall \underline{s}\in K$, $\dim\varphi(\underline{s})\leqslant \dim\underline{s}$.

如果(4)中等式成立，则说 φ 在 $\underline{s}$ 上**非退化**，否则说 φ 在 $\underline{s}$ 上**退化**. 显然，当 φ 在 $\underline{s}$ 上非退化时，φ 在 $\underline{s}$ 的面上也非退化.

(1)说明 φ 决定 K 的顶点集 K^0 到 L 的顶点集 L^0 的对应，称为 φ 决定的**顶点映射**. (2)说明 φ 由它的顶点映射完全决定.

例如，若记 $i: K^r\to K$ 是包含映射，则 i 是单纯映射，它在每个 K^r 的单形上不退化，它决定的顶点映射是恒同映射 $\mathrm{id}: K^0\to K^0$.

设 $\varphi: K\to L$ 是单纯映射，则可规定映射 $\bar{\varphi}: |K|\to|L|$ 如下：$\forall x\in K$，若 $\mathrm{Car}_K x=(a_0,a_1,\cdots,a_q)$，且 $x=\sum\limits_{i=0}^{q}\lambda_i a_i$，则令 $\bar{\varphi}(x)=\sum\limits_{i=0}^{q}\lambda_i\varphi(a_i)$，它是 $\varphi(\mathrm{Car}_K x)$ 的一点.

命题 7.1 $\bar{\varphi}: |K|\to|L|$ 是连续映射.

证明 $\forall \underline{s}\in K$，设 $\underline{s}=(a_0,a_1,\cdots,a_q)$. $\forall x\in\underline{s}$，设 $x=\sum\limits_{i=0}^{q}\lambda_i a_i$，则从定义不难看出 $\bar{\varphi}(x)=\sum\limits_{i=0}^{q}\lambda_i\varphi(a_i)$. 于是 $\bar{\varphi}|\underline{s}: \underline{s}\to|L|$ 是连续的. K 中单形只有有限个，并且每一个都是 $|K|$ 的闭集，用粘接引理推出 $\bar{\varphi}$ 也是连续的. ▌

单纯映射的性质使它能自然地诱导同调群的同态.

设 $\varphi: K\to L$ 是单纯映射，规定 $\varphi_q: T_q(K)\to C_q(L)$ 如下：$\forall\sigma=$

$a_0a_1\cdots a_q\in T_q(K)$，令

$$\varphi_q(\sigma)=\begin{cases}\varphi(a_0)\varphi(a_1)\cdots\varphi(a_q), & \text{若 }\varphi\text{ 在 }\sigma\text{ 上非退化,}\\ 0, & \text{若 }\varphi\text{ 在 }\sigma\text{ 上退化.}\end{cases}$$

显然 $\varphi_q(-\sigma)=-\varphi_q(\sigma)$，因此 φ_q 可线性扩张为 $C_q(K)$ 到 $C_q(L)$ 的同态，仍用 φ_q 记此同态.

命题 7.2 $\partial_q\circ\varphi_q=\varphi_{q-1}\circ\partial_q(\forall q\in\mathbf{Z})$，即下面图表可交换：

$$\begin{array}{ccc} C_q(K) & \xrightarrow{\partial_q} & C_{q-1}(K)\\ \Big\downarrow{\scriptstyle\varphi_q} & & \Big\downarrow{\scriptstyle\varphi_{q-1}}\\ C_q(L) & \xrightarrow{\partial_q} & C_{q-1}(L)\end{array}$$

（这里两个边缘同态分别是 K 和 L 上的，我们在记号上不加区别）.

证明 只须对 K 的 q 维定向单形 σ 验证

$$\partial_q\circ\varphi_q(\sigma)=\varphi_{q-1}\circ\partial_q(\sigma).$$

设 $\sigma=a_0a_1\cdots a_q$. 如果 φ 在 σ 上非退化，则

$$\begin{aligned}\partial_q\circ\varphi_q(\sigma)&=\partial_q(\varphi(a_0)\varphi(a_1)\cdots\varphi(a_q))\\&=\sum_{i=0}^{q}(-1)^i\varphi(a_0)\varphi(a_1)\cdots\hat{\varphi}(a_i)\cdots\varphi(a_q)\\&=\varphi_{q-1}\Big(\sum_{i=0}^{q}(-1)^i a_0a_1\cdots\hat{a}_i\cdots a_q\Big)\\&=\varphi_{q-1}\circ\partial_q(\sigma).\end{aligned}$$

如果 φ 在 σ 上退化，则 $\partial_q\circ\varphi_q(\sigma)=0$. 对 $\varphi_{q-1}\circ\partial_q(\sigma)$ 分两种情形讨论. 若 $\{\varphi(a_0),\varphi(a_1),\cdots,\varphi(a_q)\}$ 中不相同顶点不多于 $q-1$ 个，则 φ 在 σ 的每个 $q-1$ 维面上都退化，因此有 $\varphi_{q-1}\circ\partial_q(\sigma)=0$. 若 $\{\varphi(a_0),\varphi(a_1),\cdots,\varphi(a_q)\}$ 中不相同顶点有 q 个，即只有一对相同，不妨设 $\varphi(a_0)=\varphi(a_1)$，此时

$$\varphi_{q-1}\circ\partial_q(\sigma)=\varphi_{q-1}\Big(\sum_{i=0}^{q}(-1)^i a_0a_1\cdots\hat{a}_i\cdots a_q\Big)$$

$$= \varphi_{q-1}(a_1\cdots a_q) - \varphi_{q-1}(a_0a_2\cdots a_q)$$
$$= 0.$$

总之,在任何情形,等式$\partial_q \circ \varphi_q(\sigma)=\varphi_{q-1} \circ \partial_q(\sigma)$都成立. ▌

我们规定了与边缘同态交换的一系列同态$\{\varphi_q: C_q(K)\to C_q(L)\,|\,q\in \mathbf{Z}\}$,称为从链复形$C(K)$到$C(L)$的**链映射**.

命题 7.3 若$\{\varphi_q\}$是单纯映射$\varphi: K\to L$诱导的链映射. 则$\varphi_q(Z_q(K))\subset Z_q(L)$, $\varphi_q(B_q(K))\subset B_q(L)$.

证明 若$z\in Z_q(K)$,则$\partial_q(\varphi_q(z))=\varphi_{q-1}(\partial_q(z))=0$,因此$\varphi_q(z)\in Z_q(L)$;若$b\in B_q(K)$,设$b=\partial_{q+1}c$,则

$$\varphi_q(b) = \varphi_q(\partial_{q+1}(c)) = \partial_{q+1}(\varphi_{q+1}(c)).$$

因此$\varphi_q(b)\in B_q(L)$. ▌

定义 7.2 设$\varphi: K\to L$是单纯映射. $\forall q\in \mathbf{Z}$,规定同态$\varphi_{*q}: H_q(K)\to H_q(L)$为:$\forall \langle z\rangle \in H_q(K)$,令

$$\varphi_{*q}(\langle z\rangle) = \langle \varphi_q(z)\rangle,$$

称φ_{*q}为$\boldsymbol{\varphi}$ **诱导的同调群同态**.

命题 7.3 只用到$\{\varphi_q\}$是链映射的性质,即它与边缘同态的交换性质. 因此,两个链复形之间的任何链映射都诱导同调群的同态.

命题 7.4 设$\varphi: K\to L$和$\psi: L\to M$都是单纯映射,则$\psi\circ\varphi: K\to M$也是单纯映射,并且

$$(\psi\circ\varphi)_{*q} = \psi_{*q}\circ\varphi_{*q}, \quad \forall\, q\in \mathbf{Z}.$$

(证明留给读者.) ▌

1.2 单纯逼近

单纯逼近是连结连续映射和单纯映射的桥梁,借助它我们能利用单纯映射来规定连续映射所诱导的同调群的同态.

下面假设X和Y都是多面体,K和L分别是它们的剖分.

定义 7.3 设$f: X\to Y$是连续映射,$\varphi: K\to L$是单纯映射,称φ是f的一个**单纯逼近**,如果φ满足条件

$$\bar{\varphi}(x) \in \mathrm{Car}_L f(x), \quad \forall\, x \in X, \tag{1}$$

这里 $\bar{\varphi}$ 是 φ 决定的连续映射.

条件(1)要求 $\bar{\varphi}(x)$ 和 $f(x)$ 在 L 的同一单形 $\mathrm{Car}_L f(x)$ 中($f(x)$是其内点,$\bar{\varphi}(x)$不必是内点),这就是"逼近"的含义. 利用直线同伦,知道 $f \simeq \bar{\varphi}$.

下面给出单纯逼近的另一种描述形式,它具有更强的几何直观性. 需要用到一个新概念.

定义 7.4 设 K 是复形,$a \in K^0$,a 的**星形**是$|K|$的子集,记作 $\mathrm{St}_K a$,规定为

$$\mathrm{St}_K a := \{x \in |K| \,|\, a \prec \mathrm{Car}_K x\}.$$

于是 $x \in \mathrm{St}_K a$ 等价于 $a \prec \mathrm{Car}_K x$.

图 7-1 是由 3 个 2 维单形及它们的面构成的复形 K. 以 a_1 为顶点的单形有 (a_1, a_2, a_5),(a_1, a_2),(a_1, a_5) 以及顶点 a_1 本身,它们的内点构成 $\mathrm{St}_K a_1$,于是 $\mathrm{St}_K a_1 = (a_1, a_2, a_5) \backslash (a_2, a_5)$.

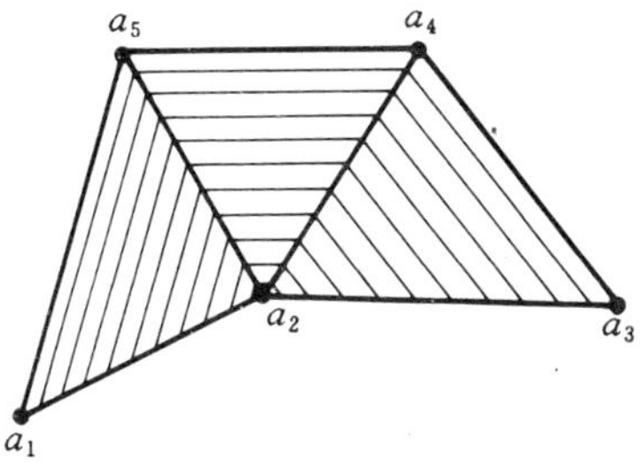

图 7-1

$$\mathrm{St}_K a_2 = |K| \backslash ((a_1, a_5) \cup (a_5, a_4) \cup (a_3, a_4)).$$

不难看出,当 $x \in \mathrm{St}_K a$ 时,线段 $\overline{ax} \subset \mathrm{St}_K a$,因此 $\mathrm{St}_K a$ 是由从 a 辐射出的许多线段构成. 沿着这些线段,$\mathrm{St}_K a$ 可形变收缩到 a.

命题 7.5 $\mathrm{St}_K a$ 是$|K|$的开子集.

证明 只须证明 $|K| \backslash \mathrm{St}_K a$ 是闭集.

记 $L = \{\underline{s} \in K \,|\, a \not\prec \underline{s}\}$,则 L 是 K 的子复形,并且

$$\begin{aligned} |K| \backslash \mathrm{St}_K a &= \{x \in |K| \,|\, a \not\prec \mathrm{Car}_K x\} \\ &= \{x \in |K| \,|\, \mathrm{Car}_K x \in L\} \\ &= |L|. \end{aligned}$$

因此$|K|\backslash \mathrm{St}_K a$是紧致的,从而是$|K|$的闭集. ▌

显然,$\{\mathrm{St}_K a \mid a \in K^0\}$是$|K|$的一个开覆盖.

命题 7.6 单纯映射$\varphi: K \to L$是连续映射$f: X \to Y$的单纯逼近的一个充分必要条件是

$$\forall\, a \in K^0, \quad f(\mathrm{St}_K a) \subset \mathrm{St}_L \varphi(a). \tag{2}$$

证明 条件(1)也就是

$$\mathrm{Car}_L \bar{\varphi}(x) \prec \mathrm{Car}_L f(x), \quad \forall\, x \in X, \tag{1'}$$

因为$\mathrm{Car}_L \bar{\varphi}(x) = \varphi(\mathrm{Car}_K x)$(习题 3),所以(1′)可改写成

$$\varphi(\mathrm{Car}_K x) \prec \mathrm{Car}_L f(x), \quad \forall\, x \in X. \tag{1''}$$

根据单纯映射的定义,它又可改写为

$$\forall\, x \in X, a \in K^0, \text{若 } a \prec \mathrm{Car}_K x, \text{则 } \varphi(a) \prec \mathrm{Car}_L f(x),$$

或用星形概念写出为

$$\forall\, a \in K^0, x \in X, \text{若 } x \in \mathrm{St}_K a, \text{则 } f(x) \in \mathrm{St}_L \varphi(a),$$

这就是(2). ▌

推论 如果$\varphi: K \to L$是$f: X \to Y$的单纯逼近,$\psi: L \to M$是$g: Y \to Z$的单纯逼近,则$\psi \circ \varphi$是$g \circ f$的单纯逼近. ▌

(请读者自己验证.)

例 如图 7-2 所示,K是 1 维单形(a_1, a_2)的闭包复形,L由 2 维单形(b_0, b_1, b_2),(b_1, b_2, b_3),(b_2, b_3, b_4)以及它们的所有面构成.$f: |K| \to |L|$是一个嵌入映射,$f(a_1)$在(b_0, b_1)内,$f(a_2)$在

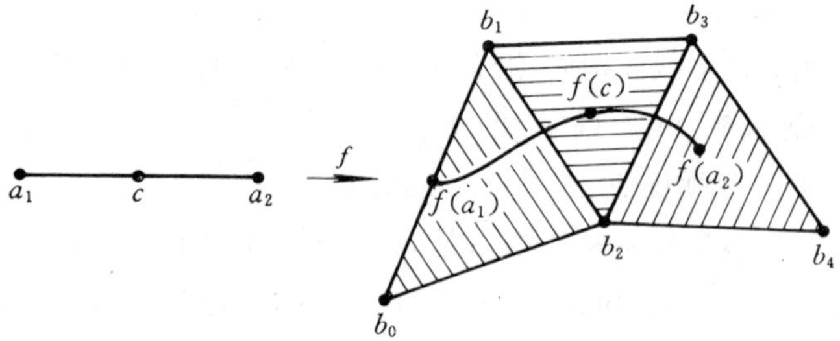

图 7-2

(b_2,b_3,b_4)内,$\overline{a_1a_2}$的中点 c 的像点 $f(c)$在(b_1,b_2,b_3)内. 对这个 f,没有一个单纯映射 $\varphi: K\to L$ 能作为它的单纯逼近. 事实上,$\mathrm{St}_K a_1$ 是$|K|\backslash\{a_2\}$,$f(\mathrm{St}_K a_1)$不在 L 的任何星形中.

如果增添顶点 c,得到$|K|$的另一剖分 K'. 则 f 有从 K'到 L 的单纯逼近. 事实上,$f(\mathrm{St}_{K'}c) \subset \mathrm{St}_L b_2$,$f(\mathrm{St}_{K'}a_1) \subset \mathrm{St}_L b_1$,$f(\mathrm{St}_{K'}a_2) \subset \mathrm{St}_K b_2 \cap \mathrm{St}_L b_3$,因此由顶点映射

$$a_1 \mapsto b_1,\quad c \mapsto b_2,\quad a_2 \mapsto b_2(\text{或 } b_3)$$

决定的单纯映射是 f 的单纯逼近.

这个例子说明,对取定的剖分 K,L,连续映射 $f: X\to Y$ 不一定有单纯逼近. 一般来说,剖分 K 越细致(它的星形越小),L 越粗(它的星形越大),单纯逼近存在的可能性越大. 下面的定理给出更确切的说明.

定理 7.1 设 K,L 分别是多面体 X,Y 的剖分,$f: X\to Y$ 连续,则 f 存在 K 到 L 的单纯逼近$\Longleftrightarrow \forall a\in K^0$,存在 $b\in L^0$,使得 $f(\mathrm{St}_K a) \subset \mathrm{St}_L b$.(这个条件称作 f 对 K,L 具有**星形性质**).

证明 $\Longrightarrow$. 设 $\varphi: K\to L$ 是单纯逼近,由条件(2)知,$\forall a\in K^0$, $f(\mathrm{St}_K a) \subset \mathrm{St}_L \varphi(a)$,取 $b=\varphi(a)$即可.

$\Longleftarrow$. 规定 K 到 L 的顶点映射 $\varphi: K^0\to L^0$,使得 $f(\mathrm{St}_K a) \subset \mathrm{St}_L \varphi(a)$. $\forall \underline{s}=(a_0,\cdots,a_q)\in K$,取 x 是 $\underline{s}$ 的内点,则 $x \in \mathrm{St}_K a_i$,$i = 0,\cdots,q$,从而 $f(x) \in f(\mathrm{St}_K a_i) \subset \mathrm{St}_L \varphi(a_i)$,即 $\varphi(a_i) \prec \mathrm{Car}_L f(x)$,$i = 0,\cdots,q$. 根据习题 5,$\varphi$ 可扩张为单纯映射,仍记作 φ. 它满足条件(2),因此是 f 的单纯逼近. ▌

习　题

1. 设 $\varphi: K\to L$ 是单纯映射,证明 $\varphi(K)$是 L 的子复形.

2. 若 $\varphi: K\to L$ 是一一的单纯映射,则 $\varphi^{-1}: L\to K$ 也是单纯映射.(此时称 φ 是**单纯同构**.)

3. 设 $\varphi: K\to L$ 是单纯映射,$x\in |K|$,证明

$$\varphi(\mathrm{Car}_K x) = \mathrm{Car}_L \bar{\varphi}(x).$$

4. 设 $\varphi: K \to L, \psi: L \to M$ 都是单纯映射. 证明

(1) $\psi \circ \varphi: K \to M$ 也是单纯映射;

(2) $\overline{\psi \circ \varphi} = \bar{\psi} \circ \bar{\varphi}: |K| \to |M|$;

(3) $(\psi \circ \varphi)_{*q} = \psi_{*q} \circ \varphi_{*q}: H_q(K) \to H_q(M), \forall q \in \mathbf{Z}$.

5. 设 K, L 都是复形, $\varphi_0: K^0 \to L^0$ 是一个对应. 证明 φ_0 是某个单纯映射 $\varphi: K \to L$ 的顶点映射 $\Longleftrightarrow \forall \underline{s} = (a_0, a_1, \cdots, a_q) \in K$, $\varphi_0(a_0), \varphi_0(a_1), \cdots, \varphi_0(a_q)$是 L 中同一单形的顶点.(称 φ 是 φ_0 的扩张.)

6. 设 $\underline{s} \in K$, 规定 $\underline{s}$ 的星形为

$$\mathrm{St}_K \underline{s} = \{x \in |K| \mid \underline{s} \prec \mathrm{Car}_K x\}.$$

证明

(1) 若 $\underline{t} \prec \underline{s}$, 则 $\mathrm{St}_K \underline{s} \subset \mathrm{St}_K \underline{t}$;

(2) 若 $\underline{s} = (a_0, a_1, \cdots, a_q)$, 则 $\mathrm{St}_K \underline{s} = \bigcap_{i=1}^{q} \mathrm{St}_K a_i$.

§2 重心重分和单纯逼近存在定理

本节继续进行上节的工作,讨论单纯逼近的存在性. 为此我们先要引进重心重分的概念.

2.1 重心重分

设 K, L 是复形, $f: |K| \to |L|$是连续映射. 上面已说到, f 不一定存在 K 到 L 的单纯逼近,并且不存在的原因是剖分 K 不够细, L 不够粗. 一般来说,使剖分变粗不一定做得到,但使剖分变细总是能做到的. 重心重分就是加细剖分的一种办法.

设 K, K' 都是多面体 X 的剖分,并且 K'的每个单形都包含于 K 的某个单形中,就说 K'是 K 的一个**重分**. 可以证明(习题 1), K'的每个星形都含于 K 的某个星形中. 重心重分是一种特殊的重分.

设 $\underline{s}=(a_0,a_1,\cdots,a_q)$ 是一个 q 维单形. $\underline{s}$ 中，重心坐标为 $\left(\frac{1}{q+1},\frac{1}{q+1},\cdots,\frac{1}{q+1}\right)$ 的点称为 $\underline{s}$ 的**重心**，记作 $\overset{*}{\underline{s}}$，即

$$\overset{*}{\underline{s}}=\sum_{i=0}^{q}\frac{1}{q+1}a_i.$$

0 维单形 a 的重心就是 a；1 维单形 (a_0,a_1) 的重心就是它的中点；2 维单形 (a_0,a_1,a_2) 的重心就是平常意义下三角形的重心.

我们先从直观上描述重心重分. 0 维单形的重分就是自己. 设 $\underline{s}$ 是 1 维单形，它被重心分成两个 1 维单形，这两个 1 维单形及三个顶点（$\underline{s}$ 的两个顶点和重心）一起构成 $\mathrm{Cl}\underline{s}$ 的重心重分. 设 $\underline{s}$ 是 2 维单形，则它被三条中线分割成六个 2 维单形（图 7-3），这六个 2 维单形以及它们的面就构成 $\mathrm{Cl}\underline{s}$ 的重心重分. 它的顶点是 $\underline{s}$ 原有的顶点加上 $\underline{s}$ 的重心和三个 1 维面的重心. 它是一个以 $\overset{*}{\underline{s}}$ 为锥顶的单纯锥，相应的锥底是 $\mathrm{Bd}\underline{s}$ 的重心重分（即各 1 维面重心重分的并集）.

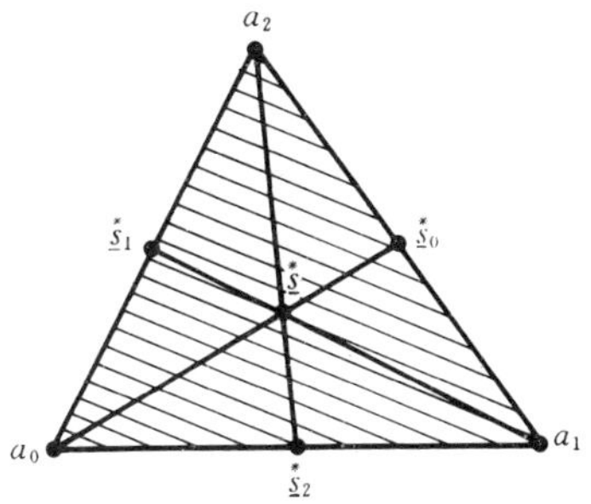

$\underline{s}=(a_0,a_1,a_2)$，　$\underline{s}_0=(a_1,a_2)$

$\underline{s}_1=(a_0,a_2)$，　$\underline{s}_2=(a_0,a_1)$

图　7-3

一般复形 K 的重心重分记作 $\mathrm{Sd}K$，可归纳地规定如下：若 K 是 0 维复形，它的重心重分 $\mathrm{Sd}K$ 就是 K. 假设对维数不大于 $n-1$ 的复形的重心重分已定义，K 是 n 维复形. 对 K 的每个 n 维单形 $\underline{s}$，$\mathrm{Bd}\underline{s}$ 是 K 的 $n-1$ 维子复形，其重心重分 $\mathrm{Sd}(\mathrm{Bd}\underline{s})$ 有意义，作 $\overset{*}{\underline{s}}\mathrm{Sd}(\mathrm{Bd}\underline{s})$ 是以 $\overset{*}{\underline{s}}$ 为顶，$\mathrm{Sd}(\mathrm{Bd}\underline{s})$ 为底的单纯锥，则 K 的重心重分 $\mathrm{Sd}K$ 规定为

$$\mathrm{Sd}K=\mathrm{Sd}K^{n-1}\bigcup_{\underline{s}\in K\setminus K^{n-1}}\overset{*}{\underline{s}}\mathrm{Sd}(\mathrm{Bd}\underline{s}).$$

这种描述方式虽然比较直观，但并不好用，并且定义中有些地方必须加以验证，如为什么可构造单纯锥 $\overset{*}{\underline{s}}\mathrm{Sd}(\mathrm{Bd}\underline{s})$？下面我们给出另

一种定义方式,它不如第一种直观,但用起来很方便,因此我们把它当作正式定义.

定义 7.5 复形 K 的**重心重分**是一个复形,记作 $\mathrm{Sd}K$,规定为

$$\mathrm{Sd}K := \{(\overset{*}{\underline{s}}_0, \overset{*}{\underline{s}}_1, \cdots, \overset{*}{\underline{s}}_q) \mid \underline{s}_i \in K, \underline{s}_0 < \underline{s}_1 < \cdots < \underline{s}_q\}.$$

定义中应验证的部分(当 $\underline{s}_0 < \underline{s}_1 < \cdots < \underline{s}_q$ 时 $\{\overset{*}{\underline{s}}_0, \overset{*}{\underline{s}}_1, \cdots, \overset{*}{\underline{s}}_q\}$ 处于一般位置;$\mathrm{Sd}K$ 中单形规则相处)留作习题.

$\mathrm{Sd}K$ 的顶点的集合 $(\mathrm{Sd}K)^0 = \{\overset{*}{\underline{s}} \mid \underline{s} \in K\}$.

设 $\underline{\sigma} = (\overset{*}{\underline{s}}_0, \overset{*}{\underline{s}}_1, \cdots, \overset{*}{\underline{s}}_q) \in \mathrm{Sd}K$,且 $\underline{s}_0 < \underline{s}_1 < \cdots < \underline{s}_q$,则称 $\overset{*}{\underline{s}}_q$ 是 $\underline{\sigma}$ 的**首顶点**. 显然 $\overset{*}{\underline{s}}_i \in \underline{s}_q (i = 0, 1, \cdots, q)$,从而 $\underline{\sigma} \subset \underline{s}_q$. 由此得到 $|\mathrm{Sd}K| \subset |K|$. 反过来,如果 $x \in |K|$,它的承载单形 $\mathrm{Car}_K x = (a_0, a_1, \cdots, a_q)$,不妨设 $x = \sum\limits_{i=0}^{q} \lambda_i a_i, \lambda_0 \geqslant \lambda_1 \geqslant \cdots \geqslant \lambda_q$. 记 $\underline{s}_i = (a_0, a_1, \cdots, a_i)$, $i = 0, 1, \cdots, q$,则

$$\begin{aligned} x &= \sum_{i=0}^{q} (\lambda_i - \lambda_{i+1}) \sum_{j=0}^{i} a_j \\ &= \sum_{i=0}^{q} (i+1)(\lambda_i - \lambda_{i+1}) \overset{*}{\underline{s}}_i (\text{规定 } \lambda_{q+1} = 0), \end{aligned}$$

其中 $(i+1)(\lambda_i - \lambda_{i+1}) \geqslant 0$,并且

$$\sum_{i=0}^{q} (i+1)(\lambda_i - \lambda_{i+1}) = \sum_{i=0}^{q} \lambda_i = 1.$$

于是 $x \in (\overset{*}{\underline{s}}_0, \overset{*}{\underline{s}}_1, \cdots, \overset{*}{\underline{s}}_q) \subset |\mathrm{Sd}K|$. 我们证明了 $|K| \subset |\mathrm{Sd}K|$,从而有

$$|\mathrm{Sd}K| = |K|.$$

不难看出 $\dim \mathrm{Sd}K = \dim K$.

为了书写简便,记 $K^{(1)} := \mathrm{Sd}K$,记 $\mathrm{Sd}K$ 的重心重分为 $K^{(2)}$. 归纳地规定 K 的 n 次重心重分 $K^{(n)} := (K^{(n-1)})^{(1)}$.

2.2 单纯逼近存在定理

设 X 和 Y 都是多面体, $f: X \to Y$ 是连续映射. 设 K 和 L

分别是X和Y的剖分. L的所有星形$\{\mathrm{St}_L b \mid b\in L^0\}$是$Y$的开覆盖，从而$\{f^{-1}(\mathrm{St}_L b) \mid b\in L^0\}$是$X$的开覆盖.根据定理7.1,$f$存在$K$到$L$的单纯逼近的充要条件是每个星形$\mathrm{St}_K a$都落在某个$f^{-1}(\mathrm{St}_L b)$中.我们要说明,经过若干次重心重分后,上述条件总能满足(当然是指对新复形$K^{(r)}$).

先规定复形的网距概念,它可用来估测星形的大小.

复形K的**网距**记作$\mathrm{Mesh}(K)$,规定为

$$\mathrm{Mesh}(K) := \max\{d(a,b) \mid (a,b)\text{ 是 }K\text{ 的 1 维单形}\},$$

即$\mathrm{Mesh}(K)$是K中1维单形长度的最大值.

命题 7.7 若x,y是K中单形$\underline{s}$上的两点(图7-4),则$d(x,y)\leqslant \mathrm{Mesh}(K)$.

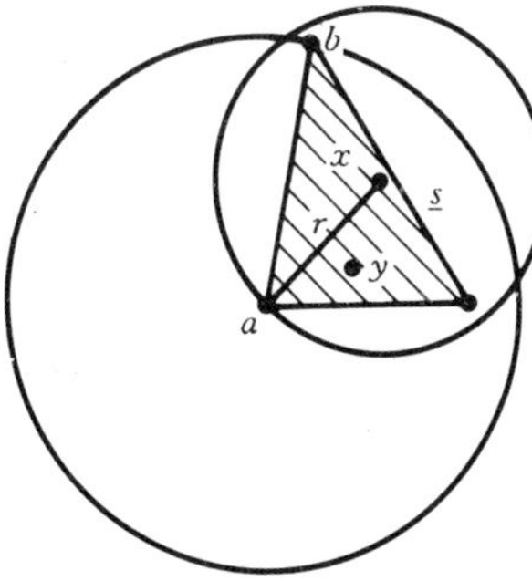

图 7-4

证明 先证明存在$\underline{s}$的顶点a,使得$d(x,y)\leqslant d(x,a)$.取a是$\underline{s}$的顶点中到x最远的.设$r=d(x,a)$,则闭球形邻域$\overline{B(x,r)}$是凸集,它包含$\underline{s}$的每个顶点,从而$\underline{s}\subset\overline{B(x,r)}$.因此$d(x,y)\leqslant r=d(x,a)$.用$a$代替$x$,作同样论证,可找到$\underline{s}$的另一顶点$b$,使得$d(x,a)\leqslant d(a,b)\leqslant \mathrm{Mesh}(K)$. ▌

命题7.7的一个推论是:$\forall x\in \mathrm{St}_K a$,则$d(a,x)\leqslant \mathrm{Mesh}(K)$.

命题 7.8 若K是n维复形,则$\mathrm{Mesh}(K^{(1)})\leqslant \dfrac{n}{n+1}\mathrm{Mesh}(K)$.

证明 只用证明$K^{(1)}$的任一1维单形$(\overset{*}{\underline{t}},\overset{*}{\underline{s}})$的长度不大于$\dfrac{n}{n+1}\mathrm{Mesh}(K)$.不妨设$\underline{t}<\underline{s}$,$\underline{t}=(a_0,\cdots,a_q)$,$\underline{s}=(a_0,\cdots,a_q,a_{q+1},\cdots,a_p)$.记$\underline{t}'=(a_{q+1},\cdots,a_p)$,则

$$\overset{*}{\underline{s}}=\frac{1}{p+1}\sum_{i=0}^{p}a_i=\frac{1}{p+1}\sum_{i=0}^{q}a_i+\frac{1}{p+1}\sum_{i=q+1}^{p}a_i$$

$$= \frac{q+1}{p+1}\underline{\overset{*}{t}} + \frac{p-q}{p+1}\underline{\overset{*}{t}}'.$$

(图 7-5 是 $q=2, p=3$ 的情形.) 于是

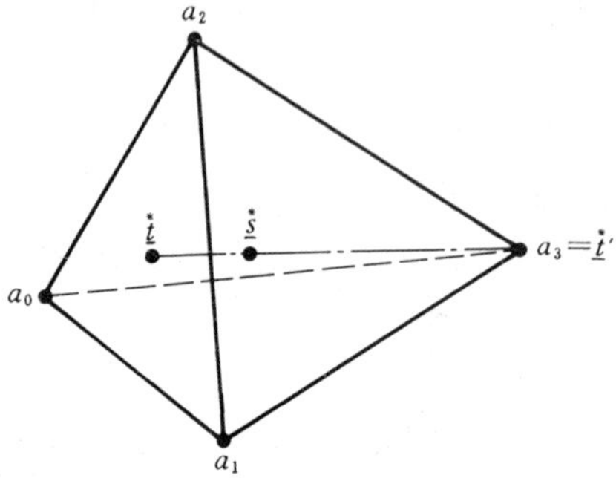

图 7-5

$$d(\underline{\overset{*}{t}}, \underline{\overset{*}{s}}) = \frac{p-q}{p+1}d(\underline{\overset{*}{t}}, \underline{\overset{*}{t}}') \leqslant \frac{n}{n+1}\mathrm{Mesh}(K). \quad \blacksquare$$

由于重心重分不改变维数,从命题 7.8 得到

$$\mathrm{Mesh}(K^{(r)}) \leqslant \left(\frac{n}{n+1}\right)^r \mathrm{Mesh}(K).$$

定理 7.2(单纯逼近存在定理) 设 K, L 是复形, $f: |K| \to |L|$ 是连续映射,则对足够大的 r,存在 f 的单纯逼近 $\varphi: K^{(r)} \to L$.

证明 因为 $\{\mathrm{St}_L b \mid b \in L^0\}$ 是 $|L|$ 的开覆盖,所以 $\{f^{-1}(\mathrm{St}_L b) \mid b \in L^0\}$ 是 $|K|$ 的开覆盖. 记 δ 是它的 Lebesgue 数. 取 $r \in \boldsymbol{N}$,使得 $\left(\frac{n}{n+1}\right)^r \mathrm{Mesh}(K) < \delta$ (这里 $n=\dim K$). 于是 $\forall a \in K^{(r)}$, $\mathrm{St}_{K^{(r)}} a \subset B(a, \delta)$(见命题 7.7 后的推论). 根据命题 2.12, $B(a, \delta)$ 包含在某个 $f^{-1}(\mathrm{St}_L b)$ 中,从而 $f(\mathrm{St}_{K^{(r)}} a) \subset \mathrm{St}_L b$. 由定理 7.1 得到结论. $\blacksquare$

习　题

1. 设 K' 是 K 的一个重分(不必是重心重分), $b \in (K')^0$, $\underline{s} = \mathrm{Car}_K b$. 证明 $\mathrm{St}_{K'} b \subset \mathrm{St}_K \underline{s}$.

2. 设 $\underline{s}=(a_0,a_1,\cdots,a_q)\in K$. 证明

$$\mathrm{St}_{K^{(1)}}\overset{*}{\underline{s}}\subset \mathrm{St}_K a_i,\quad i=0,1,\cdots,q.$$

3. 验证定义 7.5 中规定的 SdK 中的单形互相规则相处.

4. 利用单纯逼近存在定理证明 S^n 到 S^{n+1}的任何连续映射都零伦.

5. 设 X,Y 都是可剖分空间,证明$[X,Y]$是可数集.

§3 连续映射诱导的同调群同态

设 K 和 L 是多面体,$f:|K|\to|L|$是连续映射. 本节要规定 f 诱导的同态 $f_{*q}:H_q(K)\to H_q(L)$. 尽管有了上节的准备,我们还有不少工作要做. 其中有些比较困难,涉及到一些新概念. 为了不让它们掩盖整个过程的思路,我们把它们移出正文,放在附录 C 中.

通过上节的准备,规定 f_{*q}的途径已很明显了:重心重分保证 f 有单纯逼近,用单纯逼近导出的同态来规定 f_{*q}. 但是我们马上面临着两个问题. 首先,f 的单纯逼近 φ 如果是从 $K^{(r)}$到 L 的,它导出的是 $H_q(K^{(r)})$到 $H_q(L)$的同态. 那么 $H_q(K^{(r)})$与 $H_q(K)$有何关系? 其次,单纯逼近并不是唯一的,那么不同的单纯逼近导出的同态是否一样?

附录 C 对第二个问题已有直接的回答.

定理 C.2 如果 $\varphi,\psi:K\to L$ 都是连续映射 $f:|K|\to|L|$的单纯逼近,则 $\varphi_{*q}=\psi_{*q}:H_q(K)\to H_q(L),\forall q\in\mathbf{Z}$.

下面来回答第一个问题.

3.1 同调群的重分不变性

我们要证明 $H_q(K^{(1)})\cong H_q(K),\forall q\in\mathbf{Z}$,由此得到 $H_q(K^{(r)})\cong H_q(K),\forall q\in\mathbf{Z},\forall r\in\boldsymbol{N}$.

先规定 $C(K^{(1)})$到 $C(K)$的链映射.

设 $\underline{s}\in K$，a 是 $\underline{s}$ 的任一顶点，则 $\mathrm{St}_{K^{(1)}}\overset{*}{\underline{s}}\subset \mathrm{St}_K a$（§2 习题 2）。于是恒同映射 $\mathrm{id}:|K^{(1)}|\to|K|$ 对 $K^{(1)}$ 和 K 有星形性质，从而有从 $K^{(1)}$ 到 K 的单纯逼近：规定顶点映射 $\pi:(K^{(1)})^0\to K^0$，使得 $\pi(\overset{*}{\underline{s}})$ 是 $\underline{s}$ 的顶点，则 π 可扩张为 id 的单纯逼近，把它所决定的链映射称为**标准链映射**。标准链映射并不是唯一的，但是定理 C.2 说明标准链映射诱导的同调群同态是唯一的。以后把 id 的上述单纯逼近和标准链映射都记作 π（不论对哪个复形 K）。

我们还需要构造**重分链映射** $\eta=\{\eta_q\}:C(K)\to C(K^{(1)})$，它不是由单纯映射决定的。

直观上看，每个 n 维单形 $\underline{s}\in K$ 被重分成 $(n+1)!$ 个 $K^{(1)}$ 中的 n 维单形，当 $\underline{s}$ 取定了定向后（得定向单形 s），这些小单形也取相同的定向，就令 $\eta(s)$ 是这些定向小单形之和。图 7-6 是 $n=1,2$ 的情形。对 $n=1$（左图），$\eta(a_0a_1)=a_0b+ba_1$，对 $n=2$（右图），

$$\eta(a_0a_1a_2)=a_0b_2c+b_2a_1c+a_1b_0c+b_0a_2c+a_2b_1c+b_1a_0c.$$

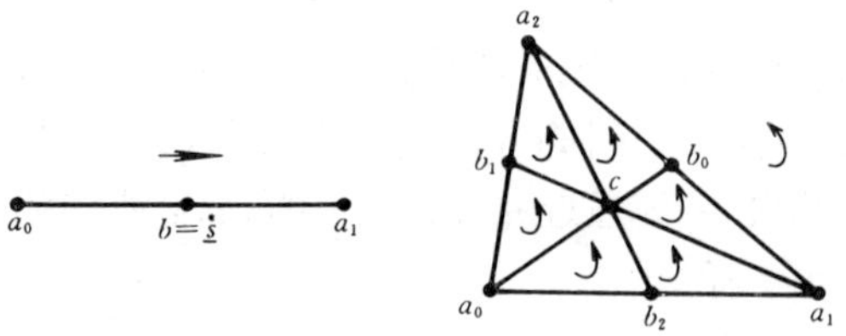

图 7-6

下面归纳地给出 η_q 的严格定义。对 $q=0$，令 $\eta_0(a)=a$，$\forall a\in K^0$，扩张得同态 $\eta_0:C_0(K)\to C_0(K^{(1)})$。

对 $q=1$，$\forall s\in T_1(K)$，设 $s=a_0a_1$，规定 $\eta_1(s)=a_0\overset{*}{\underline{s}}+\overset{*}{\underline{s}}a_1$。则 $\eta_1(-s)=\eta_1(a_1a_0)=a_1\overset{*}{\underline{s}}+\overset{*}{\underline{s}}a_0=-\eta_1(s)$，因此可扩张得同态 $\eta_1:C_1(K)\to C_1(K^{(1)})$，并且显然 $\partial_1\circ\eta_1=\eta_1\circ\partial_1$。

设当 $p<q$ 时，$\eta_p:C_p(K)\to C_p(K^{(1)})$ 已构造，并满足

$$\partial_p\circ\eta_p=\eta_{p-1}\circ\partial_p,\quad \forall p<q.$$

$\forall s\in T_q(K)$，规定 $\eta_q(s):=\underset{*}{s}(\eta_{q-1}(\partial_q s))$. 则

$$\eta_q(-s)=\underset{*}{s}\eta_{q-1}(\partial_q(-s))=-\eta_q(s).$$

于是，可扩张得到 $\eta_q: C_q(K)\to C_q(K^{(1)})$.

$\forall s\in T_q(K)$，

$$\begin{aligned}\partial_q\circ\eta_q(s)&=\partial_q(\underset{*}{s}(\eta_{q-1}(\partial_q s)))\\&=\eta_{q-1}\circ\partial_q(s)-\underset{*}{s}(\partial_{q-1}\circ\eta_{q-1}(\partial_q(s)))\\&=\eta_{q-1}\circ\partial_q(s)-\underset{*}{s}(\eta_{q-2}\circ\partial_{q-1}(\partial_q(s)))\\&=\eta_{q-1}\circ\partial_q(s),\end{aligned}$$

因此有 $\partial_q\circ\eta_q=\eta_{q-1}\circ\partial_q$. 归纳定义完成.

定理 7.3 η 诱导的同调群同态 $\eta_{*q}: H_q(K)\to H_q(K^{(1)})$ 是同构，并且以 π_{*q} 为逆（π 是标准链映射），$\forall q\in\mathbf{Z}$.

证明 定理 C.3 说明 $\eta_{*q}\circ\pi_{*q}=\mathrm{id}: H_q(K^{(1)})\to H_q(K^{(1)})$，$\forall q\in\mathbf{Z}$. 只须再证明 $\pi_{*q}\circ\eta_{*q}=\mathrm{id}: H_q(K)\to H_q(K)$，$\forall q\in\mathbf{Z}$. 事实上有 $\pi_q\circ\eta_q=\mathrm{id}: C_q(K)\to C_q(K)$，$\forall q\in\mathbf{Z}$. 我们用归纳法论证这断言.

$q=0$ 时，结论显然成立.

设 $p<q$ 时，$\pi_p\circ\eta_p=\mathrm{id}: C_p(K)\to C_p(K)$.

$\forall s\in T_q(K)$，记 $s=a_0a_1\cdots a_q$，不妨设 $\pi(\underset{*}{s})=a_0$. 则根据 π 和 η 的定义，有

$$\begin{aligned}\pi_q\circ\eta_q(s)&=\pi_q(\underset{*}{s}(\eta_{q-1}(\partial s)))\\&=a_0\Big(\pi_{q-1}\circ\eta_{q-1}\Big(\sum_{i=1}^{q}(-1)^i a_0\cdots\hat{a}_i\cdots a_q\Big)\Big)\\&=a_0\Big(\sum_{i=1}^{q}(-1)^i a_0\cdots\hat{a}_i\cdots a_q\Big)=a_0\cdots a_q=s.\end{aligned}$$

从而 $\pi_q\circ\eta_q=\mathrm{id}: C_q(K)\to C_q(K)$. ▌

对所有复形 K，都用 η 表示重分链映射.

对于任意自然数 r，记 η^r 是 r 个重分链映射

$$C(K)\xrightarrow{\eta}C(K^{(1)})\xrightarrow{\eta}\cdots\xrightarrow{\eta}C(K^{(r)})$$

的复合(每个 η 的含义不同). 按这种约定,有

$$\eta^{r+s} = \eta^r \circ \eta^s.$$

同样,记 $\pi^r : C(K^{(r)}) \to C(K)$是 r 个标准链映射(每个的含义不同)的复合,它由 id : $|K^{(r)}| \to |K|$的单纯逼近所导出,并且也有

$$\pi^{r+s} = \pi^r \circ \pi^s.$$

我们有互逆的同构

$$H_q(K) \underset{\pi^r_{*q}}{\overset{\eta^r_{*q}}{\rightleftarrows}} H_q(K^{(r)}), \quad \forall q \in \mathbf{Z}.$$

3.2 f_{*q}的规定

命题 7.9 如果 $\varphi : K^{(r)} \to L$ 和 $\psi : K^{(r+s)} \to L$ 都是 $f : |K| \to |L|$的单纯逼近,则 $\varphi_{*q} \circ \eta^r_{*q} = \psi_{*q} \circ \eta^{r+s}_{*q}$, $\forall q \in \mathbf{Z}$.

证明 见下图表. 因为 $\varphi \circ \pi^s : K^{(r+s)} \to L$ 也是 f 的单纯逼近, 所以有(定理 C.2)

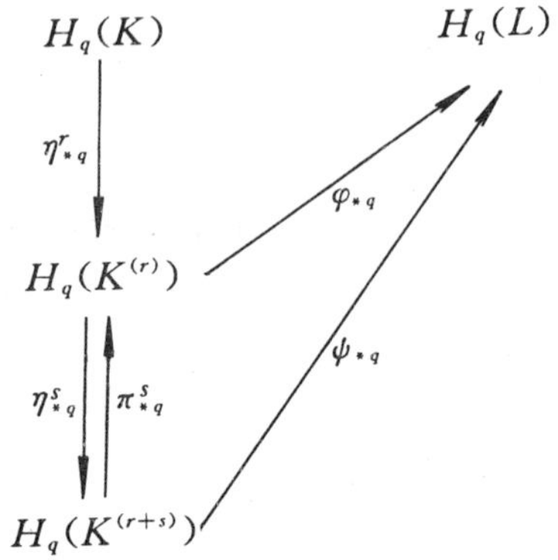

$$\psi_{*q} = \varphi_{*q} \circ \pi^s_{*q}, \quad \forall q \in \mathbf{Z}.$$

于是

$$\psi_{*q} \circ \eta^{r+s}_{*q} = \varphi_{*q} \circ \pi^s_{*q} \circ \eta^s_{*q} \circ \eta^r_{*q} = \varphi_{*q} \circ \eta^r_{*q}, \quad \forall q \in \mathbf{Z}. \quad \blacksquare$$

现在我们可以给出下面的定义.

定义 7.6 设 K, L 是复形, $f : |K| \to |L|$是连续映射,取 φ:

$K^{(r)} \to K$ 是 f 的单纯逼近，规定 $\boldsymbol{f}$ **诱导的同调群同态**为

$$f_{*q} = \varphi_{*q} \circ \eta^r_{*q} : H_q(K) \to H_q(L), \quad \forall\, q \in \mathbf{Z}.$$

命题 7.10 (1) 设 K 是多面体，则恒同映射 $\mathrm{id} : |K| \to |K|$ 导出的同调群同态 $\mathrm{id}_{*q} : H_q(K) \to H_q(K)$ 是恒同同构.

(2) 设 K, L 和 M 都是复形，$f : |K| \to |L|$ 和 $g : |L| \to |M|$ 都是连续映射，则

$$(g \circ f)_{*q} = g_{*q} \circ f_{*q} : H_q(K) \to H_q(M), \quad \forall\, q \in \mathbf{Z}.$$

证明 (1) 取 K 到自身的恒同单纯映射作为 $\mathrm{id} : |K| \to |K|$ 的单纯逼近就可得到结论.

(2) 在下面的图表中，$\psi : L^{(s)} \to M$ 是 g 的单纯逼近，$\varphi : K^{(r)} \to L^{(s)}$ 是 f 的单纯逼近. 于是 $\pi^s \circ \varphi : K^{(r)} \to L$ 也是 f 的单纯逼近，

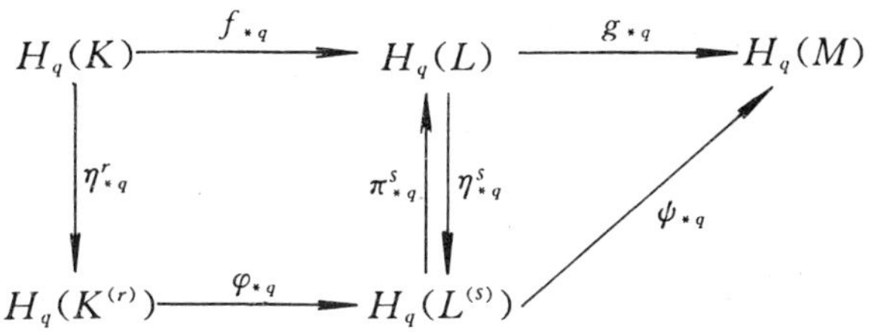

$\psi \circ \varphi : K^{(r)} \to M$ 是 $g \circ f$ 的单纯逼近，由定义

$$\begin{aligned}(g \circ f)_{*q} &= (\psi \circ \varphi)_{*q} \circ \eta^r_{*q}, \\ g_{*q} \circ f_{*q} &= \psi_{*q} \circ \eta^s_{*q} \circ \pi^s_{*q} \circ \varphi_{*q} \circ \eta^r_{*q} \\ &= \psi_{*q} \circ \varphi_{*q} \circ \eta^r_{*q} = (\psi \circ \varphi)_{*q} \circ \eta^r_{*q},\end{aligned}$$

因此 $(g \circ f)_{*q} = g_{*q} \circ f_{*q}$. ▌

从这个命题可以推出同调群的拓扑不变性.

定理 7.4 设 K, L 是复形. 如果 $f : |K| \to |L|$ 是同胚映射，则 $f_{*q} : H_q(K) \to H_q(L)$ 是同构，$\forall q \in \mathbf{Z}$.

证明 记 $g = f^{-1} : |L| \to |K|$. 根据命题 7.10，$g_{*q} \circ f_{*q} = (g \circ f)_{*q} = \mathrm{id}_{*q}$ 是恒同同构. 同理，$f_{*q} \circ g_{*q}$ 也是恒同同构. 于是 f_{*q} 是同构，g_{*q} 是它的逆. ▌

定理说明,复形 K 的各维同调群 $H_q(K)$的同构类型是由$|K|$所决定的,即是$|K|$的拓扑不变量(拓扑性质). 这样,K 的各维 Betti 数 β_q 和 Euler 示性数 $\chi(K)=\sum_{q=0}^{\dim K}(-1)^q\beta_q$ 也都是$|K|$的拓扑不变量.

3.3 多面体与可剖分空间的同调群

定理 7.4 说明,同一个多面体的不同剖分有同构的同调群. 设 $|K|=|L|$,则恒同映射 $\mathrm{id}:|K|\to|L|$ 决定了 $H_q(K)$与 $H_q(L)$间的一个同构. 以后,我们规定多面体的同调群就是它的剖分的同调群,它在同构型的意义下是确定的.

设 X,Y 都是多面体,K_i,L_i 是它们的剖分,$i=1,2$. 如果 $f:X\to Y$ 是连续映射,则 f 诱导出两组同态$\{f_{*q}:H_q(K_1)\to H_q(L_1)\}$和$\{f_{*q}:H_q(K_2)\to H_q(L_2)\}$,它们使下面图表可交换:

$$\begin{array}{ccc} H_q(K_1) & \xrightarrow{f_{*q}} & H_q(L_1) \\ \Big\downarrow{\scriptstyle \mathrm{id}_{*q}} & & \Big\downarrow{\scriptstyle \mathrm{id}_{*q}} \\ H_q(K_2) & \xrightarrow{f_{*q}} & H_q(L_2) \end{array}$$

$\forall q\in\mathbf{Z}$. 正如可用 X 和 Y 的任意剖分的同调群看作 $H_q(X)$和 $H_q(Y)$那样,可以用上面任一组同态看作同态组

$$\{f_{*q}:H_q(X)\to H_q(Y)\}.$$

类似地可规定可剖分空间的同调群以及可剖分空间之间的连续映射诱导的同调群同态.

设 X 是可剖分空间,(K_1,φ_1)和(K_2,φ_2)都是 X 的剖分,则 $\varphi_2^{-1}\circ\varphi_1:|K_1|\to|K_2|$是同胚,它诱导 $H_q(K_1)$到 $H_q(K_2)$的同构. 我们规定 X 的同调群就是它的任一剖分中多面体的同调群.

设 X 和 Y 都是可剖分空间,(K,φ)和(L,ψ)分别是它们的剖

分. 如果 $f: X \to Y$ 是连续映射，则 $\psi^{-1} \circ f \circ \varphi: |K| \to |L|$ 连续. 我们把 $(\psi^{-1} \circ f \circ \varphi)_{*q}$ 看作 $f_{*q}: H_q(X) \to H_q(Y), \forall q \in \mathbf{Z}$. (相应地认为 $H_q(X) = H_q(K), H_q(Y) = H_q(L)$.)

在上述意义下，类似于命题 7.10 的结果仍成立.

命题 7.11 (1) 设 $\mathrm{id}: X \to X$ 是可剖分空间(多面体) X 上的恒同映射，则 $\mathrm{id}_{*q}: H_q(X) \to H_q(X)$ 是恒同同构.

(2) 设 X, Y 和 Z 都是可剖分空间(多面体)，$f: X \to Y$ 和 $g: Y \to Z$ 都是连续映射，则

$$(g \circ f)_{*q} = g_{*q} \circ f_{*q}: H_q(X) \to H_q(Z), \quad \forall q \in \mathbf{Z}. \quad \blacksquare$$

下面列出已计算出的几个空间的同调群.

n 维球面 S^n 同胚于 $n+1$ 维单形的边缘复形，因此从第六章 §4 的例 2 知道($n>0$ 时)

$$H_q(S^n) \cong \begin{cases} \mathbf{Z}, & q = 0, n, \\ 0, & q \neq 0, n. \end{cases}$$

从第六章 §4 的例 3 知道，若 X 是平环，则

$$H_q(X) \cong \begin{cases} \mathbf{Z}, & q = 0, 1, \\ 0, & q \neq 0, 1. \end{cases}$$

从第六章 §4 的例 4 和例 5 知道

$$H_q(T^2) \cong \begin{cases} \mathbf{Z}, & q = 0, 2, \\ \mathbf{Z} \oplus \mathbf{Z}, & q = 1, \\ 0, & q \neq 0, 1, 2; \end{cases}$$

$$H_q(P^2) \cong \begin{cases} \mathbf{Z}, & q = 0, \\ \mathbf{Z}_2, & q = 0, \\ 0, & q \neq 0, 1. \end{cases}$$

再举几个例子.

例 1 设 $X = S^1 \vee S^1$. 图 7-7 是 X 的一个剖分 K，它是两个子复形 K_1 和 K_2 的并，$K_1 \cap K_2 = a_0$ 是一顶点. K_1, K_2 分别是 S^1 的剖分，于是 $H_1(K) \cong \mathbf{Z} \oplus \mathbf{Z}$(第六章 §3 习题 2). 设

$$z_1 = a_0a_1 + a_1a_2 + a_2a_0, \quad z_2 = a_0a_3 + a_3a_4 + a_4a_0,$$

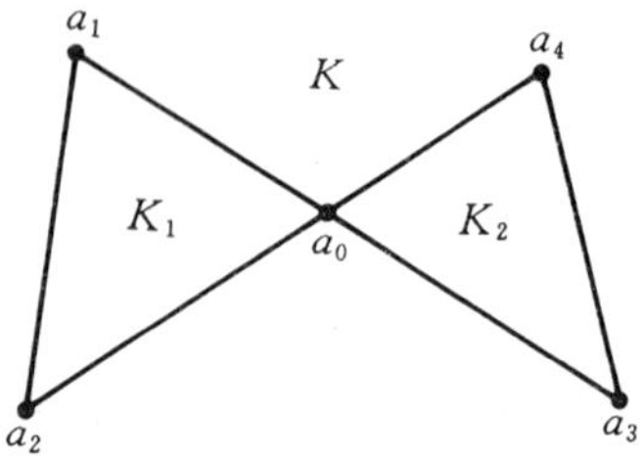

图 7-7

则$\{z_1, z_2\}$是$Z_1(K)=H_1(K)$的基. K 是连通的 1 维复形，于是

$$H_q(X) \cong \begin{cases} \mathbf{Z}, & q=0, \\ \mathbf{Z} \oplus \mathbf{Z}, & q=1, \\ 0, & q \neq 0,1. \end{cases}$$

用同样方法可计算出

$$H_q\left(\bigvee_{i=1}^{n} S_i^1\right) \cong \begin{cases} \mathbf{Z}, & q=0, \\ \overbrace{\mathbf{Z} \oplus \mathbf{Z} \oplus \cdots \oplus \mathbf{Z}}^{n\text{个}}, & q=1, \\ 0, & q \neq 0,1. \end{cases}$$

例 2 设 X 是 S^2 加上赤道所围的圆盘. 图 7-8 给出了 X 的一个剖分 $K = \mathrm{Bd}\underline{s}_1 \cup \mathrm{Bd}\underline{s}_2$，其中

$$\underline{s}_1 = (a_0, a_1, a_2, a_3), \quad \underline{s}_2 = (a_1, a_2, a_3, a_4).$$

记 $K_1 = \mathrm{Bd}\underline{s}_1, K_2 = \mathrm{Bd}\underline{s}_2$，则 $K_1 \cap K_2 = \mathrm{Cl}(a_1, a_2, a_3)$. 根据第六章 § 3 的习题 4，

$$H_q(K) \cong H_q(K_1) \oplus H_q(K_2), \quad \forall\, q \neq 0,$$

于是

$$H_q(K) \cong \begin{cases} \mathbf{Z}, & q=0, \\ \mathbf{Z} \oplus \mathbf{Z}, & q=2, \\ 0, & q \neq 0,2. \end{cases}$$

例 3 X 是 S^2 加一直径，它的一个剖分如图 7-9 所示，$K = \mathrm{Bd}(a_0, a_1, a_2, a_3) \cup \mathrm{Bd}(a_0, a_1, a_4)$. 用例 2 的方法可以求出

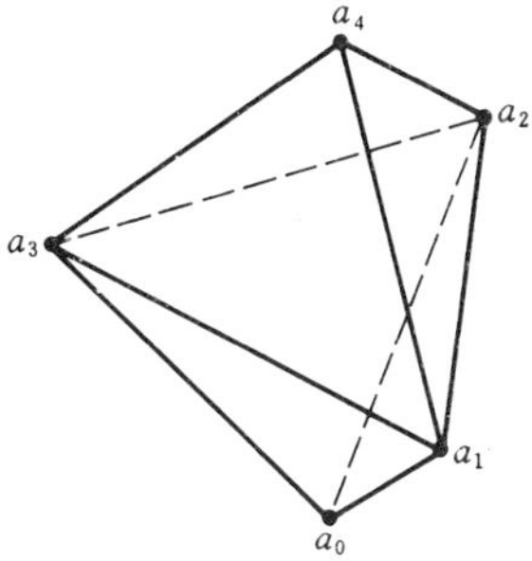

图 7-8

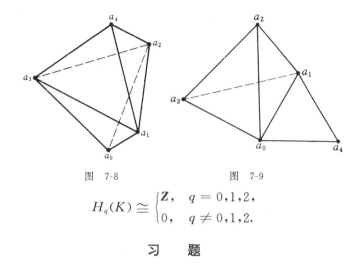

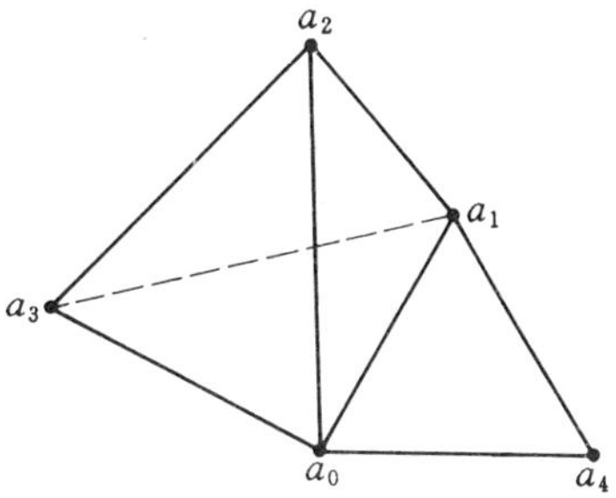

图 7-9

$$H_q(K) \cong \begin{cases} \mathbf{Z}, & q = 0,1,2, \\ 0, & q \neq 0,1,2. \end{cases}$$

习　　题

1. 计算 $S^n \vee S^m$ 的同调群($n \neq m$,都大于 0).

2. 作可剖分空间 X,使得它的 0,2,3 维同调群同构于 $\mathbf{Z}$,$H_1(X) \cong \mathbf{Z}_2$,其他维同调群为 0.

3. 作可剖分空间 X,使得它与 T^2 有同构的各维同调群,但 $X \not\cong T^2$.

§4　同伦不变性

4.1　同调群的同伦不变性

和基本群一样,同调群也有同伦不变性.它包括两个方面:同伦的映射诱导相同的同调群同态;同伦等价的空间有同构的同调群.我们只须对复形证明这两个结论.

定理 7.5　设 K, L 都是复形,如果连续映射 $f \simeq g : |K| \to |L|$,则

$$f_{*q} = g_{*q} : H_q(K) \to H_q(L), \quad \forall\, q \in \mathbf{Z}.$$

证明 设 $H: |K|\times I \to |L|$ 是 f 到 g 的同伦，记 h_t 是 H 的 t-切片，则 $h_0=f, h_1=g$. $\{H^{-1}(\mathrm{St}_L b)\,|\,b\in L^0\}$ 是 $|K|\times I$ 的一个开覆盖. 设 δ 是它的 Lebesgue 数. 取充分大的 r，使得 $\mathrm{Mesh}(K^{(r)})<\frac{\delta}{4}$. 于是，当 $t,t'\in I$，使得 $0\leqslant t'-t<\frac{\delta}{2}$ 时，对 $K^{(r)}$ 任一顶点 a，$\mathrm{St}_{K^{(r)}}a\times[t,t']$ 包含在某个 $H^{-1}(\mathrm{St}_L b)$ 中，也即 $h_t(\mathrm{St}_{K^{(r)}}a)$ 和 $h_{t'}(\mathrm{St}_{K^{(r)}}a)$ 包含在 L 的同一个星形中. 于是可构造 $\varphi: K^{(r)}\to L$，它是 h_t 和 $h_{t'}$ 的公共的单纯逼近，从而

$$(h_t)_{*q}=\varphi_{*q}\circ\eta^r_{*q}=(h_{t'})_{*q},\quad \forall q\in\mathbf{Z}.$$

由此马上得出

$$f_{*q}=(h_0)_{*q}=(h_1)_{*q}=g_{*q},\quad \forall q\in\mathbf{Z}.\quad \blacksquare$$

命题 7.12 设 K 和 L 是复形，$f: |K|\to|L|$ 是一个同伦等价，则 $f_{*q}: H_q(K)\to H_q(L)$ 是同构，$\forall q\in\mathbf{Z}$.

证明 设 $g: |L|\to|K|$ 是 f 的同伦逆，则

$$g_{*q}\circ f_{*q}=(g\circ f)_{*q}=\mathrm{id}_{*q}: H_q(K)\to H_q(K),$$
$$f_{*q}\circ g_{*q}=(f\circ g)_{*q}=\mathrm{id}_{*q}: H_q(L)\to H_q(L),$$

因此 f_{*q} 是同构，$g_{*q}=(f_{*q})^{-1}$. $\blacksquare$

一个直接的推论是定理 7.6.

定理 7.6 设 K 和 L 是复形，若 $|K|\simeq|L|$，则

$$H_q(K)\cong H_q(L),\quad q\in\mathbf{Z}.\quad \blacksquare$$

4.2 同伦不变性在同调群的计算中的应用

同伦不变性是计算同调群的有效工具，它常常可在很大程度上简化计算. 例如，不难看出单纯锥的多面体是可缩空间，而显然由一个 0 维单形构成的多面体是零调的，即 0 维同调群是自由循环群，其他维同调群是零群. 用同伦不变性立即推出单纯锥也是零调的(但第六章的计算还是必要的，在定义 f_{*q} 的过程中要用到这个结果). 又如，平环与 S^1 同伦等价，因此它的同调群与 S^1 的同调群(即 2 维单形的边缘复形的同调群)同构. (对照第六章 §4 的例

2 与例 3 的结果.)下面再举几个例子.

例 1 Möbius 带 X 的同调群.

图 7-10 是 X 的一个剖分 K 的展开图. 设 $L=\{(a_0,a_2),(a_2,a_5),(a_5,a_0);a_0,a_2,a_5\}$, 它是 K 的子复形,并且 $|L|$ 是 $|K|$ 的形变

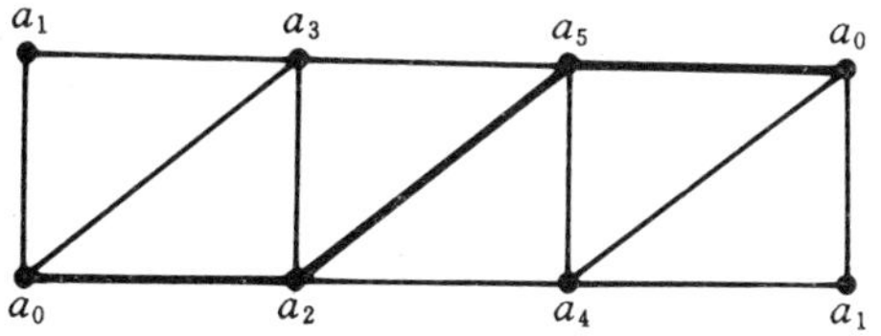

图 7-10

收缩核. 记 $i:|L|\to|K|$ 是包含映射,则 $i_{*q}:H_q(L)\cong H_q(K)$, $\forall q\in\mathbf{Z}$. $|L|\cong S^1$,因此有

$$H_q(K)\cong H_q(L)\cong\begin{cases}\mathbf{Z}, & q=0,1,\\ 0, & q\neq 0,1.\end{cases}$$

并且,设 $z=a_0a_2+a_2a_5+a_5a_0$,则 z 是 $Z_1(L)=H_1(L)$ 的生成元,因而 $\langle z\rangle$ 是 $H_1(K)$ 的生成元.

例 2 Klein 瓶的同调群.

图 7-11 是 Klein 瓶的一个剖分 K 的展开图.

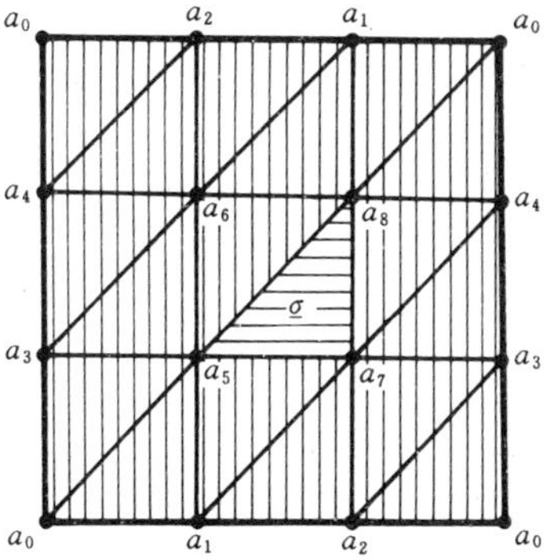

图 7-11

$H_2(K)$ 的计算类似于第六章 §4 的例 4. 对 K 的每个 2 维单形取相同的定向(譬如都取逆时针定向),所得 18 个 2 维定向单形是 $C_2(K)$ 的基. 则 2 维链 C 是闭链的必要条件是 c 在这些 2 维定向单形上取相同的值. 记 c_0 是都取 1 的那个 2 维链,则 2 维闭链都应有 nc_0 的形式. 然而,在现在的情形 $\partial_2c_0=2z_1$,这里 $z_1=a_0a_1+a_1a_2+a_2a_0$. 因此只当 $n=0$ 时 nc_0 才是闭链,即

$$H_2(K) = Z_2(K) = 0.$$

计算 $H_1(K)$. 设子复形 L 是 K 的边框上的部分，$\underline{\sigma}=(a_5,a_7,a_8)$，记 $K_1=K\backslash\underline{\sigma}$. 则 $|L|$ 是 $|K_1|$ 的形变收缩核，从而 $i_{*q}: H_q(L)\to H_q(K_1)$ 是同构. 记 $z_2=a_0a_3+a_3a_4+a_4a_0$，$z=\partial_2\sigma(\sigma=a_5a_7a_8)$.

根据 § 3 中例 1，$H_1(L)=Z_1(L)$ 并以 z_1 和 z_2 作为基. 于是由 $i_{*1}: H_1(L)\cong H_1(K_1)$ 知，z_1 和 z_2 在 K_1 中的同调类 $\langle z_1\rangle$ 和 $\langle z_2\rangle$ 是 $H_1(K_1)$ 的基.

从 K_1 和 K 的关系不难看出

$$B_1(K_1)\subset B_1(K)\subset Z_1(K)=Z_1(K_1).$$

于是，用代数学的知识，有

$$\begin{aligned}H_1(K) &= Z_1(K_1)/B_1(K)\\ &\cong (Z_1(K_1)/B_1(K_1))/(B_1(K)/B_1(K_1))\\ &= H_1(K_1)/(B_1(K)/B_1(K_1)).\end{aligned}$$

由于 $C_2(K)$ 只比 $C_2(K_1)$ 多一个生成元 σ，对 $\forall b\in B_1(K)$，有分解式 $b=b'+n\partial_2\sigma=b'+nz$，其中 $b'\in B_1(K_1)$. 于是，$B_1(K)/B_1(K_1)$ 是由 $\langle z\rangle$（z 在 K_1 中的同调类）生成的自由循环群（作为 $H_1(K_1)$ 的子群，$B_1(K)/B_1(K_1)$ 是自由群！）. 注意到 $\partial_2(c_0-\sigma)=2z_1-z$，这说明在 K_1 中 $z\sim 2z_1$，因此 $B_1(K)/B_1(K_1)$ 就是 $H_1(K_1)$ 中由 $2\langle z_1\rangle$ 生成的子群. 这样

$$H_1(K)\cong \mathbf{Z}\oplus\mathbf{Z}_2.$$

我们得到 Klein 瓶的各维同调群为

$$H_q(2P^2)\cong\begin{cases}\mathbf{Z}, & q=0,\\ \mathbf{Z}\oplus\mathbf{Z}_2, & q=1,\\ 0, & q\neq 0,1.\end{cases}$$

用同样的方法可计算出任何闭曲面的同调群. 对可定向闭曲面，注意相应的 c_0 是闭链，从而 $H_2(nT^2)\cong\mathbf{Z}$；并且在 K_1 中 $z\sim 0$，从而 $B_1(K)=B_1(K_1)$，$H_1(K)\cong H_1(K_1)$. 我们列出闭曲面的同调群如下：

$$H_q(nT^2) \cong \begin{cases} \mathbf{Z}, & q = 0,2, \\ \overbrace{\mathbf{Z} \oplus \mathbf{Z} \oplus \cdots \oplus \mathbf{Z}}^{2n\text{个}}, & q = 1, \\ 0, & q \neq 0,1,2; \end{cases}$$

$$H_q(mP^2) \cong \begin{cases} \mathbf{Z}, & q = 0, \\ \overbrace{\mathbf{Z} \oplus \cdots \oplus \mathbf{Z}}^{m-1\text{个}} \oplus \mathbf{Z}_2, & q = 1, \\ 0, & q \neq 0,1. \end{cases}$$

可定向与不可定向闭曲面在 2 维同调群上显示了不同. 由闭曲面的同调群可看出:两个闭曲面 S 与 S' 同胚 $\Longleftrightarrow H_1(S) \cong H_1(S')$ $\Longleftrightarrow S$ 与 S' 同伦等价.

习　题

1. 设 X 是可剖分空间, $f: X \to S^n$ 是连续映射, 并且不满. 证明 $f_{*n}=0$ $(n \geqslant 1)$.

2. 把三角形的三个顶点粘在一起, 所得商空间记作 X. 求 X 的同调群.

3. 把四边形的四条边如图 7-12 所示粘接在一起, 记 X 是所得商空间. 求 X 的同调群.

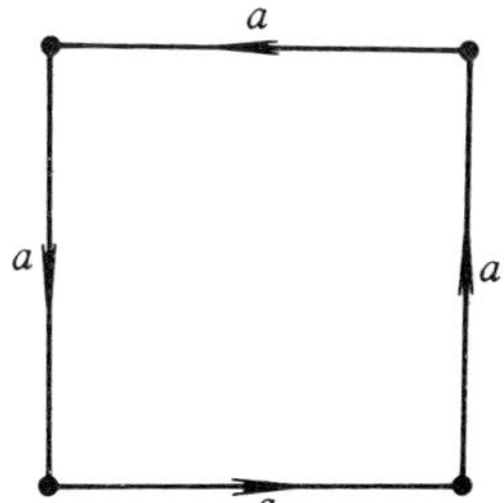

图 7-12

4. 设 X 是 S^2 的赤道上粘接一条 Möbius 带. 求 X 的同调群.

5. 设 X 由三个两两相切的球面构成. 求 X 的同调群.

第八章　映射度与不动点

拓扑不变性与同伦不变性使得同调群有广泛的应用，例如第四章中基本群应用的那些例子都可改用 1 维同调群. 由于我们规定了各种维数的同调群，不仅能用它们解决低维的问题(如同基本群)，也可解决高维问题，下面列出几个比较直接的应用.

(1) $\forall n\geqslant 0, S^n$ 不可缩，即与单点空间不同伦.

$n=0$ 显然；$n>0$ 时，$H_n(S^n)\cong \mathbf{Z}$，而 $H_n(\{p\})=0$.

(2) 当 $n\neq m$ 时，$S^n\not\cong S^m$.

设 $n>m$，则 $H_n(S^n)\cong \mathbf{Z}$，而 $H_n(S^m)=0$.

(3) 当 $n\neq m$ 时，$\boldsymbol{E}^n\not\cong \boldsymbol{E}^m$.

否则，$\boldsymbol{E}^n\setminus\{O\}\cong \boldsymbol{E}^m\setminus\{O\}$，从而 $S^{n-1}\simeq \boldsymbol{E}^n\setminus\{O\}\cong \boldsymbol{E}^m\setminus\{O\}\simeq S^{m-1}$，与(2)的结论矛盾.

(4) $\boldsymbol{E}^n_+\not\cong \boldsymbol{E}^n$.

(5) $\boldsymbol{E}^n_+$ 在 O 处没有同胚于 $\boldsymbol{E}^n$ 的开邻域，从而 n 维流形的边界点与内点的区分是有意义的.

(4)和(5)可仿照第四章中关于 $n=2$ 的相应情形进行证明.

本章中将讲几个深入一些的应用，涉及到映射度与不动点问题.

§1　球面自映射的映射度

1.1　球面自映射的映射度的定义与性质

设 $f: S^n\to S^n, n\geqslant 1$. f 诱导出 $f_{*n}: H_n(S^n)\to H_n(S^n)$. 由于 $H_n(S^n)\cong \mathbf{Z}$，f_{*n}决定一个整数 k，使得$\forall \alpha\in H_n(S^n)$，$f_{*n}(\alpha)=k\alpha$.

称整数 k 为 f 的**映射度**，记作 $\deg(f)$①.

映射度有下列基本性质.

命题 8.1 (1) 若 $f,g: S^n \to S^n$ 都连续，则

$$\deg(g\circ f) = \deg(g)\cdot\deg(f);$$

(2) 如果 $f \simeq g: S^n \to S^n$，则

$$\deg(f) = \deg(g);$$

(3) 如果 $f: S^n \to S^n$ 零伦，则 $\deg(f)=0$；

(4) $\deg(\mathrm{id})=1$.

证明 (1)和(4)分别由命题 7.11 的(2)和(1)推出；(2)由定理 7.5 得到；(3)由(2)推出(注意常值映射导出零同态). ▌

(2)是著名的 Hopf 映射度定理的一半，该定理说：n 维球面的两个连续自映射同伦的充分必要条件是它们的映射度相等. 这个定理的另一半的证明比较难，并且下面我们用到的只是(2)，因此不给出 Hopf 定理完整的证明了.

下面都是映射度的应用. 作为映射度的直接应用，首先来完成 Brouwer 不动点定理的证明.

第四章中已叙述了 Brouwer 不动点定理，并把它的证明归结到证明 S^{n-1} 上恒同映射不零伦. 综合命题 8.1 的(3)与(4)，直接得到这个断言，从而完成了 Brouwer 定理的证明.

1.2 对径映射的映射度及其应用

球面 S^n 看作 $\boldsymbol{E}^{n+1}$ 中的单位球面，S^n 的**对径映射**即 S^n 关于原点 O 的中心对称，记作 $h: S^n \to S^n$. 于是 $h(x) = -x, \forall x \in S^n$.

显然 $h^2 = \mathrm{id}$，因此

$$(\deg(h))^2 = \deg(\mathrm{id}) = 1,$$

---

① $H_n(S^n)$ 和 f_{*n} 都是要通过 S^n 的某个剖分 (K,φ) 来规定的，即 $H_n(S^n) = H_n(K)$，$f_{*n} = (\varphi^{-1}\circ f\circ\varphi)_{*n}: H_n(K) \to H_n(K)$. 可以证明：$\deg(f)$ 与 (K,φ) 的选择无关，在此不详细论述了.

从而

$$|\deg(h)| = 1.$$

剩下要决定 $\deg(h)$的正负性.

命题 8.2 设 $h: S^n \to S^n$ 是对径映射,则

$$\deg(h) = (-1)^{n+1}.$$

证明 作复形 Σ^n 如下.

记 $e_i^{\varepsilon} = (0,\cdots,0,\underset{i}{\varepsilon},0,\cdots,0) \in \boldsymbol{E}^{n+1}$,$\varepsilon = \pm 1$. 规定

$$\Sigma^n = \left\{ \left(e_{i_0}^{\varepsilon_0}, e_{i_1}^{\varepsilon_1}, \cdots, e_{i_q}^{\varepsilon_q} \right) \middle| 1 \leqslant i_0 < i_1 < \cdots < i_q \leqslant n+1 \right\}.$$

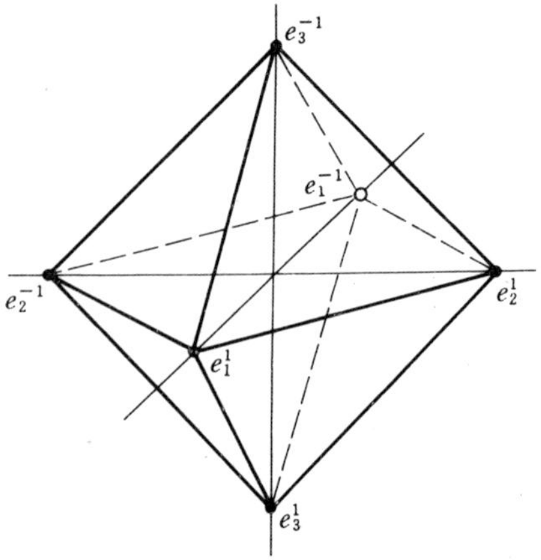

图 8-1

图 8-1 中画出了 Σ^2,它是正八面体的边界.

我们不难看出 $|\Sigma^n| = \left\{ (x_1,\cdots,x_{n+1}) \in \boldsymbol{E}^{n+1} \middle| \sum_{i=1}^{n+1} |x_i| = 1 \right\}$,它也是关于原点 O 中心对称的. 记 $r: |\Sigma^n| \to S^n$ 为中心投影, 即由 $r(x_1,\cdots,x_{n+1}) = \dfrac{1}{\sqrt{\sum_{i=1}^{n+1} x_i^2}}(x_1,\cdots,x_{n+1})$ 规定的映射,则 r 是同胚,从而(Σ^n, r)是 S^n 的剖分.

记 $h'=r^{-1}\circ h\circ r: |\Sigma^n|\to|\Sigma^n|$,则 h' 是 $|\Sigma^n|$ 上的中心对称映射. 记 $\varphi: \Sigma^n\to\Sigma^n$ 是由顶点对应 $e_i^{\varepsilon}\mapsto e_i^{-\varepsilon}(\forall i,\varepsilon)$ 决定的单纯映射,则 $\bar{\varphi}=h'$,因此 φ 就是 h' 的单纯逼近. 约定 $h_{*n}=h'_{*n}=\varphi_{*n}$.

取 $z_n\in C_n(\Sigma^n)$ 为

$$z_n=\sum_{\varepsilon_i=\pm1}\varepsilon_1\varepsilon_2\cdots\varepsilon_{n+1}e_1^{\varepsilon_1}e_2^{\varepsilon_2}\cdots e_{n+1}^{\varepsilon_{n+1}}.$$

容易验证 $\partial_n z_n=0$,即 $z_n\in Z_n(\Sigma^n)=H_n(\Sigma^n)$. $z_n\neq0$,并且

$$\begin{aligned}\varphi_{*n}(z_n)&=\varphi_n(z_n)\\&=\sum_{\varepsilon_i=\pm1}\varepsilon_1\varepsilon_2\cdots\varepsilon_{n+1}e_1^{-\varepsilon_1}e_2^{-\varepsilon_2}\cdots e_{n+1}^{-\varepsilon_{n+1}}\\&=(-1)^{n+1}z_n.\end{aligned}$$

按定义,$\deg(h)=(-1)^{n+1}$. ▌

如果 n 是正偶数,则 $\deg(h)=-1$,从而 $h\not\simeq\mathrm{id}$.

定理 8.1 设 n 是正偶数,$p: S^n\to X$ 是复叠映射,则 p 是 2 叶复叠映射或同胚映射.

证明 因为 S^n 单连通,p 是泛复叠映射,所以 p 的叶数就是复叠变换群 $\mathscr{D}(S^n,p)$ 中元素的个数,要证 $\#\mathscr{D}(S^n,p)\leqslant2$.

如果 $g\in\mathscr{D}(S^n,p)$,g 不是 $\mathrm{id}: S^n\to S^n$,则 g 无不动点,即 $g(x)\neq x=-h(x)$. 于是 $g\simeq h$(第四章 §1 例 2),从而 $\deg(g)=\deg(h)=(-1)^{n+1}=-1$.

于是,若 $g_1,g_2\in\mathscr{D}(S^n,p)$ 都不是 id,则 $\deg(g_1\circ g_2)=\deg(g_1)\cdot\deg(g_2)=1$,因此 $g_1\circ g_2=\mathrm{id}$. 同理 $g_1\circ g_1=\mathrm{id}$. 则 $g_1=g_1\circ g_1\circ g_2=g_2$. 这样,$\mathscr{D}(S^n,p)$ 最多只有一个非单位元,即 $\mathscr{D}(S^n,p)\leqslant2$. ▌

如果 n 是奇数,定理的结论就不成立了. 例如可构造 S^1 到 S^1 的任何正整数叶的复叠映射,又如 S^3 到透镜空间 $L(p,q)$ 有 p 叶的复叠映射.

下面讨论球面上的连续切向量场.

球面 S^n 上的**连续切向量场**是指对每一点 $x\in S^n$,规定 S^n 在 x

处的一个切向量 $v(x)$，并且 $v(x)$ 连续地依赖于 x. 如把 $\boldsymbol{E}^{n+1}$ 看作 $n+1$ 维向量空间，则 S^n 上的一个连续切向量场就是一个连续映射 $v: S^n \to \boldsymbol{E}^{n+1}$，满足内积 $v(x) \cdot x=0, \forall x \in S^n$. 如果在 x 处 $v(x)=0$，则称 x 是 v 的**奇点**.

定理 8.2 当 n 为偶自然数时，S^n 的连续切向量场一定有奇点.

证明 用反证法. 如果连续切向量场 v 没有奇点，则可规定 $f: S^n \to S^n$ 为

$$f(x)=\frac{v(x)}{\|v(x)\|}, \quad \forall x \in S^n.$$

因为 $v(x) \cdot x=0$，所以 $f(x) \cdot x=0$，从而 $f(x) \neq \pm x, \forall x \in S^n$. 由此推出 $f \simeq \mathrm{id}$（从 $f(x) \neq -x, \forall x \in S^n$），和 $f \simeq h$（从 $f(x) \neq x$，$\forall x \in S^n$）（见第四章 §1 的例 2）. 于是 $h \simeq \mathrm{id}: S^n \to S^n$. 但 $\deg(h)=-1, \deg(\mathrm{id})=1$，与命题 8.1 的(2)矛盾. ▌

如果 $\|v(x)\|=1, \forall x \in S^n$（即 $v(x)$ 总是单位向量，就称 v 是 S^n 上的单位切向量场. 于是定理 8.2 的另一说法是：当 n 是正的偶数时，S^n 上没有连续的单位切向量场.

在 $n=2$ 时，定理还有一个直观的说法：一个球面上如果长满了毛发，不可能将毛发处处平顺地梳拢到球面上. 也就是说在有的点上的毛发不论往哪个方向梳，总要与周围毛发的方向不协调. 以

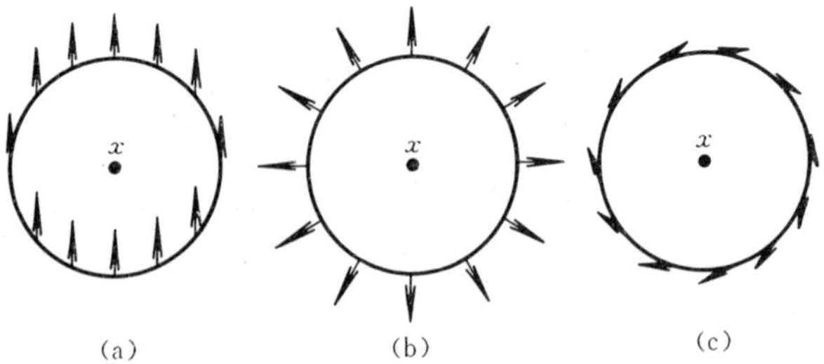

图 8-2

这种点为心的一个小圆圈上,毛发的方向不会是图 8-2(a)的情形(否则让圆内各点处的毛发按圆圈上的方向梳理,x 就不是特殊点了),而是像(b),(c)或者更加复杂的情形,即毛发在 x 处"打旋".图 8-3 的(a)和(b)分别画出了有一个和两个旋点的情形.

(a)

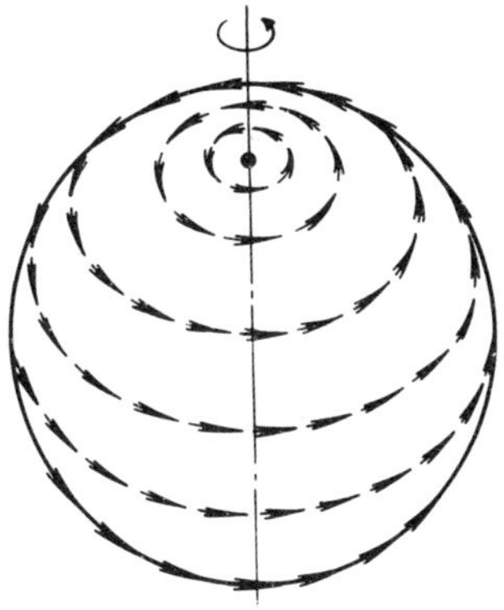

(b)

图 8-3

在 T^2 上情况则不同,可以将 T^2 上的毛发处处平顺地梳拢在 T^2 上,比如让毛发都顺着经圆.

习　题

1. 证明 S^{n-1} 不是 D^n 的收缩核.

2. 设 $f: D^n \to \boldsymbol{E}^n$ 连续.证明在下列条件之一成立时,f 有不动点:

(1) $f(S^{n-1}) \subset D^n$;

(2) $\forall x \in S^{n-1}$, $f(x)$, x 与原点不共线;

(3) $\forall x \in S^{n-1}$,线段 $\overline{xf(x)}$ 过原点.

(这是第四章§5 习题 8 的推广)

3. 设 $f: D^n \to \boldsymbol{E}^n$ 是嵌入映射,并且 $D^n \subset f(D^n)$,则 f 有不动点.

4. 设 $f: D^n \to D^n$ 连续,并且 $f(S^{n-1}) \subset S^{n-1}$,记 $f_0: S^{n-1} \to S^{n-1}$是 f 在 S^{n-1}上的限制. 证明:如果 $\deg(f_0) \neq 0$,则 f 是满的.

5. 设 n 是偶数,$f: S^n \to S^n$ 连续,则

(1) f 或有不动点,或有点 $x \in S^n$ 使得 $f(x) = -x$;

(2) f^2 有不动点.

§2 保径映射的映射度及其应用

2.1 保径映射的映射度

称连续映射 $f: S^n \to S^n$ 为**保径映射**,如果$\forall x \in S^n, f(-x) = -f(x)$,即 $h \circ f = f \circ h$.

我们来计算保径映射的映射度,并由此说明它不零伦. 这个事实有许多重要而有趣的应用.

引理 1 若 $f: S^n \to S^n$ 是保径映射,则存在保径映射 g,满足 $g \simeq f$,并且 $g(S^{n-1}) \neq S^n$.

证明 用单纯逼近的方法证明,沿用命题 8.2 的证明中规定的 Σ^n, h', r 等记号. 记 $f' = r^{-1} \circ f \circ r: |\Sigma^n| \to |\Sigma^n|$,则 f'也是对径的,即 $f' \circ h' = h' \circ f'$. 取足够大的自然数 q,使得 f'关于 $L = (\Sigma^n)^{(q)}$和 Σ^n 有星形性质. L 也是关于原点 O 中心对称的复形,因此$\forall a \in L^0, \mathrm{St}_L(-a) = h'(\mathrm{St}_L a)$. 于是当 $b \in (\Sigma^n)^0$ 使得 $f'(\mathrm{St}_L a) \subset \mathrm{St}_{\Sigma^n} b$ 时,$f'(\mathrm{St}_L(-a)) \subset \mathrm{St}_{\Sigma^n}(-b)$. 这样,可构作 f'的单纯逼近 $\psi: L \to \Sigma^n$,使得$\forall a \in L^0, \psi(-a) = -\psi(a)$,从而 $\bar{\psi}: |\Sigma^n| \to |\Sigma^n|$也是保径的. 令 $g = r \circ \bar{\psi} \circ r^{-1}: S^n \to S^n$,不难验证 g 满足引理的要求. ▌

引理 2 若 $f: S^n \to S^n$ 是保径映射,则存在保径映射 g,满足 $g \simeq f$,并且 $g(S^{n-1}) \subset S^{n-1}$.

证明 由引理 1,不妨假定 $f(S^{n-1}) \neq S^n$,并且 e_{n+1}^{+1}和 e_{n+1}^{-1}不在 $f(S^{n-1})$中. 规定 $j: S^n \setminus \{e_{n+1}^{+1}, e_{n+1}^{-1}\} \to S^n$ 为:

$$j(x_1,\cdots,x_n,x_{n+1})=\frac{1}{\sqrt{1-x_{n+1}^2}}(x_1,\cdots,x_n,0).$$

记 $g_0=j\circ f|S^{n-1}:S^{n-1}\to S^n$. 则 $g_0(S^{n-1})\subset S^{n-1}$，并且不难看出 g_0 保径地同伦于 $f|S^{n-1}$，即存在从 $f|S^{n-1}$ 到 g_0 的同伦 H_0，使得

$$H_0(-P,t)=-H_0(P,t),\quad \forall P\in S^{n-1},t\in I.$$

记 $X=S^{n-1}\times I\cup S_+^n\times\{0\}$（$S_+^n$ 是上半球面，即 $S_+^n=\left\{\left(x_1,\cdots,x_{n+1}\right)\middle|\sum_{i=1}^{n+1}x_i^2=1,x_{n+1}\geqslant 0\right\}$），则 X 是 $S_+^n\times I$ 的形变收缩核. 取 $r:S_+^n\times I\to X$ 为一个收缩映射. 规定 $G_0:X\to S^n$ 为

$$G(P,t)=\begin{cases}f(P), & t=0,\\ H_0(P,t), & P\in S^{n-1}.\end{cases}$$

记 $H_+=G\circ r:S_+^n\times I\to S^n$，并规定 $H_-:S_-^n\times I\to S^n$ 为

$$H_-(P,t)=-H_+(-P,t),\quad \forall P\in S_-^n,t\in I.$$

于是在 $S_+^n\times I$ 和 $S_-^n\times I$ 的交集 $S^{n-1}\times I$ 上，H_- 和 H_+ 的限制都是 H_0，从而可粘接 H_+ 和 H_- 得到同伦 $H:S^n\times I\to S^n$，它是 H_0 的扩张，并且 $H(P,0)=f(P)$，$\forall P\in S^n$. 规定 g 为 $g(P)=H(P,1)$，$\forall P\in S^n$. 不难验证 g 满足引理的要求. ▌

作 Σ^n 的 $n-1$ 维闭链

$$z_{n-1}=\sum_{\varepsilon_i=\pm 1}\varepsilon_1\varepsilon_2\cdots\varepsilon_n e_1^{\varepsilon_1}e_2^{\varepsilon_2}\cdots e_n^{\varepsilon_n}.$$

它在 Σ^{n-1} 中，是 $Z_{n-1}(\Sigma^{n-1})$ 的生成元. 规定 Σ^n 的 n 维链

$$d_n=\sum_{\varepsilon_i=\pm 1}\varepsilon_1\varepsilon_2\cdots\varepsilon_n e_1^{\varepsilon_1}e_2^{\varepsilon_2}\cdots e_n^{\varepsilon_n}e_{n+1}^{+1}=(-1)^n e_{n+1}^{+1}z_{n-1},$$

$$d_n'=-\sum_{\varepsilon_i=\pm 1}\varepsilon_1\varepsilon_2\cdots\varepsilon_n e_1^{\varepsilon_1}e_2^{\varepsilon_2}\cdots e_n^{\varepsilon_n}e_{n+1}^{-1}=(-1)^{n+1}e_{n+1}^{-1}z_{n-1}.$$

则 $z_n=d_n+d_n'$（z_n 的意义见命题 8.2 的证明），$\partial_n d_n=-\partial_n d_n'=(-1)^n z_{n-1}$，并且 $d_n'=(-1)^{n+1}\varphi_n(d_n)$（$\varphi_n$ 是命题 8.2 中规定的单纯映射 $\varphi:\Sigma^n\to\Sigma^n$ 导出的链同态）.

引理 3 如果 Σ^n 的 n 维链 c_n 的边缘 $\partial_n c_n$ 在 Σ^{n-1} 中，则存在整

数 k 和 l,使得

$$c_n = kd_n + ld_n'.$$

证明 一般地(由 Σ^n 的构造可看出)存在 Σ^{n-1}的 $n-1$ 维链 c_{n-1}和 c_{n-1}',使得 $c_n=e_{n+1}^{+1}c_{n-1}+e_{n+1}^{-1}c_{n-1}'$. 于是

$$\partial_n c_n = c_{n-1} + c_{n-1}' - e_{n+1}^{+1}\ \partial_{n-1}c_{n-1} - e_{n+1}^{-1}\ \partial_{n-1}c_{n-1}'.$$

因为 $\partial_n c_n$ 在 Σ^{n-1}中,所以 $\partial_{n-1}c_{n-1}=\partial_{n-1}c_{n-1}'=0$,即 c_{n-1}和 c_{n-1}'都是 Σ^{n-1}中的 $n-1$ 维闭链,从而存在整数 k 和 l,使得

$$c_{n-1} = (-1)^n kz_{n-1}, \quad c_{n-1}' = (-1)^{n+1} lz_{n-1},$$

于是

$$c_n = kd_n + ld_n'. \quad \blacksquare$$

命题 8.3 球面的保径映射的映射度为奇数.

证明 只用对多面体$|\Sigma^n|$的保径映射论证.

用归纳法(对 n 作归纳)证明. 要证两个部分:

(1) $n=1$ 时命题成立;

(2) 当命题对 $n-1$ 成立时,对 n 也成立.

两部分论证的方法大体上一样,可同时进行.

设 $f:|\Sigma^n|\to|\Sigma^n|$是保径映射. 根据引理 2,不妨假设 $f(|\Sigma^{n-1}|)\subset|\Sigma^{n-1}|$. 记 $\bar{f}=f\,|\,|\Sigma^{n-1}|:|\Sigma^{n-1}|\to|\Sigma^{n-1}|$,$\bar{f}$ 也是保径映射. 用引理 1 的方法,可构造 f 的单纯逼近 $\psi:(\Sigma^n)^{(q)}\to\Sigma^n$,使得 ψ 是保径的,并且容易验证,$\psi((\Sigma^{n-1})^{(q)})\subset\Sigma^{n-1}$. 记 $f_i=\psi_i\circ\eta_i^{(q)}:C_i(\Sigma^n)\to C_i(\Sigma^n)$,$\forall i\in\mathbf{Z}$. 则

$$f_i\circ\varphi_i = \varphi_i\circ f_i$$

(这里 $\varphi_i:C_i(\Sigma^n)\to C_i(\Sigma^n)$是命题 8.2 中的单纯映射 $\varphi:\Sigma^n\to\Sigma^n$ 导出的链同态),并且 $f_i(C_i(\Sigma^{n-1}))\subset C_i(\Sigma^{n-1})$.

由于 $\partial_n(f_n(d_n))=f_{n-1}(\partial_n d_n)=(-1)^n f_{n-1}(z_{n-1})$在 Σ^{n-1}中,根据引理 3,存在整数 k 和 l,使得

$$f_n(d_n) = kd_n + ld_n'.$$

从 d_n 与 d_n' 的关系式 $d_n'=(-1)^{n+1}\varphi_n(d_n)$，有

$$\begin{aligned}f_n(d_n') &= (-1)^{n+1}f_n(\varphi_n(d_n))\\ &= (-1)^{n+1}\varphi_n(kd_n+ld_n')\\ &= kd_n'+ld_n.\end{aligned}$$

于是 $f_n(z_n)=f_n(d_n)+f_n(d_n')=(k+l)z_n$，而 z_n 是 $H_n(\Sigma^n)=Z_n(\Sigma^n)$的生成元，从而得出 $\deg(f)=k+l$.

(1)的证明　当 $n=1$ 时，$f:|\Sigma^1|\to|\Sigma^1|$保径，并且 $f(|\Sigma^0|)\subset|\Sigma^0|$，而 $\Sigma^0=\{e_1^{+1},e_1^{-1}\}$. 设 $f(e_1^{+1})=e_1^{\varepsilon}$，则 $f(e_1^{-1})=e_1^{-\varepsilon}$.

对 $f_1(d_1)=kd_1+ld_1'$ 两边用 ∂_1 作用

$$\partial_1(f_1(d_1))=k\,\partial_1 d_1+l\,\partial_1 d_1'=(k-l)\,\partial_1 d_1,$$

而 $\partial_1 d_1=e_1^{-1}-e_1^{+1}$，从而

$$\partial_1(f_1(d_1))=f_0(\partial_1 d_1)=e_1^{-\varepsilon}-e_1^{\varepsilon}=\varepsilon\,\partial_1 d_1.$$

于是 $k-l=\varepsilon$, $|k-l|=1$，推出 $\deg(f)=k+l$ 是奇数.

(2)的证明

$$\begin{aligned}f_{n-1}(z_{n-1}) &= (-1)^n f_{n-1}(\partial_n d_n)=(-1)^n\,\partial_n(f_n(d_n))\\ &= (-1)^n\,\partial_n(kd_n+ld_n')\\ &= (-1)^n(k-l)\,\partial_n d_n=(k-l)z_{n-1},\end{aligned}$$

z_{n-1} 是 $H_{n-1}(\Sigma^{n-1})=Z_{n-1}(\Sigma^{n-1})$的生成元，$\overline{f}_{*n-1}(z_{n-1})=f_{n-1}(z_{n-1})$，因此 $\deg(\overline{f})=k-l$. 由归纳假设知，$k-l$ 是奇数，从而 $\deg(f)=k+l$ 也是奇数. ▌

2.2　Borsuk-Ulam 定理

Borsuk-Ulam 定理是利用保径映射不零伦的性质得出的一个著名定理，它有许多应用和推广.

定理 8.3(Borsuk-Ulam 定理)　设 $f:S^n\to\boldsymbol{E}^n$ 是连续映射，则 S^n 上至少有一对对径点被 f 映到同一点.

证明 否则，$\forall x\in S^n, f(x)\neq f(-x)$. 规定 $g: S^n\to S^{n-1}$ 为

$$g(x)=\frac{f(x)-f(-x)}{\| f(x)-f(-x)\|}, \quad \forall x\in S^n,$$

则 $g(-x)=-g(x), \forall x\in S^n$. 记 $i: S^{n-1}\to S^n$ 是包含映射，则 $i\circ g: S^n\to S^n$ 是保径映射，并且 $i\circ g$ 不满，从而 $i\circ g$ 零伦. 与命题 8.3 相矛盾. ▌

推论 若 $A_1,\cdots,A_n$ 是 S^n 上的 n 个闭集，每一个不包含一对对径点，则 $S^n\setminus\bigcup_{i=1}^n A_i$ 至少含一对对径点.

证明 规定连续映射 $f: S^n\to \boldsymbol{E}^n$ 为

$$f(x)=(d(x,A_1),\cdots,d(x,A_n)), \quad \forall x\in S^n.$$

由定理 8.3 知道，存在一对对径点 x 与 $-x$，使得 $f(x)=f(-x)$，即 $\forall i\in\mathbf{Z}, d(x,A_i)=d(-x,A_i)$. 但是，$x$ 与 $-x$ 不能都在 A_i 中，于是 $d(x,A_i)=d(-x,A_i)>0$，即 $x,-x$ 都不在 A_i 中($\forall i\in\mathbf{Z}$)，因此它们包含在 $S^n\setminus\bigcup_{i=1}^n A_i$ 中. ▌

推论中的条件"$A_1,\cdots,A_n$ 是 S^n 上的闭集"可减弱为"$A_1,\cdots,A_n$ 是 S^n 上的闭集或开集". 在证明中定义 f 时，当 A_i 是开集时，就用 $d(x,A_i^c)$ 代替原来的 $d(x,A_i)$ 就可.

推论的另一种形式是

Lusternik-Schnirelmann 定理 若 S^n 被 $(n+1)$ 个闭集 $A_1,\cdots,A_{n+1}$ 所覆盖，则至少有一个 A_i 包含一对对径点.

由上面的讨论，定理中关于 $A_1,\cdots,A_{n+1}$ 的条件也可减弱为其中有 n 个为闭集或开集.

定理 8.3 的另一个有趣的应用就是所谓三明治定理，它的直观含义是：由两片面包夹一块火腿做成的一份三明治总可切一刀，把每片面包和火腿都等分为两半. 下面用数学语言写出这个定理.

定理 8.4(三明治定理) 设 $\boldsymbol{E}^3$ 中有三个可测体积的子集 A_1，A_2 和 A_3，则有平面把每个 A_i 都分成体积相等的两部分.

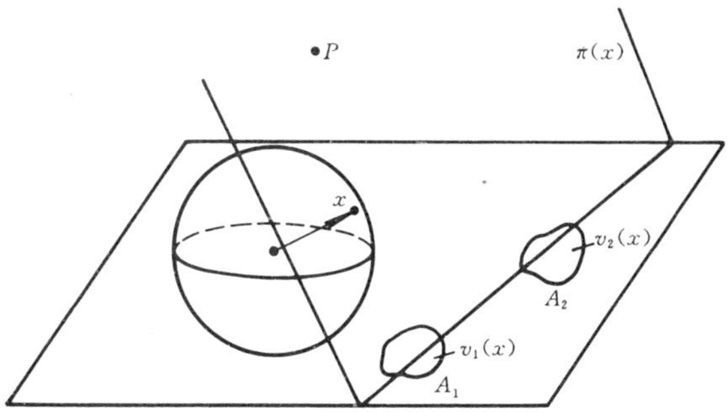

图 8-4　$n=2$ 时三明治定理的证明

证明　在 $\boldsymbol{E}^4\setminus\boldsymbol{E}^3$ 中任取一点 P，$\forall x\in S^3$，过 P 作三维超平面垂直于$\overrightarrow{Ox}$（记作 $\pi(x)$，如图 8-4），将 $\boldsymbol{E}^4$ 分为两个半空间，把$\overrightarrow{Ox}$所指的那一个记作 $\boldsymbol{E}^4_+(x)$，另一半空间记作 $\boldsymbol{E}^4_-(x)$. 则 $\boldsymbol{E}^4_+(-x)=\boldsymbol{E}^4_-(x)$. 把 $\boldsymbol{E}^4_+(x)\cap A_i$ 的体积记作 $v_i(x)$，规定 $f: S^3\to\boldsymbol{E}^3$ 为

$$f(x)=(v_1(x),v_2(x),v_3(x)),\quad \forall x\in S^n,$$

则 f 连续. 根据定理 8.3，存在 x_0，使得 $f(x_0)=f(-x_0)$，即 $v_i(x_0)=v_i(-x_0)(i=1,2,3)$，从而 $\boldsymbol{E}^4_+(x_0)\cap A_i$ 与 $\boldsymbol{E}^4_-(x_0)\cap A_i$ 有相同的体积. 记 π_0 是 $\pi(x_0)$ 与 $\boldsymbol{E}_3$ 的相交平面，则 π_0 等分 $A_i(i=1,2,3)$. ▌

三明治定理可推广到任何自然数 n 的情形：$\boldsymbol{E}^n$ 中任何 n 个可测子集 $A_1,A_2,\cdots,A_n$ 可同时被某个 $n-1$ 维超平面等分.

习　题

1. 设 $f: S^n\to S^n$ 连续，并且 $\forall x\in S^n$，$f(x)\neq f(-x)$. 证明 $\deg(f)$ 是奇数.

2. 设 X 是可剖分空间，$f: S^n\to X$ 连续，并且满足 $f(x)=f(-x)$，$\forall x\in S^n$. 证明 $f_{*n}(H_n(S^n))\subset 2H_n(X)$. 特别当 n 是偶数时 $f_{*n}(H_n(S^n))=0$.

（对一个交换群 G，把由 $g\mapsto ng$ 得到的 G 的自同态记作 φ_n，则

规定 $nG := \mathrm{Im}\varphi_n$. 它也就是 G 中全体能被 n 除的元素构成的子群.)

3. 设 $f: S^n \to S^n$ 连续,并且满足 $f(x)=f(-x)$, $\forall x \in S^n$,则 $\deg(f)$是偶数.

4. 若 $f: S^n \to S^n$ 连续,并且 $f(-x) \neq -f(x)$, $\forall x \in S^n$,则 $\deg(f)$是偶数.

5. 若 $f: S^m \to S^n$ 是保径映射,则 $m \leqslant n$.

§3 Lefschetz 不动点定理

Lefschetz 不动点定理是关于可剖分空间自映射的不动点存在性的判别定理,Brouwer 不动点定理可看作它的一种特殊情形.

我们用实系数同调群来叙述并证明 Lefschetz 定理①.

设 K 是复形,有 α_q 个 q 维单形. K 的以实数域 $\boldsymbol{R}$ 为系数群的 q 维链群 $C_q(K;\boldsymbol{R})$是 $\boldsymbol{R}$ 上的 α_q 维线性空间,边缘同态

$$\partial_q : C_q(K;\boldsymbol{R}) \to C_{q-1}(K;\boldsymbol{R})$$

则是线性映射. 于是 $Z_q(K;\boldsymbol{R})$和 $B_q(K;\boldsymbol{R})$也都是有限维线性空间,从而 $H_q(K;\boldsymbol{R})$也是线性空间,并且

$$\dim(H_q(K;\boldsymbol{R})) = \dim(Z_q(K;\boldsymbol{R})) - \dim(B_q(K;\boldsymbol{R})).$$

单纯映射 $\varphi: K \to L$ 诱导出从 $C(K;\boldsymbol{R})$到 $C(L;\boldsymbol{R})$的映射

$$\{\varphi_q : C_q(K;\boldsymbol{R}) \to C_q(L;\boldsymbol{R}) \mid q \in \boldsymbol{Z}\},$$

其中每个 φ_q 都是线性映射. 可规定重分链映射

$$\{\eta_q : C_q(K;\boldsymbol{R}) \to C_q(K^{(1)};\boldsymbol{R}) \mid q \in \boldsymbol{Z}\},$$

η_q 也都是线性映射. 于是连续映射 $f: |K| \to |L|$ 诱导线性映射

$$f_{*q} : H_q(K;\boldsymbol{R}) \to H_q(L;\boldsymbol{R}).$$

设 H 是 n 维实线性空间,$\varphi: H \to H$ 是线性映射. 任取 H 的一个基$\{\varepsilon_1, \varepsilon_2, \cdots, \varepsilon_n\}$,则有 n 阶方阵 A,使得

① 许多书中用有理系数同调群.

$$(\varphi(\varepsilon_1),\varphi(\varepsilon_2),\cdots,\varphi(\varepsilon_n)) = (\varepsilon_1,\varepsilon_2,\cdots,\varepsilon_n)A.$$

A 的迹数(主对角线上元素之和)与基的选择是无关的,由 φ 所决定,称为 φ 的**迹数**,记作 $\mathrm{tr}(\varphi)$.

定义 8.1 设 X 是可剖分空间,$f:X\to X$ 是连续映射,规定 f 的 **Lefschetz 数** $L(f)$ 为

$$L(f) := \sum_{q=0}^{\dim X}(-1)^q\mathrm{tr}(f_{*q}).$$

定理 8.5(Lefschetz 不动点定理) 设 X 是可剖分空间,$f:X\to X$ 是连续映射. 如果 $L(f)\neq 0$,则 f 有不动点.

证明这个定理之前,先证两个引理.

引理 1(迹数可加性定理) 设 H 是有限维实线性空间,$\varphi:H\to H$ 是线性映射,H_0 是 H 的线性子空间,满足 $\varphi(H_0)\subset H_0$. 记 $\hat{\varphi}:H/H_0\to H/H_0$ 是 φ 诱导的线性映射,$\varphi_0=\varphi|H_0:H_0\to H_0$,则

$$\mathrm{tr}(\varphi) = \mathrm{tr}(\varphi_0) + \mathrm{tr}(\hat{\varphi}).$$

证明 记 $j:H\to H/H_0$ 为投射. 取 H 的基 $\{\varepsilon_1,\varepsilon_2,\cdots,\varepsilon_n\}$,使得 $\{\varepsilon_1,\varepsilon_2,\cdots,\varepsilon_l\}$ 是 H_0 的基. 记 $\hat{\varepsilon}_i=j(\varepsilon_{l+i})$,则 $\{\hat{\varepsilon}_1,\cdots,\hat{\varepsilon}_{n-l}\}$ 是 H/H_0 的基. 设 A 是 φ 在 $\{\varepsilon_1,\cdots,\varepsilon_n\}$ 下的方阵,则 A 有下面的分块形式

$$A = \begin{pmatrix} A_0 & B \\ 0 & A_1 \end{pmatrix},$$

其中 A_0 是 l 阶方阵,它是 φ_0 在 $\{\varepsilon_1,\cdots,\varepsilon_l\}$ 下的矩阵;A_1 则恰为 $\hat{\varphi}$ 在 $\{\hat{\varepsilon}_1,\cdots,\hat{\varepsilon}_{n-l}\}$ 下的矩阵. 由迹数定义得结论. ▌

引理 2(Hopf 迹数引理) 设 K 是复形,$\{f_q:C_q(K;\boldsymbol{R})\to C_q(K;\boldsymbol{R})\mid q\in\boldsymbol{Z}\}$ 是链映射,则

$$\sum_{q=0}^{\dim K}(-1)^q\mathrm{tr}(f_{*q}) = \sum_{q=0}^{\dim K}(-1)^q\mathrm{tr}(f_q).$$

($f_{*q}:H_q(K;\boldsymbol{R})\to H_q(K;\boldsymbol{R})$ 是 $\{f_q\}$ 诱导的同调群线性映射).

证明 记 $f_q':Z_q(K;\boldsymbol{R})\to Z_q(K;\boldsymbol{R})$ 和 $f_q'':B_q(K;\boldsymbol{R})\to B_q(K;\boldsymbol{R})$ 都是 f_q 的限制,则有交换图表:

$$\begin{array}{ccccccccc}
0 \to & B_q(K;\boldsymbol{R}) & \hookrightarrow & Z_q(K;\boldsymbol{R}) & \to & H_q(K;\boldsymbol{R}) & \to 0 \\
 & \downarrow f''_q & & \downarrow f'_q & & \downarrow f_{*q} & \\
0 \to & B_q(K;\boldsymbol{R}) & \hookrightarrow & Z_q(K;\boldsymbol{R}) & \to & H_q(K;\boldsymbol{R}) & \to 0
\end{array}$$

$$\begin{array}{ccccccccc}
0 \to & Z_q(K;\boldsymbol{R}) & \hookrightarrow & C_q(K;\boldsymbol{R}) & \to & B_{q-1}(K;\boldsymbol{R}) & \to 0 \\
 & \downarrow f'_q & & \downarrow f_q & & \downarrow f''_{q-1} & \\
0 \to & Z_q(K;\boldsymbol{R}) & \hookrightarrow & C_q(K;\boldsymbol{R}) & \to & B_{q-1}(K;\boldsymbol{R}) & \to 0
\end{array}$$

用引理 1,得到

$$\operatorname{tr}(f'_q) = \operatorname{tr}(f_{*q}) + \operatorname{tr}(f''_q), \quad \forall\, q \in \mathbf{Z},$$

$$\operatorname{tr}(f_q) = \operatorname{tr}(f'_q) + \operatorname{tr}(f''_{q-1}), \quad \forall\, q \in \mathbf{Z}.$$

两式相加,得到

$$\operatorname{tr}(f_q) = \operatorname{tr}(f_{*q}) + \operatorname{tr}(f''_q) + \operatorname{tr}(f''_{q-1}), \quad \forall\, q \in \mathbf{Z}.$$

记 $n=\dim K$,则 $\operatorname{tr}(f''_n)=0$,又 $\operatorname{tr}(f''_{-1})=0$,于是

$$\begin{aligned}
\sum_{q=0}^{n}(-1)^q\operatorname{tr}(f_q) &= \sum_{q=0}^{n}(-1)^q\operatorname{tr}(f_{*q}) \\
&\quad + \operatorname{tr}(f''_{-1}) + (-1)^n\operatorname{tr}(f''_n) \\
&= \sum_{q=0}^{n}(-1)^q\operatorname{tr}(f_{*q}). \quad \blacksquare
\end{aligned}$$

定理 8.5 的证明 我们证明定理的逆否命题,即如果 f 没有不动点,则 $L(f)=0$.

规定 $\rho: X\to \boldsymbol{E}^1$ 为 $\rho(x)=d(x,f(x))$. 因为 X 紧致,ρ 有界,且在某点 x_0 达到最小值 δ. 因为 f 没有不动点,$\delta=d(x_0,f(x_0))>0$. 取 X 的剖分 K,使得 $\mathrm{Mesh}(K)<\delta/2$. 不妨设 $X=|K|$. 取 r 使 f 有单纯逼近 $\varphi: K^{(r)}\to K$. 则 $\forall x\in|K|$, $d(\bar\varphi(x),f(x))<\delta/2$,从而 $d(x,\bar\varphi(x))>\delta/2$. 特别地对 $K^{(r)}$ 的任一顶点 b, $d(b,\varphi(b))=d(b,\bar\varphi(b))>\delta/2$.

对 K 的每个 q 维单形取好定向，得到 $C_q(K;\boldsymbol{R})$的一个基$\{s_1, s_2, \cdots, s_{\alpha_q}\}$. 设 $\xi_q = \varphi_q \circ \eta_q^{(r)} : C_q(K;\boldsymbol{R}) \to C_q(K;\boldsymbol{R})$，它在该基下有方阵 $A=(a_{ij})$，则 a_{ii}就是 $\xi_q(s_i)$在 s_i 上所取的值. 根据定义，$\eta_q^{(r)}(s_i)$是 s_i"分割"成的许多定向单形之和，记 $\eta_q^{(r)}(s_i) = \sum \sigma_{ij}$，则 $\xi_q(s_i) = \sum \varphi_q(\sigma_{ij})$. 对每个 σ_{ij}，它的任一顶点 $b \in \underline{s_i}$，因而 $\varphi(b)$不是 $\underline{s_i}$ 的顶点(否则 $d(b,\varphi(b)) \leqslant \delta/2$) . 于是 $\varphi_q(\sigma_{ij}) \neq \pm s_i$. 这说明 $\xi_q(s_i)$在 s_i 上取值为 0，从而 $a_{ii}=0$，

$$\operatorname{tr}(\xi_q) = \sum_{i=1}^{\alpha_q} a_{ii} = 0, \quad \forall\, q \in \mathbf{Z}.$$

$\{f_{*q}\}$是由链映射$\{\xi_q\}$诱导的，根据引理 2，

$$L(f) = \sum_{q=0}^{\dim X} (-1)^q \operatorname{tr}(f_{*q}) = \sum_{q=0}^{\dim X} (-1)^q \operatorname{tr}(\xi_q) = 0. \qquad \blacksquare$$

例 如果 $H_q(X;\boldsymbol{R}) \cong \begin{cases} \boldsymbol{R}, & q=0, \\ 0, & q \neq 0, \end{cases}$ 则对任何连续映射 $f: X \to X$，$L(f) = \operatorname{tr}(f_{*0}) = 1$，因此 f 总有不动点. 如 D^n、P^2 以及任何可缩的多面体都符合要求.

习　　题

1. 证明 $L(f)$是同伦不变量，即当 $f \simeq g$ 时，$L(f)=L(g)$.

2. 设 K 的 Euler 示性数 $\chi(K) \neq 0$，证明若 $f \simeq \mathrm{id}: |K| \to |K|$，则 f 有不动点.

3. 证明射影平面到自身的任何连续映射都有不动点.

附录A 关于群的补充知识

我们假设读者已具备群的初步知识，包括群，同态，同构，子群，正规子群，商群，元素的阶，交换群(或称 Abel 群)等概念，以及循环群，自由循环群等具体例子.

本附录介绍本书中要用到的关于群的一些知识. 主要是有限生成交换群的直和分解定理和秩，以及群的交换化. 交换群中的运算称作加法，用“+”表示，单位元记作 0，相应地把平凡群称作零群，平凡同态称作零同态，都记作 0.

1. 自由交换群与有限生成交换群

定义 A.1 交换群 F 称为**自由交换群**，如果有子集 $A\subset F$，使得$\forall x\in F$ 可唯一表示成 A 中有限个元素的整系数线性组合：

$$x=\sum_{i=1}^{k}n_ia_i,\quad a_i\in A,n_i\in \mathbf{Z}.$$

称 A 为 F 的一个**基**.

如果自由交换群 F 有一个基 A 只包含有限个元素，则称 F 是**有限基自由交换群**.

设 A 是自由交换群 F 的基，H 是一交换群，则从 A 到 H 的任一对应 $\theta: A\to H$ 可按下式唯一决定同态 $\varphi: F\to H$，

$$\varphi\Big(\sum_{i=1}^{k}n_ia_i\Big)=\sum_{i=1}^{k}n_i\theta(a_i).$$

称 φ 是 θ 的**线性扩张**.

定义 A.2 如果交换群 H 有一有限子集

$$A=\{a_1,a_2,\cdots,a_r\},$$

使得 H 的每个元素 x 可表成

$$x = \sum_{i=1}^{r} n_i a_i$$

的形式,则称 H 是**有限生成交换群**,称 A 是它们的一个**生成元组**.

命题 A.1 交换群 H 是有限生成的 $\Longleftrightarrow H$ 是一个有限基自由交换群的商群.

证明 $\Longleftarrow$. 设 $j: F \to H$ 是满同态,其中 F 是有限基自由群. 设 $\{f_1, f_2, \cdots, f_r\}$ 是 F 的基,则显然 $\{j(f_1), \cdots, j(f_r)\}$ 是 H 的生成元组.

$\Longrightarrow$. 取 H 的生成元组 $\{a_1, a_2, \cdots, a_r\}$. 构作 F 为

$$F = \{(n_1, \cdots, n_r) \mid n_i \in \mathbf{Z}\},$$

则 F 在向量加法下是有限基自由交换群. 规定对应 $j: F \to H$ 为 $j(n_1, \cdots, n_r) = \sum_{i=1}^{r} n_i a_i$. 则 j 是满同态. ▌

推论 有限生成交换群的商群也是有限生成的. ▌

根据本书的需要,从现在起,我们只讨论有限生成的交换群.

设 H 是有限生成交换群,$h \in H$ 称为**有限阶**的,如果存在 $r \in \mathbf{N}$,使得 $rh = 0$. 记 T_H 是 H 的全部有限阶元素构成的集合,则 T_H 是 H 的子群,称为 H 的**挠子群**.

设 H_0 是 H 的子群,规定

$$C(H_0) := \{h \in H \mid \text{存在 } r \in \mathbf{N}, \text{使得 } rh \in H_0\}.$$

它是 H 的一个子群. 特别地,$C(T_H) = C(0) = T_H$.

命题 A.2 (1) $H/C(H_0)$ 无有限阶非 0 元素;

(2) $C(H_0)/H_0$ 的每个元素都是有限阶的.

证明 (1) 设 $h \in H$, 使得它代表的商群元素 $\langle h \rangle \in H/C(H_0)$ 是有限阶的,则有 $r \in \mathbf{N}$,使得 $r\langle h \rangle = 0$,即 $rh \in C(H_0)$. 由定义,存在 $r' \in \mathbf{N}$,使得 $r'(rh) \in H_0$,于是 $h \in C(H_0)$,$\langle h \rangle = 0$.

(2) 由 $C(H_0)$ 的定义直接得出. ▌

推论 H/T_H 无有限阶非 0 元素. ▌

引理 设 $r_1, r_2, \cdots, r_n$ 都是整数，它们的最大公约数 $(r_1, r_2, \cdots, r_n)=1$. 则存在 $A \in GL_n^0(\mathbf{Z})$，使得

$$A\begin{pmatrix} r_1 \\ r_2 \\ \vdots \\ r_n \end{pmatrix} = \begin{pmatrix} 1 \\ 0 \\ \vdots \\ 0 \end{pmatrix}.$$

这里 $GL_n^0(\mathbf{Z})$ 是全体以整数为元素、行列式等于 1 的 n 阶方阵的集合.

证明 对 n 作归纳. $n=1$ 显然.

设对 $n-1$ 已证. $(r_1, r_2, \cdots, r_n)=1$. 记 $r=(r_{n-1}, r_n)$. 则存在整数 s 和 t，使得 $sr_{n-1}+tr_n=r$. 作 $A' \in GL_n^0(\mathbf{Z})$ 为

$$A' = \begin{pmatrix} 1 & & & 0 \\ & \ddots & & \\ & & 1 & \\ & & s & t \\ 0 & & -\dfrac{r_n}{r} & \dfrac{r_{n-1}}{r} \end{pmatrix},$$

则

$$A'\begin{pmatrix} r_1 \\ \vdots \\ r_{n-2} \\ r_{n-1} \\ r_n \end{pmatrix} = \begin{pmatrix} r_1 \\ \vdots \\ r_{n-2} \\ r \\ 0 \end{pmatrix}.$$

由于 $(r_1, \cdots, r_{n-2}, r)=(r_1, \cdots, r_{n-1}, r_n)=1$，根据归纳假设，存在 $B \in GL_{n-1}^0(\mathbf{Z})$，使得

$$B\begin{pmatrix} r_1 \\ \vdots \\ r_{n-2} \\ r \end{pmatrix} = \begin{pmatrix} 1 \\ 0 \\ \vdots \\ 0 \end{pmatrix}.$$

令 $A = \begin{pmatrix} & & & 0 \\ & B & & \vdots \\ & & & 0 \\ 0 & \cdots & 0 & 1 \end{pmatrix} A'$，则 A 为所求. ▌

定理 A.1 没有有限阶非 0 元素的有限生成交换群是自由群.

证明 设 H 是有限生成交换群. 它没有有限阶非 0 元素. 假设 H 的生成元组包含元素个数的最小值为 n，并且 $\{a_1,a_2,\cdots,a_n\}$ 是一个生成元组. 用反证法说明 $\{a_1,a_2,\cdots,a_n\}$ 自由生成 H. 否则，有不全为 0 的整数 $r_1,r_2,\cdots,r_n$，使得 $r_1a_1+r_2a_2+\cdots+r_na_n=0$. 由于 H 没有有限阶非 0 元素，不妨可设最大公约数 $(r_1,r_2,\cdots,r_n)=1$. 由引理，存在 $A\in GL_n^0(\mathbf{Z})$，使得

$$A\begin{pmatrix} r_1 \\ r_2 \\ \vdots \\ r_n \end{pmatrix} = \begin{pmatrix} 1 \\ 0 \\ \vdots \\ 0 \end{pmatrix}.$$

令 $(b_1,b_2,\cdots,b_n)=(a_1,a_2,\cdots,a_n)A^{-1}$，则 $\{b_i\}$ 也是 H 的生成元组，并且

$$b_1 = (b_1,b_2,\cdots,b_n)\begin{pmatrix} 1 \\ 0 \\ \vdots \\ 0 \end{pmatrix} = (b_1,b_2,\cdots,b_n)A\begin{pmatrix} r_1 \\ \vdots \\ r_n \end{pmatrix}$$

$$= (a_1,a_2,\cdots,a_n)\begin{pmatrix} r_1 \\ \vdots \\ r_n \end{pmatrix} = \sum_{i=1}^{n} r_ia_i = 0.$$

于是 $\{b_2,\cdots,b_n\}$ 也是 H 的生成元组，它只有 $n-1$ 个元素. 与假设矛盾. ▌

推论 设 H_0 是有限生成交换群 H 的子群，则 $H/C(H_0)$ 是自由交换群. 特别地，H/T_H 是自由交换群. ▌

2. 直和

交换群的直和就是普通群的直积概念. 两个交换群 H_1 和 H_2 的**直和**是一个交换群,记作 $H_1 \oplus H_2$,其集合为

$$\{(h_1, h_2) \mid h_i \in H_i, i = 1, 2\}.$$

加法由

$$(h_1, h_2) + (h_1', h_2') = (h_1 + h_1', h_2 + h_2')$$

规定.

任意有限个交换群的直和可类似地规定.

设 H 有一组子群 $H_1, H_2, \cdots, H_n$,使得$\forall h \in H$ 可唯一地表示为 $h = \sum_{i=1}^{n} h_i, h_i \in H_i$. 则 $\bigoplus_{i=1}^{n} H_i (= H_1 \oplus \cdots \oplus H_n) \cong H$. (容易验证, $(h_1, h_2, \cdots, h_n) \longmapsto \sum_{i=1}^{n} h_i$ 给出 $\bigoplus_{i=1}^{n} H_i$ 到 H 的同构). 在这种情况,称 H 是 $H_1, H_2, \cdots, H_n$ 的**内直和**(经常简单地称为直和),记作 $H = \bigoplus_{i=1}^{n} H_i$,称 H_i 是 H 的 **直和因子**(也称作**直加项**).

设 F 是有限基自由交换群,$\{f_1, f_2, \cdots, f_n\}$是它的基,记$\langle f_i \rangle$是 f_i 生成的自由循环群,则

$$F = \bigoplus_{i=1}^{n} \langle f_i \rangle \cong \overbrace{\mathbf{Z} \oplus \cdots \oplus \mathbf{Z}}^{n\text{个}} = \mathbf{Z}^n.$$

命题 A.3 设 H_1, H_2 是 H 的子群,$H_1 + H_2 = H$(即$\forall h \in H$,有表示式 $h = h_1 + h_2, h_i \in H_i$),并且 $H_1 \cap H_2 = 0$,则 $H = H_1 \oplus H_2$.

证明 只须证明对 $h \in H$,表示式 $h = h_1 + h_2 (h_i \in H_i)$是唯一的. 若另有 $h = h_1' + h_2', h_i' \in H_i$,则 $h_1 - h_1' + h_2 - h_2' = 0$,因而 $h_1 - h_1' = h_2' - h_2 \in H_1 \cap H_2 = 0$,从而 $h_1 - h_1' = h_2' - h_2 = 0$,即 $h_1 = h_1', h_2 = h_2'$. ▮

命题 A.4 设 $j: H \to F$ 是满同态,并且 F 是自由交换群,则 $H \cong \operatorname{Ker} j \oplus F$. ($\operatorname{Ker} j = j^{-1}(0)$,称为 j 的**核**.)

证明 取 A 是 F 的一个基. 规定对应 $\theta: A\to H$，使得 $\forall a\in A, j(\theta(a))=a$. 由 θ 线性扩张得到同态 $\varphi: F\to H$，它满足 $j\circ\varphi=\mathrm{id}: F\to F$. 从而 φ 是单同态. $\forall h\in H$，记 $h_2=\varphi(j(h)), h_1=h-h_2$. 则 $h_1\in\mathrm{Ker}j, h_2\in\mathrm{Im}\varphi$. 如果 $h\in\mathrm{Ker}j\cap\mathrm{Im}\varphi$，则有 $f\in F$，使得 $\varphi(f)=h$，于是 $h=\varphi(j\circ\varphi(f))=\varphi(j(h))=0$. 由命题 A.3，

$$H=\mathrm{Ker}j\oplus\mathrm{Im}\varphi\cong\mathrm{Ker}j\oplus F.\quad \blacksquare$$

推论 设 H_0 是有限生成交换群 H 的子群，则

$$H\cong C(H_0)\oplus(H/C(H_0)),$$

特别地

$$H\cong T_H\oplus(H/T_H).\quad \blacksquare$$

3. 有限生成交换群的秩

设 H 是交换群，记 H^* 是所有从 H 到 $\boldsymbol{R}$(看作加法群)的群同态的集合，在 H^* 中规定加法运算和数乘运算如下：

$\forall f,g\in H^*$，则 $f+g\in H^*$，规定为

$$(f+g)(h)=f(h)+g(h),\quad \forall h\in H;$$

$\forall f\in H^*, r\in\boldsymbol{R}$，则 $rf\in H^*$，规定为

$$(rf)(h)=rf(h),\quad \forall h\in H.$$

不难验证，在这两种运算下 H^* 为实线性空间.

设 $\varphi: H_1\to H_2$ 是同态，则 $\forall f\in H_2^*, f\circ\varphi\in H_1^*$. 规定 $\varphi^*: H_2^*\to H_1^*$ 为 $\varphi^*(f)=f\circ\varphi, \forall f\in H_2^*$. 不难验证 φ^* 是线性映射. 容易看出，$(\varphi_2\circ\varphi_1)^*=\varphi_1^*\circ\varphi_2^*$；若 φ 是同构，则 φ^* 也是同构.

例如，$\boldsymbol{Z}^*=\boldsymbol{R}$(1 维实线性空间)；设 $\boldsymbol{Q}$ 为有理数加群，$\boldsymbol{Q}^*=\boldsymbol{R}$；若 H 的每个元素都是有限阶的，则 $H^*=0$(习题 6).

命题 A.5 (1) $(H_1\oplus H_2)^*\cong H_1^*\times H_2^*$；

(2) 若 H_0 是 H 的子群，并且 H/H_0 的每个元素都是有限阶的，则 $H_0^*\cong H^*$.

证明 (1) 规定 $\zeta: H_1^*\times H_2^*\to(H_1\oplus H_2)^*$ 如下：$\forall(f_1,f_2)\in H_1^*\times H_2^*$，令 $\zeta(f_1,f_2)\in(H_1\oplus H_2)^*$ 为

$$\zeta(f_1,f_2)(h_1,h_2) = f_1(h_1) + f_2(h_2), \ \forall (h_1,h_2)\in H_1 \oplus H_2,$$

则 ζ 是线性映射. 若 $\zeta(f_1,f_2)=0$, 则 $\forall h_1\in H_1$,

$$f_1(h_1) = \zeta(f_1,f_2)(h_1,0) = 0,$$

因此 $f_1=0$. 同理 $f_2=0$, 从而 $(f_1,f_2)=0$, 这说明 ζ 是单的. 设 $g\in (H_1\oplus H_2)^*$, 由 $f_1(h_1)=g(h_1,0)$ 规定 $f_1\in H_1^*$, 由 $f_2(h_2)=g(0,h_2)$ 规定 $f_2\in H_2^*$, 则 $\zeta(f_1,f_2)=g$. 从而 ζ 是满的. 于是 ζ 是同构.

(2) 记 $i: H_0\to H$ 是包含映射. 下面证 $i^*: H^*\to H_0^*$ 是同构.

若 $i^*(f)=0$, 即 $\forall h_0\in H_0, f(h_0)=0$. 由 H/H_0 的元素是有限阶的, 知 $C(H_0)=H$, 即 $\forall h\in H$, 存在 $r\in \boldsymbol{N}$, 使得 $rh\in H_0$. 于是 $rf(h)=f(rh)=0$, 从而 $f(h)=0$. 由 h 的任意性得出 $f=0$. 证明了 i^* 是单的.

设 $g\in H_0^*$. $\forall h\in H$, 令 $r_h=\min\{r\in \boldsymbol{N}\mid rh\in H_0\}$, 规定 $f: H\to \boldsymbol{R}$ 为 $f(h) = \dfrac{1}{r_h}g(r_h h)$. 如果 $rh\in H_0$, 则 $r_h\mid r$, 从而 $f(h) = \dfrac{1}{r}g(rh)$. 由此事实不难验证 $f\in H^*$. 显然 $i^*(f)=g$. i^* 是满的. ▌

定义 A.3 当 H 是有限生成交换群时, 称线性空间 H^* 的维数为交换群 H 的**秩**, 记作 $\mathrm{rank}H$.

于是 $\mathrm{rank}\boldsymbol{Z}=1$, 从而根据命题A.5(1), 当 F 是有限基自由交换群, 并且一个基含 n 个元素时, $\mathrm{rank}F=n$. 由此可见有限基自由交换群的每个基含有相同个数元素.

对于一般有限生成交换群 H, 因为 $H\cong T_H\oplus(H/T_H)$, 所以用命题 A.5 中的(1), $H^*=T_H^*\times(H/T_H)^*=(H/T_H)^*$, $\mathrm{rank}H=\mathrm{rank}(H/T_H)$ 是有限数.

我们要指出, 许多文献中对所有交换群都规定秩, 并且定义方式与这里不同, 但对于有限生成交换群, 意义和本书中是一致的.

定理 A.2 设 H_0 是有限生成交换群 H 的子群, 则

$$\operatorname{rank}H = \operatorname{rank}H_0 + \operatorname{rank}(H/H_0).$$

证明 因为 $H \cong C(H_0) \oplus (H/C(H_0))$，所以用命题 A.5(1)

$$\operatorname{rank}H = \operatorname{rank}(C(H_0)) + \operatorname{rank}(H/C(H_0)).$$

$H_0 \subset C(H_0)$，且 $C(H_0)/H_0$ 的元素是有限阶的，从而根据命题 A.5(2)，$\operatorname{rank}(C(H_0)) = \operatorname{rank}H_0$. 剩下只用证明 $\operatorname{rank}(H/H_0) = \operatorname{rank}(H/C(H_0))$.

根据代数学中的定理，

$$H/C(H_0) \cong (H/H_0)/(C(H_0)/H_0),$$

而且 $H/C(H_0)$ 是自由交换群，于是

$$H/H_0 \cong C(H_0)/H_0 \oplus H/C(H_0),$$

$$\operatorname{rank}(H/H_0) = \operatorname{rank}(H/C(H_0)). \quad \blacksquare$$

4. 有限生成交换群的直和分解

设 F 是秩为 n 的自由交换群. F 中元素 x 称为**可除的**，如果存在自然数 $r>1$，和 $x_1 \in F$，使得 $x = rx_1$.

取定 F 的基 $\{y_1, y_2, \cdots, y_n\}$，设 $x = \sum_{i=1}^{n} r_i y_i$，则 x 不可除 $\Longleftrightarrow r_1, r_2, \cdots, r_n$ 的最大公约数 $(r_1, r_2, \cdots, r_n) = 1$.

当 x 是某个基的成员时，不妨设 $\{x, y_2, \cdots, y_n\}$ 是基，则 x 的坐标为 $(1, 0, \cdots, 0)$，这组坐标的最大公因子为 1，故 x 不可除. 反之，若 x 不可除，不妨设对于基 $\{y_i\}$，有 $x = \sum_{i=1}^{n} r_i y_i$，$(r_1, r_2, \cdots, r_n) = 1$. 则由前面的引理，存在 $A \in GL_n^0(\mathbf{Z})$，使得

$$A\begin{pmatrix} r_1 \\ r_2 \\ \vdots \\ r_n \end{pmatrix} = \begin{pmatrix} 1 \\ 0 \\ \vdots \\ 0 \end{pmatrix},$$

则 $\{x_1, \cdots, x_n\} := \{(y_1, \cdots, y_n)A^{-1}\}$ 也是基，$x = x_1$. 我们证明了

命题 A.6 x 不可除 $\Longleftrightarrow x$ 是某个基的一个成员. $\blacksquare$

命题 A.7 $\forall x\in F$,存在唯一自然数 r 和不可除元素 x_1,使得 $x=rx_1$. 称 r 为 x 的**高度**,x_1 为 x 的**底**.

证明 任取基 $\{y_1,\cdots,y_n\}$,设 $x=\sum_{i=1}^{n}r_iy_i$. 记 $r=(r_1,\cdots,r_n)$,$x_1=\sum_{i=1}^{n}\frac{r_i}{r}y_i$. 则 x_1 不可除,且 $x=rx_1$.

若另有 $x=r'x_1'$,其中 r' 也是自然数,x_1' 不可除,记 $x_1'=\sum_{i=1}^{n}r_i'y_i$,则 $r_i=r'r_i'$. 于是 $r=(r_1,\cdots,r_n)=(r'r_1',\cdots,r'r_n')=r'(r_1',\cdots,r_n')=r'$;$r(x_1-x_1')=x-x=0$,因此 $x_1=x_1'$. ▌

定理 A.3 设 F 是秩为 n 的自由交换群,F_0 是 F 的子群,则 F_0 也是有限基自由交换群,其秩 $s\leqslant n$;并且存在 F 的基 $\{x_1,\cdots,x_n\}$,使得 $\{k_1x_1,\cdots,k_sx_s\}$ 是 F_0 的基,其中 $k_i\in\mathbf{N}$,且 $k_i\mid k_{i+1}(i=1,\cdots,s-1)$。

证明 对 F 的秩 n 作归纳证明. $n=0$ 时结论显然成立.

设对秩为 $n-1$ 时结论成立. 考虑秩为 n 的情形. 设 F_0 的非零元中,a 在 F 中高度最小. 并设 k_1 是 a 的高度. 设 a 的底为 x_1,并设 $\{x_1,x_2,\cdots,x_n\}$ 为 F 的基. 记 A 是 x_1 生成的自由循环群,F' 是 $\{x_2,\cdots,x_n\}$ 生成的自由群,则 $F=A\oplus F'$. 记 $A_0=F_0\cap A$(它是 a 生成的自由循环群),$F_0'=F_0\cap F'$. 下面验证 $F_0=A_0\oplus F_0'$. 显然 $A_0\cap F_0'=0$. $\forall b\in F_0$,设 $b=\sum_{i=1}^{n}r_ix_i$. 若 $k_1\nmid r_1$,则存在 $l\in\mathbf{Z}$,使得 $0<r_1+lk_1<k_1$. $b+la\in F_0$,其高度 $=(r_1+lk_1,r_2,\cdots,r_n)<k_1$,矛盾,说明 $k_1\mid r_1$. 于是 $b=\frac{r_1}{k_1}a+\sum_{i=2}^{n}r_ix_i$,其中 $\frac{r_1}{k_1}a\in A_0$,$\sum_{i=2}^{n}r_ix_i\in F_0'$. 由命题 A.3,$F_0=A_0\oplus F_0'$.

因为 F' 是秩为 $n-1$ 的自由交换群,所以对 F',F_0' 可用归纳假设,取 $\{x_2',\cdots,x_n'\}$ 是 F' 的基,使得 $\{k_2x_2',\cdots,k_sx_s'\}$ 是 F_0' 的基,并

且 $k_i|k_{i+1}(i=2,\cdots,s-1)$. 于是，$\{x_1,x_2',\cdots,x_n'\}$是 F 的基，$\{k_1x_1, k_2x_2',\cdots,k_sx_s'\}$是 F_0 的基. 剩下只用证 $k_1|k_2$. F_0 中元素 $k_1x_1+k_2x_2'$ 的高度$=(k_1,k_2)\leqslant k_1$，按约定它不比 k_1 小，从而$(k_1, k_2)=k_1$，$k_1|k_2$. ▍

定理 A. 4(有限生成交换群基本定理) 有限生成交换群 H 可分解为

$$H\cong F_1\oplus \mathbf{Z}_{k_1}\oplus\cdots\oplus\mathbf{Z}_{k_s},\quad k_i \text{ 为自然数}, k_{i+1}|k_i$$

$$(i=1,\cdots,s-1),$$

其中 F_1 是秩为 $\mathrm{rank}H$ 的自由交换群；$k_1,k_2,\cdots,k_s$ 由 H 确定，称为 H 的挠系数.

证明 根据命题 A. 1，存在有限基自由交换群 F 和满同态 $j: F\to H$，记 $F_0=\mathrm{Ker}j$. 根据定理 A. 3，存在 F 的基$\{x_1,x_2,\cdots, x_n\}$，使得$\{k_1x_1,\cdots,k_sx_s\}$是 F_0 的基，并且 $k_{i+1}|k_i(i=1,\cdots,s-1$，注意 k_i 的大小次序的改变)，于是 $H\cong F/F_0\cong F_1\oplus\mathbf{Z}_{k_1}\oplus\cdots\oplus\mathbf{Z}_{k_s}$，其中 F_1 是自由群，其秩等于 $\mathrm{rank}H$. 剩下只用证 $k_1,\cdots,k_s$ 的确定性.

设 H 的挠子群为 T，则 $T\cong\mathbf{Z}_{k_1}\oplus\cdots\oplus\mathbf{Z}_{k_s}$. 设 H 还有另一分解式 $H\cong F_1'\oplus\mathbf{Z}_{k_1'}\oplus\cdots\oplus\mathbf{Z}_{k_{s'}'}$，$k_{i+1}'|k_i'$，则 $T\cong\mathbf{Z}_{k_1'}\oplus\cdots\oplus\mathbf{Z}_{k'_{s'}}$. 总可假设 $s=s'$，否则在短的一方后面加上几个 $\mathbf{Z}_1=0$. 下面用反证法证明：$k_i=k_i'(i=1,\cdots,s)$. 否则，有 r，使得 $k_r\neq k_r'$，而 $k_i=k_i'$，$i<r$ 时. 不妨设 $k_r<k_r'$. 考虑有限群 k_rT 的阶(所含元素个数). 一方面 $k_rT\cong k_r\mathbf{Z}_{k_1}\oplus\cdots\oplus k_r\mathbf{Z}_{k_s}$，其阶为

$$\prod_{i=1}^{s}\frac{k_i}{(k_i,k_r)}=\prod_{i=1}^{r-1}\frac{k_i}{(k_i,k_r)};$$

另一方面 $k_rT\cong k_r\mathbf{Z}_{k_1'}\oplus\cdots\oplus k_r\mathbf{Z}_{k'_s}$，阶等于

$$\prod_{i=1}^{s}\frac{k_i'}{(k_i',k_r)}\geqslant\prod_{i=1}^{r-1}\frac{k_i}{(k_i,k_r)}\cdot\frac{k_r'}{(k_r',k_r)}.$$

因为 $\dfrac{k_r'}{(k_r',k_r)} \geqslant \dfrac{k_r'}{k_k} > 1$，所以两个结果不相等，矛盾. ▌

5. 群的自由乘积，自由群

从现在起，我们转向一般群(不必是交换群).

定义 A.4 设$\{G_\lambda \mid \lambda\in \Lambda\}$是一族群，规定它们的**自由乘积** $\underset{i\in\Lambda}{*} G_\lambda$ 是一个群，作为集合

$$\underset{\lambda\in\Lambda}{*} G_\lambda = \{x_1x_2\cdots x_n \mid \ n\geqslant 0, x_i \text{ 是某个 } G_\lambda \text{ 中的非单位元，} \\ x_i \text{ 与 } x_{i+1} \text{ 不在同一 } G_\lambda \text{ 中}\},$$

其中 $n=0$ 的元素只有一个，记作 1；乘法规定如下：设 $x_1x_2\cdots x_n$ 和 $y_1y_2\cdots y_m$ 是两个元素，如果 $i\leqslant l$ 时 x_{n-i+1}与 y_i 属于同一个 G_λ，且 $x_{n-i}y_i=1$，而 x_{n-l}与 y_{l+1}不再有此性质，则它们的乘积为：

$$(x_1x_2\cdots x_n)\cdot(y_1y_2\cdots y_m) \\ =\begin{cases} x_1\cdots(x_{n-l}y_{l+1})\cdots y_m, & \text{若 } x_{n-l}, y_{l+1} \text{ 在同一 } G_\lambda \text{ 中；} \\ x_1\cdots x_{n-l}y_{l+1}\cdots y_m, & \text{否则.} \end{cases}$$

乘法的结合律的验证较繁琐，这里省略了. 按照定义，每个 G_λ 可自然看作 $\underset{\lambda\in\Lambda}{*} G_\lambda$ 的子群.

命题 A.8 设 H 是一群，$\forall\lambda\in\Lambda$，有同态 $f_\lambda: G_\lambda\to H$，则存在唯一同态 $f: \underset{\lambda\in\Lambda}{*} G_\lambda \to H$，使得 $f|G_\lambda=f_\lambda, \forall\lambda\in\Lambda$.

证明 f 在每个 G_λ 上已有定义. 于是可规定

$$f(x_1\cdots x_n) = f(x_1)\cdots f(x_n).$$

不难验证它保持运算. ▌

有限多个群 $G_1,\cdots,G_s$ 的自由乘积也可记作 $G_1 * G_2 * \cdots * G_s$，但其中 G_i 的顺序是不重要的.

本书中只涉及到有限自由乘积.

记 $i_\lambda: G_\lambda \to \underset{\lambda\in\Lambda}{*} G_\lambda$ 是包含映射. 取定 $\lambda_0\in\Lambda$，作同态 $f_\lambda: G_\lambda\to G_{\lambda_0}$ 为：若 $\lambda\neq\lambda_0$，则 f_λ 是平凡的，$f_{\lambda_0}=\mathrm{id}$. 用命题 A.8，得到同态

$\varphi_{\lambda_0}:\mathop{*}\limits_{\lambda\in\Lambda}G_\lambda\to G_{\lambda_0}$，使得 $\varphi_{\lambda_0}\circ i_{\lambda_0}=\mathrm{id}$，$\varphi_{\lambda_0}\circ i_\lambda$ 平凡，$\forall\ \lambda\neq\lambda_0$.

定义 A.5 群 G 称为**自由群**，如果有子集 $A\subset G$，使得 $\forall x\in G$ 可唯一地表示成如下形式

$$x=a_1^{k_1}a_2^{k_2}\cdots a_n^{k_n},\quad a_i\in A,a_i\neq a_{i+1},$$
$$k_i(i=1,2,\cdots,n)\ \text{是非零整数},$$

称 A 是 G 的一个**自由生成元组**.

当 G 是自由群时，$\forall x\in G$ 都不是有限阶的，因此它生成的子群 $\langle x\rangle$ 是自由循环群. 比较自由群与自由乘积的定义，不难看出

命题 A.9 如果 G 是自由群，A 是自由生成元组，则

$$G\cong\mathop{*}\limits_{a\in A}\langle a\rangle.\qquad ▌$$

6. 用母元和关系表示一个群

拓扑学中，常用母元和关系来表现一个群. 在许多场合，这种方法有几何直观性，应用起来方便而自然.

设 X 是一个非空集合. $\forall x\in X$，可构造一个自由循环群 $\mathbf{Z}(x)$ 如下：$\mathbf{Z}(x)=\{x^n\mid n\in\mathbf{Z}\}$，乘法为 $x^n\cdot x^m=x^{n+m}$.

规定自由群

$$F(X):=\mathop{*}\limits_{x\in X}\mathbf{Z}(x),$$

则 $X\subset F(X)$，并且是 $F(X)$ 的一个自由生成元组. 称 $F(X)$ 是由 X 所生成的自由群.

设 R 是 $F(X)$ 的一组元素，$[R]$ 是由 R 生成的 $F(X)$ 的正规子群（即包含 R 的最小正规子群），引进记号

$$\{X;R\}:=F(X)/[R],$$

它是 $F(X)$ 的一个商群.

设 G 是一个群，X 是 G 的一个生成元组. 于是自由群 $F(X)$ 的每个元素 $x_1^{k_1}\cdots x_n^{k_n}(x_i\in X)$ 自然地决定 G 中有同一形式的元素，由此规定了从 $F(X)$ 到 G 的一个满同态. 因此 G 可看作 $F(X)$ 的一个商群，记上述同态的核为 N，则 $G=F(X)/N$. 如果 $F(X)$ 的一个

元素组 R 生成的正规子群就是 N，则 $G=\{X;R\}$. 把 X 与 R 一起称为 G 的一个表示，它们分别称为这个表示的母元组和关系组. 当 X 与 R 都是有限集合时，就称 X 与 R 为 G 的一个有限表示.

如果 X 是 G 的自由生成元组，则 $G=F(X)$，于是

$$G=\{X;\varnothing\},$$

或简单写成 $G=\{X\}$.

下面再给出两个简单的例子.

若 G 是以 a 和 b 为基的自由交换群，则

$$G=\{a,b;aba^{-1}b^{-1}\}.$$

设 x 是 n 阶循环群 $\mathbf{Z}_n$ 的生成元，则

$$\mathbf{Z}_n=\{x;x^n\}.$$

用母元和关系来看群的自由乘积，有很简单的表达形式. 当两个群都用母元和关系来表示时，则它们的自由乘积的一个表示可用以下方式得到：把两个群的母元组作无交并，两个群的关系组也作无交并，分别得到自由乘积的表示中的母元组和关系组. 以上结果的论证这里略去了.

7. 群的交换化

设 G 为群，$\forall a,b\in G$，记

$$[a,b]=a^{-1}b^{-1}ab,$$

称作 a 与 b 的**换位子**. 容易看出，$ab=ba\Longleftrightarrow[a,b]=1$. 记

$$G'=\{x\in G|x\text{ 是有限个换位子的乘积}\},$$

则容易看出 G' 是 G 的子群，称为 G 的**换位子群**. G' 还是 G 的一个正规子群. 因为如果 $x\in G'$，$y\in G$，则

$$y^{-1}xy=[y,x^{-1}]x\in G'.$$

记 $\widetilde{G}=G/G'$. 不难验证，$\widetilde{G}$ 是一个交换群，称为 G 的**交换化**.

命题 A.10 设 $f:G_1\to G_2$ 是一个同态，记 G_i' 是 G_i 的换位子群，$j_i:G_i\to\widetilde{G}_i$ 是投射$(i=1,2)$，则 $f(G_i')\subset G_2'$，并且存在同态 $\widetilde{f}$：

$\widetilde{G}_1 \to \widetilde{G}_2$，使得右边的图表交换.

证明 因为 G_1' 由 G_1 的全体换位子生成，而对每个换位子$[a,b]$，由于 $f([a,b])=[f(a),f(b)]\in G_2'$，所以 $f(G_1')\subset G_2'$. 于是 $j_2\circ f(G_1)=0$，从而它诱导 $\widetilde{f}:\widetilde{G}_1\to\widetilde{G}_2$，使右面图表可交换. ▌

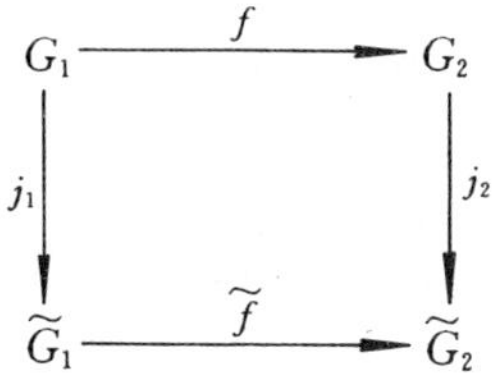

当 G_2 是交换群时，$\widetilde{G}_2=G_2$. 于是上面的图表变为下边的图表，并且 $G_1'\subset \mathrm{Ker}f$.

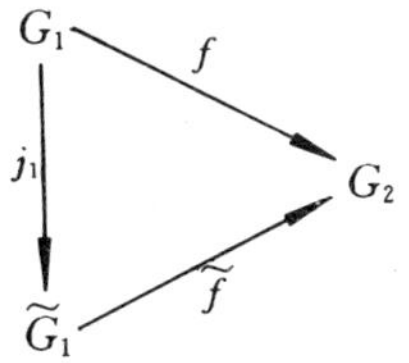

现在假设 $f:G_1\to G_2$ 是满同态. 记 $G_0=\mathrm{Ker}f$，$j_1:G_1\to\widetilde{G}_1$ 是投射. 设 $j:\widetilde{G}_1\to\widetilde{G}_1/j_1(G_0)$是投射，则 $j\circ j_1(G_0)=0$，从而诱导出同态 $l:G_2\to\widetilde{G}_1/j_1(G_0)$，使得 $l\circ f=j\circ j_1$. 或者说有下面的交换图表. 在这些规定下，有以下命题.

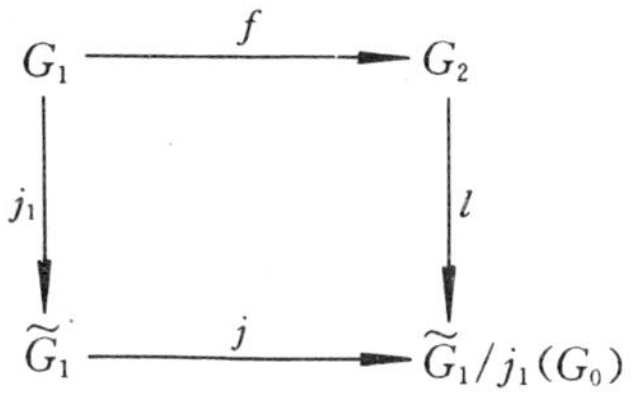

命题 A. 11 $\mathrm{Ker}l=G_2'$，从而 $\widetilde{G}_2\cong\widetilde{G}_1/j_1(G_0)$.

证明 因为 $\widetilde{G}_1/j_1(G_0)$是交换群，所以 $G_2'\subset\mathrm{Ker}l$. 只须再证 $\mathrm{Ker}l\subset G_2'$.

$\forall g_2\in\mathrm{Ker}l$，取$g_1\in f^{-1}(g_2)$. 于是 $j\circ j_1(g_1)=l\circ f(g_1)=$

$l(g_2)=0$，从而 $j_1(g_1)\in j_1(G_0)$，即存在 $g_0\in G_0$，使得 $j_1(g_0)=j_1(g_1)$. 于是 $j_1(g_1g_0^{-1})=0$，$g_1g_0^{-1}\in G_1'$，则 $g_2=f(g_1g_0^{-1})\in G_2'$. ▌

推论 若 $f:G_1\to G_2$ 是满同态，$\mathrm{Ker}f=G_0$. 设 $\widetilde{f}:\widetilde{G}_1\to\widetilde{G}_2$ 是 f 诱导的同态（命题 A.10），则 $\mathrm{Ker}\,\widetilde{f}=j_1(G_0)$，其中 $j_1:G_1\to\widetilde{G}_1$ 是投射.

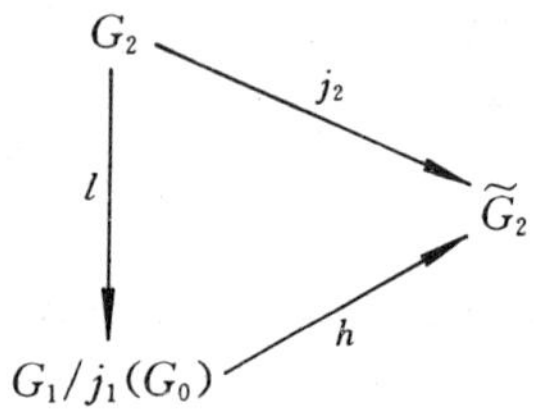

证明 根据命题 A.11，有同构 $h:G_1/j_1(G_0)\to\widetilde{G}_2$，使得 $h\circ l=j_2$，见左面图表. 于是

$$(h\circ j)\circ j_1=j_2\circ f,$$

即 $h\circ j:\widetilde{G}_1\to\widetilde{G}_2$ 就是 f 诱导的同态 $\widetilde{f}$. 从而 $\mathrm{Ker}\,\widetilde{f}=(h\circ j)^{-1}(0)=j^{-1}(h^{-1}(0))=j^{-1}(0)=\mathrm{Ker}j=j_1(G_0)$. ▌

命题 A.12 $\widetilde{G_1*G_2}\cong\widetilde{G}_1\oplus\widetilde{G}_2$.

证明 记 $i_\lambda:G_\lambda\to G_1*G_2$ 是包含映射，$\lambda=1,2$；记 $\varphi_1:G_1*G_2\to G_1$ 是满足 $\varphi_1\circ i_1=\mathrm{id}$，$\varphi_1\circ i_2$ 平凡的同态. 则有 $\widetilde{\varphi}_1:\widetilde{G_1*G_2}\to\widetilde{G}_1$ 和 $\widetilde{i}_1:\widetilde{G}_1\to\widetilde{G_1*G_1}$，使得 $\widetilde{\varphi}_1\circ\widetilde{i}_1=\mathrm{id}:\widetilde{G}_1\to\widetilde{G}_1$（习题 10）. 根据习题 4（或习题 11），$\widetilde{G_1*G_2}\cong\widetilde{G}_1\oplus\mathrm{Ker}\,\widetilde{\varphi}_1$. 只用再证明 $\mathrm{Ker}\,\widetilde{\varphi}_1\cong\widetilde{G}_2$.

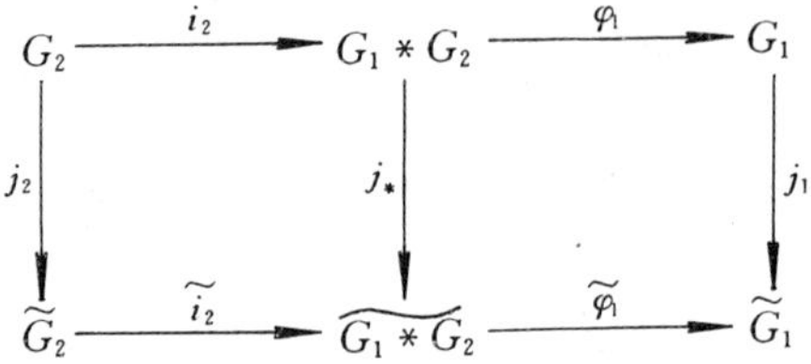

根据命题 A.11 的推论，我们可得 $\mathrm{Ker}\,\widetilde{\varphi}_1=j_*(\mathrm{Ker}\varphi_1)=j_*([G_2])$（$[G_2]$ 为 G_1*G_2 中由 G_2 生成的正规子群，习题 9 说明了 $[G_2]=\mathrm{Ker}\varphi_1$）. 而 $j_*([G_2])=j_*(G_2)=\widetilde{i}_2\circ j_2(G_2)=\mathrm{Im}\,\widetilde{i}_2$. $\widetilde{i}_2$ 与 $\widetilde{i}_1$ 一样，是单同态，从而 $\mathrm{Im}\,\widetilde{i}_2\cong\widetilde{G}_2$. ▌

用归纳法可把命题 A.12 推广到有限自由乘积的情形：

$$\widetilde{\mathop{*}_{i=1}^{n} G_i} \cong \bigoplus_{i=1}^{n} \widetilde{G}_i.$$

例如 G 是自由群,基 A 中有 n 个元素,则 $G \cong \overbrace{\mathbf{Z} * \cdots * \mathbf{Z}}^{n个}$,于是 $\widetilde{G}$ 是 n 维自由交换群.下面两个例子的结果在第四章用到.

例 1 设 G 是自由群,$\{a_1,\cdots,a_m\}$ 是一个基.$b=a_1^2a_2^2\cdots a_m^2$.G_0 是 b 生成的正规子群.求 G/G_0 的交换化.

记 $j: G \to G/G_0$ 的投射,则有满同态 $\widetilde{j}: \widetilde{G} \to \widetilde{G/G_0}$.根据命题 A.11 的推论,$\mathrm{Ker}\, \widetilde{j} = j_G(G_0)$,从而 $\widetilde{G/G_0} \cong \widetilde{G}/j_G(G_0)$.根据命题 A.12,$\widetilde{G}$ 是秩为 m 的自由交换群,并且若记 $\widetilde{a}_i = j_G(a_i)$,则 $\{\widetilde{a}_1,\widetilde{a}_2,\cdots,\widetilde{a}_m\}$ 是 $\widetilde{G}$ 的基;而 $j_G(G_0)$ 是 $j_G(b) = 2\left(\sum_{i=1}^{m} \widetilde{a}_i\right)$ 生成的自由循环群.记 $\widetilde{a}_1' = \sum_{i=1}^{m} \widetilde{a}_i$,则 $\{\widetilde{a}_1',\widetilde{a}_2,\cdots,\widetilde{a}_m\}$ 也是 $\widetilde{G}$ 的基,并且 $j_G(G_0)$ 是 $2\widetilde{a}_1'$ 生成的子群.于是 $\widetilde{G/G_0} \cong \overbrace{\mathbf{Z} \oplus \cdots \oplus \mathbf{Z}}^{m-1个} \oplus \mathbf{Z}_2$.

例 2 设 G 是自由群,$\{a_1,b_1,\cdots,a_n,b_n\}$ 为基.$c=[a_1,b_1]\cdots[a_n,b_n]$,记 G_0 是 c 生成的正规子群,计算 $\widetilde{G/G_0}$.

做法同例 1.但现在 $G_0 \leqslant G'$,因此 $j_G(G_0)=0$.于是

$$\widetilde{G/G_0} \cong \widetilde{G} \cong \overbrace{\mathbf{Z} \oplus \cdots \oplus \mathbf{Z}}^{2n个}.$$

习　题

1. 设 F 是自由交换群,H_1 和 H_2 都是交换群.又设 $j: H_1 \to H_2$ 是满同态,$f_2: F \to H_2$ 是同态,则存在同态 $f_1: F \to H_1$,使得 $j \circ f_1 = f_2$.

2. 证明两个有限生成交换群的直和也是有限生成的.

3. 设 $F=F_1 \oplus F_2$,其中 F_1 和 F_2 都是自由交换群,分别以 A_1 和 A_2 为基,则 F 也是自由交换群,以 $A_1 \times \{0\} \cup \{0\} \times A_2$ 为基.

4. 设 H_1 和 H_2 都是交换群，$f: H_1 \to H_2$ 和 $g: H_2 \to H_1$ 是同态，满足 $f \circ g = \mathrm{id}$. 则

$$H_1 = \mathrm{Im} g \oplus \mathrm{Ker} f.$$

5. 任一非空自由交换群有直和因子是有限基自由交换群.

6. 若 H 的每个元素都是有限阶的，则 $H^* = 0$.

7. 若 $\varphi: H_1 \to H_2$ 是满同态，则 φ^* 是单的.

8. 有限生成交换群的子群也是有限生成的.

9. 设 $\varphi_1: G_1 * G_2 \to G_1$ 满足 $\varphi_1 \circ i_1 = \mathrm{id}$，$\varphi_1 \circ i_2$ 平凡，则 $\mathrm{Ker}\varphi_1$ 是 $G_1 * G_2$ 中由 G_2 生成的正规子群.

10. 若 $f_1: G_1 \to G_2$，$f_2: G_2 \to G_3$. 证明

$$\widetilde{f_2 \circ f_1} = \widetilde{f}_2 \circ \widetilde{f}_1.$$

11. 若 G_0 是 G 的子群，并有同态 $\varphi: G \to G_0$ 使得 $\varphi \circ i = \mathrm{id}$，则 $\widetilde{G} = \mathrm{Im}\ \widetilde{i} \oplus \mathrm{Ker}\ \widetilde{\varphi}$.

附录B　Van-Kampen 定理

假设 X_1,X_2 是拓扑空间 X 的两个子空间,交集 $X_0=X_1\cap X_2$ 非空. 记 $i_l: X_0\to X_l(l=1,2)$ 和 $i_l': X_l\to X(l=0,1,2)$ 都是包含映射,则

$$i_l'\circ i_l=i_0',\quad l=1,2.$$

或者说有右图所示的交换图表.

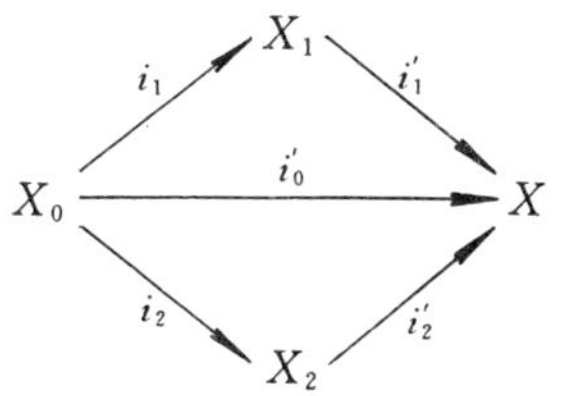

取定 $x_0\in X_0$. 在自由乘积 $\pi_1(X_1,x_0)*\pi_1(X_2,x_0)$中,由子集

$$\{(i_1)_\pi(\alpha)(i_2)_\pi(\alpha^{-1})\mid\alpha\in\pi_1(X_0,x_0)\}$$

所生成的正规子群记作 G,并规定

$$\pi:=\pi_1(X_1,x_0)*\pi_1(X_2,x_0)/G.$$

在以上的约定和记号下,Van-Kampen 定理可表述为:

Van-Kampen 定理　如果 X_1 和 X_2 构成 X 的开覆盖,并且 X 和 X_0 道路连通,则

$$\pi_1(X,x_0)\cong\pi.$$

证明　由第二章§5的习题5知道,从 X 和 X_0 道路连通推出 X_1 和 X_2 也道路连通.

由同态$(i_l')_\pi:\pi_1(X_l,x_0)\to\pi_1(X,x_0)$ $(l=1,2)$决定同态 φ_0: $\pi_1(X_1,x_0)*\pi_1(X_2,x_0)\to\pi_1(X,x_0)$(见第四章§5习题1). 于是, $\forall\alpha\in\pi_1(X_0,x_0)$,有

$$\begin{aligned}\varphi_0(i_1)_\pi(\alpha)(i_2)_\pi(\alpha^{-1})&=(i_1')_\pi(i_1)_\pi(\alpha)(i_2')_\pi(i_2)_\pi(\alpha^{-1})\\&=(i_0)_\pi(\alpha)(i_0)_\pi(\alpha^{-1})=1,\end{aligned}$$

从而 $G\subset\mathrm{Ker}\varphi_0$, φ_0 诱导出一个同态:

$$\varphi:\pi\to\pi_1(X,x_0).$$

下面验证 φ 是同构,以完成定理的证明.

φ 是满同态 只须证明 φ_0 是满同态. $\forall\langle a\rangle\in\pi_1(X,x_0)$,由于 X_1 和 X_2 构成 X 的开覆盖,对于道路 a,可取到足够大的自然数 n,使得当将 $I=[0,1]$等分为 n 个区间 $I_1,I_2,\cdots,I_n$ 时,a 把每个 I_h 映入 X_1 或 X_2 中. 对每个分割点 $\frac{h}{n}(h=1,2,\cdots,n-1)$,当 $a\left(\frac{h}{n}\right)\in X_l(l=0,1$ 或 $2)$ 时,取 X_l 中从 x_0 到 $a\left(\frac{h}{n}\right)$ 的道路 w_h,记 $w_0=w_n=e_{x_0}$(x_0 处的点道路). 记 a_h 是 $a|I_h$ 决定的道路,它是 X_1 或 X_2 中的道路. 当它在 X_l 中时,取 $\gamma_h=\langle w_{h-1}a_hw_h^{-1}\rangle_l\in\pi_1(X_l,x_0)$(如果既在 X_1 中,又在 X_2 中,任意取定 l 为 1 或 2). 记 $\gamma=\gamma_1\gamma_2\cdots\gamma_n\in\pi_1(X_1,x_0)*\pi_1(X_2,x_0)$,则

$$\begin{aligned}\varphi_0(\gamma)&=\langle e_{x_0}a_1w_1^{-1}w_1a_2w_2^{-1}\cdots w_{n-1}a_ne_{x_0}\rangle\\&=\langle a_1a_2\cdots a_n\rangle=\langle a\rangle,\end{aligned}$$

即$\langle a\rangle\in\mathrm{Im}\varphi_0$. 由$\langle a\rangle$的任意性推得 φ_0 是满同态.

φ 是单同态 这部分证明较复杂. 先作一些技术准备. 对 X_1 或 X_2 中在 x_0 处的闭路 u,我们来规定 π 中的一个元素$[u]$. u 在 $X_l(l=1$ 或 $2)$中, 它代表了 $\pi_1(X_l,x_0)$的元素$\langle u\rangle_l$, 将其看作 $\pi_1(X_1,x_0)*\pi_1(X_2,x_0)$中的元素,就决定了 π 中的一个元素,也就是$\langle u\rangle_l$ 的 G 陪集. 问题是当 u 在 X_0 中时,它同时可从 X_1 和 X_2 两个途径决定 π 中元素,即$\langle u\rangle_1$ 的 G 陪集和$\langle u\rangle_2$ 的 G 陪集. 然而,若记$\langle u\rangle_0$ 是 u 代表的 $\pi_1(X_0,x_0)$中的元素,则

$$\langle u\rangle_l=(i_l)_\pi(\langle u\rangle_0),\quad l=1,2,$$

$$\langle u\rangle_1\langle u\rangle_2^{-1}=(i_1)_\pi(\langle u\rangle_0)(i_2)_\pi(\langle u\rangle_0^{-1})\in G,$$

从而$\langle u\rangle_1,\langle u\rangle_2$ 属于同一个 G 陪集. 因此 u 总是唯一决定 π 中的一个元素,将它记作$[u]$. 不难看出

(i) 若 u_1,u_2 都是 x_0 处闭路,且 u_1u_2 在 X_1 或 X_2 中,则$[u_1u_2]=[u_1][u_2]$.

(ii) 若 u,v 都是 x_0 处闭路,并且在 X_1 或 X_2 中 $u\simeq v$,则$[u]$

$=[v]$.

现在来证 φ 是单的. 设 $\omega\in\pi$, 使 $\varphi(\omega)=1$, 要证 $\omega=1$. ω 是$\pi_1(X_1,x_0)*\pi_1(X_2,x_0)$的一个 G 陪集,设它含元素$\langle a_1\rangle_{l_1}\langle a_2\rangle_{l_2}\cdots\langle a_n\rangle_{l_n}$,其中$\langle a_h\rangle_{l_h}\in\pi_1(X_{l_h},x_0)$, $l_h=1$ 或 $2(h=1,\cdots,n)$. 于是 $\omega=[a_1][a_2]\cdots[a_n]$.

构作 x_0 处闭路 a,使得 $a|I_h=\left[\frac{h-1}{n},\frac{h}{n}\right]$决定的道路就是 a_h, $h=1,\cdots,n$,则 a 代表的 $\pi_1(X,x_0)$ 中的元素

$$\langle a\rangle=\langle a_1\rangle\langle a_2\rangle\cdots\langle a_n\rangle=\varphi_0(\langle a_1\rangle_{l_1}\langle a_2\rangle_{l_2}\cdots\langle a_n\rangle_{l_n})=\varphi(\omega)=1,$$

从而有 a 到 e_{x_0}的定端同伦 $H: I\times I\to X$.

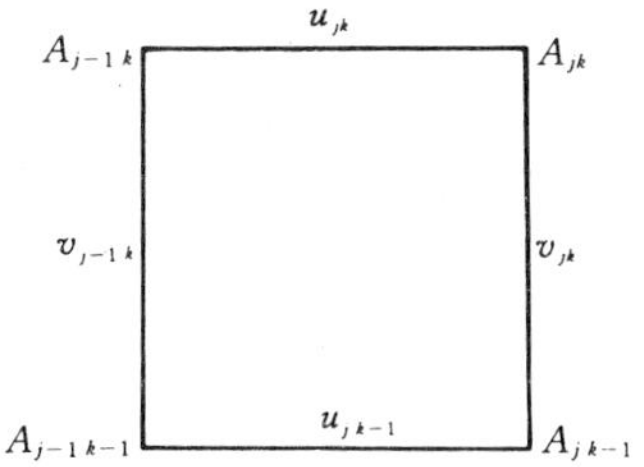

取能被 n 整除的足够大的正整数 m,使得 $I\times I$ 等分成的 m^2 个小正方形的每一块被 H 映入 X_1 或 X_2. 记 $A_{jk}=\left(\frac{j}{m},\frac{k}{m}\right)$, $j,k=0,\cdots,m$. 把 H 在线段 $A_{j-1\,k}A_{jk}$ 和 $A_{j\,k-1}A_{jk}$ 上的限制道路分别记作 u_{jk} 和 v_{jk}(见右图). 当 $H(A_{jk})\in X_l(l=0,1$ 或 $2)$ 时,取 X_l 中从 x_0 到 $H(A_{jk})$ 的道路 w_{jk}(如果 $H(A_{jk})=x_0$,则记 $w_{jk}=e_{x_0}$).

规定 π 中元素

$$\lambda_{jk}=[w_{j-1\,k}u_{jk}w_{jk}^{-1}],$$
$$\mu_{jk}=[w_{j\,k-1}v_{jk}w_{jk}^{-1}].$$

则 $\lambda_{jm}=\mu_{0k}=\mu_{mk}=1$,并且

$$\begin{aligned}\lambda_{j\,k-1}\mu_{jk}&=[w_{j-1\,k-1}u_{j\,k-1}w_{j\,k-1}^{-1}][w_{j\,k-1}v_{jk}w_{jk}^{-1}]\\&=[w_{j-1\,k-1}u_{j\,k-1}v_{jk}w_{jk}^{-1}]\\&=[w_{j-1\,k-1}v_{j-1\,k}u_{jk}w_{jk}^{-1}]\\&=\mu_{j-1\,k}\lambda_{jk}.\end{aligned}$$

于是

$$\lambda_{j\,k-1}=\mu_{j-1\,k}\lambda_{jk}\mu_{jk}^{-1}.$$

记 $\eta_k=\lambda_{1k}\lambda_{2k}\cdots\lambda_{mk}(k=0,1,\cdots,m)$，则$\forall k=0,\cdots,m-1$，有

$$\begin{aligned}\eta_{k-1} &= \lambda_{1\,k-1}\lambda_{2\,k-1}\cdots\lambda_{m\,k-1}\\ &= \mu_{0k}\lambda_{1k}\lambda_{2k}\cdots\lambda_{mk}\mu_{mk}^{-1} = \eta_k.\end{aligned}$$

于是 $\eta_0=\eta_m=\lambda_{1m}\lambda_{2m}\cdots\lambda_{mm}=1$.

记 $r=\dfrac{m}{n}$，则

$$a_h \mathrel{\dot{\simeq}} u_{rh+1\,0}u_{rh+2\,0}\cdots u_{r(h+1)\,0},$$

$$[a_k] = \lambda_{rh+1\,0}\lambda_{rh+2\,0}\cdots\lambda_{r(h+1)\,0}.$$

于是 $\eta_0=[a_1][a_2]\cdots[a_n]=\omega$. 从而 $\omega=1$.

定理证毕. ▌

定理的条件中，X 道路连通可以去掉，因为当 X 不道路连通时，只用把它换成 X_0 所在的道路分支.

下面用母元和关系的语言来表述 Van-Kampen 定理.

设拓扑空间 X 分解为开集 X_1 与 X_2 之并，使得交集 $X_0=X_1\cap X_2$非空并且道路连通. 取定基点 $x_0\in X_0$. 设基本群 $\pi_1(X_i,x_0)$ 有表示$\{A_i,R_i\}$，其中 A_i 是母元组，R_i 为关系组，$i=0,1,2$. 记 $l_i: X_0\to X_i$是包含映射，$i=1,2$. 规定 $A_1\sqcup A_2$ 上的关系组

$$R:=\{(l_1)_\pi(\alpha)(l_2)_\pi(\alpha^{-1})\,|\,\alpha\in A_0\}.$$

Van-Kampen 定理 在上面的记号和约定下，$\pi_1(X,x_0)$有表示$\{A_1\sqcup A_2;R_1\sqcup R_2\sqcup R\}$.

($\sqcup$是无交并的记号).

附录 C　链同伦及其应用

本附录先从纯代数的角度回顾第六、七章中提到的链复形和链映射的概念，然后提出链同伦概念，并用来解决第七章中的两个问题.

1. 链复形、链映射和链同伦

定义 C. 1　**链复形**是由交换群序列$\{C_q \mid q\in \mathbf{Z}\}$和满足条件$\partial_{q-1}\circ\partial_q=0(\forall q\in\mathbf{Z})$的同态序列$\{\partial_q: C_q\to C_{q-1}\mid q\in\mathbf{Z}\}$构成的代数组合体，记作$C=\{C_q;\partial_q\mid q\in\mathbf{Z}\}$. 称$C_q$是$C$的 ***q* 维链群**，称$\partial_q$是$C$的 ***q* 维边缘同态**.

称$Z_q(C):=\mathrm{Ker}\ \partial_q$为$C$的 ***q* 维闭链群**，$B_q(C):=\mathrm{Im}\ \partial_{q+1}$是$C$的 ***q* 维边缘链群**. 从$\partial_q\circ\partial_{q+1}=0$容易推出$B_q(C)\subset Z_q(C)$. 称$H_q(C):=Z_q(C)/B_q(C)$为$C$的 ***q* 维同调群**.

定义 C. 2　设C和C'是两个链复形，同态序列$\varphi=\{\varphi_q: C_q\to C'_q\mid q\in\mathbf{Z}\}$如果与边缘同态交换，即$\forall q\in\mathbf{Z}$，图表

$$\begin{array}{ccc} C_q & \xrightarrow{\partial_q} & C_{q-1} \\ \downarrow{\scriptstyle\varphi_q} & & \downarrow{\scriptstyle\varphi_{q-1}} \\ C'_q & \xrightarrow{\partial'_q} & C'_{q-1} \end{array}$$

可交换，则称φ是C到C'的一个**链映射**，记作$\varphi: C\to C'$.

当$\varphi: C\to C'$是链映射时，$\varphi_q(Z_q(C))\subset Z_q(C')$，$\varphi_q(B_q(C))\subset B_q(C')$，从而$\varphi$诱导出**同调群同态**$\varphi_{*q}: H_q(C)\to H_q(C')$.

如果$\varphi: C\to C'$，$\varphi': C'\to C''$都是链映射，则$\varphi'\circ\varphi=\{\varphi'_q\circ\varphi_q\mid$

$q\in \mathbf{Z}\}$是从 C 到 C''的链映射,并且

$$(\varphi' \circ \varphi)_{*q} = \varphi'_{*q} \circ \varphi_{*q}, \quad \forall q \in \mathbf{Z}.$$

设 C 和 C' 是两个链复形,$D=\{D_q: C_q \to C'_{q+1} \mid q \in \mathbf{Z}\}$是一系列同态(不必与边缘同态交换). 由 D 可规定链映射$\varphi^D=\{\varphi_q^D: C_q \to C'_q \mid q \in \mathbf{Z}\}$如下(见下面图表):$\forall q \in \mathbf{Z}$,

$$\varphi_q^D = D_{q-1} \circ \partial_q + \partial'_{q+1} \circ D_q,$$

则

$$\begin{aligned} &\partial'_q \circ \varphi_q^D - \varphi_{q-1}^D \circ \partial_q \\ &= \partial'_q \circ D_{q-1} \circ \partial_q - \partial'_q \circ D_{q-1} \circ \partial_q = 0, \end{aligned}$$

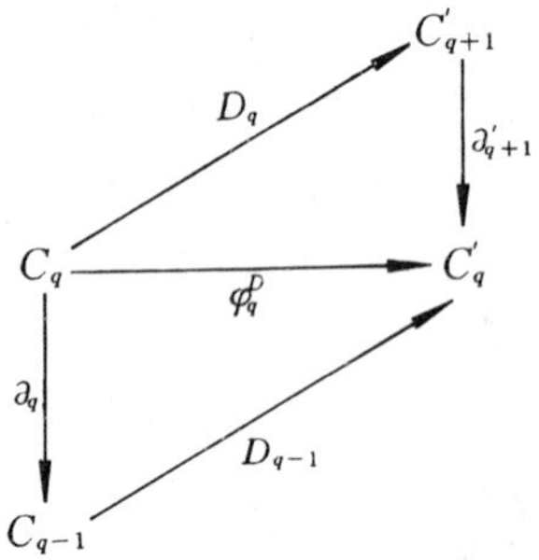

即φ^D 与边缘同态是可交换的,因此确为链映射.

$\forall \langle z \rangle \in H_q(C)$,则

$$\begin{aligned} \varphi_{*q}^D(\langle z \rangle) &= \langle \varphi_q^D(z) \rangle \\ &= \langle \partial'_{q+1} \circ D_q(z) \rangle = 0. \end{aligned}$$

因此$\forall q$, $\varphi_{*q}^D=0$.

定义 C.3 设 C 和 C' 是两个链复形,φ, ψ 是 C 到 C' 的两个链映射,如果存在同态序列 $D=\{D_q: C_q \to C'_{q+1}\}$,使得 $\varphi^D=\psi-\varphi$,则称 φ 与 ψ **链同伦**,记作 $\varphi \simeq \psi$. 称 D 为从 φ 到 ψ 的一个**链伦移**.

显然,当 $\varphi \simeq \psi$ 时,$\varphi_{*q}=\psi_{*q}$, $\forall q \in \mathbf{Z}$.

2. 零调承载子

复形 K 称为**零调**的,如果

$$H_q(K) \cong \begin{cases} \mathbf{Z}, & q = 0, \\ 0, & q \neq 0. \end{cases}$$

定义 C.4 设 K,L 都是复形,K 到 L 的一个**零调承载子** ξ 是一个映射,它把 K 的每个单形 $\underline{s}$ 映为 L 的子复形 $\xi(\underline{s})$,并且满足

(1) 当 $\underline{t} \prec \underline{s}$ 时,$\xi(\underline{t}) \subset \zeta(\underline{s})$;

(2) $\forall \underline{s}$，$\xi(\underline{s})$是零调的.

如果$\varphi: C(K)\to C(L)$是链映射，ξ是K到L的零调承载子，满足$\forall s\in T_q(K)$，$\varphi_q(s)\in C_q(\xi(\underline{s}))$（$\underline{s}$是$s$相应的单形），就说$\xi$ **承载** φ.

链映射$\varphi: C(K)\to C(L)$称为**正常**的，如果φ_0不改变0维链的指数，即$\forall c\in C_0(K)$，

$$d(\varphi_0(c)) = d(c).$$

由单纯映射诱导的链映射和重分链映射都是正常的.

定理 C.1 如果两个正常链映射$\varphi,\psi: C(K)\to C(L)$都被同一零调承载子$\xi$所承载，则$\varphi\simeq\psi$，从而$\varphi_{*q}=\psi_{*q}$，$\forall q\in \mathbf{Z}$.

证明 归纳地规定φ到ψ的链伦移D的各维同态D_q.

$\forall a\in K^0$，因为φ,ψ都是正常的，所以$d(\psi_0(a)-\varphi_0(a))=0$，并且$\psi_0(a)-\varphi_0(a)\in C_0(\xi(a))$. 因此是$\xi(a)$的0维边缘链，于是，可规定$D_0(a)\in C_1(\xi(a))$，使得$\partial_1(D_0(a))=\psi_0(a)-\varphi_0(a)$. 得到对应$D_0: K^0\to C_1(L)$，然后线性扩张得同态$D_0: C_0(K)\to C_1(L)$，使得

$$\partial_1\circ D_0 = \psi_0 - \varphi_0.$$

假定对$0\leqslant p<q$已构造$D_p: C_p(K)\to C_{p+1}(L)$，使得

$$\partial_{p+1}\circ D_p + D_{p-1}\circ\partial_p = \psi_p - \varphi_p,\quad p = 0,\cdots,q-1$$

（D_{-1}看作零同态），并且，$\forall s\in T_p(K)$，

$$D_p(s)\in C_{p+1}(\xi(\underline{s})).$$

$\forall s\in T_q(K)$，则$\psi_q(s)$，$\varphi_q(s)$都在$C_q(\xi(\underline{s}))$中. 由零调承载子的条件(1)推出$D_{q-1}(\partial_q(s))$也在$C_q(\xi(\underline{s}))$中，并且

$$\begin{aligned}
&\partial_q(\psi_q(s)-\varphi_q(s)-D_{q-1}(\partial_q(s)))\\
&\quad=\psi_{q-1}(\partial_q(s))-\varphi_{q-1}(\partial_q(s))-\partial_q\circ D_{q-1}(\partial_q(s))\\
&\quad=D_{q-2}\circ\partial_{q-1}(\partial_q(s))=0,
\end{aligned}$$

因此$\psi_q(s)-\varphi_q(s)-D_{q-1}(\partial_q(s))\in Z_q(\xi(\underline{s}))$. 由于$\xi(s)$是零调的，$\psi_q(s)-\varphi_q(s)-D_{q-1}(\partial_q(s))$也是边缘链. 于是我们可规定$D_q(s)\in C_{q+1}(\xi(\underline{s}))$，使得

$$\partial_{q+1}(D_q(s)) = \psi_q(s) - \varphi_q(s) - D_{q-1}(\partial_q(s)).$$

这样,我们规定了对应 $D_q: T_q(K) \to C_{q+1}(L)$,满足

$$D_q(s) \in C_{q+1}(\xi(\underline{s})),$$

并且它的线性扩张 $D_q: C_q(K) \to C_{q+1}(L)$满足

$$\partial_{q+1} \circ D_q + D_{q-1} \circ \partial_q = \psi_q - \varphi_q.$$

归纳定义完成. ▌

作为定理的应用,我们来解决第七章中遇到的两个问题.

定理 C. 2 如果 $\varphi, \psi: K \to L$ 都是连续映射 $f: |K| \to |L|$ 的单纯逼近,则 $\varphi_{*q} = \psi_{*q}: H_q(K) \to H_q(L), \forall q \in \mathbf{Z}$.

证明 仍用 φ, ψ 记它们所诱导的链映射,它们都是正常的. 只须证明它们有公共的零调承载子. $\forall \underline{s} \in K$,对 $\underline{s}$ 的任一内点 x,有

$$\varphi(\underline{s}) = \varphi(\mathrm{Car}_K x) \prec \mathrm{Car}_L f(x),$$

$$\psi(\underline{s}) = \psi(\mathrm{Car}_K x) \prec \mathrm{Car}_L f(x).$$

因此 $\varphi(\underline{s})$和 $\psi(\underline{s})$是 L 中同一个单形的面. 令 $\xi(\underline{s})$是 L 中以 $\varphi(\underline{s})$, $\psi(\underline{s})$为面的维数最小的单形的闭包复形,则 ξ 是 φ 和 ψ 的公共的零调承载子. ▌

定理 C. 3 设 $\pi: C(K^{(1)}) \to C(K)$是标准链映射,$\eta: C(K) \to C(K^{(1)})$是重分链映射, 则 $\eta_{*q} \circ \pi_{*q} = \mathrm{id}: H_q(K^{(1)}) \to H_q(K^{(1)})$, $\forall q \in \mathbf{Z}$.

证明 π 和 η 都是正常的,因此 $\eta \circ \pi$ 也是正常的,只须证明它与 $C(K^{(1)})$的恒同链映射有公共的零调承载子.

$\forall \underline{\sigma} \in K^{(1)}$,设 $\overset{*}{\underline{s}}$ 是 $\underline{\sigma}$ 的首顶点,则 $\mathrm{Sd}(\mathrm{Cl}\underline{s})$是 $K^{(1)}$ 的零调子复形(因为它是单纯锥). 规定 $\xi(\underline{\sigma}) = \mathrm{Sd}(\mathrm{Cl}\underline{s})$. 不难看出 ξ 是零调承载子,并且显然承载了 $\eta \circ \pi$ 和恒同链映射. ▌

习题解答与提示

说明　拓扑学的习题多数为证明题.许多题有多种论证方法.本题解只给出一种(或少数几种)较简捷的或思路清楚自然的方法.主要是介绍思路,有的只写出提示,有的虽大略地写了论证步骤,许多细节要读者自己去完成.

第　一　章

§1

1. 共有 4 个拓扑,凡含有 X 与∅的子集族都是 X 上的拓扑.

2. (1) 是;　(2) 不是,须添加子集$\{x\}$;

(3) 不是,须添加子集$\{x\}$,$\{y\}$,$\{z\}$.

6. $\overline{A}=\left\{\left(x,\sin\frac{1}{x}\right)\middle| x\in(0,1]\right\}\cup\{(0,y)\mid y\in[-1,1]\}$.

7. $\overline{A}=[0,+\infty)$.

8. 只用证$(B[x_0,\varepsilon])^c$是开集.$\forall x\in(B[x_0,\varepsilon])^c$,则$d(x,x_0)>\varepsilon$,于是$B(x,d(x,x_0)-\varepsilon)\subset(B[x_0,\varepsilon])^c$,从而$x$是$(B[x_0,\varepsilon])^c$的内点.

反例　把 $\boldsymbol{Z}$ 看作 $\boldsymbol{E}^1$ 的度量子空间,则$\overline{B(0,1)}=B(0,1)=\{0\}$,而$B[0,1]=\{-1,0,1\}$.

9. 若$x\in A\cap\overline{B}$,U是x的任一开邻域,则$U\cap A$也是x的开邻域,从而$(U\cap A)\cap B\neq\varnothing$(因为$x\in\overline{B}$),即$U\cap(A\cap B)\neq\varnothing$.于是$x\in\overline{A\cap B}$.

10. $\Longleftarrow$. 用等式$B=\bigcup\limits_{i=1}^{n}(B\cap A_i)$,以及$B\cap A_i$也是 X

中闭集(命题 1.6).

11. 按定义验证,注意用以下事实:聚点定义中的"邻域"可改为"开邻域".

12. (1) 用 11 题结果,得 B 在 A 中的导集 $B'_A=B'\cap A$.

(2) 根据命题 1.4,$\mathring{B}_A=A\setminus\overline{(A\setminus B)}_A$. 对其中 $\overline{(A\setminus B)}_A$ 用(1)的结果.

(3) 分别验证两个包含关系 $\mathring{B}\subset\mathring{B}_A$ 和 $\mathring{B}_A\subset\mathring{B}$. 验证后者时用到(2)的结果(得出 $\mathring{B}_A$ 是 X 中开集).

13. $\Longrightarrow$. 作可数集 $A=\{x_n\,|\,x_n\neq x\}$,则 A^c 是 x 的一个开邻域. 由于 $x_n\to x$,A^c 含 $\{x_n\}$ 的几乎所有项,即结果.

15. 应用下面事实可使验证简便:

$$\overline{A}=\{x\,|\,x\text{ 的每个开邻域与 }A\text{ 都有交点}\}.$$

16. 用 15 题的结果验证. 若 U 是 X 的非空开集,则由于 A 在 X 中稠密,$U\cap A$ 是 A 的非空开集. 又因为 B 是 A 的稠密子集,用 15 题,得到

$$U\cap B=(U\cap A)\cap B\neq\varnothing.$$

17. 用 15 题的结果,设 U 是 X 的非空开集,则 $U\cap A$ 是 X 的非空开集,从而

$$U\cap(A\cap B)=(U\cap A)\cap B\neq\varnothing.$$

§ 2

1. 利用定理 1.1 的(2).

2. $\Longrightarrow$. 利用命题 1.9 及包含映射连续.

$\Longleftarrow$. 按定理 1.1 的(1)的结果验证 f 连续. 设 V 是 B 的开集,则存在 Y 中开集 U,使得 $V=B\cap U=i^{-1}(U)$. 于是

$$f^{-1}(V)=f^{-1}(i^{-1}(U))=(i\circ f)^{-1}(U),$$

因为 $i\circ f$ 连续,$(i\circ f)^{-1}(U)$是 X 的开集.

3. 即要证 $f|A:A\to f(A)$是同胚映射. 它和它的逆映射的

连续性都可用上题结果得到.

4. X_2 到 X_1 的一个同胚映射 f 可规定如下：

$$f(x,y,z)=(xe^z,ye^z);$$

X_3 到 X_2 的一个同胚映射 g 可规定如下：

$$g(x,y,z)=\left(\frac{x}{\sqrt{x^2+y^2}},\frac{y}{\sqrt{x^2+y^2}},z\right).$$

5. 根据命题 1.8 的(2)，只要证$\forall x\in X$，存在 x 的一个邻域 U，使得 $f|U: U\to Y$ 连续.

取 x 的邻域 U，使得它只与 $\mathscr{C}$ 中有限个成员 $C_1,C_2,\cdots,C_n$ 相交. 于是 $U=\bigcup\limits_{i=1}^{n}(U\cap C_i)$. 由 $f|C_i$ 连续，得到 $f|U\cap C_i$ 连续. 再用粘接引理得 $f|U$ 连续.

7. 若 A 是 X 的可数稠密子集. 由第 1 题的(2)，

$$\overline{f(A)}\supset f(\overline{A})=f(X)=Y.$$

8. 连续性由 $\tau_f\subset\tau_c$ 得到. 又因为 $\tau_c\neq\tau_f$，所以不是同胚.

9. f 在$(-\infty,0)$和$[1,+\infty)$上的限制都连续，用粘接引理得 f 连续.

f^{-1}不连续，例如$(-\infty,0)$是 $\boldsymbol{E}^1\setminus[0,1)$的闭集，但

$$(f^{-1})^{-1}((-\infty,0))=f((-\infty,0))=(-\infty,0)$$

不是 $\boldsymbol{E}^1$ 的闭集.

10. 是开映射而不是闭映射的例子：包含映射 $i:(0,1)\to\boldsymbol{E}^1$.

是闭映射而不是开映射的例子：$r:\boldsymbol{E}^1\to[-1,1]$，规定为

$$r(x)=\begin{cases}1, & x>1,\\ x, & |x|\leqslant 1,\\ -1, & x<-1.\end{cases}$$

12. 先验证$|f(x_1)-f(x_2)|\leqslant d(x_1,x_2)$. 再用定义推出 f 连续.

若 $x\in A$，显然 $f(x)=0$. 若 $x\overline{\in} A$，即 $x\in$ 开集 A^c，则有 $\varepsilon>0$,

使得 $B(x,\varepsilon)\subset A^c$，从而 $f(x)=d(x,A)\geqslant\varepsilon$.

13. 证法一　若 $x,y\in\boldsymbol{R}$，不妨设 $x<y$. 因为 $f^{-1}(f(x))$ 是含 x 的闭集，由 τ 的定义，它必含 $[x,\infty)$，从而含 y，即 $f(y)=f(x)$.

证法二　用反证法. 若 $f(\boldsymbol{R})$ 中有两个不同点 a 和 b，则 $f^{-1}(a)$ 和 $f^{-1}(b)$ 是 $(\boldsymbol{R},\tau)$ 中的两个不相交的非空闭集，但 $(\boldsymbol{R},\tau)$ 中任何两个非空闭集必相交.

§3

2. (1) 由第 1 题知 $\overline{A}\times\overline{B}$ 是包含 $A\times B$ 的闭集，从而 $\overline{A\times B}\subset\overline{A}\times\overline{B}$.

直接验证包含式 $\overline{A}\times\overline{B}\subset\overline{A\times B}$. 设 $(x,y)\in\overline{A}\times\overline{B}$，$W$ 是 (x,y) 的邻域，则有 X,Y 中的开集 U,V，使得

$$(x,y)\in U\times V\subset W,$$

则 $W\cap(A\times B)\supset(U\cap A)\times(V\cap B)\neq\varnothing$.

(2) $\mathring{A}\times\mathring{B}$ 是包含于 $A\times B$ 的开集，从而 $\mathring{A}\times\mathring{B}\subset(A\times B)^\circ$. 直接验证 $(A\times B)^\circ\subset\mathring{A}\times\mathring{B}$. 若 $(x,y)\in(A\times B)^\circ$，则有 X,Y 中开集 U,V，使得 $(x,y)\in U\times V\subset(A\times B)^\circ$，从而 $x\in U\subset A$，$y\in V\subset B$. 于是 $x\in\mathring{A}$，$y\in\mathring{B}$，$(x,y)\in\mathring{A}\times\mathring{B}$.

3. 设 W 是 $X_1\times X_2$ 的非空开集，则由乘积拓扑的定义，W 可表示为 $W=\bigcup\limits_{\alpha\in\mathscr{A}}U_\alpha\times V_\alpha$，其中 U_α,V_α 分别是 X_1,X_2 的非空开集，$\forall\alpha\subset\mathscr{A}$. 于是 $j_1(W)=\bigcup\limits_{\alpha\in\mathscr{A}}U_\alpha$，$j_2(W)=\bigcup\limits_{\alpha\in\mathscr{A}}V_\alpha$ 分别是 X_1,X_2 的开集.

4. 要证 $F:X\to F(X)$ 是同胚. 一一性明显. 用定理 1.3 得 $F:X\to X\times Y$ 连续，再用 §2 习题 2 的结果推得 $F:X\to F(X)$ 连续. $F^{-1}:F(X)\to X$ 是 $j_X:X\times Y\to X$ 的限制，也连续.

6. 设 $\mathscr{B}=\{(A_1\times A_2)\cap(U_1\times U_2)\,|\,U_i$ 是 X_i 的开集$\}$
$=\{V_1\times V_2\,|\,V_i$ 是 A_i 的开集$\}$，

所以 $\mathscr{B}$ 既是 $A_1\times A_2$(作为 $X_1\times X_2$ 的子空间)的子空间拓扑的拓扑基,又是 $A_1\times A_2$ 的乘积拓扑的拓扑基.

7. 构造映射 $F: X\to\boldsymbol{E}^2$ 为 $F(x)=(f(x),g(x))$. 由定理 1.3 知 F 连续. F 分别和由 $(x,y)\mapsto x\pm y,(x,y)\mapsto xy$ 规定的 $\boldsymbol{E}^2$ 到 $\boldsymbol{E}^1$ 的连续映射复合,得到 $f\pm g,fg$. 因此 $f\pm g,fg$ 都连续.

9. $[a,b)\in\mathscr{B}$,从而是$(\boldsymbol{R},\overline{\mathscr{B}})$的开集. 又因为

$$\begin{aligned}([a,b))^c&=(-\infty,a)\cup[b,+\infty)\\&=\bigcup_{n\in N}([a-n,a)\cup[b,b+n))\end{aligned}$$

也是开集,所以$[a,b)$是闭集.

10. 按命题 1.12 验证. 记 τ 是 $X_1\times X_2$ 的乘积拓扑,则 $\mathscr{B}\subset\tau$. 若 U_1,U_2 分别是 X_1 和 X_2 的开集,则 $U_1\times U_2\in\overline{\mathscr{B}}$,从而 τ 的每个开集属于 $\overline{\mathscr{B}}$,即 $\tau\subset\overline{\mathscr{B}}$.

第　二　章

§1

2. 设 $x\neq y$,由 T_0 公理,不妨设 x 有邻域 U_1,$y\notin U_1$. 记 $F=(\mathring{U}_1)^c$,则 F 是不含 x,含 y 的闭集. 由 T_3 公理,存在 x 与 F 的不相交邻域 U 与 V,它们是 x 与 y 的不相交邻域.

3. 设 $A\subset X$. 只要验证$(A')^c$ 是开集.

$\forall x\in(A')^c$,则 x 有开邻域 U,使得$(U\setminus\{x\})\cap A=\varnothing$. 由 T_1 公理知,$U\setminus\{x\}$是开集,从而 $U\setminus\{x\}\subset(A')^c$. 于是 $U\subset(A')^c$;所以 x 是$(A')^c$ 的内点.

4. 只要验证$(\mathrm{Fix}f)^c$ 是开集.

$\forall x\in(\mathrm{Fix}f)^c$,则 $f(x)\neq x$,从而它们有不相交的开邻域 U 与 V. 作 $W=f^{-1}(U)\cap V$,则 W 是 x 的开邻域,并且 $W\subset(\mathrm{Fix}f)^c$(验证略).

5. 只要验证$(G_f)^c$ 是开集.

$\forall(x_0,y_0)\in(G_f)^c$，则 $f(x_0)\neq y_0$，从而 $f(x_0)$ 与 y_0 有不相交的开邻域 U 与 V，则 $f^{-1}(U)\times V$ 是 (x_0,y_0) 的开邻域，并且容易验证 $f^{-1}(U)\times V\subset(G_f)^c$.

6. 设 x,y 是 X 的两个不同点，于是 $(x,y)\in\Delta^c$. 而 Δ^c 是开集，从而有 X 的开集 U 与 V，使得 $(x,y)\in U\times V\subset\Delta^c$，于是 U,V 是 x,y 的开邻域，且 $U\cap V=\varnothing$.

8. 设 X,Y 都是 Hausdorff 空间，(x_1,y_1) 与 (x_2,y_2) 是 $X\times Y$ 中的两个不同点. 则 $x_1\neq x_2$ 或 $y_1\neq y_2$. 不妨设 $x_1\neq x_2$，则 X 中有 x_1 与 x_2 的不相交的开邻域 U 与 V. $U\times Y$ 与 $V\times Y$ 就是 (x_1,y_1) 与 (x_2,y_2) 的不相交开邻域.

9. 设 U 与 W 是 F 与 x 的不相交开邻域. 则 $\overline{U}\subset W^c$. 由 T_3 公理的等价条件，x 有开邻域 V，使得 $\overline{V}\subset W$. 于是 U,V 是 F 和 x 的开邻域，且 $\overline{U}\cap\overline{V}=\varnothing$.

10. 设 B_1 与 B_2 是 Y 的两个不相交闭集，$A_i=f^{-1}(B_i)$，$i=1,2$. 则 A_1,A_2 是 X 的不相交闭集，有不相交开邻域 U_1,U_2. 作 $W_i=(f(U_i^c))^c(i=1,2)$，则 W_1 与 W_2 是 Y 的两个开集，并且

(1) $B_i\subset W_i$.（即 $B_i\cap f(U_i^c)=\varnothing$，这是因为 $f^{-1}(B_i)=A_i\subset U_i$.）

(2) $W_1\cap W_2=\varnothing$.（由 $U_1\cap U_2=\varnothing$，推出 $U_1^c\cup U_2^c=X$. 因为 f 是满射，得到 $f(U_1^c)\cup f(U_2^c)=Y$，即 $W_1\cap W_2=\varnothing$.）

12. 用反证法. 如果有两点 x 与 y 没有不相交的邻域，分别取 x 与 y 的可数邻域基 $\{U_n\}$ 与 $\{V_n\}$，使得 $U_n\supset U_{n+1}$，$V_n\supset V_{n+1}$，$\forall n\in\boldsymbol{N}$. 那么 $U_n\cap V_n\neq\varnothing$，$\forall n\in\boldsymbol{N}$. 取 $x_n\in U_n\cap V_n$，$\forall n\in\boldsymbol{N}$，得到序列 $\{x_n\}$，它既收敛到 x，又收敛到 y. 与条件矛盾.

13. 可乘性用 T_3 公理的等价条件证明. 如果 X 与 Y 都满足 T_3 公理，$(x,y)\in X\times Y$，W 是 (x,y) 的一个开邻域，则存在 x 与 y 的开邻域 U_1 与 U_2 使得 $U_1\times U_2\subset W$. 由于 X 与 Y 都满足 T_3 公理，存在 x 与 y 的开邻域 V_1 与 V_2，使得 $\overline{V}_i\subset U_i(i=1,2)$. 于是 $V_1\times V_2$ 是 (x,y) 的开邻域，并且

$$\overline{V_1 \times V_2} = \overline{V}_1 \times \overline{V}_2 \subset U_1 \times U_2 \subset W.$$

遗传性可直接用定义验证(略).

15. 若 X 是可分度量空间,则 X 满足 C_2 公理. 由 14 题知它的每个子空间也满足 C_2 公理,从而是可分的.

16. 本题要说明($\boldsymbol{R},\overline{\mathscr{B}}$)的任何拓扑基 $\mathscr{U}$ 都不可数. 设 $a\in \boldsymbol{R}$,则$[a,a+1)$是开集,从而在 $\mathscr{U}$ 中存在成员 U_a,$a\in U_a\subset[a,a+1)$,它以 a 为最小值. 显然 $a\neq b$ 时,$U_a\neq U_b$. 于是有 $\boldsymbol{R}$ 到 $\mathscr{U}$ 的单一对应. $\boldsymbol{R}$ 不可数,$\mathscr{U}$ 也不可数.

18. (2) 下面的反例说明不满足 T_3 公理.

S 是闭集,任取一个有理数 a,则 $a\notin S$.

如果 W 是 S 的一个开邻域,则由拓扑的定义知,W 在 $\boldsymbol{E}^1$ 中也是开集,从而是 $\boldsymbol{E}^1$ 的稠密开集. 于是 $W\cap \boldsymbol{Q}$ 在 $\boldsymbol{E}^1$ 中也稠密(见第一章§1 习题 17). 任取 a 在($\boldsymbol{R},\tau$)中的开邻域 $U\backslash A$(其中 U 是 $\boldsymbol{E}^1$ 的非空开集,$A\subset S$),则

$$W \cap (U\backslash A) \supset (W \cap \boldsymbol{Q}) \cap U.$$

由第一章§1 习题第 15 题知$(W\cap\boldsymbol{Q})\cap U$ 非空,从而 $W\cap(U\backslash A)$ 非空. 这样在($\boldsymbol{R},\tau$)中,S 与 a 不存在不相交的开邻域.

(3) $\forall x\in \boldsymbol{R}$,取 $U_n = \{x\} \cup \left(\left(x-\dfrac{1}{n},x+\dfrac{1}{n}\right)\cap \boldsymbol{Q}\right)$,则$\{U_n\}$是 x 的一个可数邻域基. 这说明($\boldsymbol{R},\tau$)满足 C_1 公理.

$\boldsymbol{Q}$ 是($\boldsymbol{R},\tau$)的可数稠密子集,从而($\boldsymbol{R},\tau$)是可分的.

(4) 设 $A\subset S$. 因为 $\boldsymbol{R}\backslash(S\backslash A)$是($\boldsymbol{R},\tau$)的开集,所以就有$(\boldsymbol{R}\backslash(S\backslash A))\cap S=A$ 是(S,τ_S)的开集. 这说明 S 的每个子集都是(S,τ_S)的开集,从而(S,τ_S)是离散拓扑空间.

(5) 用反证法. 如果($\boldsymbol{R},\tau$)满足 C_2 公理,则(S,τ_S)也满足 C_2 公理,从而应是可分的,与(4)矛盾.

§2

1. 只证明 $f(x) = \inf\{r \in \boldsymbol{Q}_I \,|\, x \in \overline{U}_r\}$.

根据定义，$f(x)=\inf\{r\in \boldsymbol{Q}_I \mid x\in U_r\}$，而$\{r\in \boldsymbol{Q}_I \mid x\in U_r\}\subset\{r\in \boldsymbol{Q}_I \mid x\in \overline{U}_r\}$，从而$\inf\{r\in \boldsymbol{Q}_I \mid x\in \overline{U}_r\}\leqslant f(x)$.

若 $r\in \boldsymbol{Q}_I$ 满足 $x\in \overline{U}_r$，则 $\boldsymbol{Q}_I$ 中任一大于 r 的数 s，都有 $x\in U_s$，因此 $f(x)\leqslant s$. 由 $\boldsymbol{Q}_I$ 在$[0,1]$上稠密，得出 $f(x)\leqslant r$. 于是又有不等式 $\inf\{r\in \boldsymbol{Q}_I \mid x\in \overline{U}_r\}\geqslant f(x)$.

2. 把 $\boldsymbol{E}^n$ 看作 $\boldsymbol{E}^1\times\boldsymbol{E}^1\times\cdots\times\boldsymbol{E}^1$，记

$$f(x)=(f_1(x),f_2(x),\cdots,f_n(x)).$$

将每个 f_i 扩张到 X 上得到$\widetilde{f}_i: X\to\boldsymbol{E}^1$. 规定$\widetilde{f}: X\to\boldsymbol{E}^n$ 为

$$\widetilde{f}(x)=(\widetilde{f}_1(x),\widetilde{f}_2(x),\cdots,\widetilde{f}_n(x)),$$

则$\widetilde{f}$是 f 的扩张.

3. 设 $r: \boldsymbol{E}^n\to D$ 是收缩映射，有 $r\circ i=\mathrm{id}: D\to D$，从而 $f=r\circ i\circ f: A\to D$. 映射 $i\circ f: A\to\boldsymbol{E}^n$ 可扩张为$\widetilde{f}: X\to\boldsymbol{E}^n$(上题结果)，则 $r\circ\widetilde{f}$是 f 的扩张.

4. 设 $f: A\to S^n$ 是一连续映射，记 $i: S^n\to\boldsymbol{E}^{n+1}$是包含映射，规定 $r: \boldsymbol{E}^{n+1}\backslash\{O\}\to S^n$ 为 $r(x)=\dfrac{x}{\|x\|}$. 将 $i\circ f: A\to\boldsymbol{E}^{n+1}$扩张为 $g: X\to\boldsymbol{E}^{n+1}$. 记 $U=g^{-1}(\boldsymbol{E}^{n+1}\backslash\{O\})$，则 U 是 A 的开邻域，并且

$$r\circ(g|U): U\to S^n$$

是 f 的扩张.

§3

2. (1) 用反证法. 如果可数开覆盖$\{U_n\}$没有有限子覆盖，取 $x_n\in X\Big\backslash\bigcup\limits_{k=1}^{n}U_k$，得到序列$\{x_n\}$. 因为 X 列紧，所以$\{x_n\}$有收敛的子序列$\{x_{n_i}\}$. 设 $x_{n_i}\to x_0$，$x_0\in U_m$. 但当 $n_i\geqslant m$ 时，$x_{n_i}\overline{\in} U_m$，所以 U_m 只包含$\{x_{n_i}\}$有限多项，这与 $x_{n_i}\to x_0$ 矛盾.

(2) 假设 $\mathscr{B}$ 是 X 的一个可数拓扑基. 若 $\mathscr{U}$ 是 X 的一个开覆盖，作 $\mathscr{B}$ 的子族$\widetilde{\mathscr{B}}=\{B\in\mathscr{B} \mid B$ 包含在 $\mathscr{U}$ 的某个成员中$\}$. 则

$\widetilde{\mathscr{B}}$ 是 X 的一个可数开覆盖,记作$\{B_n\}$. 对每个 B_n,取 $U_n\in\mathscr{U}$,使得 $B_n\subset U_n$. 则$\{U_n\}$是 $\mathscr{U}$ 的可数子覆盖.

(3) 由(1)与(2)的结果得到.

(4) 设 X 是列紧度量空间. 对每个自然数 n,取 A_n 为 X 的一个有限 $\frac{1}{n}$- 网. 则 $\bigcup\limits_{n=1}^{\infty}A_n$ 是 X 的可数稠密子集,从而 X 可分. 根据命题 2.7,X 满足 C_2 公理.

4. (1) 用列紧性证明. $\forall n\in\boldsymbol{N}$,取 $x_n,y_n\in A$,使得 $d(x_n,y_n)\geqslant D(A)-\frac{1}{n}$. 由于$\{x_n,y_n\}$都是列紧集 A 的序列,都有收敛的子序列. 不妨设它们本身都收敛,并分别收敛到 A 中的 x_0 和 y_0,则$d(x_0,y_0)=D(A)$.

用紧致性证明. 用定理 2.7,知 $A\times A$ 也紧致. 由 $f(x,y)=d(x,y)$规定了 $A\times A$ 上的连续函数 f. $f(A\times A)$是 $\boldsymbol{E}^1$ 的紧致子集,达到最大值 $D(A)$,即必有$(x,y)\in A\times A$,使得 $f(x,y)=d(x,y)=D(A)$.

(2) 作函数 $f:A\to\boldsymbol{E}^1$ 为 $f(y)=d(x,y)$,则 f 连续,从而 $f(A)$紧致,从而有 $y_0\in A$,使得 $f(y_0)=f(A)$的最大值 $d(x,A)$.

(3) 作连续函数 $f:A\to\boldsymbol{E}^1$ 为 $f(x)=d(x,B)$.$f(A)$紧致,从而存在 x_0,使得 $f(x_0)$是 $f(A)$的最小值 $d(A,B)$. 但又因为 $x_0\overline{\in}B$,$f(x_0)=d(x,B)>0$,所以 $d(A,B)>0$.

5. 用反证法. 如果 X 的无穷子集 A 没有聚点,则$\forall x\in X$,有开邻域 U_x,使得$(U_x\cap A)\setminus\{x\}=\varnothing$. 于是 X 的开覆盖$\{U_x\mid x\in X\}$没有有限子覆盖,从而 X 不紧致.

6. 首先,单点集总是紧致的,从而 X 满足 T_1 公理. 设 X 的一个序列$\{x_n\}$收敛到 a,$b\neq a$,则 $X\setminus\{b\}$是包含 a 的开集,它必定包含了$\{x_n\}$的几乎所有项,也就是说$\{x_n\}$只有有限项为 b. 作子集 $A=\{x_n\mid x_n\neq b\}\cup\{a\}$. 则 A 紧致,从而是闭集. A^c 是 b 的开邻域,它最多只能含$\{x_n\}$的有限多项,从而 $x_n\not\to b$.

9. $\Longrightarrow$. 如果闭集族之交 $\bigcap\limits_{A\in\mathscr{A}} A=\varnothing$,则$\{A^c \mid A\subset\mathscr{A}\}$是 X 的开覆盖,有有限子覆盖 $A_1^c, A_2^c, \cdots, A_n^c$. 于是 $\bigcap\limits_{i=1}^{n} A_i=\varnothing$, 即 $\mathscr{A}$ 不是有核的.

$\Longleftarrow$. 设 $\mathscr{U}$ 是 X 的开覆盖,则闭集族 $\mathscr{A}=\{U^c \mid U\in\mathscr{U}\}$之交为空集,即 $\mathscr{A}$ 不是有核的,有有限个成员 $U_1^c, U_2^c, \cdots, U_n^c$ 使得 $\bigcap\limits_{i=1}^{n} U_i^c=\varnothing$,即 $U_1, U_2, \cdots, U_n$ 是一个子覆盖.

10. 用引理,$\forall b\in B$,有 A 和 b 的开邻域 U_b 与 V_b,使得 $U_b\times V_b\subset W$. $\{V_b \mid b\in B\}$构成 B 在 Y 中的开覆盖,有有限子覆盖 V_{b_1}, $\cdots$, V_{b_n}. 令 $U=\bigcap\limits_{i=1}^{n} U_{b_i}$, $V=\bigcup\limits_{i=1}^{n} V_{b_i}$,U 与 V 即满足要求.

11. 设 A 是 $X\times Y$ 的闭子集, 要证明 $j(A)$是 X 的闭集, 即 $(j(A))^c$是开集. $\forall x\in(j(A))^c$,则$\{x\}\times Y=j^{-1}(x)\subset A^c$. 用引理,存在 x 的开邻域 U,使得 $U\times Y\subset A^c$,即 $U\subset(j(A))^c$,于是 x 是$(j(A))^c$的内点.

13. $\forall a\in A$,则 $a\in U$. 由于 X 满足 T_3 公理,存在 a 的开邻域 V_a,使得 $\overline{V}_a\subset U$. 于是$\{V_a \mid a\in A\}$是 A 在 X 中的开覆盖,有有限子覆盖 $V_{a_1}, V_{a_2}, \cdots, V_{a_n}$. 记 $V=\bigcup\limits_{i=1}^{n} V_{a_i}$. 则 $A\subset V$, $\overline{V}=\bigcup\limits_{i=1}^{n}\overline{V}_{a_i}\subset U$.

14. 设 $A\subset X$ 紧致,$\mathscr{U}$ 是 $\overline{A}$ 在 X 中的开覆盖,则 $\mathscr{U}$ 也是 A 的开覆盖,有有限子覆盖 $U_1, U_2, \cdots, U_n$,即 $A\subset U=\bigcup\limits_{i=1}^{n} U_i$. 由上题知 $\overline{A}\subset U$,即 $U_1, U_2, \cdots, U_n$ 也是 $\mathscr{U}$ 关于 $\overline{A}$ 的有限子覆盖.

15. 必要性略.

充分性的证明,用反证法. 如果 X 不紧致,则有序列$\{x_n\}$,它没有收敛子序列. 不妨设$\{x_n\}$各项不相同,记 A 是$\{x_n\}$中各项构成的子集. $\forall x\in X$,x 必有邻域不含 $A\setminus\{x\}$的点,从而 A 是 X 的闭集,并且是离散的. 作函数 $f_0: A\to\boldsymbol{E}^1$ 为 $f(x_n)=n$,则 f_0 连续,它

可扩张到 X 上，得到 X 上的一个无界的连续函数.

16. 按定义验证 $f^{-1}(B)$紧致，即对 $f^{-1}(B)$在 X 中的任一开覆盖 $\mathscr{U}$，找出有限子覆盖. $\forall b\in B$，$\mathscr{U}$ 也是紧致集 $f^{-1}(b)$的开覆盖，从而 $f^{-1}(B)$被 $\mathscr{U}$ 中有限个成员盖满，记这有限个成员之并集为 W_b. 作 $V_b=(f(W_b^c))^c$. 则可验证 V_b 是 b 的开邻域，且 $f^{-1}(V_b)\subset W_b$.

$\{V_b|b\in B\}$又是 B 在 Y 中的开覆盖，有有限子覆盖 $V_{b_1},V_{b_2},\cdots,V_{b_n}$. 则

$$f^{-1}(B)\subset\bigcup_{i=1}^{n}f^{-1}(V_{b_i})\subset\bigcup_{i=1}^{n}W_{b_i}.$$

于是 $f^{-1}(B)$被 $\mathscr{U}$ 中有限个成员盖满.

17. 设 X 局部紧致，$A\subset X$ 是闭集. $\forall x\in A$，则 x 在 X 中有紧致邻域 F. 则 $F\cap A$ 是 x 在 A 中的紧致邻域(验证略).

18. (2) 因为(X,τ)不紧致，所以$\{\Omega\}$不是开集. 于是就有(X_*,τ_*)的每个非空开集都与 X 相交，X 在(X_*,τ_*)中稠密.

(4) 对于 X 中任意两个不同点，它们在(X,τ)中的不相交开邻域也就是在(X_*,τ_*)中的相交开邻域. 对于 $x\in X$ 和 Ω，取 x 的紧致邻域 K，则 K 与 $X_*\backslash K$ 就是 x 与 Ω 的不相交邻域.

19. 由定义可知，同胚空间的一点紧致化也同胚. 于是本题只须证 $S^n\backslash\{N\}(N=\{0,0,\cdots,0,1\})$的一点紧致化同胚于 S^n. 作 $f:(S^n\backslash\{N\})_*\to S^n$ 为

$$f(x)=\begin{cases}x, & x\neq\Omega,\\ N, & x=\Omega.\end{cases}$$

则 f 是一一对应，且可验证 f 是连续开映射，从而是同胚映射.

§4

4. 用反证法. 如果 X_1 不连通，则可分解为它的两个非空不相交开集 A 与 B 之并集. $X_1\cap X_2$ 包含于其中之一，设 $X_1\cap X_2\subset B$. 记 $X_2'=X_2\cup B$，则 $X=A\cup X_2'$，$A\cap X_2'=\varnothing$，且 A 与 X_2' 都是 X

的非空开集，与 X 连通矛盾.

（本题条件中的"X_1,X_2 都是 X 的**开集**"可改为**闭集**，证法相同.）

5. 取 X 的两个不同点 x_0,x_1. 则 $\{x_0\},\{x_1\}$ 都是 X 的闭集. 用 Урысон 引理，有(连续)函数 $f: X\to \boldsymbol{E}^1$，使得 $f(x_0)=0, f(x_1)=1$. 因为 X 连通，$[0,1]\subset f(X)$. $[0,1]$ 不可数，因而 X 也不可数.

6. 设 X 局部连通，A 是 X 的开集，$x\in A$. 设 U 是 x 在 A 中的邻域，则 U 也是 x 在 X 中邻域. 于是存在 x 在 X 中的一个连通邻域 $V\subset U$. V 也是 A 中的连通集.

8. 用命题 2.23. $\forall r\in\boldsymbol{Q}$，作 $A_r=\{(x,y)\mid x=r$ 或 $y=r\}$，则 A_r 连通，并且 $X=\bigcup\limits_{r\in\boldsymbol{Q}}A_r$. 又 $\forall r, A_r\cap A_0\neq\varnothing$.

9. $\mathscr{F}$ 是 X 的有核闭集族. 由 §3 习题第 9 题知道 $\bigcap\limits_{F\in\mathscr{F}}F\neq\varnothing$. 下面用反证法证明它连通. 如果 $\bigcap\limits_{F\in\mathscr{F}}F$ 可分解为它的两个不相交非空闭集 A 和 B 之和，则 A 和 B 都是 X 的闭集，有不相交的开邻域 U 和 V.

令 $X_0=(U\cup V)^c$，则 X_0 也紧致. 记 $\mathscr{F}_0=\{F\cap X_0\mid F\in\mathscr{F}\}$，则 $\mathscr{F}_0$ 是 X_0 中的一个闭集族，并且 $\bigcap\limits_{G\in\mathscr{F}_0}G=\left(\bigcap\limits_{F\in\mathscr{F}}F\right)\cap X_0=\varnothing$. 于是 $\mathscr{F}_0$ 是无核的，存在有限个成员 $F_1\cap X_0, F_2\cap X_0,\cdots,F_n\cap X_0\ (F_i\in\mathscr{F})$，它们的交集为 $\varnothing$. 于是 $\left(\bigcap\limits_{i=1}^{n}F_i\right)\cap X_0=\varnothing$，即 $\bigcap\limits_{i=1}^{n}F_i\subset U\cup V$. 由于 $\bigcap\limits_{i=1}^{n}F_i$ 连通，它必包含于 U,V 之一，从而 $\bigcap\limits_{F\in\mathscr{F}}F$ 包含在 U,V 之一，矛盾.

10. 作 $f: U\to\boldsymbol{E}^1$ 为 $f\left(x,\sin\dfrac{1}{x}\right)=x$，则 f 连续，且

$$f(U)=[0,1)\Big\backslash\left\{\frac{1}{2n\pi-\dfrac{\pi}{4}}\,\middle|\, n\in\boldsymbol{N}\right\}.$$

在 $f(U)$中,a 点所在的连通分支就是$\{0\}$,可知 U 中含$(0,0)$点的连通分支在 $f^{-1}(0)=B\backslash\{(0,-1)\}$中,就是 $B\backslash\{(0,-1)\}$.

§5

1. 任取 S^n 中两点 x_0,x_1. 再取 y 不同于 x_0,x_1. 则 $S^n\backslash\{y\}\cong \boldsymbol{E}^n$,是道路通的,从而存在 $S^n\backslash\{y\}$中的道路 a,使得 $a(i)=x_i$ $(i=0,1)$. a 也是 S^n 上连结 x_0,x_1 的道路.

2. 设 x_0,x_1 是 A 中两个不同点,则 $\boldsymbol{E}^2$ 上有不可数条圆弧以 x_0,x_1 为两端,并且任何两条这种圆弧除 x_0,x_1 外无其他交点. 因此一定有圆弧不过 A^c 中的点,即在 A 中. 于是 x_0,x_1 可用 A 中道路连结.

3. 设(x_0,y_0)和(x_1,y_1)是 $X\times Y$ 中两点,X 与 Y 都道路连通. 则有 X 中道路 a,以 x_0,x_1 为起终点,又有 Y 中道路 b,以 y_0,y_1 为起终点. 作 $X\times Y$ 中道路 c 为

$$c(t)=(a(t),b(t)),\quad \forall\, t\in I,$$

则 c 连结(x_0,y_0)和(x_1,y_1).

4. $a^{-1}(X_1)$和 $a^{-1}(X_2)$是 I 的两个非空开集,并且 $a^{-1}(X_1)\cup a^{-1}(X_2)=I$. 由于 I 连通,$a^{-1}(X_1)\cap a^{-1}(X_2)=a^{-1}(X_1\cap X_2)\neq\varnothing$.

5. 证 X_1 道路连通. 由于 $X_1\cap X_2$ 是 X_1 的道路连通子集,只用证明:$\forall\, x_0\in X_1\backslash X_2$,$x_0$ 与 $X_1\cap X_2$ 在 X_1 的同一道路分支中. 由于 X 道路连通,有 X 中道路 a,$a(0)=x_0$,$a(1)=x_1\in X_2$. 由上题知 $a^{-1}(X_1\cap X_2)$非空. 设其下确界为 t_0,则$[0,t_0]\subset a^{-1}(X_1)$. 因为 $a^{-1}(X_1)$是 I 的开集,所以有 $\varepsilon>0$,使得$[0,t_0+\varepsilon)\subset a^{-1}(X_1)$. 由 t_0 的定义知存在 $t_1\in[t_0,t_0+\varepsilon)$,使得 $a(t_1)\in X_1\cap X_2$. 则 x_0 与$a(t_1)$在同一道路分支中,即 x_0 与 $X_1\cap X_2$ 在同一道路分支中.

6. 在题 4 中,若把 X_1,X_2 都是开集的条件改为都是闭集,结论仍成立. 然后用题 5 的方法证本题.

§6

3. $f(S^1)$是$\boldsymbol{E}^1$的紧致连通子集,因而为有界闭区间或一点.于是$f(S^1)\neq\boldsymbol{E}^1$,即$f$不是满映射.又如果$f$是单的,则$f(S^1)\cong S^1$,由2题知这是不可能的.

4. $f(S^2)$是$\boldsymbol{E}^1$的紧致连通子集,为有界闭区间$[a,b]$(或一点t,此时$f^{-1}(t)=S^2$不可数).$\forall t\in(a,b)$,由于$f(S^2\setminus f^{-1}(t))=[a,t)\cup(t,b]$不连通,$S^2\setminus f^{-1}(t)$必定不连通,$f^{-1}(t)$是不可数集.

第 三 章

§1

1. 平环.

3. 环面.

§2

3. 记$p: X\times I\to CX$是粘合映射,$a=p(x,1)$为锥顶.则$CX\setminus\{a\}$是CX的开集,且同胚于$X\times[0,1)$,从而是Hausdorff空间.于是CX中异于a的两点在$CX\setminus\{a\}$中有不相交开邻域,从而在CX中有不相交开邻域.CX中异于a的点可表示为$p(x,t)$,这里$t<1$.取$s\in(t,1)$,则$p(X\times[0,s))$与$p(X\times(s,1])$是$p(x,t)$与a的不相交开邻域.

4. 记$p: X\to X/A$为粘合映射,$a=p(A)$.如果X/A中两点b和c都不是a,则$p^{-1}(b)$与$p^{-1}(c)$是$X\setminus A$中两点,它们在$X\setminus A$中有不相交开邻域U与V.$p(U)$与$p(V)$就是b与c的不相交开邻域.对于X/A中点$b\neq a$,$p^{-1}(b)\in X\setminus A$.$X$满足$T_2$公理,$A$紧致,从而$p^{-1}(b)$与$A$有不相交的开邻域$U$与$V$(见命题2.17),则$p(U)$与$p(V)$是$b$与$a$的不相交开邻域.

5. (1) 显然f满、连续.设$V\subset[0,1]$,则$f^{-1}(V)\cap[0,1]=$

V. 如果 $f^{-1}(V)$是$(-1,2)$的开集,则 V 一定也是$[0,1]$的开集.

(2) $(1,2)$是$(-1,2)$的开集,但是 $f((1,2))=\{b\}$,不是$[0,1]$的开集,说明 f 不是开映射.

$(-1,0]$是$(-1,2)$的闭集,但是 $f((-1,0])=[0,1)$不是$[0,1]$的闭集,说明 f 不是闭映射.

6. 作 $f: I\times I\to S^1\times S^1$ 为 $f(x,y)=(e^{i2\pi x},e^{i2\pi y})$. 则 f 是连续满射. 又由于 $I\times I$ 紧致,$S^1\times S^1$ 是 Hausdorff 空间,f 是商映射. $I\times I$ 的等价关系 $\overset{f}{\sim}$ 导出 $I\times I$ 的对边粘合(验证略),因此 $S^1\times S^1\cong I\times I/\overset{f}{\sim}=T^2$.

7. 用复数表示 $\boldsymbol{E}^2$ 上的点,规定连续满映射 $f: \boldsymbol{E}^2\to\boldsymbol{E}^2$ 为

$$f(re^{i\theta})=\begin{cases}0, & r\leqslant 1,\\ (r-1)e^{i\theta}, & 1\leqslant r.\end{cases}$$

只要再证明 f 是闭映射,就可知道 f 是商映射,等价关系 $\overset{f}{\sim}$ 就是把 D^2 捏为一点,从而 $\boldsymbol{E}^2\cong\boldsymbol{E}^2/\overset{f}{\sim}=\boldsymbol{E}^2/D^2$.

设 A 是 $\boldsymbol{E}^2$ 的闭集.

(1) 如果 A 是有界闭集,则 A 紧致,从而 $f(A)$紧致,是 $\boldsymbol{E}^2$ 的闭集.

(2) 如果 A 与 D^2 不相交, 则 $d(A,0)=1+\varepsilon$, $\varepsilon>0$. 利用 $f|\boldsymbol{E}^2\backslash D^2: \boldsymbol{E}^2\backslash D^2\to\boldsymbol{E}^2\backslash\{0\}$是同胚映射,得到 $f(A)$是 $\boldsymbol{E}^2\backslash\{0\}$的闭集,并且 $f(A)\subset\boldsymbol{E}^2\backslash B(0,\varepsilon)$,从而是 $\boldsymbol{E}^2$ 的闭集.

(3) 一般情形,将 A 表成 $A=A_1\cup A_2$,其中 A_1,A_2 分别适合(1),(2)的要求,从而 $f(A)=f(A_1)\cup f(A_2)$是 $\boldsymbol{E}^2$ 的闭集.

8. 记 $p_1: T^2\to T^2/A$ 是粘合映射. 将 T^2 沿此经圆和纬圆割开,得一矩形面块 X,则 X 粘合对边得 T^2,且两双对边分别粘成该经圆和纬圆. 记 $p_2: X\to T^2$ 是这个粘合映射. 则 $p=p_1\circ p_2: X\to T^2/A$ 是商映射,且 $\overset{p}{\sim}$ 就是把 X 的边界 ∂X 捏为一点. 于是 $T^2/A\cong X/\partial X\cong S^2$(参见例 2).

9. 由例 4 知, M 由三角形把两边同向粘接而得到, 它的边

界 ∂M 就是三角形的第三边两端粘合而得到. 如果先把第三边捏为一点(得一圆盘),再粘接那两边,相当于粘合圆盘边界上的每一对对径点,因此得到 P^2.

10. 作映射 $f: X\times I\to aX$ 为 $f(x,t)=(1-t)x+ta$,则 f 是商映射,并且 $\underset{\sim}{f}$ 就是将 $X\times\{1\}$ 捏为一点,从而得到

$$aX\cong X\times I/\underset{\sim}{f}=X\times I/X\times\{1\}=CX.$$

11. (1) 开集 $(-\infty,1)$ 的像记作 C,则 $p^{-1}(C)=(-\infty,1]$ 不是 $\boldsymbol{E}^1$ 的开集,从而 C 不是 $\boldsymbol{E}^1/(0,1]$ 的开集. 闭集 $[1,+\infty)$ 的像记作 B,则 $p^{-1}(B)=(0,+\infty)$ 不是 $\boldsymbol{E}^1$ 的闭集,从而 B 不是 $\boldsymbol{E}^1/(0,1]$ 的闭集.

(2) 因为 $p_A: A\to p(A)$ 是一一对应,所以当它是商映射时就是同胚映射. 记 $X=p((-\infty,0])$. $(-\infty,0]$ 是 A 的开集,但是 X 的点 $p(0)$ 并不是 X 的内点(理由见后),于是 X 不是开集. 这说明 p_A 不是同胚映射,也就不是商映射.

现在证明 $p(0)$ 不是 X 的内点. 设 V 是 $p(0)$ 在 $p(A)$ 中的一个开邻域,则存在 $\boldsymbol{E}^1/(0,1]$ 中开集 W,使得 $V=W\cap p(A)$. 于是 $p^{-1}(V)=p^{-1}(W)\cap A$. $p^{-1}(W)$ 是 $\boldsymbol{E}^1$ 中含 0 点的开集,从而必含 $(0,1]$ 中的点,这说明 $p((0,1])\in W$. 这样 $(0,1]\subset p^{-1}(W)$,由于 $p^{-1}(W)$ 是开集,它一定含 $(1,+\infty)$ 中的点,从而 $W\cap p((0,+\infty))\neq\varnothing$, $V\cap p((0,+\infty))=W\cap p((0,+\infty))\neq\varnothing$, $V\not\subset X$. 由 V 的任意性知 $p(0)$ 不是 X 的内点.

12. 只要证明在 $\underset{\sim}{f}$ 下,两点等价必为对径点.

设 $f(x,y,z)=f(x',y',z')$,即

$$\begin{cases}x^2-y^2=x'^2-y'^2,\\ xy=x'y',\\ xz=x'z',\\ yz=y'z'.\end{cases}$$

$(x',y',z')\in S^2$,因此 x',y',z' 中至少有一个不为 0.

若 x' 或 y' 不为 0,不妨设 $x'\neq 0$,记 $\lambda=\dfrac{x}{x'}$. 则

$$y'=\lambda y,\quad z'=\lambda z.$$

于是 $\lambda^2x'^2-y^2=x'^2-\lambda^2y^2$, 即 $\lambda^2(x'^2+y^2)=x'^2+y^2$. 因而 $\lambda^2=1,\lambda=\pm1$. 于是 $(x',y',z')=\pm(x,y,z)$.

若 $x'=y'=0$,则 $|z'|=1$. 再由前两式得到

$$x^2-y^2=0,\quad xy=0.$$

推得 $x=y=0,|z|=1$. 也有

$$(x',y',z')=\pm(x,y,z).$$

13. 若 $f(x,y)=f(x',y')$,则有

$$\cos 2x\pi=\cos 2x'\pi,\quad \cos 2y\pi=\cos 2y'\pi;\quad \sin 2y\pi=\sin 2y'\pi;$$
$$\sin 2x\pi\cos\pi y=\sin 2x'\pi\cos\pi y';\quad \sin 2x\pi\sin\pi y=\sin 2x'\pi\sin\pi y'.$$

由第二、三两式得出 $y=y'$ 或 $|y-y'|=1$.

若 $y=y'$. 则由第四式和第五式推出 $\sin 2x\pi=\sin 2x'\pi$. 它和第一式一起推出 $x=x'$ 或 $|x-x'|=1$.

若 $|y-y'|=1$,不妨设 $y=0,y'=1$. 则第四式化为 $\sin 2x\pi=-\sin 2x'\pi$. 它与第一式一起推出 $x+x'=1$.

总之,若 $f(x,y)=f(x',y')$,则是下列三种情形之一:

(1) $x=x',y=y'$;

(2) x,x' 中一个为 0,另一个为 1,$y=y'$;

(3) $x+x'=1,y,y'$ 中一个为 0,另一个为 1.

不难看出 $(I\times I)/\overset{f}{\sim}$ 是 Klein 瓶.

14. 作 $p:D^2+D^2\to S^2$ 为

$$p(x,y)=\begin{cases}(x,y,\sqrt{1-x^2-y^2}), & (x,y)\in \text{左边的 } D^2,\\ (x,y,-\sqrt{1-x^2-y^2}), & (x,y)\in \text{右边的 } D^2.\end{cases}$$

则容易验证 p 是商映射,且 $\overset{p}{\sim}$ 就是 $i:S^1\to D^2$ 决定的等价关系. 于是 $S^2\cong D^2\cup_i D^2$.

15. 作 $p:\boldsymbol{E}_+^2+\boldsymbol{E}_+^2\to\boldsymbol{E}^2$ 为

$$p(x,y)=\begin{cases}(x,y), & (x,y)\in \text{左边的 } \boldsymbol{E}_{+}^{2},\\ (x,-y), & (x,y)\in \text{右边的 } \boldsymbol{E}_{+}^{2}.\end{cases}$$

则 p 是满的连续闭映射，因而是商映射，且 $\overset{p}{\sim}$ 就是 $f:\boldsymbol{E}^1\to\boldsymbol{E}_{+}^{2}$ 所决定的等价关系. 于是 $\boldsymbol{E}^2\cong\boldsymbol{E}_{+}^{2}\cup_f\boldsymbol{E}_{+}^{2}$.

§3

1. 设 M 是 n 维流形. $\forall x\in M$，设 U 是 x 的开邻域，U 同胚于 $\boldsymbol{E}^n$ 或 $\boldsymbol{E}_{+}^{n}$. 于是 U 满足 C_1 公理，从而 x 在 U 中有可数邻域基 $\mathscr{U}$，它也是 x 在 M 中的可数邻域基(验证略).

2. 设 M 是紧致 n 维流形，则 M 有一个有限开覆盖 $\{U_1,U_2,\cdots,U_n\}$，其中每个 U_i 同胚于 $\boldsymbol{E}^n$ 或 $\boldsymbol{E}_{+}^{n}$，从而满足 C_2 公理. 对每个 U_i 取可数拓扑基 $\mathscr{B}_i$，则 $\bigcup\limits_{i=1}^{m}\mathscr{B}_i$ 是 M 的可数拓扑基.

3. 紧致流形满足 C_2 公理，是紧致 Hausdorff 空间，从而也满足 T_4 公理. 用 Урысон 嵌入定理知它可度量化.

4. 记 $p:\boldsymbol{E}^1\to\boldsymbol{E}^1/\sim$ 是粘合映射. 可以验证 p 是开映射.（只用对每个开区间 (a,b)，验证 $p(a,b)$ 是开集，即要说明 $p^{-1}(p(a,b))$ 是 $\boldsymbol{E}^1$ 的开集. 可区分 a,b 的各种情形进行讨论.）于是可知 $p(-\infty,1)$ 和 $p(-1,+\infty)$ 构成 $\boldsymbol{E}^1/\sim$ 的开覆盖，且它们都同胚于 $\boldsymbol{E}^1$（例如，$p|(-\infty,1):(-\infty,1)\to p(-\infty,1)$ 是同胚映射）. 这样前半结论得证.

记 $x=p(-1)$，$y=p(1)$，U,V 是它们的任意一对开邻域，则 $p^{-1}(U)$，$p^{-1}(V)$ 分别是含 $-1,1$ 的开集，存在 $\varepsilon>0$，使得 $(-1-\varepsilon,-1+\varepsilon)\subset p^{-1}(U)$，$(1-\varepsilon,1+\varepsilon)\subset p^{-1}(V)$. 于是 $p(-1-\varepsilon,-1)=p(1,1+\varepsilon)\subset U\cap V$，从而 $U\cap V\neq\varnothing$.

5. 设 M 是 n 维流形，$x\in M$，U 是 x 的开邻域. 设 W 是 x 的一个同胚于 $\boldsymbol{E}^n$ 或 $\boldsymbol{E}_{+}^{n}$ 的开邻域. 由 $\boldsymbol{E}^n$($\boldsymbol{E}_{+}^{n}$)的性质知，W 中存在 x 的紧致邻域 $F\subset W\cap U$. 记 $V=(\mathring{F})_W$，则 $x\in V$，且 V 是 W 的开

集，从而也是 M 的开集. 又因为 M 是 Hausdorff 空间，F 是 M 的闭集. 于是在 M 中，$x\in V$，$\overline{V}\subset U$.

7. 设 x 是 n 维流形 M 的一个内点(流形的意义)，则 x 有一个开邻域 $U\cong \boldsymbol{E}^n$，于是 U 的每一点也都是 M 的内点(流形的意义)，从而 x 是 M 内部(流形意义)的子集意义下的内点.

§4

1. (1) $3P^2$；(2) $4P^2$；(3) $2T^2$；(4) $6P^2$.

2. (1) $(m+n)T^2$；(2) $(m+n)P^2$；(3) $(2m+n)P^2$型.

3. $3P^2$.

第 四 章

§1

2. $\Longrightarrow$. 记 H 是 f_{y_1}到 f_{y_2}的一个同伦. 任取 $x_0\in X$，规定 Y 中道路 $a:I\to Y$ 为 $a(t)=H(x_0,t)$，则 a 连结 y_1和 y_2. 于是 y_1和 y_2在 Y 的同一道路分支中.

$\Longleftarrow$. 记 a 是 Y 中连结 y_1和 y_2的道路，作 $H:X\times I\to Y$ 为 $H(x,t)=a(t)$，$\forall x\in X$，则 H 连续，并且 $H(x,0)=y_1$，$H(x,1)=y_2$，$\forall x\in X$. 即 $H:f_{y_1}\simeq f_{y_2}$.

3. 设 S^n 上点 $a\overline{\in} f(X)$，作 g 是把 X 映为 $-a$ 的常值映射，则 $\forall x\in X$，$f(x)\neq -\boldsymbol{g}(x)$，由例2知，$f\simeq g$.

4. $\Longrightarrow$. 记 $H:X\times I\to Y$ 连结 f 及一个常值映射，则 H 把 $X\times\{1\}$映为 Y 的一点，因而 H 诱导连续映射 $F:CX\to Y$，它限制在 X 上为 f.

$\Longleftarrow$. 记 $F:CX\to Y$ 为 f 的扩张，$p:X\times I\to CX$ 是粘合映射，则 $H=p\circ F:X\times I\to Y$ 是连结 f 及一个常值映射的同伦.

5. 记 F 是 a 到 b 的定端同伦，规定 $G=f\circ F$，则 G 是 $f\circ a$ 到 $f\circ b$ 的定端同伦.

6. $\Longrightarrow$. 记 $H: I\times I\to X$ 是 $f\circ p$ 到 $g\circ p$ 的定端同伦，则它把 $\{0,1\}\times I$ 映为一点 x_0. 规定 $G: S^1\times I\to X$ 为 $G(\mathrm{e}^{\mathrm{i}2\pi t},s)=H(t,s)$，则 $G(1,s)=x_0,\forall\, s\in I$，并且 $G(\mathrm{e}^{\mathrm{i}2\pi t},0)=H(t,0)=f\circ p(t)=f(\mathrm{e}^{\mathrm{i}2\pi t})$，同理 $G(\mathrm{e}^{\mathrm{i}2\pi t},1)=g(\mathrm{e}^{\mathrm{i}2\pi t})$，即 $G: f\simeq g\ \mathrm{rel}\{1\}$.

$\Longleftarrow$. 若 $G: f\simeq g\,\mathrm{rel}\{1\}$. 作 $H: I\times I$ 为 $H(t,s)=G(\mathrm{e}^{\mathrm{i}2\pi t},s)$，则 H 是 $f\circ p$ 到 $g\circ p$ 的定端同伦.

8. 用反证法. 假设 f 没有不动点. 规定 S^1 上的对径映射为 $h: S^1\to S^1$，即 $h(z)=-z$，$\forall z\in S^1$. 因为$\forall z\in S^1, f(z)\neq z=-h(z)$，由例 2 知 $f\simeq h$. 而 h 与 id 同伦(请读者自证)，从而 $f\simeq$ id，与条件相违，故 f 无不动点.

§2

1. 当 X 是平凡拓扑空间时，任何映射 $f: Y\to X$ 都连续. 于是 X 中任何两条有相同起终点的道路都定端同伦，于是 $\pi_1(X,x_0)$ 只有一个元素.

2. 离散拓扑空间的每个道路分支都是单点集，从而它的道路都是点道路，以 x_0 为起终点的闭路就只有一条，从而 $\pi_1(X,x_0)$ 只有一个元素.

3. 理由同第 2 题.

5. 因为 $r_\pi\circ i_\pi=(r\circ i)_\pi$ 是恒同，得结论.

6. $a\bar{b}$是闭路，X 单连通，则 $a\bar{b}$定端同伦于点道路 e，于是 $b\doteq a\bar{b}b\doteq a$.

7. $\omega_{\#}=\omega'_{\#}\Longleftrightarrow\forall\ \alpha\in\pi_1(X,x_0),\omega^{-1}\alpha\omega=\omega'^{-1}\alpha\omega'$

$\Longleftrightarrow\forall\ \alpha\in\pi_1(X,x_0),\alpha\omega\omega'^{-1}=\omega\omega'^{-1}\alpha$.

8. $\Longrightarrow$. $\forall\alpha,\beta\in\pi_1(X,x_0)$. 取 ω,ω' 是 x_0 到 x_1 的两个道路类，使得 $\omega\omega'^{-1}=\beta$. 由于 $\omega_{\#}=\omega'_{\#}$，得到 $\alpha\beta=\beta\alpha$(见上题).

$\Longleftarrow$. 设 ω,ω' 是 x_0 到 x_1 的两个道路类，则就有 $\omega\omega'^{-1}\in$

$\pi_1(X,x_0)$. 于是，$\forall\alpha\in\pi_1(X,x_0)$，$\alpha\omega\omega'^{-1}=\omega\omega'^{-1}\alpha$. 再由上题，得 $\omega_\#=\omega'_\#$.

§3

1. 记 $a_0:I\to S^1$ 为 $a_0(t)=\mathrm{e}^{\mathrm{i}2\pi t}$，$b_0:I\to S^1$ 为 $b_0(t)=-\mathrm{e}^{\mathrm{i}2\pi t}=f(a_0(t))$，则 $\langle a_0\rangle$ 和 $\langle b_0\rangle$ 分别生成 $\pi_1(S^1,1)$ 和 $\pi_1(S^1,-1)$，并且 $f_\pi(\langle a_0\rangle)=\langle b_0\rangle$.

2. a_0 如上题，则 $f_\pi(\langle a_0\rangle)=\langle a_0\rangle^n$. 因为 $\pi_1(S^1,1)$ 由 $\langle a_0\rangle$ 所生成，所以 $\forall\alpha\in\pi_1(S^1,1)$，有 $f_\pi(\alpha)=\alpha^n$.（若用加法记号，则可表示为 $f_\pi(\alpha)=n\alpha$.）

3. 用§1 的习题 6.

4. 用上题，分别在左右两个圆周上构造 relx_0 的同伦，拼成所要的同伦.

5. 平环同胚于 $S^1\times I$，用定理 4.4.

7. 取 $\varepsilon>0$，使得 $\overline{B(x,\varepsilon)}\subset U$. 则它的边缘 $A=\{y\in\boldsymbol{E}^2\mid d(x,y)=\varepsilon\}$ 是 $U\setminus\{x\}$ 的收缩核，并且 $A\cong S^1$，所以 A 不单连通. 再用§2 习题 5 的结果，推出 $U\setminus\{x\}$ 不单连通.

§4

3. 要证明两方面：(1) f 的任何两个同伦逆 g_1,g_2 互相同伦，$g_1\simeq g_1\circ f\circ g_2\simeq g_2$；(2) 当 g 是 f 的同伦逆时，与 g 同伦的任何映射 g' 也是 f 的同伦逆（请读者自证）.

4. 设 $X\simeq Y$，Y 道路连通，记 $f:X\to Y$ 是同伦等价，$g:Y\to X$ 是 f 的同伦逆，则 $\forall x\in X$，x 与 $g\circ f(x)$ 在 X 的同一道路分支中. 又因为 Y 道路连通，所以 $g(Y)$ 是 X 的道路连通子集，从而 $\forall x_1,x_2\in X$，$g\circ f(x_1)$ 与 $g\circ f(x_2)$ 在 X 的同一道路分支中. 综上所述，X 中任何两点在同一道路分支中，从而 X 道路连通.

5. 设 $f:X\to Y$ 是同伦等价，g 为 f 的同伦逆. 由于 f 把 X 的道路分支映入 Y 的一个道路分支，可规定 $f_\pi:\pi_0(X)\to\pi_0(Y)$ 如

下：$\forall \alpha\in\pi_0(X)$，$f_\pi(\alpha)$是 Y 的包含 $f(\alpha)$的道路分支. 用同法可规定 $g_\pi:\pi_0(Y)\to\pi_0(X)$，并不难验证 $g_\pi\circ f_\pi$ 与 $f_\pi\circ g_\pi$ 都是恒同.

6. 设 $X\xrightarrow{r_1}A\xrightarrow{r_2}B$ 都是收缩映射，满足 $i_1\circ r_1\simeq \mathrm{id}_X$，$i_2\circ r_2\simeq \mathrm{id}_A$（$i_1,i_2$ 都是包含映射），则 $i_1\circ i_2:B\to X$ 是包含映射，$r_2\circ r_1:X\to B$ 是收缩映射，并且

$$i_1\circ i_2\circ r_2\circ r_1\simeq \mathrm{id}_X.$$

7. 设 $r:X\to B$ 是收缩映射，满足 $i\circ r\simeq \mathrm{id}_X$，设 $r':X\to A$ 是收缩映射，记 $r_1=r|A:A\to B$，$i_1:B\to A$ 是包含映射. 设 $H:X\times I\to X$ 是 $i\circ r$ 到 id_X 的同伦，则 $r'\circ H|A\times I\to A$ 是 $i_1\circ r_1$ 到 id_A 的同伦.

8. 设 $r:X\to X_0$ 是收缩映射，则可规定 $r_1:X\to X_1$ 为

$$r_1(x)=\begin{cases}x, & x\in X_1,\\ r(x), & x\in X_2,\end{cases}$$

则 r_1 是收缩映射. 用上题结果，推出 X_0 是 X_1 的形变收缩核.

9. 取 $y_0\in Y$，则$\{y_0\}$是 Y 的形变收缩核，从而把 Y 的每一点都映为 y_0 的常值映射 $h_0\simeq \mathrm{id}:Y\to Y$. 设 $f,g:X\to Y$ 是两个连续映射，则

$$f\simeq h_0\circ f=h_0\circ g\simeq g.$$

10. $A\cong S^1$，设 a_0 是沿着 A 走一圈的 x_0 处的闭路，则$\langle a_0\rangle$生成 $\pi_1(A,x_0)$，但在 X 中，$\langle a_0\rangle$是一生成元的两倍.

11. 若有收缩映射 $r:X\to A$，则 $r_\pi:\pi_1(X)\to\pi_1(A)$是满同态，从而（由 $\pi_1(X)\cong\pi_1(A)\cong\mathbf{Z}$）$r_\pi$ 是同构. 又因为 $r_\pi\circ i_\pi$ 是恒同，得出 i_π 是同构，与 10 题结论矛盾.

12. 作 $r:D^n\setminus\{x_0\}\to S^{n-1}\setminus\{x_0\}$如下：$\forall x\in D^n\setminus\{x_0\}$，$r(x)$是射线 x_0x 与 S^{n-1}的交点. 利用例 5 前的说明，知 $S^{n-1}\setminus\{x_0\}$是 $D^n\setminus\{x_0\}$的形变收缩核（$D^n\setminus\{x_0\}$是凸集）.

14. 用反证法. 如果 $\boldsymbol{E}^2\cong\boldsymbol{E}^n$，则可得出 $\boldsymbol{E}^2\setminus\{O\}\cong\boldsymbol{E}^n\setminus\{O\}$，从而 $S^1\simeq S^{n-1}$. 而 $n>1$ 时，S^{n-1}单连通，S^1 不单连通，矛盾.

15. 用反证法. 若 $D^2\cong D^n$，则 $D^2\setminus\{O\}$同胚于 D^n 去掉一点，后者单连通，前者不单连通，矛盾.

16. 不妨设 l 是 z 轴，则 $\boldsymbol{E}^3\setminus l$ 以 $\boldsymbol{E}^2\setminus\{O\}$为形变收缩核.

§5

3. 设 $\boldsymbol{E}^n\setminus\{x_1,x_2,\cdots,x_m\}=X_m$. 作 x_m 的球形邻域 $B(x_m,\varepsilon)$，使得它不含 $x_1,\cdots,x_{m-1}$，则 $X_{m-1}=X_m\cup B(x_m,\varepsilon)$，$X_m\cap B(x_m,\varepsilon)=B(x_m,\varepsilon)\setminus\{x_m\}$是单连通的. 用 Van-Kampen 定理，得到

$$\pi_1(X_{m-1})\cong\pi_1(X_m),\quad \forall\, m\in\boldsymbol{N}.$$

于是 $\pi_1(X_m)\cong\pi_1(\boldsymbol{E}^n)$，平凡.

4. (1) 同构于 $\mathbf{Z}*\mathbf{Z}*\mathbf{Z}$；

(2) 同构于 $\mathbf{Z}*\mathbf{Z}$；

(3) 同构 $\mathbf{Z}*\mathbf{Z}*\mathbf{Z}*\mathbf{Z}$.

5. (1) 同构于 $\mathbf{Z}*\mathbf{Z}$；

(2) 同构于 $\mathbf{Z}*\mathbf{Z}*\mathbf{Z}*\mathbf{Z}*\mathbf{Z}$；

(3) 同构于 $\mathbf{Z}*\mathbf{Z}*\mathbf{Z}*\mathbf{Z}$.

6. 同构于 $\mathbf{Z}_3=\mathbf{Z}/3\mathbf{Z}$.

8. (1) 作收缩映射 $r:\boldsymbol{E}^2\to D^2$ 为

$$r(x)=\begin{cases}x, & \text{若 } \|x\|\leqslant 1,\\ \dfrac{x}{\|x\|}, & \text{若 } \|x\|\geqslant 1.\end{cases}$$

则 $r\circ f:D^2\to D^2$ 有不动点，不难验证当 $r\circ f(x)=x$ 时，$f(x)=x$.

(2) 作 r 如(1)，则 $r\circ f$ 有不动点，且不动点不在 S^1 上，从而也必是 f 的不动点.

(3) 用反证法. 若 f 无不动点，则可作 $g:D^2\to S^1$ 为

$$g(x)=\frac{x-f(x)}{\|x-f(x)\|},$$

则 g 连续，且 $g|S^1=\mathrm{id}_{S^1}:S^1\to S^1$. 于是 id_{S^1}零伦，矛盾.

((1)和(2)也可用(3)的方法证.)

9. 用反证法. 如果存在 $x_0 \overline{\in} f(D^2)$，则 $x_0 \overline{\in} S^1$. 于是 $D^2 \setminus \{x_0\}$ 以 S^1 为收缩核. 记 r 为一收缩映射，则 $r \circ f: D^2 \to S^1$ 是收缩映射. 这与 S^1 不单连通相矛盾.

10. *方法一* 记 X_1 是 X 中第 3 个坐标不小于 0 的点的集合，X_2 是第 3 个坐标不大于 0 的点的集合. 则 $X = X_1 \cup X_2$，X_1，X_2 都单连通，并且 $X_1 \cap X_2$ 道路连通. 用 Van-Kampen 定理，得 X 单连通.

方法二 用 Van-Kampen 定理不难得到下面结论：对任何两个整数 $k<l$，$\bigcup\limits_{k \leqslant i \leqslant l} S_i^2$ 单连通.

以原点 O 为基点，证明 $\pi_1(X, O)$ 平凡. 证法如下：任取 O 点处的闭路 a，则 $a(I)$ 是 X 上的紧致集，从而存在整数 $k<l$，使得 $a(I) \subset \bigcup\limits_{k \leqslant i \leqslant l} S_i^2$. 于是 a 在 $\bigcup\limits_{k \leqslant i \leqslant l} S_i^2$ 上定端同伦于 O 处的点道路，从而 a 在 X 上也定端同伦于 O 处的点道路.

第 五 章

§1

1. 设 W 是 $\boldsymbol{E}$ 的开集，$b \in p(W)$，取 $e \in W$，使得 $p(e) = b$. 要证 b 是 $p(W)$ 的内点.

取 b 的一个基本邻域 U. 设 V_α 是 $p^{-1}(U)$ 的包含 e 点的分支，则同胚 $p|V_\alpha: V_\alpha \to U$ 把 $\boldsymbol{E}$ 的开集 $W \cap V_\alpha$ 映为 U 的一个包含 b 点的开集，从而 $p(W \cap V_\alpha)$ 也是 b 在 B 中的开邻域，并且它在 $p(W)$ 中. 于是 b 为 $p(W)$ 的内点.

2. 若 U 是一个基本邻域，则 $\forall b \in U$，$\# p^{-1}(b)$ 等于 $p^{-1}(U)$ 的分支数. 从而同一基本邻域内的诸点的纤维有相同的势. 取定 $b_0 \in B$，记 $A = \{b \in B \mid \# p^{-1}(b) = \# p^{-1}(b_0)\}$，则用上面的结果可以说明 A 是开集，并且 A^c 也是开集. 由于 B 连通，又 A 非空(至少 $b_0 \in$

A),从而 $A=B$.

3. 要证$\forall e\in h(U)$都是$h(U)$的内点.设U_b是$b=p(e)$一个道路连通的基本邻域,并且$U_b\subset U$.记V_α是$p^{-1}(U_b)$的包含e的分支,则V_α是$\boldsymbol{E}$的开集,并且$(p|V_\alpha)^{-1}: U_b\to V_\alpha$在$U_b$上与$h$重合(利用定理5.1).于是$V_\alpha=h(U_b)\subset h(U)$,从而$e$是$h(U_b)$的内点.

4. 设W是X的一个开集,要证$p(W)$是X/f的开集.$\forall y\in p(W)$,设$y=p(x)$,$x\in W$.取x的开邻域V,使得$V,f(V),\cdots,f^{n-1}(V)$两两不相交,并且$V\subset W$.于是$p(V)$是含于$p(W)$的开集,且含y,从而y是$p(W)$的内点.

7. F/f可看作F的一半把边界圆周的对径点粘合而得商空间,也即T^2上安一个交叉帽,因此是$3P^2$型曲面.

8. 不是.S^1上点$\mathrm{e}^{\mathrm{i}2\pi a}$和$\mathrm{e}^{\mathrm{i}2\pi b}$没有基本邻域.

9. 同第8题.

12. 利用定理5.1或直接证明:记$\varphi: X\to B$是由$b\in B$决定的常值映射,$\tilde{\varphi}$是φ的一个提升.则$\tilde{\varphi}(X)\subset p^{-1}(b)$.因为$p^{-1}(b)$离散,$\tilde{\varphi}(X)$连通,所以$\tilde{\varphi}(X)$是一点.

13. 取定V中一点e_0,记$b_0=p(e_0)\in U$.对U中任一点b_1,有U中道路a,连结b_0和b_1.记$\tilde{a}$是a的提升,它以e_0为起点,则$\tilde{a}(I)\subset p^{-1}(U)$,从而$\tilde{a}(I)$在$V$中.于是$b_1=a(1)=p(\tilde{a}(1))\subset p(V)$.这样就得到$U\subset p(V)$.显然$p(V)\subset U$.从而$p(V)=U$.

14. 只要证明$p|V: V\to U$是单的.

用反证法.假设$p|V$不单,它把V中两个不同点e_0和e_1映为U中同一点b_0.取$\tilde{a}$是V中从e_0到e_1的道路,则$a=p\circ\tilde{a}$是U在b_0处的闭路.因为$i_\pi: \pi_1(U)\to\pi_1(B)$平凡,所以$a$在$B$中定端同伦于$b_0$处的点道路,从而它在$e_0$处的提升$\tilde{a}$一定是闭路,与假设矛盾.

(本题还可用下节中的定理5.3,见下节习题2的解答.)

15. 设U是底空间B的半单连通开子集.由13题知,$p^{-1}(V)$的每个道路分支V_α满足$p(V_\alpha)=U$,由第14题知$p|V_\alpha: V_\alpha\to U$

还是同胚，从而 U 是基本邻域.

16. 记 U 是 B 的一个半单连通的开子集，则 $p^{-1}(U)$ 的每个分支 V_α 也半单连通.

17. $\forall b\in B$，设 U 是 b 的一个半单连通开邻域，则 U 是 $p:E\to B$ 的基本邻域. $p^{-1}(U)$ 的每个分支也都半单连通，从而又都是 $\tilde{p}$ 的基本邻域. 于是 $(p\circ\tilde{p})^{-1}(U)=\tilde{p}^{-1}(p^{-1}(U))$ 分解为 E_1 中的许多开集之并，每个开集被 $\tilde{p}$ 同胚地映射成 $p^{-1}(U)$ 的一个分支，从而被 $p\circ\tilde{p}$ 同胚地映射成 U. 这说明 U 也是 $p\circ\tilde{p}$ 的基本邻域.

18. $\forall b\in B$. 设 $p^{-1}(b)=\{e_1,e_2,\cdots,e_n\}$. 可取 b 的基本邻域 U，使得 $p^{-1}(U)$ 的各分支 $V_1,\cdots,V_n$ 分别是 $e_1,\cdots,e_n$ 的在 $\tilde{p}$ 下的基本邻域. 类似于第 17 题，可证明这样的 U 也是 $p\circ\tilde{p}$ 的基本邻域.

§2

1. 设 F 是常值映射到 f 的一个同伦，则 F 可以提升(定理 5.2)，得到本题的结论.

2. 本题即上节习题 15，上面已给解答. 也可应用定理 5.3. 设 V 是 $p^{-1}(U)$ 的一个道路分支，则由上节第 13 题，得 $p(V)=U$. 取定 $e_0\in V$，记 $b_0=p(e_0)$. 由定理 5.3，存在唯一一个提升 $h:U\to \boldsymbol{E}$，使得 $h(b_0)=e_0$. 则 $h\circ(p|V)$ 就是 $p|V:V\to B$ 的提升，并由提升唯一性知道 $h\circ(p|V)$ 就是包含映射. 由此可推得 $p|V:V\to U$ 是单一的. 于是 $p|V:V\to U$ 是开的一一对应，即是同胚. 于是 U 是基本邻域.

3. 因为 $\pi_1(S^2)$ 平凡，f 总可提升为 $\tilde{f}:S^2\to \boldsymbol{E}^2$. $\tilde{f}$ 零伦，从而 f 也零伦.

4. 同上题. 因为 $\pi_1(P^2)\cong \mathbf{Z}_2$，$\pi_1(T^2)$ 是自由群，$\pi_1(P^2)$ 到 $\pi_1(T^2)$ 的同态只有平凡同态.

5. 按照定义验证.

$\forall e\in E_2$，记 $b=p_2(e)$. 取 $p_2:E_2\to B$ 的含 b 点的道路连通的基本邻域 U. 记 V 是 $p_2^{-1}(U)$ 中包含 e 点的分支，则 $p_2|V:V\to U$

是同胚. 不难证明 $p_1^{-1}(U)$的每个分支 W_α 或者$h(W_\alpha)\subset V$，或者$h(W_\alpha)\cap V=\varnothing$，并且 $h^{-1}(V)$就是满足 $h(W_\alpha)\subset V$ 的那些 W_α 之并. 对每个这样的 W_α，$(p_2|V)\circ(h|W_\alpha)=p_1|W_\alpha: W_\alpha\to U$ 是同胚，其中 $p_2|V$ 也是同胚，从而 $h|W_\alpha: W_\alpha\to V$ 是同胚. 这说明 h 是复叠映射.

§3

1. 只要证 B 的每个道路连通的基本邻域 U 是半单连通的.

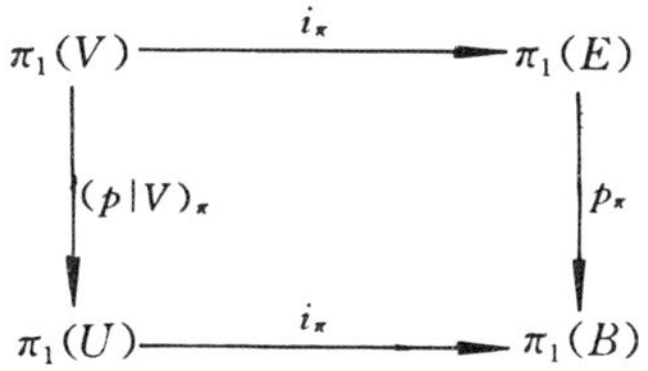

取 $p^{-1}(U)$的一个分支 V，则

$$\begin{aligned}i_\pi(\pi_1(U))&=i_\pi\circ(p|V)_\pi(\pi_1(V))\\&=p_\pi\circ i_\pi(\pi_1(E))=1.\end{aligned}$$

因此 i_π 是平凡的，即 U 在 B 中半单连通.

2. 当 $p|q-q'$ 时 $\mathrm{e}^{\mathrm{i}\frac{2\pi q}{p}}=\mathrm{e}^{\mathrm{i}\frac{2\pi q'}{p}}$，从而相应的 f(见例 2)一样.

4. 取 B 的一个道路连通的基本邻域 U. 则 $p^{-1}(U)$的所有分支在 $\tilde{p}$ 之下映成 E_1 的互不相交的开集$\{V_\alpha\}$. 并且不难验证

(1) $\bigcup V_\alpha=p_1^{-1}(U)$，且 $p_1|V_\alpha: V_\alpha\to U$ 是同胚. 从而 p_1 是复叠映射.

(2) 对每个 V_α，$\tilde{p}^{-1}(V_\alpha)$是 $p^{-1}(U)$中的部分分支之并集，它们每个都被 $\tilde{p}$ 同胚地映射到 V_α. 由此容易推出 $\tilde{p}$ 也是复叠映射.

(用上节第 5 题也可从 p_1 是复叠映射推出 $\tilde{p}$ 也是复叠映射，因为 $\tilde{p}$ 是从 p 到 p_1 的同态.)

5. 由命题 5.3，$a\underset{\cdot}{\simeq}a'\Longrightarrow\tilde{a}\underset{\cdot}{\simeq}\tilde{a}'$，当然 $\tilde{a}(1)=\tilde{a}'(1)$.

若 $\tilde{a}(1)=\tilde{a}'(1)$，则 $\tilde{a}\simeq\tilde{a}'$（因为 E 单连通），从而 $a\simeq a'$.

6. 这是上题的直接推论.

第 六 章

§1

1. 因为 $\{a_0,a_1,\cdots,a_n\}$ 处于一般位置，所以 $\{a_1-a_0,\cdots,a_n-a_0\}$ 线性无关. 于是 $\{b,a_0,\cdots,a_n\}$ 处于一般位置等价于 $b-a_0$ 不能用 $\{a_1-a_0,\cdots,a_n-a_0\}$ 线性表示，即 b 不在 $\{a_0,a_1,\cdots,a_n\}$ 所张超平面上.

2. 用反证法. 若 $\{b,a_0,a_1,\cdots,a_n\}$ 不是处于一般位置，则由上题知 b 在 $\{a_0,a_1,\cdots,a_n\}$ 所张超平面上. 设 b 关于点组 $\{a_0,a_1,\cdots,a_n\}$ 的重心坐标为 $\{\lambda_0,\lambda_1,\cdots,\lambda_n\}$. 记 x_0 是 $\underline{s}$ 上重心坐标为 $\left\{\frac{1}{n+1},\frac{1}{n+1},\cdots,\frac{1}{n+1}\right\}$ 的点，则线段 $\overline{bx_0}$ 上（将它分割为定比 t 的）点的重心坐标为 $\left\{(1-t)\lambda_0+\frac{t}{n+1},\cdots,(1-t)\lambda_n+\frac{t}{n+1}\right\}$. 可取到 $t_1\in(0,1)$，使得 $(1-t_1)\lambda_i+\frac{t_1}{n+1}>0\quad(i=0,1,\cdots,n)$. 记 x_1 是以 $\left\{(1-t_1)\lambda_0+\frac{t_1}{n+1},\cdots,(1-t_1)\lambda_n+\frac{t_1}{n+1}\right\}$ 为重心坐标的点，则 $x_1\in\underline{s}$，但 $\overline{bx_1}\subset\overline{bx_0}$，与条件矛盾.

3. 如果 $\overline{xb}$ 与 $\overline{x'b}$ 不只一个交点，则其中一条在另一条上. 不妨设 $\overline{x'b}\subset\overline{xb}$，则 x' 是 $\overline{xb}$ 的内点，可计算出它的重心坐标全大于 0，即 x' 不是边界点.

4. c 至少有两个重心坐标大于 0，因而不是顶点.

6. *必要性* (1)就是 K 是复形的条件之一，下面证(2). 设 $\underline{s}$，$\underline{s}'$ 是 K 中两个不同单形，则它们规则相处. 于是，如果它们有交点，则 $\underline{t}=\underline{s}\cap\underline{s}'$ 是它们的公共面，$\underline{t}$ 一定是某一个的真面（否则 $\underline{s}=\underline{t}=\underline{s}'$），不妨设 $\underline{t}$ 是 $\underline{s}$ 的真面，于是 $\mathring{\underline{s}}$ 与 $\mathring{\underline{s}}'$ 不相交.

充分性 只须证 K 中任何两个单形 $\underline{s}$ 与 $\underline{s}'$ 规则相处. 如果它们有交点,则任一交点 x,它一定是 $\underline{s}$ 的某个面 $\underline{t}$ 的内点,也一定是 $\underline{s}'$ 的某个面 $\underline{t}'$ 的内点. 由条件(2)知 $\underline{t}=\underline{t}'$. 记 $\underline{\tau}$ 是 $\underline{s}$ 和 $\underline{s}'$ 的公共顶点所张单形,则 $\underline{t}=\underline{t}'<\underline{\tau}$,从而 $x\in\underline{\tau}$,不难看出 $\underline{s}\cap\underline{s}'=\underline{\tau}$.

9. (1)$\Longrightarrow$(3) 如果 K^1 不连通,则 K^1 可分成两个非空不相交子复形 L_1 和 L_2 之并. 于是 $\forall\underline{s}\in K$,它的顶点或全在 L_1 中,或全在 L_2 中,由此把 K 的单形分为两类,分别记作 K_1 和 K_2,不难验证 K_1 和 K_2 是不相交的非空子复形,且 $K=K_1\cup K_2$. 这与 K 连通矛盾.

(3)$\Longrightarrow$(2) 如果 $|K|$ 不连通. 设它分成两个不相交闭集 X_1 与 X_2 之并. K 中每个一维单形或在 X_1 中,或在 X_2 中,由此将 K^1 中单形分为 L_1 和 L_2 两部分,不难验证 L_1 与 L_2 都是 K^1 的非空子复形,且 $L_1\cup L_2=K^1$,$L_1\cap L_2=\varnothing$,这与 K^1 连通矛盾.

(2)$\Longrightarrow$(1) 如果 K 不连通. 设 $K=K_1\cup K_2$,K_1 和 K_2 都是 K 的非空子复形,且 $K_1\cap K_2=\varnothing$. 则 $|K|=|K_1|\cup|K_2|$,且 $|K_1|\cap|K_2|=\varnothing$,这与 $|K|$ 连通矛盾.

10. 设 $\underline{s}$ 是 K 的一个维数大于 2 的极大单形(它不是 K 中别的单形的面). 则由 Van-Kampen 定理不难得到

$$\pi_1(|K|)\cong\pi_1(|K|\setminus\mathring{\underline{s}}),$$

并且 $K\setminus\underline{s}$ 仍是连通复形,$|K\setminus\underline{s}|=|K|\setminus\mathring{\underline{s}}$. 逐个去掉 K 中所有大于 2 维的单形,得到本题结论.

§2

3. 任何两个 K 中 n 维单形最多只有一个公共的 $n-1$ 维面,于是 K 的任何一个 n 维定向单形 s 的 $n+1$ 个顺向面至少有一个不是任何别的 n 维单形的面. 下面证明 $C_n(K)$ 的每个非零链一定不是闭链,由此得到 $Z_n(K)=0$.

设 $c_n\in C_n(K)$,$c_n\neq0$. 不妨设 $c_n(s)\neq0$,s 是 K 的一个 n 维定向

单形. 记 t 是 s 的一个顺向面,它不是别的 n 维单形的面. 于是 $\partial c_n(t)=c_n(s)\neq 0$,从而 c_n 不是闭链.

4. 首先从直观上容易看出(也可给出严格论证),$\boldsymbol{E}^2$ 上的每个 2 维复形至少有一个 2 维单形"在边上"(即它有 1 维面不是别的 2 维单形的面).

设 $c_2\in C_2(K)$,$c_2\neq 0$. 设 c_2 在 2 维定向单形 $s_1,s_2,\cdots,s_n$ 上取不为 0 的值,在别的 2 维定向单形上的值为 0. 记 L 是由 $\underline{s_1},\underline{s_2},\cdots,\underline{s_n}$ 及它们的全部面构成的 K 的子复形. 并设 $\underline{s_1}$ 在 L 的边上. 则有 $\underline{s_1}$ 的 1 维顺向面 t,它不是 $s_2,\cdots,s_n$ 的面. 于是 $\partial c_2(t)=c_2(s_1)\neq 0$. 从而 $\partial c_2\neq 0$. 因为 L 是子复形,c_2 在 K 上的边缘链与在 L 上的边缘链相同,所以 $c_2\overline{\in} Z_2(K)$. 这样 $Z_2(K)=0$.

§3

2. 只用证 $q=1$ 的情形,其余情形由第 1 题得到.

显然 $C_1(K)=C_1(K_1)\oplus C_2(K_2)$,$Z_1(K_1)\oplus Z_2(K_2)\subset Z_1(K)$. 设 $z_1\in Z_1(K)$,且 $z_1=c_1+c_2$,$c_i\in C_1(K_i)(i=1,2)$. 于是,$\partial c_1+\partial c_2=0$. 而 $\partial c_1=-\partial c_2$ 在 $K_0=a_0$ 中,它必为 na_0. 又从指数的意义知 $n=0$. 于是 $\partial c_1=\partial c_2=0$,$c_i\in Z_1(K_i)(i=1,2)$. 于是 $Z_1(K)=Z_1(K_1)\oplus Z_2(K_2)$. 作商群得到结论.

3. (1) 设 $z=c_1+c_2$,$c_i\in C_1(K_i)(i=1,2)$. 则 $\partial c_1+\partial c_2=0$. 而 $\partial c_1=-\partial c_2$ 是 K_0 中指数为 0 的 0 维链,从而由 K_0 的连通性得知存在 K_0 的一个 1 维链 c_3 使得 $\partial c_3=\partial c_1$. 记 $z_1=c_1-c_3$,$z_2=c_2+c_3$,则 $\partial z_i=0$,且 $z=z_1+z_2$.

(2) 证法类似(1).

(3) 设 $c\in C_{q+1}(K)$,$\partial c=z_1+z_2$. 记 $c=c_1+c_2$,$c_i\in C_{q+1}(K_i)(i=1,2)$. 则 $\partial c_1+\partial c_2=z_1+z_2$,从而 $\partial c_1-z_1=-\partial c_2+z_2$ 是 K_0 中的闭链. 由于 $H_q(K_0)=0$,$\partial c_i-z_i\in B_q(K_i)$,从而 $z_i\in B_q(K_i)(i=1,2)$.

4. 利用上题的结果.

§4

2. $H_q(K)\cong\begin{cases}\mathbf{Z}, & q=0,1,2,\\ 0, & q\neq 0,1,2.\end{cases}$

3. $H_q(K)\cong\begin{cases}\mathbf{Z}, & q=0,\\ \mathbf{Z}\oplus\mathbf{Z}, & q=2,\\ 0, & q\neq 0,2.\end{cases}$

4. $H_q(K)\cong\begin{cases}\mathbf{Z}, & q=0,\\ \mathbf{Z}\oplus\mathbf{Z}\oplus\mathbf{Z}, & q=1,\\ 0, & q\neq 0,1.\end{cases}$

6. $H_q(K;\mathbf{Q})\cong\begin{cases}\mathbf{Q}, & q=0,\\ 0, & q\neq 0.\end{cases}$

7. $H_0(K;G)\cong G$,当 $q\neq 0$时,$H_q(K;G)=0$.

第 七 章

§1

3. 设 $\mathrm{Car}_K x=(a_0,a_1,\cdots,a_q)$,$x=\sum_{i=0}^{q}\lambda_i a_i$,则 $\lambda_i>0$,$\forall\ i=0,1,\cdots,q$. 根据 $\bar{\varphi}$ 的定义,$\bar{\varphi}(x)\in\varphi(\mathrm{Car}_K x)$,并且

$$\bar{\varphi}(x)=\sum_{i=0}^{q}\lambda_i\varphi(a_i),$$

于是 $\bar{\varphi}(x)$在 $\varphi(\mathrm{Car}_K x)$的重心坐标全大于0,从而

$$\mathrm{Car}_L\bar{\varphi}(x)=\varphi(\mathrm{Car}_K x).$$

5. $\Longrightarrow$. 显然.

$\Longleftarrow$. 规定 $\varphi\colon K\to L$ 如下:$\forall\,\underline{s}=(a_0,\cdots,a_q)\in K$,规定 $\varphi(\underline{s})$是 L 中由 $\varphi_0(a_0),\cdots,\varphi_0(a_q)$所张的单形. 不难验证 φ 是一个单纯映射,并且它的顶点映射就是 φ_0.

6. (1) $\forall\,x\in\mathrm{St}_K\underline{s}$,有 $\underline{t}<\underline{s}<\mathrm{Car}_K x$,从而 $x\in\mathrm{St}_K\underline{t}$.

(2) 由(1)知 $\mathrm{St}_K\underline{s}\subset\mathrm{St}_K a_i$,$i=0,1,\cdots,q$,从而

$$\mathrm{St}_K \underline{s} \subset \bigcap_{i=0}^{q} \mathrm{St}_K a_i.$$

反之,若 $x \in \bigcap_{i=0}^{q} \mathrm{St}_K a_i$,则 $a_i \prec \mathrm{Car}_K x (\forall\ i = 0,1,\cdots,q)$. 于是 $\underline{s} \prec \mathrm{Car}_K x$,由定义得出 $x \in \mathrm{St}_K \underline{s}$. 于是

$$\bigcap_{i=0}^{q} \mathrm{St}_K a_i \subset \mathrm{St}_K \underline{s}.$$

§2

4. 分别记 $K=\mathrm{Bd}\underline{\Delta}^{n+1}$, $L=\mathrm{Bd}\underline{\Delta}^{n+2}$. 只须证 $|K|$ 到 $|L|$ 的任何连续映射都零伦. 设 $f: |K| \to |L|$ 连续,则存在单纯逼近 $\varphi: K^{(r)} \to L$. $\bar{\varphi}: |K| \to |L|$ 不满,从而零伦,于是 $f \simeq \bar{\varphi}$ 也零伦.

5. 不妨设 X, Y 都是多面体,且 $X=|K|$, $Y=|L|$. 对任意非负整数 r,从 $K^{(r)}$ 到 L 的单纯映射是有限个. 而每个连续映射 $f: X \to Y$ 都同伦于一个单纯映射 $\varphi: K^{(r)} \to L$ 导出的连续映射 $\bar{\varphi}: X \to Y$. 由此不难得到结论.

§3

1. $H_q(S^n \vee S^m) \cong \begin{cases} \mathbf{Z}, & q = 0,n,m; \\ 0, & q \neq 0,n,m. \end{cases}$

2. 例如 $X=S^2 \vee S^3 \vee P^2$.

3. $X=S^2 \vee S^1 \vee S^1$. ($\pi_1(X) \cong \mathbf{Z} * \mathbf{Z}$,而 $\pi_1(T^2) \cong \mathbf{Z} \oplus \mathbf{Z}$,因而 $X \not\cong T^2$.)

§4

1. 因为 f 零伦.

2. $H_q(X) \cong \begin{cases} \mathbf{Z}, & q = 0, \\ \mathbf{Z} \oplus \mathbf{Z}, & q = 1, \\ 0, & q \neq 0,1. \end{cases}$

3. $H_q(X) \cong \begin{cases} \mathbf{Z}, & q=0, \\ \mathbf{Z}_4, & q=1, \\ 0, & q \neq 0,1. \end{cases}$

4. $H_q(X) \cong \begin{cases} \mathbf{Z}, & q=0,2, \\ \mathbf{Z}_2, & q=1, \\ 0, & q \neq 0,1,2. \end{cases}$

5. $H_q(X) \cong \begin{cases} \mathbf{Z}, & q=0,1, \\ \mathbf{Z}\oplus\mathbf{Z}\oplus\mathbf{Z}, & q=2, \\ 0, & q \neq 0,1,2. \end{cases}$

第 八 章

§1

1. 如果 S^{n-1} 是 D^n 的收缩核,则包含映射 $i: S^{n-1}\to D^n$ 诱导的各维同调群的同态都是单的. 但显然 $i_{*(n-1)}: H_{n-1}(S^{n-1})\to H_{n-1}(D^n)$ 不是单的.

2. 见第四章§5的习题8的解答.

3. 设 $X=f(D^n)$,则 $X\cong D^n$,并且 $f^{-1}: X\to D^n$ 与包含映射 $i: D^n\to X$ 的复合映射 $i\circ f^{-1}: X\to X$ 一定有不动点,它也就是 f 的不动点.

4. 如果 f 不满,设 $x_0\in D^n\setminus f(D^n)$,则 $x_0 \overline{\in} S^{n-1}$,否则 f_0 零伦,从而 $\deg(f_0)=0$. 于是有收缩映射 $r: D^n\setminus\{x_0\}\to S^{n-1}$. 于是 $f_0 = r\circ(f|S^{n-1})$. 由此不难得出 $(f_0)_{*(n-1)}$ 是平凡的,从而 $\deg(f_0)=0$.

5. (1) 如果 f 无不动点,则 f 同伦于对径映射,如果 $\forall x\in S^n, f(x)\neq -x$,则 $f\simeq \mathrm{id}$. 于是对径映射同伦于 id. 而当 n 为偶数这是不可能的.

(2) f^2 的映射度非负,从而 f^2 不同伦于对径映射,它必有不动点.

§ 2

1. 作 $g: S^n \to S^n$ 为

$$g(x) = \frac{f(x) - f(-x)}{\| f(x) - f(-x) \|},$$

则 g 是保径映射，$\deg(g)$是奇数. 不难证明 $g \simeq f$，从而 $\deg(f) = \deg(g)$是奇数.

2. 不妨设 $S^n = |\Sigma^n|$，$X = |K|$，K 为一个复形. 类似于引理 1 的证明，可构造 f 的单纯逼近 $\varphi: (\Sigma^n)^{(r)} \to K$，使得 $\forall a \in ((\Sigma^n)^{(r)})^0$，$\varphi(a) = \varphi(-a)$，则 $\varphi_{*n} = \varphi_n$. 不难验证，$\varphi_n(Z_n((\Sigma^n)^{(r)})) \subset 2Z_n(K)$，当 n 为奇数时，$\varphi_n = 0$.

3. 第 2 题的直接应用.

4. 本题的方法类似于第 1 题，作 $g(x) = (f(x) + f(-x)) / \| f(x) + f(-x) \|$.

5. 如果 $m > n$，设 $i: S^n \to S^m$ 是包含映射，则 $i \circ f$ 是保径映射，但又不满，从而 $\deg(i \circ f) = 0$，矛盾.

§ 3

1. 因为 f_{*q}是同伦不变量，所以 $\mathrm{tr}(f_{*q})$以及用它们规定的 $L(f)$都是同伦不变量.

2. 不难看出 $L(\mathrm{id}) = \chi(K) \neq 0$，从而 $L(f) \neq 0$.

3. $H_q(P^2, \boldsymbol{R}) = 0$，$\forall q > 1$. 于是对任何连续映射 $f: P^2 \to P^2$，$L(f) = 1$，从而 f 有不动点.

名 词 索 引

（按汉语拼音顺序）

E

F

G

H

M

N

O

P

Q

S

Y

Z

符　号　说　明

$\varnothing$	空集
2^X	集合 X 的幂集
$\# A$	集合 A 所含元素的个数或 A 的势
$\in$	属于
$\overline{\in}$(或 $\notin$)	不属于
$\subset$	包含于(包括相等的情形)
$\cup\left(\bigcup\limits_{\alpha\in\Lambda}\right)$	并
$\cap\left(\bigcap\limits_{\alpha\in\Lambda}\right)$	交
$\sqcup$	无交并
$\oplus\left(\bigoplus\limits_{\alpha\in\Lambda}\right)$	直和
$*\left(\mathop{*}\limits_{\alpha\in\Lambda}\right)$	自由乘积
$\times$	笛卡儿积,直积
$X\times Y$	集合 X 与 Y 的笛卡儿积,或拓扑空间 X 与 Y 的乘积空间
$G_1\times G_2$	群 G_1 与$_2$ 的直积
X/$\sim$	集合 X 关于等价关系$\sim$的商集;拓扑空间 X 关于等价关系$\sim$的商空间
X/A	把 X 的子集 A 捏为一点而得到的商空间
$A\backslash B$	子集 A 减去 B(由在 A 中而不在 B 中的点构成)
∂	边界,边缘
∂A	集合 A 的边界
∂M	流形 M 的边界
$\partial\underline{s}$	单形 $\underline{s}$ 的边缘
$\cong$	同胚,同构
$\simeq$	同伦,同伦等价
$\underset{\cdot}{\simeq}$	定端同伦
$\simeq$rel	相对同伦

$\underline{t}<\underline{s}$	单形 $\underline{t}$ 是单形 $\underline{s}$ 的面
$\mathring{A}$	集合 A 的内部
A'	集合 A 的导集
$\overline{A}$	集合 A 的闭包
$[X,Y]$	从拓扑空间 X 到 Y 的映射同伦类的集合
$C(X,Y)$	从拓扑空间 X 到 Y 的全体连续映射的集合
$[X]$	拓扑空间 X 的全体道路类的集合
$\pi_1(X,x_0),\pi_1(X)$	基本群
(E,p)	复叠空间
$\mathscr{D}(E,p)$	复叠变换群
$\overset{*}{\underline{s}}$	单形 $\underline{s}$ 的重心
$[s,t]$	关联系数
K^r	复形 K 的 r 维骨架
$K^{(r)}$	复形 K 的 r 次重心重分
$\chi(K)$	复形 K 的 Euler 示性数
β_q	q 维 Betti 数
$\omega_\#$	道路类 ω 诱导的基本群同构
f_π	连续映射 f 诱导的基本群同态
f_{*q}	连续映射 f 诱导的 q 维同调群同态
$g\circ f$	映射 f 与 g 的复合(乘积)
$f\|A$	映射 f 在子集 A 上的限制
$B(x,\varepsilon)$	以 x 为中心,ε 为半径的球形邻域
$\mathrm{Bd}\,\underline{s}$	单形 $\underline{s}$ 的边缘复形
$B_q(K)$	复形 K 的 q 维边缘链群

$\mathrm{Car}_K x$	复形 K 的在 $x\in\|K\|$ 处的承载单形
$\mathrm{Cl}\,\underline{s}$	单形 $\underline{s}$ 的闭包复形
$C_q(K)$	复形 K 的 q 维链群
CX	X 上的拓扑锥

D^n	n 维单位球体
$d(c)$	0 维链 c 的指数
$\deg(f)$	f 的映射度

$\boldsymbol{E}^n$	n 维欧氏空间
$H_q(K)$	复形 K 的 q 维同调群
$H_q(K;G)$	复形 K 的、以 G 为系数群的 q 维同调群
$H_q(X)$	可剖分空间 X 的 q 维同调群
$\mathrm{Im}f$	映射 f 的像
$\mathrm{Ker}f$	同态 f 的核
$\mathrm{Mesh}(K)$	复形 K 的网距
$\boldsymbol{N}$	自然数的集合
$\mathscr{N}(x)$	点 x 的邻域系
P^2	射影平面
mP^2	带 m 个交叉帽的闭曲面
$\boldsymbol{Q}$	有理数集合,有理数域
$q(a)$	S^1 上闭路的圈数
$\boldsymbol{R}$	实数集合,实数域
$\mathrm{rank}H$	有限生成交换群 H 的秩
S^n	n 维单位球面
$\mathrm{Sd}K$	复形 K 的重心重分
$\mathrm{St}_K a$	复形 K 在顶点 a 处的星形
T^2	环面
nT^2	带 n 个环柄的闭曲面
T^n	n 维环面
$\boldsymbol{Z}$	整数的集合,整数加法群
$\boldsymbol{Z}_n$	n 阶循环群
$Z_q(K)$	复形 K 的 q 维闭链群

参 考 书 目

与本书内容相近的书

［1］ Seifert, H. and Threlfall, W., Lehrbuch der Topologie, Teubner, Leipzig, 1934.(江泽涵译,《拓扑学》,商务印书馆,1949,人民教育出版社,1959.)

［2］ 江泽涵,《拓扑学引论》,上海科学技术出版社,1978.

［3］ Armstrong, M. A., Basic Topology, McGraw-Hill, 1979.(孙以丰译,《基础拓扑学》,北京大学出版社,1983.)

［4］ 李元熹、张国梁,《拓扑学》,上海科学技术出版社,1986.

［5］ 何伯和、廖公夫,《基础拓扑学》,高等教育出版社,1991.

［6］ 左再思、黄锦能,《拓扑学》,武汉大学出版社,1992.

其他有关的书

［7］ 熊金城,《点集拓扑讲义》,人民教育出版社,1981.

［8］ Kelley, J. L., General Topology, Van Nostrand Reinhold Co., New York, 1955.(吴从炘、吴让泉译,《一般拓扑学》,科学出版社,1982.)

［9］ Singer, I. M. and Thorpe, J. A., Lecture Notes on Elementary Topology and Geometry, Springer-Verlag, 1967.(干丹岩译,《拓扑学与几何学基础讲义》,上海科学技术出版社,1985.)

［10］ 陈吉象,《拓扑学基础讲义》,高等教育出版社,1987.

［11］ Munkres, J. R., Topology: A First Course, Prentice-Hall, Inc., 1975.(罗嵩龄、许依群、徐定宥、熊金城译,《拓扑学基本教程》,科学出版社,1987.)

［12］ 鲍里索维奇、勃利兹尼亚科夫、伊兹拉依列维奇、福缅科,《拓扑学导论》,盛立人、金城桴、吴利生、徐定宥、许依群、罗嵩龄译,高等教育出版社,1992.

［13］ Hocking, J. G. and Young, G. S., Topology, Addison-Wesley, Reading Mass., 1961.